艺术设计类专业“十三五”实践创新系列规划教材

Art Design

Photoshop CS5案例教程

郭再政 谭明铭 主编

西安交通大学出版社
XI'AN JIAOTONG UNIVERSITY PRESS

内 容 提 要

本书共有7章，从初学者的角度出发，规划了一套上手快、容易学的独特的讲解模式，按照“操作”“理论”“操作”的顺序，由简入深地通过实例讲解各章节内容，最后通过设计综合案例巩固所学知识。同时，通过实例和任务驱动的演练，让读者可以融会贯通，举一反三。

本书适合普通高等院校、高职高专院校艺术设计和相关专业的学生使用，同时也可以作为Photoshop CS5爱好者和平面设计师的工具书。

前言

Foreword

近年来随着我国高教事业的蓬勃发展，艺术设计教育也呈现出欣欣向荣之势，且热度正在逐年上升。产生这种现象的因素是多方面的，但其中一个主要的原因还是社会的发展需要大量的艺术设计人才。艺术设计是科学、技术和艺术的有机结合，它具有物质和精神的双重属性。

Photoshop 教学对培养高水平的平面艺术创作人员，提高艺术设计专业学生的创作质量和水平，以及提高设计师的设计水平等都有重要的影响。因此，Photoshop 课程是艺术设计等相关专业学生必修的一门课程。

时代的进步和社会的需求为 Photoshop 图形设计提供了广阔的空间，而且对图形图像设计人才的培养提出了更高的要求。好的教材是人才培养的基本保证，编好教材也是我们教师的责任。参加本套教材编写的教师大多已在艺术设计教育领域里耕耘多年，有着丰富的教学和实践经验。在编写过程中我们突出了时代感和创新点，注重教材的理论性、实际性、实践性，做到图文并茂，深入浅出。

本教材在总结以上问题的基础上紧紧地抓住培养学生软件技能这个核心来编写。其目的是：通过学习，不仅要提高 Photoshop 软件设计能力、掌握电脑图形设计技巧，而且要掌握基本的创作思路，提高创作思维能力。

本书结构清晰，内容丰富，语言轻松易懂；以综合项目为实例进行创作，巩固所学知识，一改传统的手册性写法，不是简单地对功能进行罗列和概述，而是重点强调实用，突出实例，注重操作；以实际设计项目作为具体案例，以学习和掌握 Photoshop CS5 真实设计作为目标，实用、简明、可行，由浅入深、循序渐进，精心进行设计。对于每一个实例，都是先讲解实例，通过实例介绍相关的基础知识及关键点，再一步步地讲解。

本书共有 7 章，从初学者的角度出发，规划了一套上手快、容易学的独特的讲解模式，按照“操作”“理论”“操作”的顺序，由简入深地通过实例讲解各章节内容，最后通过设计综合案例巩固所学习知识。同时，通过实例和任务驱动的演练，让读者可以融会贯通，举一反三。

本书适合普通高等院校、高职高专院校艺术设计和相关专业的学生使用，同时也可作为 Photoshop CS5 爱好者和平面设计师的工具书。

编者

2015 年 10 月

目录

Contents

第1章　Photoshop CS5 概述

1.1　Photoshop CS5 简介

Adobe Photoshop CS5 是很多美编、广告设计等专业平面设计人士的最爱。Photoshop 系列软件的每个版本都是以版本号的递增作为名称，比如 Photoshop 6.0、7.0 等。但从 8.0 版本开始，Adobe 不再延续原来的命名方法，改称为 Adobe Creative Suite（创作套件，简称 CS），其中的 Photoshop 8.0 也随之更名为 Photoshop CS。

Adobe CS5 总共有 15 个独立程序和相关技术，五种不同的组合构成了五个不同的组合版本，分别是大师典藏版、设计高级版、设计标准版、网络高级版、产品高级版。这些组件中我们最熟悉的可能就是 Photoshop 了，Photoshop CS5 有标准版和扩展版两个版本。Photoshop CS5 标准版适合摄影师以及印刷设计人员使用，Photoshop CS5 扩展版除了包含标准版的功能外还添加了用于创建和编辑 3D 和基于动画内容的突破性工具。

从功能上看，Photoshop CS5 可分为图像编辑、图像合成、校色调色及特效制作部分。

(1)图像编辑是图像处理的基础，可以对图像做各种变换，如放大、缩小、旋转、倾斜、镜象、透视等。也可进行复制、去除斑点、修补、修饰图像的残损等，去除人像上不满意的部分，进行美化加工，得到让人非常满意的效果。

(2)图像合成是将几幅图像通过图层操作、工具应用合成完整的、传达明确意义的图像，这是美术设计的必经之路。Photoshop 提供的绘图工具让外来图像与创意很好地融合成为可能，使图像的合成无衣无缝。

(3)校色调色是 Photoshop 中深具威力的功能之一，可方便、快捷地对图像的颜色进行明暗、色编的调整和校正，也可在不同颜色间进行切换以满足图像在不同领域如网页设计、印刷、多媒体等方面的应用。

(4)特效制作在 Photoshop 中主要由滤镜、通道及工具综合应用完成，包括图像的特效创意和特效字的制作，如油画、浮雕、石膏画、素描等常用的传统美术技巧都可由 Photoshop 特效完成。而各种特效字的制作更是很多美术设计师热衷于 Photoshop 研究的原因。

Photoshop CS5 为摄影师、艺术家以及一些高端的设计用户带来了一系列全新的高级功能，其启动界面如图 1-1 所示。

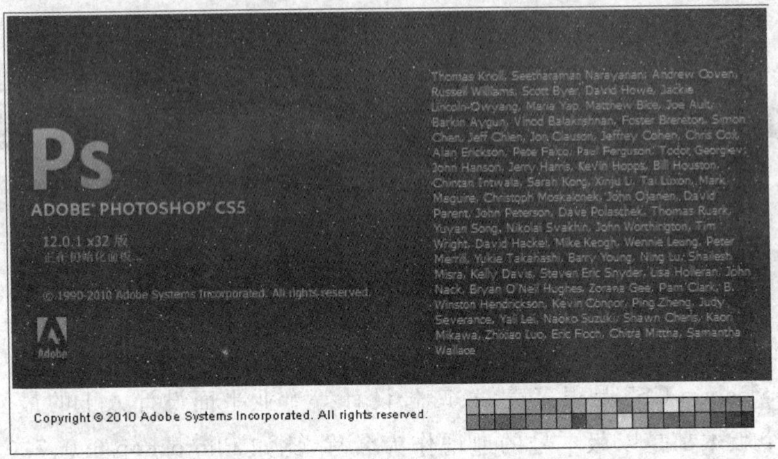

图 1-1　Photoshop CS5 启动界面

1.2　Photoshop CS5 应用领域

多数人对于 Photoshop 的了解仅限于“一个很好的图像编辑软件”，并不知道它的诸多应用。实际上，Photoshop 的应用领域是很广泛的。

1. 平面设计

平面设计是 Photoshop 应用最为广泛的领域，无论是图书封面，还是招帖、海报，这些具有丰富图像的平面印刷品，基本上都需要 Photoshop 软件对图像进行处理。Photoshop 在平面设计中的应用如图 1-2 所示。

图 1-2　平面设计

2. 修复照片

Photoshop 具有强大的图像修饰功能。利用这些功能，可以快速修复一张破损的老照片，也可以修复人脸上的斑点等缺陷，如图 1-3 所示。

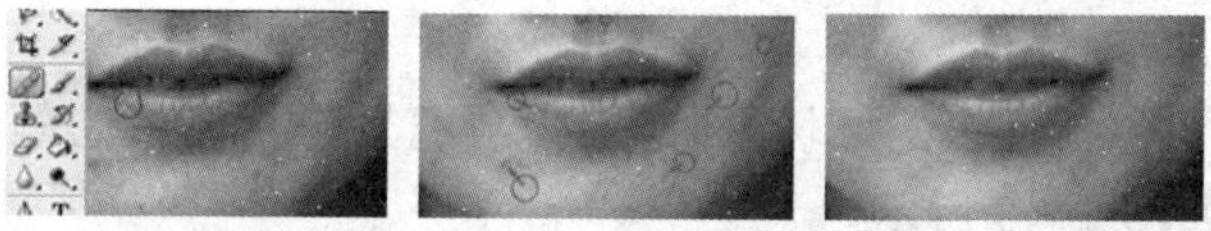

图 1-3 修复照片

3. 包装设计

包装设计作为一种对视觉要求非常严格的工作，其最终成品往往要经过 Photoshop 的修改才能得到满意的效果，如图 1-4 所示。

4. 影像创意

影像创意是 Photoshop 的特长，通过 Photoshop 的处理可以将原本风马牛不相及的对象组合在一起，也可以使用“狸猫换太子”的手段使图像发生面目全非的巨大变化，如图 1-5 所示。

图 1-4 包装设计

图 1-5 影像创意

5. 标志设计

利用 Photoshop 可以使文字发生各种各样的变化，利用这些经艺术化处理后的文字配合图形，可以设计制作出非常好的标志，如图 1-6 所示。

6. 网页界面设计

网络的普及是促使更多人需要掌握 Photoshop 的一个重要原因。因为在制作网页时 Photoshop 是必不可少的网页图像处理软件，如图 1-7 所示。

图 1-6 标志设计

图 1-7 网页界面设计

7. 建筑效果图后期修饰

在制作建筑效果图包括许多三维场景时，人物与配景包括场景的颜色常常需要在 Photoshop 中增加并调整，如图 1－8 所示。

8. 绘画与插画设计

由于 Photoshop 具有良好的绘画与调色功能，许多插画设计制作者往往使用铅笔绘制草稿，然后用 Photoshop 直接绘制或者用填色的方法来绘画或者制作插画，如图 1－9 所示。

图 1－8 建筑效果图后期修饰

图 1－9 插画设计

9. 视觉创意

视觉创意与设计是设计艺术的一个分支，此类设计通常没有非常明显的商业目的，但由于它为广大设计爱好者提供了广阔的设计空间，因此越来越多的设计爱好者开始学习 Photoshop，并进行具有个人特色与风格的视觉创意，如图 1－10 所示。

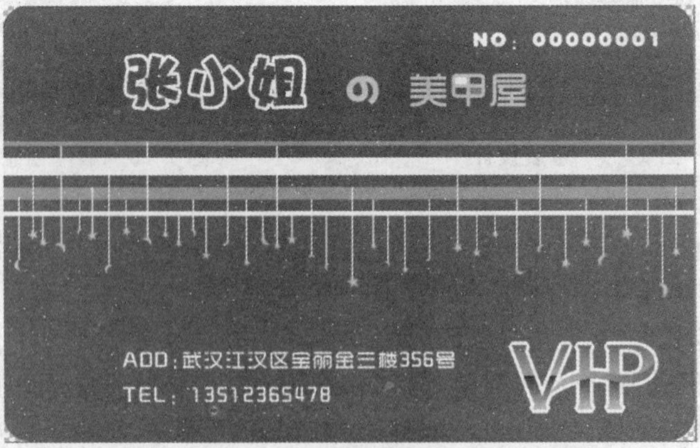

图 1－10 视觉创意

1.3 Photoshop CS5 的启动与退出

1.3.1 Photoshop CS5 的启动

1. 程序启动

安装 Photoshop CS5 后，Photoshop CS5 自动在 Windows 操作环境下生成一个启动程序命令，选择 Windows 软件界面左下角程序界面，在“程序”中点击“所有程序” →“Photoshop

CS5"命令即可以启动软件，如图 1－11 所示。

2. **快捷方式启动**

安装 Photoshop CS5 后，Photoshop CS5 自动在 Windows 界面下生成一个启动程序命令快捷方式图标，双击 Photoshop CS5 快捷方式图标，即可启动 Photoshop CS5，如图 1－12 所示。

图 1－11　Photoshop CS5 的启动

图 1－12　快捷方式启动

1.3.2　Photoshop CS5 的退出

1. **命令退出**

在 Photoshop CS5 软件界面开启状态下，选择 Photoshop CS5 菜单命令栏，选择"文件"→"退出"命令即可，快捷方式为"Ctrl＋Q"键，如图 1－13 所示。

2. **快速退出**

在 Photoshop CS5 软件界面开启状态下，单击软件界面右上角的"关闭"按钮，即可快速退出 Photoshop CS5 软件的运行，如图 1－14 所示。

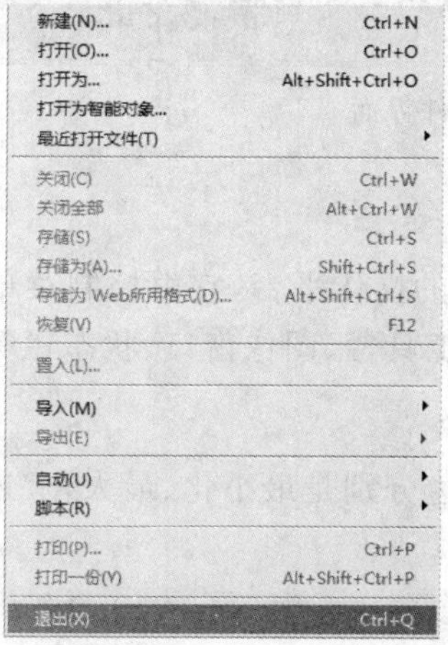

图 1－13　命令退出

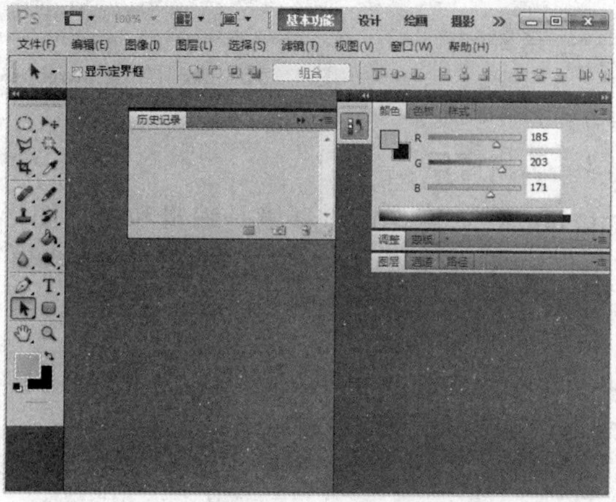

图 1－14　快速退出

1.4 Photoshop CS5 的工作界面

1.4.1 用户界面

新的 Photoshop 界面，可以自定义 Photoshop 界面上的任何部分。首先注意到的是单列的工具箱，可以单击工具箱右侧来还原到老的双列的工具箱，单列的工具箱还可以接受用户的屏幕区域。另外一个界面变化比较大的地方是控制面板将整齐列在屏幕右侧，当然可以使用以往的浮动面板的方式。或许用户会更欣赏最新的全屏模式，当用户添加或者关闭控制面板时视窗的尺寸会自动调整，如图 1－15 所示。

图 1－15 Adobe Photoshop CS5 软件界面

1.4.2 工作窗口

Photoshop CS5 工作窗口环境是编辑和处理图形、图像的操作平台，它由控制菜单框的标题栏、最小化按扭、最大化按扭、关闭按扭、菜单栏、属性栏、工具栏、图像窗口、状态栏等组成。

1.4.3 标题栏

标题栏位于主窗口顶端，最左边是 Photoshop 标记，右边分别是最小化、最大化/还原和关闭按钮，如图 1－16 所示。

图 1－16 标题栏

1.4.4 属性栏

属性栏又称工具选项栏。选中某个工具后，属性栏就会改变成相应工具的属性设置选项，可更改相应的选项，如图 1－17 所示。

图 1－17 属性栏

1. 使用工具属性栏

属性栏出现在工作区域顶部菜单栏的下方。属性栏是上下文相关的，它会随选择不同的工具而改变。属性栏中的一些设置（如绘画模式和不透明度）对于许多工具都是通用的，但有些设置（如铅笔工具的“自动抹掉 ”设置）则专用于某个工具。

可以通过使用手柄栏在工作区域中移动属性栏，也可以将它停放在屏幕的顶部或底部。当指针悬停在工具上时，将会出现工具提示，如图 1－18 所示。

A—手柄栏；B—工具提示

图 1－18 套索属性栏

2. 使用工具预设

可以使用属性栏中的“工具预设”拾色器、“工具预设”调板和“预设管理器”载入、编辑和创建工具预设库。

选取工具预设，单击属性栏中的“工具预设”选取器，然后从弹出式调板中选择一个预设。也可以选取“窗口”→“工具预设”命令，然后在“工具预设”调板中选择一个预设，如图 1－19 所示。

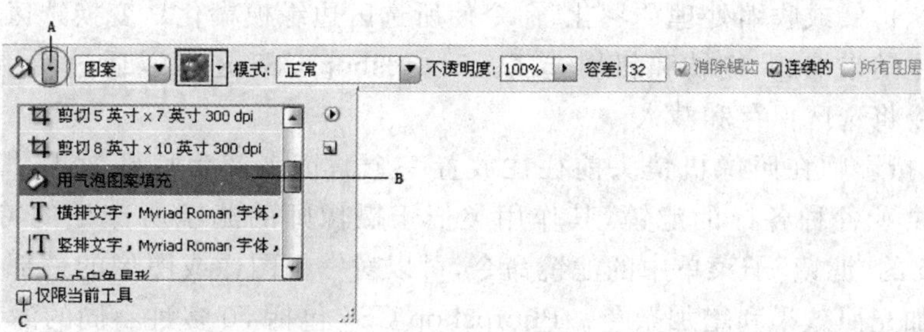

图 1－19 查看“工具预设”选取器

在图 1－19 中，字母代表的含义如下：

A：单击属性栏中的“工具预设”选取器，以显示“工具预设”弹出式调板。

B：选择一种预设，将工具的选项更改为预设，此后，当每次选择该工具时都会应用这一预设（调板菜单中选取“复位工具”即恢复到软件初始状态）。

C：取消选中可显示所有的工具预设；如选中则只显示在工具箱中选择的工具的预设。

1.4.5 菜单栏

菜单栏为整个环境下所有窗口提供菜单命令控制，包括：文件、编辑、图像、图层、选择、滤镜、视图、窗口和帮助十项，如图 1－20 所示。

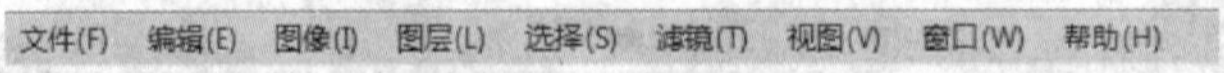

图 1－20 菜单栏

Photoshop 中通过两种方式执行所有命令，一是菜单，二是快捷键。

◆“文件”：该菜单中的大部分命令用于对文件的存储、加载和打印，这些命令如“新建”“打开”“保存”“另存为”“页面设置”“退出”命令在其他应用程序中都是极其普遍的。

◆“编辑”：菜单通常用于设定软件的基本属性以及对图像文件的复制或移动变形的基本命令。其中的“撤消”命令可以使用户上一次的动作变成无效。菜单命令中有“撤消”“剪切”“复制”“粘贴”“自由变换”“填充”“描边”“定义图案”等。

◆“图像”：该菜单中的命令可以将 RGB 文件格式转换成 CMYK、Lab 或 Index Color 模式等。如果用户要为网上或多媒体程序制作图像，将会用到这个菜单。“图像”菜单还可以将图像转换成灰度图，然后再从灰度图转换成黑白图，使用“图像”菜单中的其他命令可以调整文件和画布的大小，并分析和校正图像的色彩。例如，可以调整色彩平衡、亮度、对比度、高亮度、中间色调和阴影区。“复制”“应用图像”“计算”命令可以用于产生特效。

◆“图层”：菜单的主要功能是创建和调整图层。图层类似于图像上面的一个不可见平面内塑造的一张大纸。“图层”菜单中的一些命令也可以在“图层浮动面板”中找到，如“新建”“复制图层”“删除图层”和“图层内容”选项。

◆“选择”：菜单用于调整选区或选择整幅图像。在 Photoshop CS5 中，要想修改图像的一部分，必须事先将其分离或选择出来。“取消选择”命令可以取消屏幕上图像的选区；“重新选择”命令用于重新选择屏幕上前一次所选区域；“扩大选区”命令用于扩大选区范围；“反选”命令用于反选一个选区，即使所有未选中的区域将被选中；“修改”子菜单命令用于对所选区域进行加边框、平滑、扩展或收缩处理；“羽化”命令使所选区边缘模糊化；“变换选区”命令可以通过鼠标的点击和拖动来缩放、旋转和斜切选区。Photoshop CS5 还可以通过使用“保存选区”和“载入选区”命令将选区保存和载入。

◆“滤镜”：摄影师在照像机镜头前往往放置一个滤镜来产生特殊效果。Photoshop CS5“滤镜”菜单提供了各种各样的滤镜，其作用类似于摄像师的滤镜所产生的特效。通过使用 Photoshop CS5 的“滤镜”子菜单中的滤镜命令，可以对一幅图像或图像的一部分进行模糊、扭曲、风格化、增加光照效果和增加杂色。Photoshop CS5 包括 70 多种不同的滤镜，这是 Photoshop CS5 的特点。

◆“视图”：菜单用于改变文档的视图(放大、缩小或满画布显示)。用户还可以新建一个窗口以不同的放大率来显示同一幅图像，当此图像被编辑的时候，两个窗口的图像会一起更新。使用“视图”菜单，用户可以选择显示或隐藏标尺、参考线和网格。“视图”菜单还可以暂时地隐藏选区边缘或目标路径：“视图”菜单中的“预览”命令功能很强大，它可以预览 CMYK 模式下文档的显示式样；“色域警告”命令用于当选择了可打印的色彩范围之外的色彩时提出警告。

◆“窗口”：菜单用于改变活动文档以及打开和关闭 Photoshop CS5 的各个调板。

◆“帮助”：提供了对 Photoshop CS5 特性的快速访问。在许多方面，“帮助”内容都类似于不需鼠标点击的 Photoshop CS5 的用户手册。用户只要选择"帮助"目录，便可看到有关帮助的选项。

1.4.6 图像编辑窗口

界面的中间窗口是图像窗口，它是 Photoshop 的主要工作区，用于显示图像文件。图像窗口带有自己的标题栏，提供了打开文件的基本信息，如文件名、缩放比例、颜色模式等。如果同时打开两副图像，可通过单击图像窗口进行切换，如图 1-21 所示。(图像窗口切换可使用"Ctrl+Tab"键)

图 1-21 图像编辑窗口

1.4.7 状态栏

主窗口底部是状态栏，由三部分组成，如图 1-22 所示。

图 1-22 状态栏

在图 1-22 中：

(1)最右边的是文本行，说明当前所选工具和所进行操作的功能与作用等信息。

(2)左边是缩放栏，显示当前图像窗口的显示比例，用户也可在此窗口中输入数值后按回车键来改变显示比例。

(3)中间是预览框，单击右边的黑色三角按扭，打开弹出菜单，选择任一命令，相应的信息就会在预览框中显示。其中：

◆"文档大小"：表示当前显示的是图像文件尺寸。左边的数字表示该图像在不含任何图层和通道等数据情况下的尺寸，右侧的数字表示当前图像的全部文件尺寸。

◆"文档配置文件"：在状态栏上将显示文件的颜色模式。

◆"文档尺寸"：在状态档上将显示文档的大小(宽度和高度)。

◆"暂存盘大小"：已用和可用内存大小。

◆"效率"：代表 Photoshop 的工作效率。低于 60%则表示计算机硬盘可能已无法满足要求。

◆"计时"：执行上一次操作所花费的时间。

◆"当前工具"：当前选中的工具。

(4)按住"Alt"键的同时，用鼠标单击图像下方百分比右侧的数字栏就会弹出数字框，显示当前图像的高度、宽度、通道的数量及图像的分辨率。直接用鼠标则会显示出当前图像的打印预示框，虚线方框表示当前图像的大小和在打印纸中的相对位置。

1.4.8 浮动面板

浮动面板是界面右边的一个黑灰色的底板，上面有不同的面板选项，通过"窗口"→"显示"来显示面板。按"Tab"键，自动隐藏命令面板、属性栏和工具箱，再次按键，显示以上组件。按"Shift+Tab"键，隐藏控制面板，保留工具箱。要将调板还原到其默认大小和位置，选取"窗口"→"工作区"→"复位调板位置"命令。要将当前列表存储为库供以后使用，选取"存储"命令，然后输入库文件的名称，并单击"保存"按钮。

1.5 Photoshop CS5 文件的基本操作

1.5.1 实例——新建、保存并关闭设计作品图像文件

在 Photoshop CS 中新建一个宽 4 厘米、高 6 厘米的图像文件，然后将其以"设计作品"为名保存在 D 盘的"图片"文件夹中，最后将其关闭。该操作主要练习新建、保存和关闭图像文件的方法。

(1)启动 Photoshop CS5，执行"文件"→"新建"命令，弹出对话框，如图 1-23 所示。

(2)将名称"未标题 1"改为"设计作品"；"宽度"输入 4，"宽度"后面的单位单击小三角，在弹出的菜单中选择"厘米"；"高度"输入 6，"高度"后面的单位同样选择"厘米"；"分辨率"输入 72，"分辨率"后面单击小三角，在弹出的菜单中选择"像素/英寸"；"颜色模式"选择"RGB 颜色"，"颜色模式"通道选择 8 位；"背景内容"选择白色，单击对话框右上"确定"按钮，如图 1-24 所示。

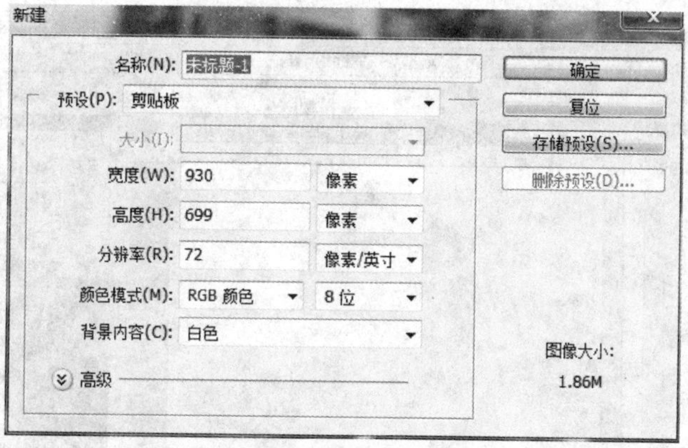

图 1－23 “新建”对话框

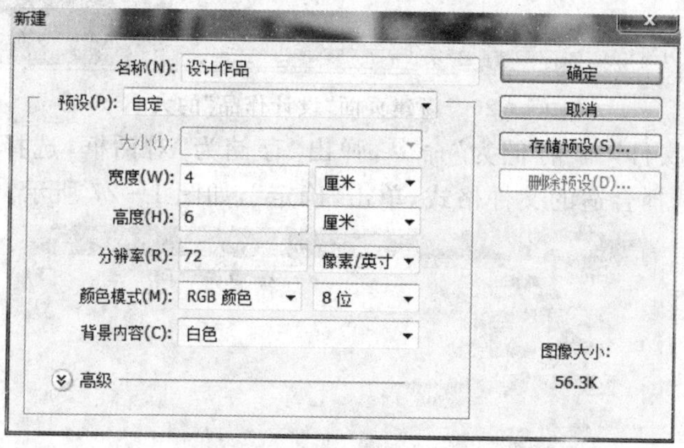

图 1－24 “新建”页面

(3)现在可以看到软件界面出现一个“设计作品”页面，如图 1－25 所示。

图 1－25 “设计作品”页面

(4)选择菜单栏“视图”→“标尺”命令，即可看到新建页面“设计作品”的大小，如图 1－26 所示。

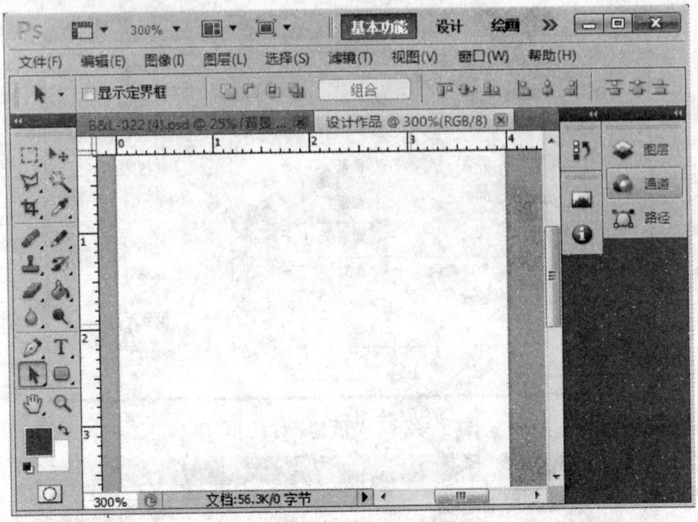

图 1-26　新建页面“设计作品”的大小

(5)选择菜单栏“文件”→“存储为”命令，弹出“存储为”对话框，选择“格式”，再单击小三角，在弹出的菜单中选择合适的文件格式，单击“确定”，如图 1-27 所示。

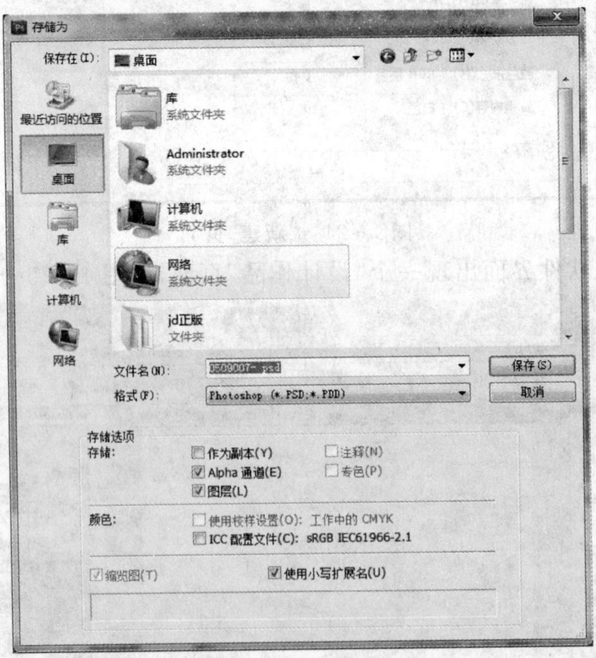

图 1-27　将“设计作品”存储为 PSD 格式

(6)最后选择菜单栏“文件”→“退出”命令，关闭软件。需要注意选择“文件”→ “存储”命令与选择“文件”→ “存储为”命令的区别。还可以选择“文件”→“存储为 Web 所用格式”命令将图形文件储存为 GIF 格式的文件，便于在网页中使用。

1.5.2　新建文件

选择菜单栏“文件”→“新建”命令后，弹出“新建”对话框，如图 1-28 所示。在对话框中可以设置新文件的“宽度”“高度”“颜色模式”“背景内容”等参数。

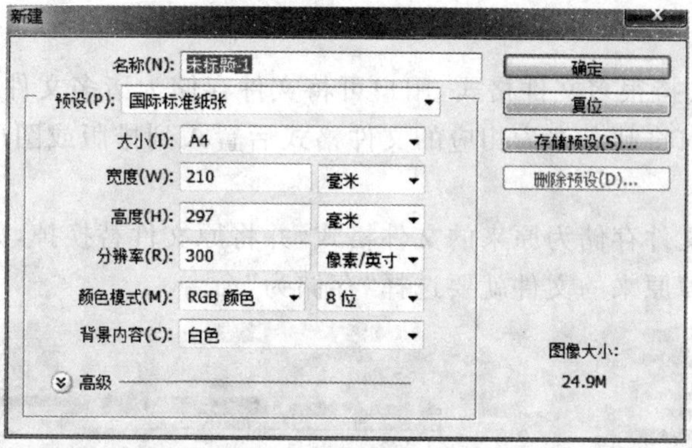

图 1-28 “新建”对话框

◆“预设”:可以在此项选择中选择软件定义的标准规格打印纸张。

◆“宽度”“高度”“分辨率”:在对应的数值框输入数值即可分别设置新文件的宽度、高度、分辨率,在这些数值框右侧的下拉列表中可以选择这些数值的单位。

◆“颜色模式”:在前面的下拉列表中可以选择新文件的颜色模式,在后面的下拉列表中可以选择新文件是 8 位通道的还是 16 位通道的。

◆“背景内容”:在该下拉列表中可以设置新文件的背景颜色。

◆“存储预设”:如果单击“存储预设”按钮,则可以将当前设置的参数保存成为一个预置选项,以后即可以从“预置”下拉列表中调用此设置。

1.5.3 图片、文件的打开

在弹出的对话框中可以打开已有的适合 Photoshop 编辑的图像文件,如图 1-29 所示。要打开曾经打开过的文件,可以选择“文件”→“最近打开文件”命令,在此命令的子菜单中保存了 10 个最近打开的文件的名称。同时直接双击软件界面的空白区域,也可以打开上次打开过的默认文件夹。“文件”→“打开为”命令与“打开”命令不同之处在于,此命令可以打开一些使用“打开”命令无法辨认的文件,例如某些图像如果以错误的格式保存,使用“打开”命令则有可能无法打开,此时可以尝试使用“打开为”命令。

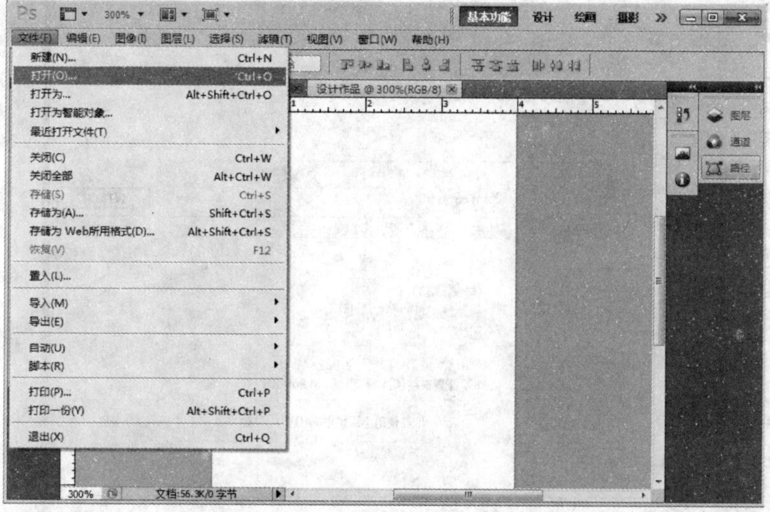

图 1-29 文件的打开

1.5.4　存储文件

Photoshop CS5 支持很多文件格式，用户可将文件存储为诸多文件格式中的任何一种，或者按照不同的软件要求将其存储为相应的文件格式后置入到排版或图形图像软件中。

1. 存储

“存储”命令是将文件存储为原来的文件格式，并将原文件替换掉，如图 1－30 所示。要使修改后的文件不替换掉原来的文件就要选择“存储为”命令。

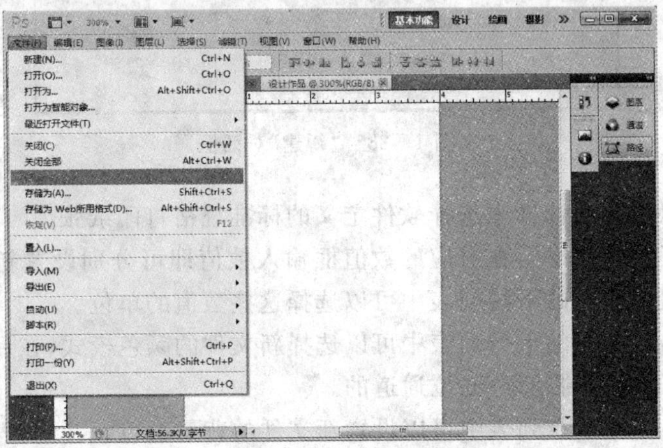

图 1－30　存储命令

2. 存储为

“存储为”命令以不同的位置或文件名存储图像。在 Photoshop CS5 中“存储为”命令可以用不同的格式和不同的选项存储图像，如图 1－31 所示。

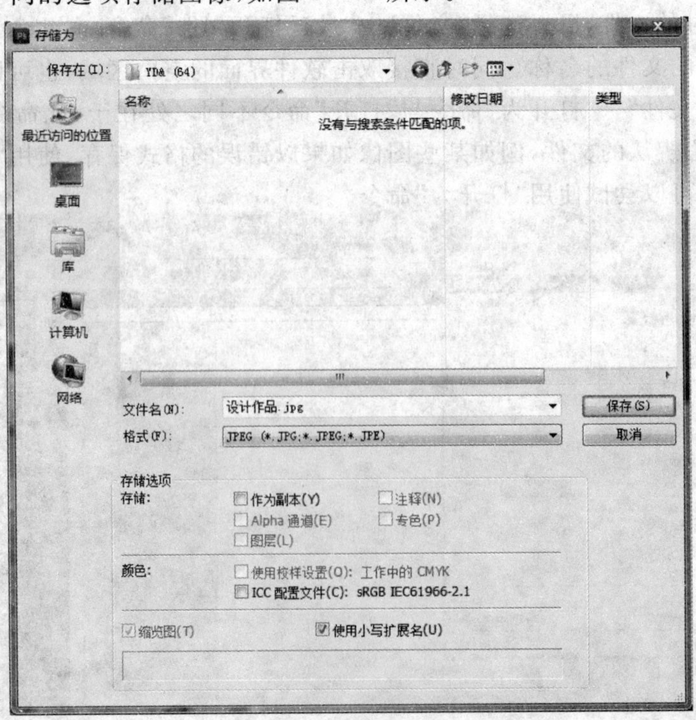

图 1－31　“存储为”选项

◆要建一个新的文件夹就用鼠标单击“创建新文件夹”按钮，会弹出“新文件夹”对话框，输入文件名字单击“建立”按钮就会在硬盘上出现一个新的文件夹，用户可将文件存储到新建的文件夹中。但有一点需要注意，就是要注意新建文件夹在硬盘中的位置。

◆“作为副本”：此选项可存储原文件的一个副本，并保持原文件的打开状态，原文件不受任何影响。当选择此选项后会弹出对话框，在名称栏中，软件会自动在名称后面加上“副本”字样，这样原文件就不会被替换掉。

◆“Alpha 通道”：该选项可将 Alpha 通道信息与图像一起存储。不选择该选项可将Alpha 通道从存储的图像中删除。

◆“图层”：该选项可保留图像中的所有图层。如果该选项被禁用或不可用，则所有的可视图层将拼合或合并(取决于所选的格式)。

◆“注释”：该选项可将注释与图像一起存储。

◆“专色”：该选项可将专色通道信息与图像一起存储。不选中该选项可将专色从已存储的图像中删除。

3. **将文件存储为 Web 和设备所用格式**

Photoshop CS5 提供了最佳的处理网页图像文件的工具与方法，它可以输出包含了点阵网页图像的 JPEG、GIF、PNG 格式。执行“文件”→“存储为 Web 所用格式” 命令，弹出“存储为 Web 所用格式”对话框，利用该对话框完成网页图像文件的最佳存储格式。

1.5.5 导入、导出文件

“导入”命令可以直接把从扫描仪、数码相机和视频捕获板得到的图像数字化并输入到 Photoshop CS5 中。“导出”命令可以以 GIF 格式(用于 Web 图像)进行图像输出，还可以输出 Photoshop CS5 路径到 Illustrators。

1.5.6 批处理文件

此命令能够自动为一个文件夹中的所有图像应用某一个动作，选择“文件”→“自动”→“批处理”命令，弹出如图 1-32 所示的“批处理”命令对话框。

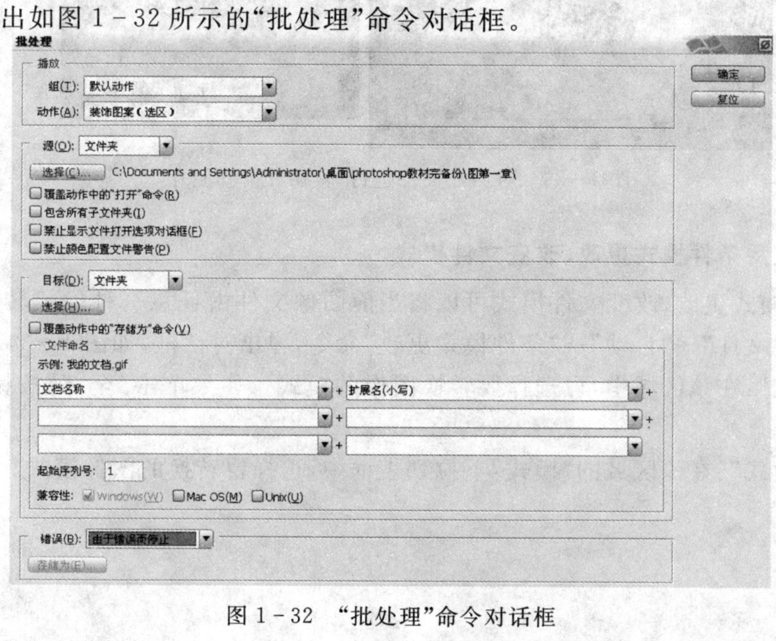

图 1-32 “批处理”命令对话框

◆“组”：在该选项下拉列表框中的选项用于定义要执行的动作所在的组。

◆“动作”：在该选项下拉列表框中可以选择要执行的动作的名称。

◆“源”：在该选项下拉列表框中选择“文件夹”选项，然后单击其下面的 选择(H)... 按钮，在弹出的对话框中可以选择要进行批处理的文件夹。

◆“目标”：在该选项下拉列表框中选择“无”选项，表示不对处理后的图像文件做任何操作；选择“存储并关闭”选项，将进行批处理的文件存储并关闭以覆盖原来的文件。选择“文件夹”选项，并单击下面的 选择(H)... 按钮，可以为进行批处理后的图像指定一个文件夹，将处理后的文件保存于该文件夹中。

◆“错误”：在该选项下拉列表框中选择“由于错误而停止”选项，可以指定当动作在执行过程中发生错误时处理错误的方式；选择“将错误记录到文件”选项，可以将错误记录到一个文本文件中并继续批处理。

1.5.7 对照片文件进行裁切并修齐照片

对照片文件进行裁切并修齐照片能够将一次扫描的多个图像分成多个单独的图像文件。打开文件执行“文件”→“自动”→“裁剪并修齐照片”命令。Photoshop 将对扫描后的图像进行处理，然后在其各自的窗口中打开每个图像，得到一系列按软件智能处理裁剪并修齐的图片，如图 1-33 所示。

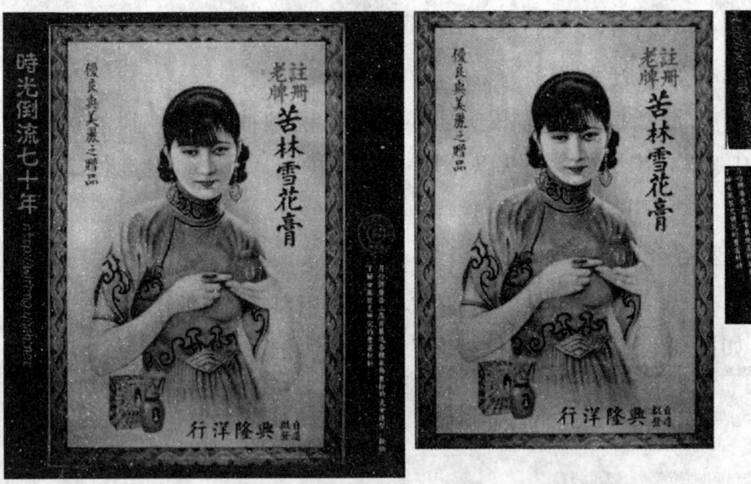

图 1-33 对照片文件进行“裁切并修齐照片”

1.5.8 使用条件模式更改、改变文件模式

使用条件模式更改、改变文件模式可以将当前图像文件由任意一种模式转换为设置的一种模式。选择“文件”→“自动”→“条件模式更改”命令，弹出对话框，如图 1-34 所示。

◆“源模式”：在该区域中，可选择要转换图像的模式。如果单击“全部”按钮，将选择所有的模式复选项。

◆“目标模式”：在该区域的“模式”下拉列表框中，选择要转换的图像模式。

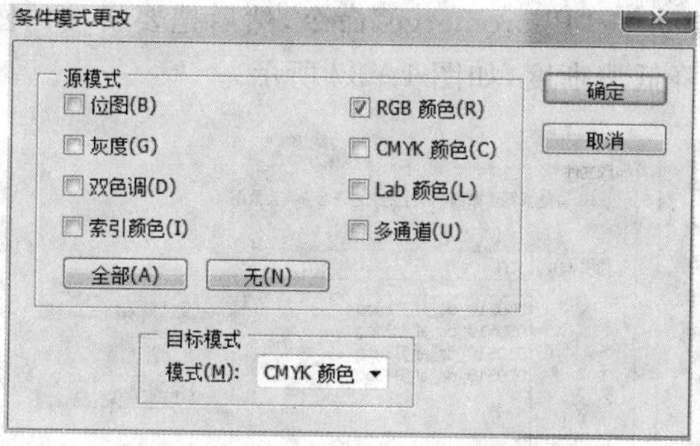

图 1-34 “条件模式更改”对话框

1.5.11 实例——4 张照片制作全景图片

“Photomerge”命令能够拼合具有重叠区域的连续拍摄照片，将其拼合成一个连续全景图像。使用此命令拼合全景照片要求拍摄者拍摄出几张在图像边缘有重合的图像。“Photomerge”命令对话框如图 1-35 所示。

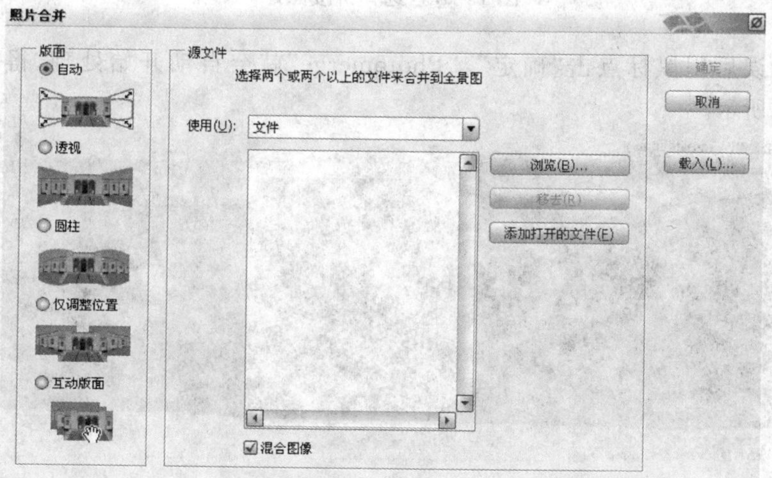

图 1-35 “Photomerge”命令对话框

◆“版面”：可以选择不同的照片透视角度。

◆“浏览”：可以选择需要进行拼合的图片。

◆“移去”：可以通过选择“照片”再选择“移去”将浏览好的照片去掉。

(1)启动 Photoshop CS5，打开照片，如图 1-36 所示。

图 1-36 打开照片

(2)选择“文件”→“自动”→“Photomerge”命令，然后把要拼接的图片选上，注意图片不要太多，否则处理后会大大降低清晰度，如图 1－37 所示。

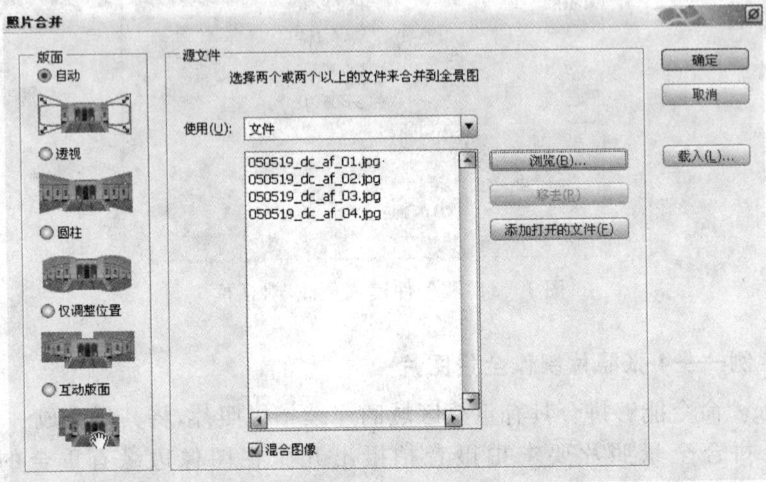

图 1－37　选择拼接图片

(3)确定无误后用鼠标点击“确定”，“Photomerge”就会自动开始处理，得到一张全景照片，如图 1－38 所示。

图 1－38　全景照片

(4)选择工具箱裁剪工具对图片进行编辑得到最终的全景照片，如图 1－39 所示。

图 1－39　最终全景照片

1.6 Photoshop CS5 基本概念

1.6.1 像素

像素是构成位图图像的最小单位。每一个像素都具有位置和颜色信息，位图中的每一个小色块就是一个像素。在 Photoshop CS5 中，像素是组成图像的最基本单元，我们可以把像素看成是一个极小的方形的颜色块。

一个图像通常由许多像素组成，这些像素被排成横行或纵列，每个像素都是方形的。当用户用缩放工具将图像放到足够大时，就可以看到类似马赛克的效果，每个小方块就是一个像素也可称为栅格。每个像素都有不同的颜色值。单位面积内的像素越多，分辨率（像素/英寸）越高，图像的效果就越好，如图 1-40 所示。

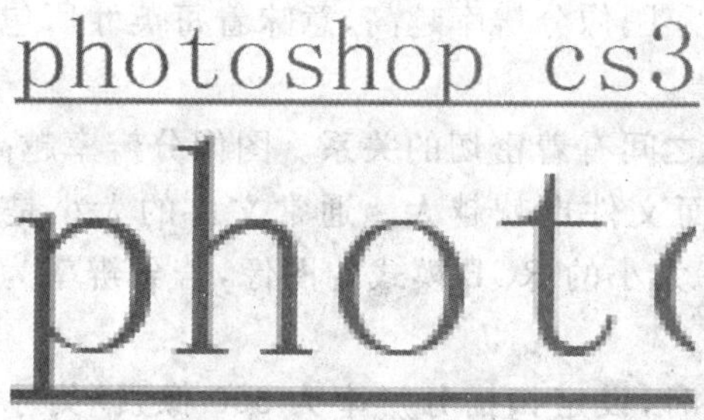

图 1-40 放大像素

图 1-40 上方是显示器上正常显示的图像，当放大到一定比例后，就会看到如图下方所示类似马赛克的效果。

1.6.2 矢量图和点阵图

1. 矢量图

矢量图又称为向量图形，是由线条和节点组成的图像。无论放大多少倍，图形仍能保持原来的清晰度，无马赛克现象且色彩不失真。

矢量图是由一些用数学方式描述的曲线组成的，其基本组成单元是锚点和路径。由诸如 Illustrator、PageMaker、FreeHand、CorelDRAW 等绘图软件创建的图形都是矢量图，不论放大、缩小多少倍，其边缘都是平滑的。矢量图尤其适用于制作企业标志，这些标志无论用于商业信纸，还是招贴广告，只用一个电子文件就能满足要求，可随时缩放，而效果一样清晰。

矢量图的文件大小与图像大小无关，只与图像的复杂程序有关，因此简单图像所占的存储空间小；矢量图可无损缩放，不会产生锯齿或模糊现象。

2. 点阵图

点阵图也叫位图或像素图，它是由很多个像素（色块）组成的图像。位图的每个像素点都含有位置和颜色信息，一幅位图图像是由成千上万个像素点组成的。位图图形细腻、颜色过渡缓和、颜色层次丰富，Photoshop 软件生成的图像一般都是位图。

点阵图是由诸如 Adobe Photoshop、Painter 等软件产生的，如果将此类图放大到一定程度，就会发现它是由一个个像素组成的。像素图的质量由分辨率决定，单位面积内的像素越多，分辨率越高，图像的效果就越好。用于制作多媒体光盘的图像分辨率通常 72 像素/英寸

(ppi)就可以了,而用于彩色印刷品的图像则需300像素/英寸(ppi)左右,印出的图像才不会缺少平滑的颜色过渡。

位图的清晰度与像素点的多少有关,单位面积内像素点数目越多则图像越清晰;对于高分辨率的彩色图像用位图存储所需的储存空间较大;位图放大后会出现马赛克,整个图像会变得模糊。

1.6.3 图像大小与分辨率

分辨率是单位长度内的点、像素的数量。分辨率的高低直接影响位图图像的效果,太低会导致图像粗糙,在排版打印时图片会变得非常模糊;而使用较高的分辨率则会增加文件的大小,并降低图像的打印速度。

正确理解图像分辨率和图像之间的关系对于了解Photoshop CS5的工作原理非常重要。在前面讲到像素概念的时候,已经提到图像分辨率的单位是像素/英寸(pixels per inch,ppi),即每英寸所包含的像素数量。图像分辨率越高,意味着每英寸所包含的像素越多,图像就有越多的细节,颜色过渡就越平滑。

图像分辨率和图像大小之间有着密切的关系。图像分辨率越高,所包含的像素越多,也就是图像的信息量就越大,因而文件也就越大。通常文件的大小是以"字节"(MB)为单位的。一般情况下,一个幅面为A4大小的RGB模式的图像,若分辨率为300像素/英寸(ppi),则文件大小约为20MB左右。

通过扫描仪获取大图像时,设定扫描分辨率为300像素/英寸(ppi)就可以满足高分辨率输出的需要。若扫描时分辨率设得比较低,想通过Photoshop来提高图像分辨率,则由Photoshop利用差值运算来产生新的像素,会造成图像模糊,层次差,不能忠实于原稿。如果扫描时分辨率设得比较高,图像已经获得足够的信息,通过Photoslaop来减少图像分辨率则不会影响图像的质量。

另外,常提到的输出分辨率是以点/英寸(dots per inch,dpi)为单位的,它是针对输出设备而言的。通常激光打印机的输出分辨率为300点/英寸(dpi)~600点/英寸(dpi),照排机要达到1200点/英寸(dpi)~2400点/英寸(dpi)或更高。而显示分辨率的单位则为像素/英寸(ppi)。

1.6.4 常用颜色模式

颜色模式决定了显示和打印电子图像的颜色模型(简单说色彩模型是用于表现颜色的一种数学算法),即一副电子图像用什么样的方式在计算机中显示或打印输出。

颜色模式除了能确定图像中能显示的颜色数之外,还会影响图像的通道数和文件大小(每个通道都存放着图像中颜色元素的信息,位图模式、灰度双色调和索引颜色图像中有1个通道,RGB和LAB图像有3个通道,CMYK图像有4个通道)。

1.颜色模式

正确的颜色模式可以提供一种将颜色转换为合理的数字数据的方法,从而使颜色在多种操作平台或媒介中得到一致的描述。在Photoshop CS5中,通过定义颜色模式来达到颜色的一致,Photoshop CS5支持各种颜色模式,常见的模式包括HSB(色相、饱和度、亮度)、RGB(红、绿、蓝)、CMYK(青洋红、黄、黑)等,选择"菜单"→"图像"→"模式"命令,如图1-41所示。

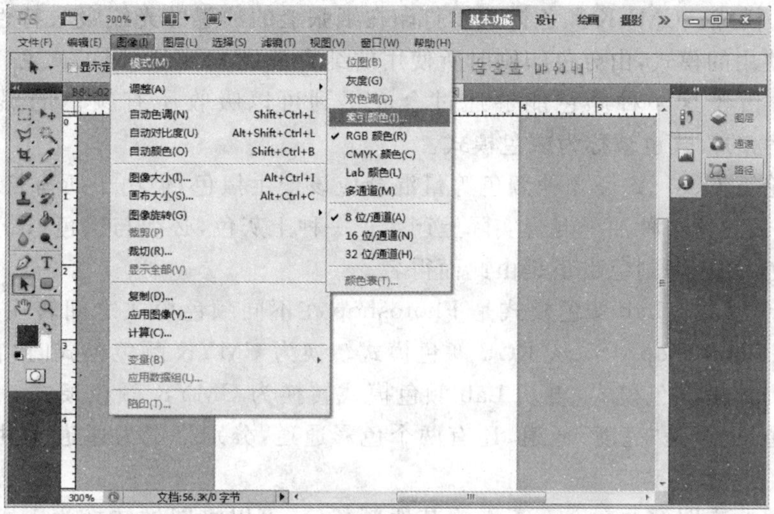

图 1－41 “模式”选项

(1)位图模式。位图模式的文件只使用两种颜色值，即黑色和白色，表示图像中的色彩，因此位图模式下的图像也叫做黑白图像或 1 位图像，此类图像要求的储存空间很少，但由于无法表现色彩丰富的图像，因此仅用于一些黑白对比强烈的图像。图 1－42 所示即为只能显示黑色和白色的位图图像。

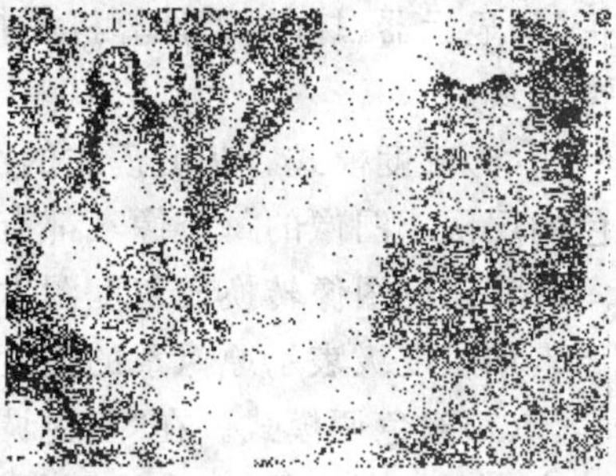
图 1－42 位图模式图像

(2)HSB 模式。HSB 模式是基于人类对颜色的感觉来确立的，它描述了颜色的三个基本特性，分别是色相、饱和度和亮度，通常使用在室内外效果图修饰及绘画中。

①“色相”：即从物体反射或透过物体传播的颜色。在 0°～360°的标准色轮上，色相是按位置度量的。在通常的使用中，色相是由颜色名称标识的，比如红色、橙色或绿色。

②“饱和度”：有时也称彩度，是指颜色的强度或纯度。饱和度表示色相中灰成分所占的比例，用 0(灰色)～100%(完全饱和)的百分比来度量。在标准色轮上，从中心向边缘饱和度是递增的。

③“亮度”：是指颜色的相对明暗程度，通常用 0(黑)～100%(白)的百分比来度量。

(3)RGB 模式。计算机屏幕上的最小单位是像素点，每个像素点的颜色都由 3 种基色来决定，通过改变每个像素点上每个基色的亮度，就可以实现不同的颜色。例如，将 3 种基色的亮度都调为最大，就形成了白色；将 3 种基色的亮度都调为最小，就形成了黑色；如果某一种基色的亮度最大而其他两种基色的亮度最小，则可以得到基色本身；如果这些基色的亮度不是最大也不是最小，就可以调和出其他成千上万种颜色。从某种角度来说，计算机可以处理再现任何颜色。这种基于三原色的颜色模型被称作 RGB 模型，RGB 分别是红色、绿色和蓝色 3 种颜色英文的首字母缩写。

RGB 颜色模式是 Photoshop 默认使用的颜色模式。在该模式中所有的颜色均由红(R)、绿(G)和蓝(B)3 种颜色的不同颜色值组合而成，由于 RGB 颜色模式为图像中每个像素的 R、G、B 色值分配一个 0～255 范围的强度值，因此共可以生成超过 1670 万种颜色。

(4)CMYK 模式。CMYK 颜色模式以打印在纸张上的油墨的光线吸收特性为理论基础，是一种印刷所使用的模式，由分色印刷时所使用的纯青色(C)、洋红(M)、黄色(Y)和黑色(K)4 种颜色组成。由于这 4 种颜色能够通过合成得到可以吸收所有颜色的黑色，因此使用 CMYK 生成颜色的模式也被称为减色模式。

虽然在理论下 C、M、Y 等 3 种颜色等量混合应该产生黑色，但由于所有打印油墨都会包含有一些杂质，因此这 3 种油墨混合实际上产生了一种土灰色，必须与黑色(K)油墨混合才能产生真正的黑色，四色印刷色也正是由此而得名。

(5)Lab 颜色模式。Lab 颜色模式是 Photoshop 在不同颜色模式之间转换时使用的内部格式。例如，当 Photoshop CS5 从 RGB 颜色模式转换为 CMYK 颜色模式时，它首先把 RGB 颜色模式转换为 Lab 颜色模式，再从 Lab 颜色模式转换为 CMYK 颜色模式。Lab 颜色模式图像有 3 个通道，一个是“亮度”通道，还有两个色彩通道，分别指定为通道 a(由绿色到洋红)和通道 b(从蓝色到黄色)。

如果只需要改变图像的亮度而不影响其他颜色值，可以将图像转换为 Lab 颜色模式，然后在 L 通道中进行操作。Lab 颜色模式最大的优点是其与设备无关的特性，无论使用什么设备(如显示器、打印机、计算机或扫描仪)创建或输出图像，这种颜色模式产生的颜色都可以保持一致。

(6)灰度模式。灰度模式的图像由 8 位/像素的信息组成，并使用 256 级的灰色来模拟颜色的层次。图像的每个像素都有一个 0～255 之间的亮度值。

将彩色图像转换成灰度图像，Photoshop CS5 会删除原图像中所有的颜色信息，被转换的像素用灰度级表示原像素的亮度。

(7)双色调模式。在“双色调”模式下，Photoshop CS5 为图像添加另外一种油墨，可增加图像的色度和维数，以丰富图像的视觉表现效果。

在“双色调”模式的对话框中，可以通过选择“类型”下拉列表菜单中的选项，制作三色调或四色调的图像，为灰度图像添加相应的油墨，以产生色彩更丰富的效果。

如果要将彩色图像转换为“双色调”模式，必须先转换为灰度图像，才可以激活“双色调”模式命令。

(8)索引颜色模式。索引颜色模式可以将图像中的颜色数量减少到 256 种或更少，所以通常将输出到 Web 和多媒体程序的图像文件转换为索引颜色模式，以减小文件的大小。当将图像文件转换为索引颜色模式时，Photoshop CS5 将图像中的通道减少为一个，并生成一个颜色表，颜色表中显示当前文件的各种颜色，它在图像中起着颜色索引的作用。

对于原图像中没有出现在查录表中的颜色，Photoshop CS5 将选取已有颜色中最相近的颜色模拟该颜色，因此使用索引颜色可以大大地减小文件大小，同时基本保证在视觉上图像的颜色无太大不足。

(9)多通道模式。多通道模式是在每个通道中使用 256 灰度级。可以将由一个以上通道合成的任何图像转换为多通道图像，原来的通道被转换为专色通道。从 RGB、CMYK 或 Lab 模式的图像中删除任何一个通道后，该图像将自动转换为多通道模式。

因为不同颜色模式具有不同色域及表现特点，因此在实际工作中，将图像从一种颜色模式转换为另一种颜色模式非常常见。在转换图像前，应该执行以下操作，以阻止转换颜色模式所引起的不必要的损失。

2. 颜色模式间的转换

灰度模式是位图/双色调模式和其他模式相互转换的中介模式。只有灰度模式和RGB模式的图像可以转换为索引颜色模式。Lab模式色域最宽，包括RGB和CMYK色域中所有颜色。Photoshop以Lab模式作为内部转换模式。多通道模式可通过转换颜色模式和删除原有图像的颜色通道得到。

1.6.5 Photoshop CS5 常用文件格式

Photoshop CS5 软件常用的文件格式如图 1-43 所示。

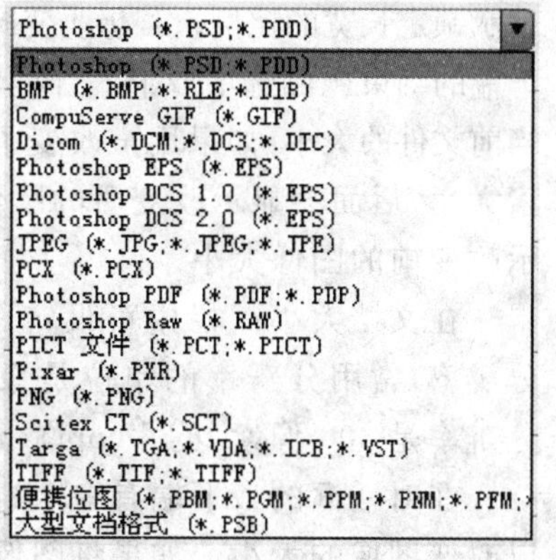

图 1-43 文件格式

(1)PSD 和 PDD 格式。这两种格式是 Photoshop CS5 软件的专用文件格式，能保存图层、通道、路径等信息，便于以后修改。其缺点是保存文件较大。

(2)BMP 格式。这种格式是微软公司绘图软件的专用格式，是 Photoshop CS5 最常用的位图格式之一，它支持 RGB、索引、灰度和位图等颜色模式，但不支持 Alpha 通道。

(3)Photoshop EPS 格式(*.EPS)。这种格式是最广泛地被向量绘图软件和排版软件所接受的格式。它可保存路径，并在各软件间进行相互转换。若用户要将图像置入 CorelDRAW、Illustrator、PageMaker 等软件中，可将图像存储成 Photoshop EPS 格式。它不支持 Alpha 通道。

(4)JPEG 格式(*.JPG)。这种格式是一种压缩效率很高的存储格式，是一种有损压缩方式。它支持 CMYK、RGB 和灰度等颜色模式，但不支持 Alpha 通道。JPEG 格式也是目前网络可以支持的图像文件格式之一。

(5)TIFF 格式(*.TIF)。这种格式是为 Macintosh 开发的最常用的图像文件格式。它既能用于 MAC，又能用于 PC，是一种灵活的位图图像格式。TIFF 在 Photoshop CS5 中可支持 24 个通道，是除了 Photoshop 自身格式外唯一能存储多个通道的格式。它主要是基于桌面出版的，采用无损压缩。

(6)AI 格式。这种格式是 Illustrator 的源文件格式。在 Photoshop 软件中，用户可以将保存了路径的图像文件输出为 AI 格式，然后在 Illustrator 和 CorelDRAW 软件中直接打开它并进行修改处理。

(7)GIF 格式。这种格式是由 CompuServe 公司制定的，只能处理 256 种色彩；常用于网络传输，其传输速度要比其他格式的文件快很多；并且可以将多张图像存成一个文件而形成动画效果。

(8)PDF 格式。这种格式是 Adobe 公司推出的专为网上出版而制定的，是 Acrobat 的源文件格式。它不支持 Alpha 通道。在存储前，必须将图片的模式转换为位图、灰度、索引等颜色模式，否则无法存储。

(9)PNG 格式。这种格式是 Netscape 公司针对网络图像开发的文件格式。这种格式可以使用无损压缩方式压缩图像文件，并利用 Alpha 通道制作透明背景，是功能非常强大的网络文件格式。但较早版本的 Web 浏览器可能不支持这种格式。

1.6.6 Photoshop CS5 图像的调整

Photoshop CS5 可以通过像素大小、文件尺寸及文件大小来表示图像的大小。事实上，图像的大小和像素、分辨率、实际打印尺寸之间关系密切，它会决定存储文件所需的硬盘空间。

选择“图像”→“图像大小”命令，就会弹出“图像大小”对话框，如图 1－44 所示。在“像素大小”一栏中可以看到当前图像的宽度和高度，通常是以像素为单位，另外还有一个单位是百分比，可输入缩放的比例。右边的链接符号表示锁定长宽的比例。若想改变图像的比例，可将对话框下端的约束比例选项取消。“像素大小”后面的数字表示当前文件的大小，如果用户改变了图像的大小，则在“像素大小”后面会显示改变后的图像大小，并在括号内显示改变前的图像大小。

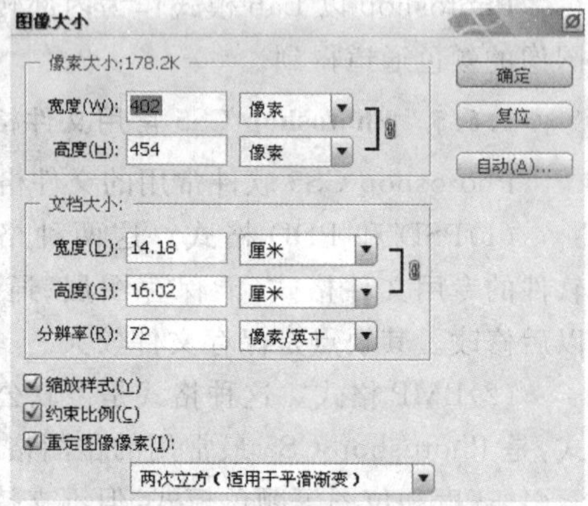

图 1－44 图像大小

在文档大小一栏中可设定图像的高度、宽度以及分辨率，常用分辨率的单位是像素/英寸，印刷常用的分辨率是 300 像素/英寸(ppi)。

在对话框的最下端有一个“重定图像像素”选项，如图 1－45 所示。如果选中此选项，就可以改变图像的大小。如果将图像变小，也就是减少图像中的像素数量，则对图像的质量没有任何影响；若增加图像的大小，或提高图像的分辨率，也就是增加像素，则图像就会根据此处设定的差值运算方法来增加像素。“两次立方”是速度最慢且最精确的一种增加像素的方法。“邻近”是最不精确的一种方法，它是取最邻近的像素的色值用于新增加的像素。“两次线性”是一种中间质量的运算方法。

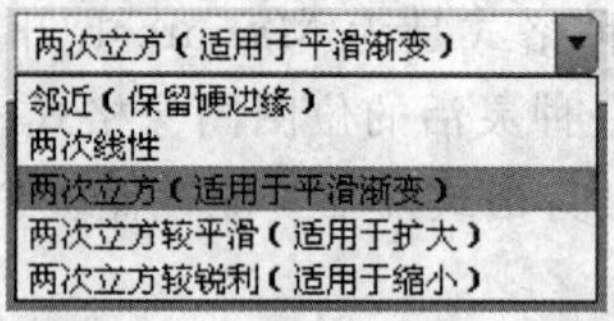

图 1－45 “重定图像像素”

1.7 初识使用 Photoshop CS5 进行图像设计

1.7.1 实例——对照片进行颜色修整

通过调整阴影、中间调和高光，可以修复暗淡、缺少反差或有色痕的照片。

(1)启动 Photoshop CS5，选择菜单栏“文件”→“打开”命令，打开需要编辑的照片，编辑照片的亮度、对比度和颜色。如图 1－46 所示为原始图片，此图像较黑、反差较弱并且整体颜色偏蓝。使用 Photoshop CS5 的“图像”→“调整”→“色阶”命令，我们可以快速地修复图像。

(2)创建一个新的色阶调整图层，选择“图层”→“新建调整图层”→“色阶”命令，然后在“新建图层”对话框中点击“确定”。我们将在调整图层中进行色调校准，而不是直接在图像上处理(双击图层面板中的图层缩览图可以随时调用“色阶”命令，如图 1－47 所示)。在调整图层中进行处理可以保持原始图像不被改动，以便能够随时放弃更改并恢复原始图像。

图 1－46　原始图片

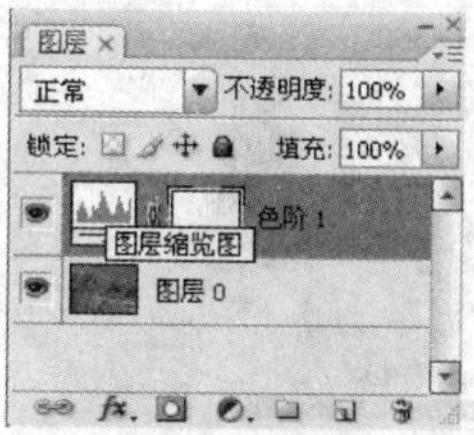

图 1－47　调用“色阶”命令

(3)评估图像直方图，“色阶”对话框中心的直方图通过图形方式表示每个浓度级别的像素数量，从而显示了图像中像素的分布方式。它显示了阴影（直方图的左部）、中间调（中部）和高光（右部）中像素的相对数量。从图 1－48 可以看到，此图像没有使用整个色调范围，像素没有横跨直方图的整个长度。

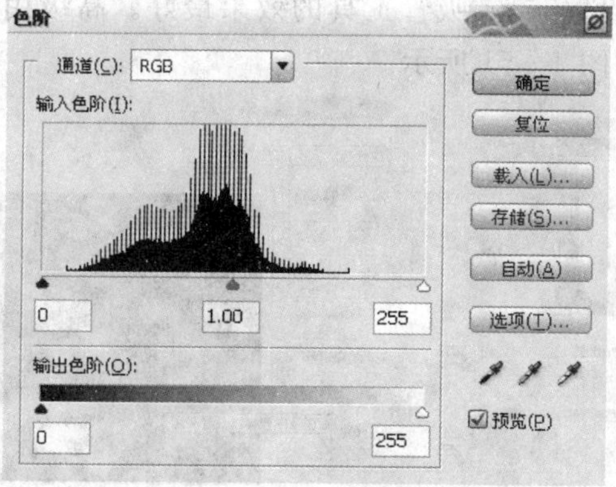

图 1－48　色阶直方图

(4)设置阴影和高光，将黑场输入滑块和白场输入滑块(紧邻直方图之下的黑色三角形和白色三角形)从直方图的边缘向内移动。图像中所有位于所设置色阶的像素以及任何低于该色阶的像素都将变为黑色。白场输入滑块将位于其位置或高于该值的值映射为 255(或纯白)。调整了滑块后，图像的反差将变大，如图 1－49 所示。

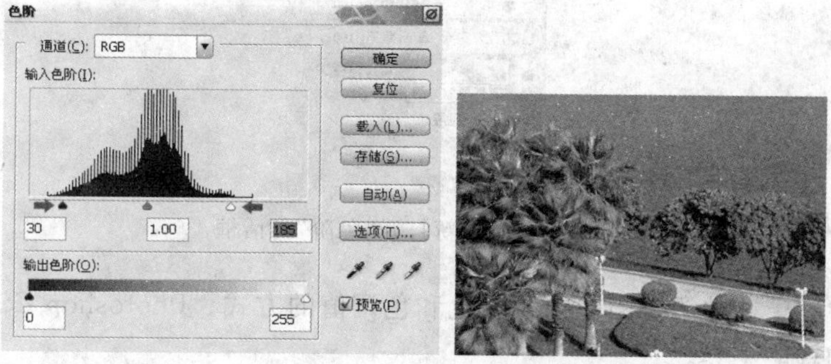

图 1－49　设置阴影和高光

(5)调整中间调，通过中间输入滑块（直方图下方的灰色三角形）调整中间调值的灰度系数（或对比度）。它会更改灰色调中间范围的强度值，但不会明显改变高光和阴影。将中间输入滑块向左移动可使图像变亮，向右移动可使图像变暗，如图 1－50 所示。

图 1－50 调整中间调

(6)移去色痕，在“色阶”对话框中选择“设置灰场”吸管工具(中间的吸管)。选择蓝色通道，点按图像中应该为灰色的区域。该区域将变为中性灰色，并且会移去色痕。在带有易于看出的中性色调的图像上，“设置灰场”吸管工具的效果最好。高级用户经常使用“色阶”命令调整各个通道并移去色痕，如图 1－51 所示。

图 1－51 移去色痕

(7)由于使用了调整图层，因此可以重新打开对话框并查看所作的调整。可以重新调整任何设置。要重新打开“色阶”对话框，需要在“图层”调板内点击两次调整图层中的左侧缩览图，如图 1－52 所示。

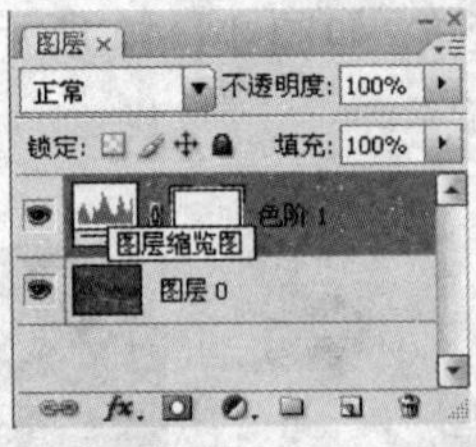

图1－52 重新打开“色阶”对话框

我们已经看到了一种调整图像中的颜色和色调值的方式。Photoshop CS5 提供了多种可进行这些调整的智能工具。

1.7.2 实例——对照片进行缺陷校正

瑕疵或红眼损害了一些在其他方面很出色的照片的完美性。只需点击一次，红眼工具就可修正红眼。污点修复画笔可以轻松地移去瑕疵、统一背景中不想要的对象以及其他缺陷。本例中，我们将看到如何校正红眼和移去污点。

(1)修正红眼。在工具箱中选择红眼工具,然后点击眼睛的红色区域即可将其校正。用户如果对结果不满意,可选择“编辑”→“还原”命令,并使用不同的“瞳孔大小”和“变暗量”设置再次尝试。用户可以在应用程序窗口顶部的选项栏中更改这些设置,如图 1-53 所示。

图 1-53 修正红眼

(2)修正污点和瑕疵。在工具箱中选择污点修复画笔工具,然后设置工具选项。在应用程序窗口顶部的选项栏中,点按“画笔”旁边的三角形以打开“画笔”选取器。拖移“直径”滑块以更改画笔大小。使用与要修正的缺陷大小差不多的画笔大小。要移去任何不想要的污点,用户需要在污点上点按或在上面拖移指针,如图 1-54 所示。

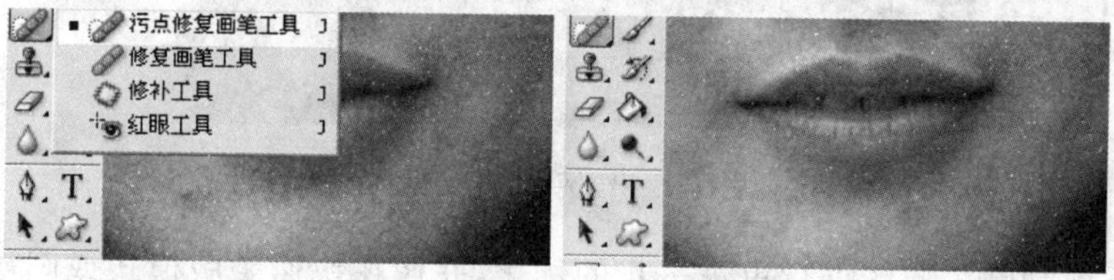

图 1-54 修正污点和瑕疵

1.7.3 实例——快速选择图像中的区域

Adobe Photoshop CS5 提供了针对不同选择任务定制的选择工具。本例中,我们将了解这些工具的一些有效用法。

1. 使用快速选择工具

(1)选择“快速选择工具”,如图 1-55 所示。

图 1-55 快速选择工具

(2)选择需要选择的内容。如同许多其他工具,快速选择工具的使用方法是基于画笔模式的。也就是说,也可以"画"出所需的选区。如果是选取离边缘比较远的较大区域,就要使用大一些的画笔大小;如果是要选取边缘则要换成小尺寸的画笔大小,这样才能尽量避免选取背景像素,如图 1-56 所示。(要更改画笔大小,可以使用属性栏中"画笔"一侧的下拉列表,也可以直接使用快捷键"["或"]"来增大或减小画笔大小;如果要对选取的范围进行调整,可以通过属性栏"添加到选区""从选区中减去"对区域范围进行调整)最后点击鼠标右键按"Del"键将不需要的区域删除。

图 1-56 选择所需内容

(3)我们还需要再对选区进行更进一步的优化,并像在快速蒙版模式或图层蒙版状态下那样仔细查看,查看时会有一个白色或黑色的背景。在属性栏中我们可以看到有一个"优化边缘"按钮,单击该按钮会打开一个对话框,在对话框中可以对所做的选区作精细调整,可以控制选区的半径和对比度,可以羽化选区,也可以通过调节光滑度来去除锯齿状边缘,同时并不会使选区边缘变模糊,以及以较小的数值增大或减小选区大小。

在调整这些选项时,我们可以实时地观察到选区的变化,从而在应用选区之前确定所做的选区是否精准无误。如果觉得选区已经优化得不错,就可以单击"OK"按钮接受选区,然后再根据需要将其从图像中移除,或者在不影响选区之外内容的情况下编辑选区中的像素。

2. 使用磁性套索来选择部分对象

选择磁性套索工具(隐藏在工具箱中套索工具的后面),然后在照片中的一部分对象周围点击并拖移。在拖移时,Photoshop CS5 会将选区与对象的边缘"对齐"。磁性套索工具对于建立自由选区特别适合,因为它会跟踪对象的边缘。在带有定义精确边缘的区域上,它的效果最好。拖移时此工具会放置锚点(通过按"Delete"键可移去锚点)。要终结选区边框,请点击起始锚点(或点击两次)。尝试使用移动工具移动选区。选择"编辑"→"还原"命令,使选区返回到其原始位置。然后,选择"选择"→"取消选择"命令,以取消选择对象,如图 1-57 所示。

图 1-57 选择部分对象

1.7.4 实例——如何使用图层创建图像

依据不同的元素(如背景色、文本、形状以及其他照片中的选区)构建图像时,图层提供了完整的富有创意的控制。在此案例中,将看到如何创建多层图像、应用图层蒙版并随后添加文本图层。

(1)在 Photoshop CS5 中打开图像。选择“文件”→“打开”命令,或在 Adobe Bridge 中点击两次缩览图。默认情况下,可以看见“图层”调板。如果看不见,需选取“窗口”→“图层”命令。“图层”调板将随图层内容的缩览图一起显示图像中的每个图层,如图 1-58 所示。(如打开的图片是锁定状态,需双击图层面板中的图标🔒,弹出对话框选择确定即可)

图 1-58 打开图片

(2)起用图层蒙版。使用图层蒙版以便只选择和显示要使用的图像部分,而不改变图像。这里,将蒙盖除包含人物面部的圆形区域外的整个图像。点击并按住矩形选框工具,然后从弹出式菜单中选择椭圆选框工具。按住 Shift 键将选区限制为圆形,然后拖移出一个选择区域。在“图层”调板中,点击“添加图层蒙版”,如图 1-59 所示。

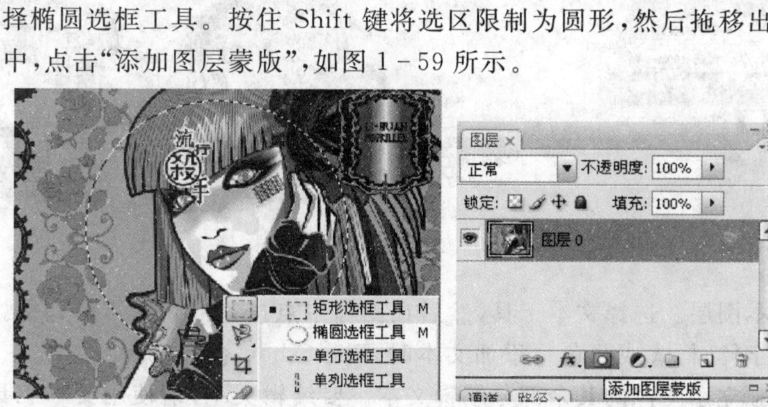

图 1-59 用椭圆选框工具拖移出一个选择区域

(3)现在，只有选中的区域是可见的。用户可以通过在图像周围移动蒙版更改可见区域。首先点击链接图标，取消蒙版与图层的链接。选择移动工具，在蒙版内点击，然后拖移以重新定位它。正确定位了蒙版之后，点击链接图标以重新链接蒙版和图层。将图层移到何处，蒙版现在就会随图层一起移到何处，如图 1－60 所示。

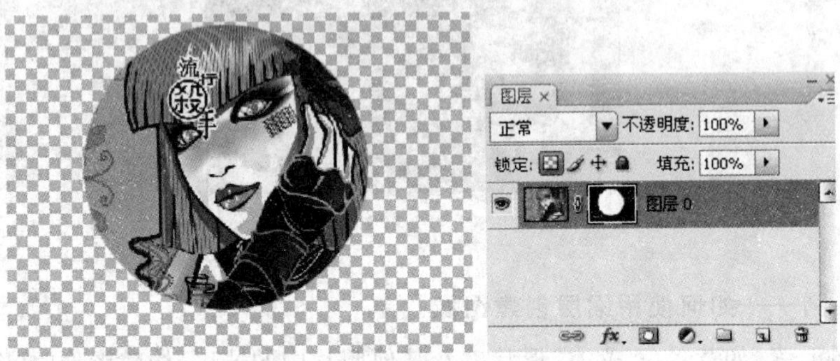

图 1－60　添加图层蒙版

(4)添加图层效果。点按“图层”调板底部的“添加图层样式”，然后从菜单中选择“描边”。在“图层样式”对话框的左侧选择“描边”，然后更改“描边”的属性，如图 1－61 所示。

图 1－61　添加图层效果

(5)创建填充并添加新图层。点击“创建新图层”向图像中添加一个新图层。新的图层将出现在选定图层的上方。选择工具箱单列选框工具，在画面任意点击，点按“前景色”色板，然后从拾色器中选择一种颜色。选择油漆桶工具(隐藏在渐变工具后面；点击三角形可显示隐藏的工具)。然后，在图像中的任何位置点击以创建填充，如图 1－62 所示。

图 1－62　创建填充并添加新图层

(6)添加文本图层。选择文本工具，然后在图像中点按，将出现“I”形光标。在选项栏中，更改文本大小、字体、样式或颜色。添加文本时，Photoshop 会自动将文本放在它自己的图层上，可以在其中独立于图像的其余部分编辑文本。要编辑文本，请使用文本工具选择它，然后更改选项栏中的任何设置。要移动文本，请选择移动工具，然后拖移文本，如图 1－63 所示。

图 1 - 63 添加文本图层

(7)向图像中添加形状。

①添加形状。使用 Photoshop CS5 可轻松地向图像中添加各种形状:可以使用各种形状工具绘制形状,也可以从大量的预绘制形状中进行选择。可以在单独的图层上排列矢量形状,以便轻松地进行修改和获得叠加效果。使用渐变和图层效果添加一些特别风格,载入一组自定形状。在工具选项栏中选择“自定形状”工具。在属性栏点击“形状”弹出式菜单以打开“自定形状”弹出调板,如图 1 - 64 所示。

图 1 - 64 选择“自定形状”工具添加形状

②绘制形状。向前景中添加自定形状来实现叠加效果。使用工具箱中的前景色色板为新形状选择一种颜色。从选项栏中的“形状”弹出式调板中选择一个自定形状。按住“Shift”键约束比例,然后在图像中点击并拖移以绘制形状。由于矢量形状位于它自己的图层上,因此可以轻松地移动或调整大小,而不会影响图像的其他元素。矢量图形选择好后点击图层浮动面版的红框处确定。之后,选择图层,然后使用移动工具移动形状,或者,选择“编辑”→“自由变换”命令对其调整大小、旋转、翻转或斜切,如图 1 - 65 所示。

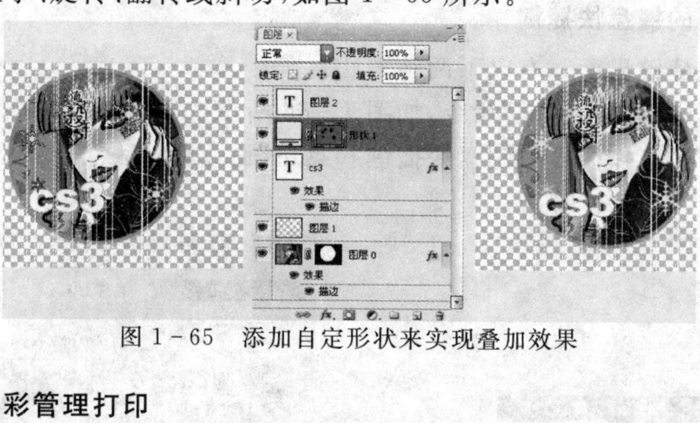

图 1 - 65 添加自定形状来实现叠加效果

1.7.5 使用色彩管理打印

在打印照片时,Photoshop CS5 的“打印预览”功能可帮助用户获得可预知的结果。在此,将了解如何调整色彩管理设置以便获得尽可能最好的打印效果。要执行这些步骤,必须有一个适用于打印机和纸张类型的 ICC 配置文件。

(1)打开打印预览对话框。在 Photoshop CS5 中打开图像,然后选择"文件"→"打印预览"命令,将出现"打印"("打印预览")对话框。通过点击右侧的"更多选项"按钮展开对话框。如果已展开,则"较少选项"按钮处于可见状态。

(2)设置色彩管理选项。从预览缩览图下方的弹出式菜单中选取"色彩管理"。在"打印"下选择"文档"选项,图像当前的配置文件列在此处。从"选项"下的"颜色处理"弹出式菜单中选取"让 Photoshop CS5 确定颜色"。稍后,当打印机驱动程序对话框出现时,确保关闭打印机的色彩管理,以便打印机驱动程序设置不会与 Photoshop CS5 色彩管理设置冲突。

(3)选择打印机配置文件。从"打印机配置文件"弹出式菜单中选取适用于输出设备的配置文件。配置文件必须已安装在正确的位置中才会显示出来。

(4)从菜单中选取一种渲染方法。渲染方法指定 Photoshop CS5 如何将颜色转换为打印机颜色空间。对于大多数照片而言,"可感知"或"相对比色"是适合的选项。

(5)指定打印机驱动程序设置并打印图像。点击"打印"按钮,将出现打印机驱动程序的"打印"对话框。看到的选项取决于打印机驱动程序。确保关闭打印机驱动程序的色彩管理,因为选择了让 Photoshop CS5 将颜色转换为打印机配置文件。在某些打印机驱动程序中,需要选择"无颜色管理"选项。

1.8 Photoshop CS5 快捷键

1.8.1 关于自定键盘快捷键

Photoshop CS5 允许用户查看所有快捷键的列表,并编辑或创建快捷键。"键盘快捷键"对话框充当了一个快捷键编辑器,并包括了所有支持快捷键的命令,其中一些是默认快捷键组中没有提到的。如果默认快捷键组不够,用户还可以创建其他组。例如,用户可以为从"窗口"→"工作区"菜单中选取的不同工作区创建单独的组。

除了使用键盘快捷键外,用户还可以使用上下文相关菜单访问许多命令。上下文相关菜单显示与现用工具、选区或调板相关的命令。要显示上下文相关菜单,用户需要在文档窗口或调板中右击鼠标键。

1.8.2 定义新的键盘快捷键

(1)进入键盘快捷键界面。有以下两种方法:

①选择"编辑"→"键盘快捷键"命令,如图 1-66 所示。

②选择"窗口"→"工作区"→"键盘快捷键和菜单"命令,然后点击"键盘快捷键"选项卡,如图 1-67 所示。

图 1-66 选取"键盘快捷键"

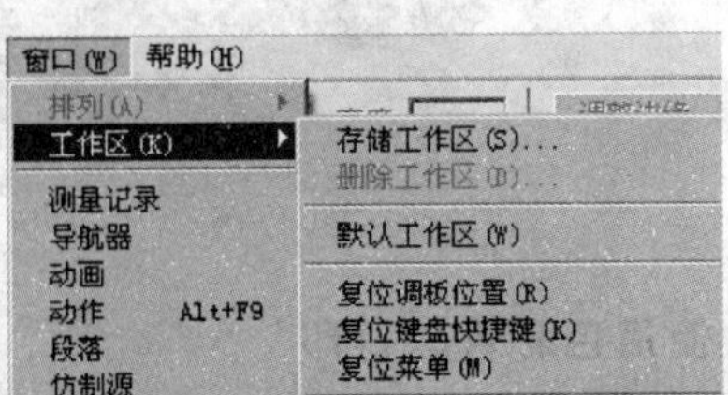

图 1-67 选取"键盘快捷键和菜单"

(2)从“键盘快捷键和菜单”对话框顶部的“组合”菜单中选取一组快捷键(在创建新的组之前,“Photoshop 默认值”是唯一的选项),如图 1-68 所示。

(3)从“快捷键用于”菜单中选取一种快捷键类型,如图 1-69 所示。

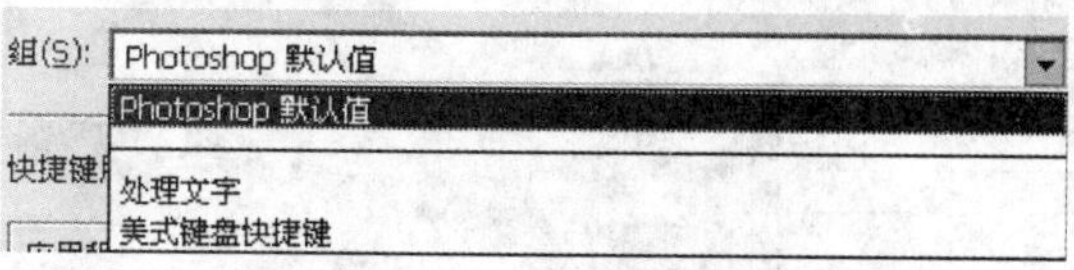

图 1-68 选取一组快捷键

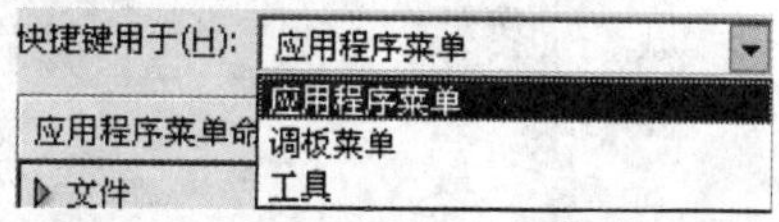

图 1-69 从“快捷键用于”菜单中选取快捷键

◆“应用程序菜单”:允许为菜单栏中的项目自定键盘快捷键。

◆“调板菜单”:允许为调板菜单中的项目自定键盘快捷键。

◆“工具”:允许为工具箱中的工具自定键盘快捷键。

(4)在滚动列表的“快捷键”列中,选择要修改的快捷键,如图 1-70 所示。

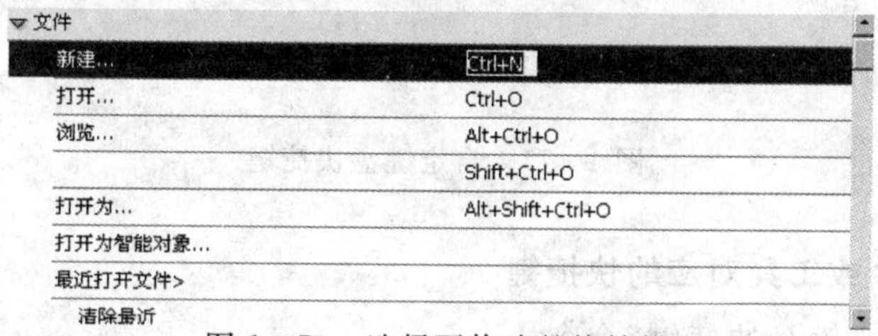

图 1-70 选择要修改的快捷键

(5)键入新的快捷键,如果键盘快捷键已经分配给了组中的另一个命令或工具,则会出现一个警告。点击“接受”将快捷键分配给新的命令或工具,并删除以前分配的快捷键。重新分配了快捷键后,可以点击“还原更改”来还原更改,或点击“接受并转到冲突处”将新的快捷键分配给其他命令或工具。

(6)完成快捷键的更改后,要注意以下方面:

①要存储对当前的键盘快捷键组所做的所有更改,请点击“存储组”按钮,即会存储对自定组所做的更改。如果存储的是对“Photoshop 默认值”组所做的更改,则会打开“存储”对话框。为新的组输入一个名称,然后点按“保存”。

②要基于当前的快捷键组创建新的组,请点击“将组存储为”按钮。在“存储”对话框的“名称”文本框中为新的组输入一个名称,然后点击“保存”。新的键盘快捷键组将以新名称出现在弹出式菜单中。

③要放弃上一次存储的更改,但不关闭对话框,请点击“还原”。

④要将新的快捷键恢复为默认值,请点击“使用默认值”。

⑤要导出所显示的一组快捷键,请点击“摘要”。可以使用此 HTML 文件在 Web 浏览器中显示快捷键组。

⑥要放弃所有更改并退出对话框,请点击“取消”。

如果尚未存储当前所做的一组更改,可以点按“取消”以扔掉所有更改并退出对话框。

点击鼠标左键并在空的文本框中输入一个快捷键来添加新的快捷键,如图 1-71 所示。

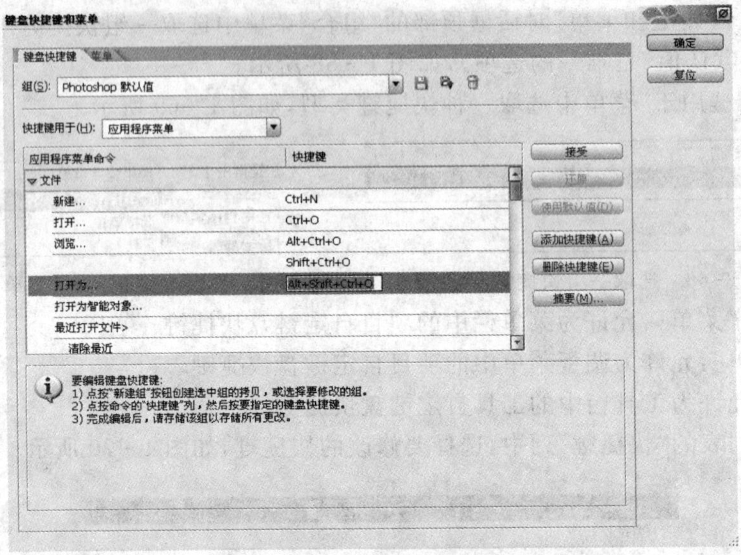

图 1-71 自定键盘快捷键

1.8.3 清除命令或工具对应的快捷键

(1)选择“编辑”→“键盘快捷键”命令。

(2)在“键盘快捷键”对话框中,选择要删除其快捷键的命令或工具名称。

(3)点击“删除快捷键”。

1.8.4 删除一组快捷键

(1)选择“编辑”→“键盘快捷键”命令。

(2)在“组合”弹出式菜单中,选择要删除的快捷键组。

(3)点击“删除”图标,然后点击“确定”退出对话框。

1.8.5 Photoshop CS5 常用快捷键

Photoshop CS5 常用快捷键具体如下具体分类。

1. 编辑操作

还原/重做前一步操作:[Ctrl]+[Z]

还原两步以上操作:[Ctrl]+[Alt]+[Z]

重做两步以上操作:[Ctrl]+[Shift]+[Z]

剪切选取的图像或路径:[Ctrl]+[X]或[F2]

拷贝选取的图像或路径:[Ctrl]+[C]或[F3]

将剪贴板的内容粘到选框中,并以展现选框的方式产生遮罩:[Ctrl]+[Shift]+[V]

将剪贴板的内容粘到选框中,并以隐藏选框的方式产生遮罩:[Ctrl]+[Shift]+[Alt]+[V]

自由变换:[Ctrl]+[T]

用前景色填充所选区域或整个图层:[Alt]+[BackSpace]或[Alt]+[Del]

用背景色填充所选区域或整个图层:[Ctrl]+[BackSpace]或[Ctrl]+[Del]

2. 图像调整

调整色阶:[Ctrl]+[L]

自动调整色阶:[Ctrl]+[Shift]+[L]
打开曲线调整对话框:[Ctrl]+[M]
打开“色彩平衡”对话框:[Ctrl]+[B]
打开“色相/饱和度”对话框:[Ctrl]+[U]

3. 图层操作

新建一个图层:[Ctrl]+[Shift]+[N]
通过拷贝建立一个图层:[Ctrl]+[J]
通过拷贝建立一个图层并重命名新图层:[Ctrl]+[Alt]+[J]
通过剪切建立一个图层:[Ctrl]+[Shift]+[J]
通过剪切建立一个图层并重命名新图层:[Ctrl]+[Alt]+[Shift]+[J]
向下合并或合并联接图层:[Ctrl]+[E]
合并可见图层:[Ctrl]+[Shift]+[E]
盖印或盖印联接图层:[Ctrl]+[Alt]+[E]
盖印可见图层到当前层:[Ctrl]+[Alt]+[Shift]+[E]
激活下一个图层:[Alt]+[[]
激活上一个图层:[Alt]+[]]

4. 选择功能

全部选取:[Ctrl]+[A]
取消选择:[Ctrl]+[D]
恢复最后的那次选择:[Ctrl]+[Shift]+[D]
羽化选择:[Ctrl]+[Alt]+[D]或[Shift]+[F6]
反向选择:[Ctrl]+[Shift]+[I]或[Shift]+[F7]

5. 视图操作

显示彩色通道:[Ctrl]+[~]
打开/关闭色域警告:[Ctrl]+[Shift]+[Y]
放大视图:[Ctrl]+[+]
缩小视图:[Ctrl]+[-]
工具箱(多种工具共用一个快捷键的可同时按[Shift]加此快捷键选取)
矩形、椭圆选框工具:[M]
裁剪工具:[C]
移动工具:[V]
套索、多边形套索、磁性套索:[L]
魔棒工具:[W]
喷枪工具:[J]
画笔工具:[B]
像皮图章、图案图章:[S]
历史记录画笔工具:[Y]
橡皮擦工具:[E]
铅笔、直线工具:[N]
模糊、锐化、涂抹工具:[R]

减淡、加深、海棉工具[O]
钢笔、自由钢笔、磁性钢笔:[P]
添加锚点工具:[+]
删除锚点工具:[-]
直接选取工具:[A]
文字、文字蒙板、直排文字、直排文字蒙板:[T]
度量工具:[U]
直线渐变、径向渐变、对称渐变、角度渐变、菱形渐变:[G]
油漆桶工具:[K]
吸管、颜色取样器:[I]
抓手工具:[H]
缩放工具:[Z]
默认前景色和背景色:[D]
切换前景色和背景色:[X]
切换标准模式和快速蒙板模式[Q]
标准屏幕模式、带有菜单栏的全屏模式、全屏模式:[F]
临时使用移动工具:[Ctrl]
临时使用吸色工具:[Alt]
临时使用抓手工具:[空格]
打开工具选项面板:[Enter]

6. 文件操作

新建图形文件:[Ctrl]+[N]
用默认设置创建新文件:[Ctrl]+[Alt]+[N]
打开已有的图像:[Ctrl]+[O]
打开为...:[Ctrl]+[Alt]+[O]
关闭当前图像:[Ctrl]+[W]
保存当前图像:[Ctrl]+[S]
另存为...:[Ctrl]+[Shift]+[S]
存储副本:[Ctrl]+[Alt]+[S]
页面设置:[Ctrl]+[Shift]+[P]打印[Ctrl]+[P]

第 2 章　Photoshop CS5 工具运用实例

2.1　关于工具和工具箱

第一次启动应用程序时，工具箱将出现在屏幕左侧。可通过拖移工具箱的标题栏来移动它。通过选取“窗口”→“工具”命令，可以显示或隐藏工具箱，如图 2－1 所示。

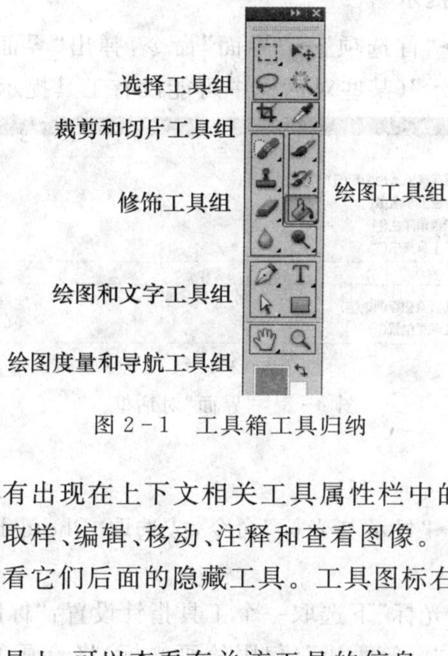

图 2－1　工具箱工具归纳

工具箱中的某些工具具有出现在上下文相关工具属性栏中的选项。通过这些工具，可以使用文字、选择、绘画、绘制、取样、编辑、移动、注释和查看图像。

可以展开某些工具以查看它们后面的隐藏工具。工具图标右下角的小三角形表示存在隐藏工具。

通过将指针放在任何工具上，可以查看有关该工具的信息。工具的名称将出现在指针下面的工具提示中。某些工具提示包含指向有关该工具的附加信息的链接。

2.2　工具的基本操作

2.2.1　使用工具

工具面板信息如图 2－2 所示。

(1)单击工具箱内的一个工具，如果工具的右下角有小三角形，需要按住鼠标按钮来查看隐藏的工具，然后单击要选择的工具。

(2)点击工具的键盘快捷键，键盘快捷键显示在工具提示中。例如，通过点击“V”键来选择移动工具。

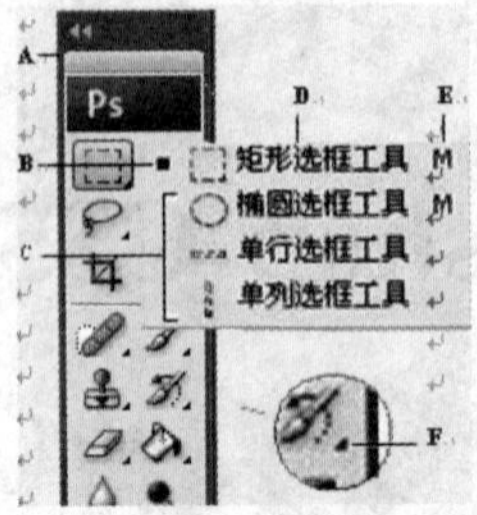

A—工具箱；B—现用工具；C—隐藏的工具；D—工具名称；
E—工具快捷键；F—隐藏工具的三角形。

图 2－2　工具面板信息

2.2.2　显示或隐藏工具提示

选取“菜单栏”→“编辑”→“首选项”→“界面”命令，弹出“界面”对话框，如图 2－3 所示。选择或取消选择“显示工具提示”(某些对话框中可能没有工具提示)。

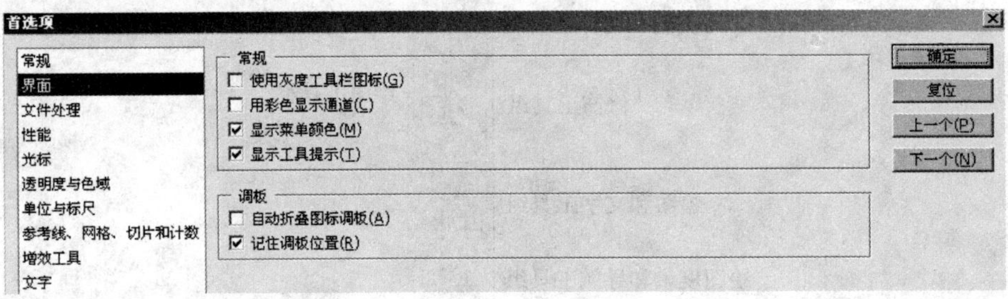

图 2－3　“界面”对话框

2.2.3　更改工具指针

选取“编辑”→“首选项”→“显示与光标”命令，或选取“Photoshop CS5”→“首选项 ”→“显示与光标”命令。

在“绘画光标”和或“其它光标”下选取一个工具指针设置：“标准”将指针显示为工具图标；“精确”将指针显示为十字线；“画笔大小”(仅限绘画光标)将绘画工具光标显示为表示当前画笔大小的画笔形状。“绘画光标”选项控制下列工具的指针：橡皮擦、铅笔、画笔、修复画笔、橡皮图章、图案图章、涂抹、模糊、锐化、减淡、加深和海绵工具。“其它光标”选项控制下列工具的指针：选框、套索、多边形套索、魔棒、裁剪、切片、修补、吸管、钢笔、渐变、直线、油漆桶、磁性套索、磁性、钢笔、自由钢笔、测量和颜色取样器工具。要切换某些工具指针的标准光标和精确光标，需要按键盘“Caps Lock”键。

如果选择了“画笔大小”作为工具指针设置，需要选择“画笔光标”选项。“正常”选项：指针轮廓对应于工具将影响到区域的大约 50%。此选项显示将受到最明显影响的像素。“全大小”选项：指针轮廓对应于工具将影响的区域的几乎 100%，或者说，几乎所有像素都将受到影响。“总是显示十字线”在画笔形状的中心显示十字线，点击“确定”。

2.2.4　使用属性栏

使用属性栏，如图 2－4 所示。属性栏出现在工作区域顶部菜单栏的下方。属性栏是上下文相关的，它会随选择不同的工具而改变。属性栏中的一些设置（如绘画模式和不透明度）对于许多工具都是通用的，但有些设置（如铅笔工具的“自动抹掉”设置）则专用于某个工具。

可以通过使用手柄栏在工作区域中移动属性栏，也可以将它停放在屏幕的顶部或底部。当指针悬停在工具上时，将会出现工具提示。

A—手柄栏；B—工具提示

图 2-4 套索属性栏

2.2.5 使用工具预设

使用工具预设，如图 2-5 所示。工具预设可以存储和重用工具设置。可以使用属性栏中的“工具预设”拾色器、“工具预设”调板和“预设管理器”载入、编辑和创建工具预设库。

选取工具预设，点按属性栏中的“工具预设”选取器，然后从弹出式调板中选择一个预设。也可以选取“窗口”→“工具预设”命令，然后在“工具预设”调板中选择一个预设。

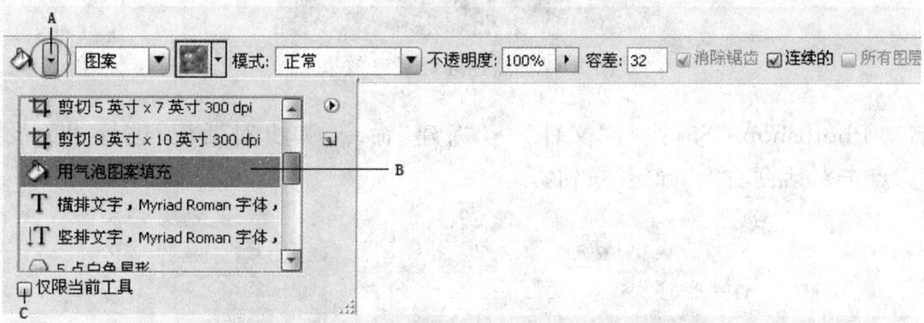

图 2-5 查看“工具预设”选取器

在图 2-5 中，各字母的具体含义如下：

A：点按属性栏中的“工具预设”选取器，以显示“工具预设”弹出式调板。

B：选择一种预设，将工具的选项更改为预设，此后，当每次选择该工具时都会应用这一预设（调板菜单中选取“复位工具”即恢复到软件初始状态）。

C：取消选中可显示所有的工具预设，如选中则只显示在工具箱中选择的工具的预设。

2.3 选择工具组

选择工具组包含：“矩形选框工具”“椭圆选框工具”“单行选框工具”“单列选框工具”“套索工具”“多边形套索工具”“磁性套索工具”“魔棒工具”“快速选择工具”“移动工具”，如图 2-6 所示。

2.3.1 实例——使用选框工具绘制黑色娃娃

现在来创建一个使用选择工具建立填充路径，并填充颜色的娃娃，最终效果如图 2-7 所示。

图 2－6　选择工具组

图 2－7　黑色娃娃最终效果

(1)启动 Photoshop CS5，执行“文件”→“新建”命令，弹出对话框，进行相关设置，如图 2－8所示。点击对话框右上“确定”按钮。

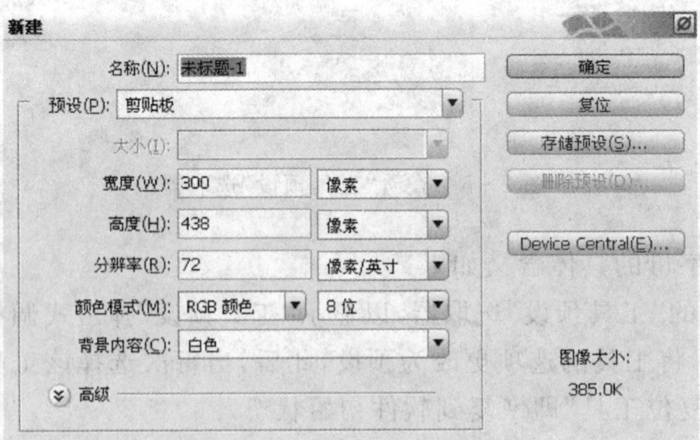

图 2－8　新建对话框

(2)首先建立背景，选择“椭圆选框工具”按住“Shift”键绘制正圆，在工具箱面板中选择一个颜色，使用“油漆桶工具”点击正圆选区填充颜色，从中心画正圆需要按住“Shift＋Alt”键，如图 2－9 所示。

图 2－9　绘制背景圆

(3)新建立图层，选择“椭圆选框工具”，按住“Shift”键继续绘制正圆，在工具箱面板中选择一个颜色，使用“油漆桶工具”点击正圆选区填充颜色。同样按住“Shift”键，继续绘制正圆，填充颜色如图 2－10 所示。

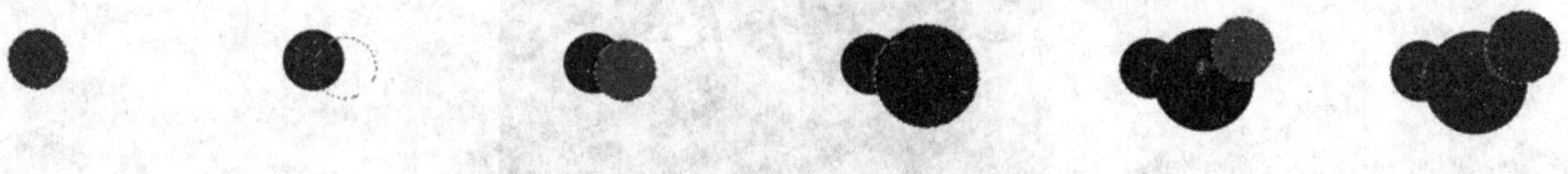

图 2－10 绘制正圆

(4)接着新建立一个图层，创建一个月牙的选区，如图 2－11 所示。其方法是先画一个正圆，再减去一个小正圆。画第一个大圆的时候要按住“Shift”键，才能保持正圆，注意必须全程都按住“Shift”键，一旦松开就无效了。画完以后要先松开鼠标，再松开“Shift”键。然后按住“Alt”键，切换到减去方式，然后在第一个圆的左上方画第二个圆。按下鼠标后，可以松开“Alt”键而不必全程按着，然后再按下“Shift”键保持正圆。

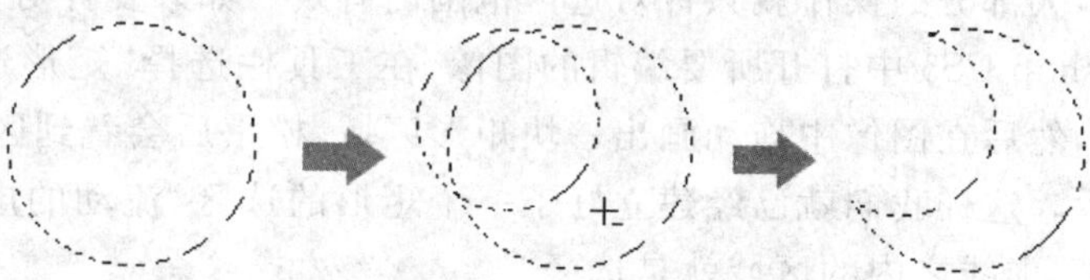

图 2－11 绘制月牙

(5)使用“油漆桶工具”，点击月牙选区填充颜色，如图 2－12 所示。

图 2－12 绘制人物月牙面部

(6)使用“多边形套索工具”建立衣服路径，再使用“油漆桶工具”点击选区填充颜色，如图 2－13 所示。

图 2－13 绘制身体

(7)用同样的方法绘制背景圆圈，现在我们可以看到基本形态已经完成。完成后的娃娃如图 2－14 所示。

图 2-14　完成的娃娃

2.3.2　矩形选框工具

选区一旦建立，大部分的操作就只针对选区范围内有效。如果要针对全图操作，必须先取消选区。在 Photoshop CS5 中打开所要编辑的图像，在工具栏选择“矩形选框工具”或按“M”键或“Shift＋M”键，然后在图像中拖动画出一块矩形区域，松手后会看到区域四周有流动的虚线，如图 2-15 所示。这样我们就已经建立好了一个矩形的选区，流动的虚线就是 Photoshop CS5 对选区的表示。虚线之内的区域就是选区。

图 2-15　矩形选框工具选择

(1)“矩形选框工具”属性栏，如图 2-16 所示。“选区运算”就是指添加、减去、交集等操作。分别是：新选区、添加到选区、从选区减去、与选区交叉。

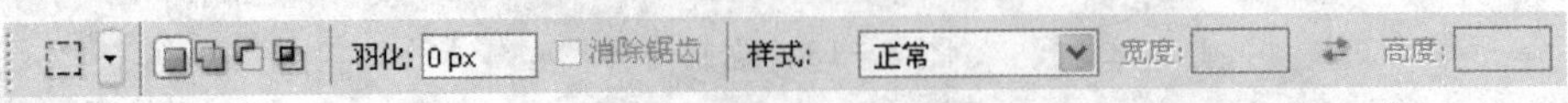

图 2-16　矩形选框工具属性栏

①矩形选区在新选区状态下，新选区会替代原来的旧选区，相当于取消选择后重新选取。

这个特性也可以用来取消选区，就是用选取工具在图像中随便点一下即可取消现有的选区。

②在添加状态下，光标变为，这时新旧选区将共存。如果新选区在旧选区之外，则形成两个封闭流动虚线框，如图 2－17 所示。

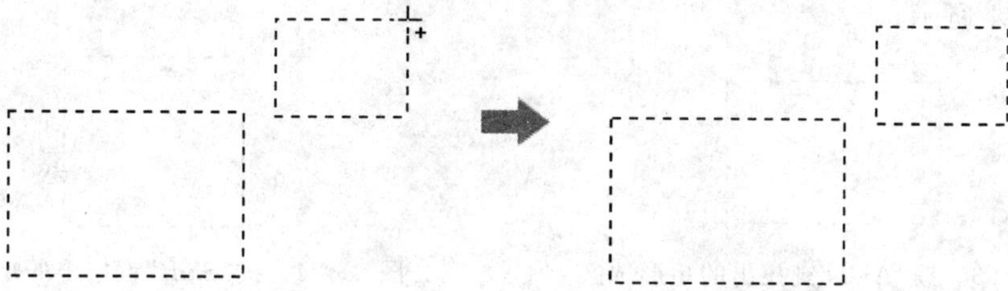

图 2－17 选区的规则添加运算

如果新旧选区彼此相交，则只有一个虚线框出现，如图 2－18 所示。

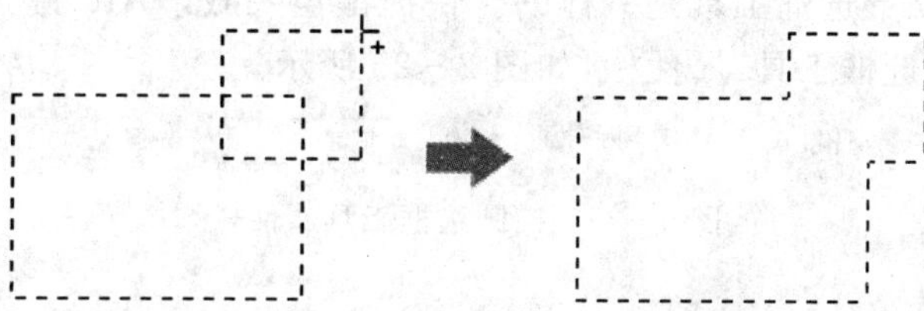

图 2－18 选区的不规则添加运算

③在减去状态下，光标变为，这时新的选区会减去旧选区。如果新选区在旧选区之外，则没有任何效果，如图 2－19 所示。

如果新选区与旧选区有相交部分，就减去了两者相交的区域，如图 2－20 所示。

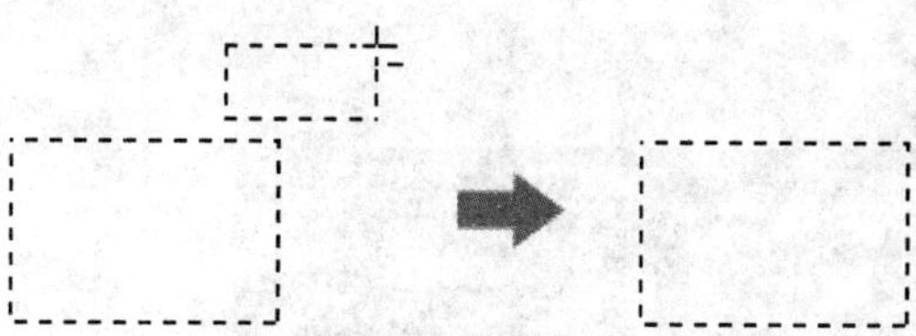

图 2－19 选区之外减去运算

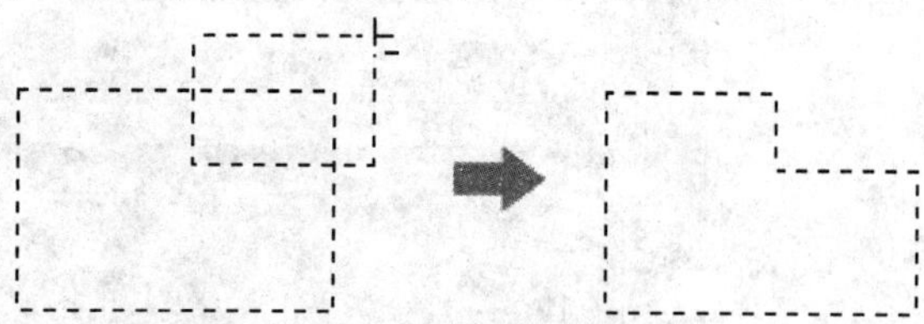

图 2－20 选区之内减去运算

④交叉选区也称为选区交集，光标为，它的效果是保留新旧两个选区的相交部分，如图 2－21 所示。如果新旧选区没有相交部分，则会出现警告框。

以上 4 种选区运算方式对于所有的选区工具都是共通的，任何选区工具都具有这 4 种运算方式。且不局限于某一种工具内，用户可以用套索工具减去魔棒工具创建的选区，也可以用矩形选框工具去加上椭圆选框工具创建的选区。

(2)选区的绘制：假设图中的黑点是选区选取的起点，那么普通方式下拉出的矩形选区，鼠标落点与起点是成对顶角的，如图 2－22 所示。

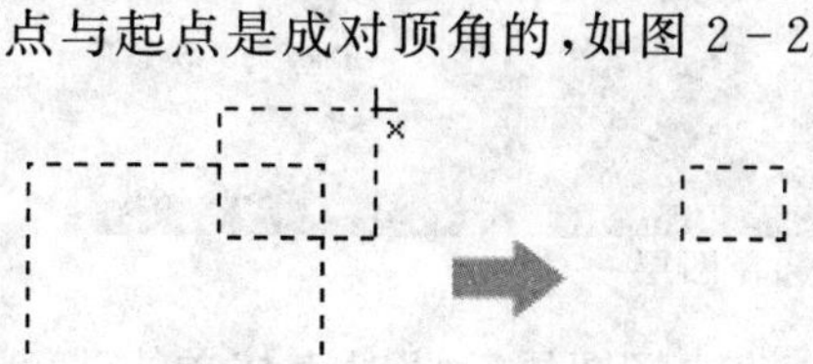

图 2－21 选区交集

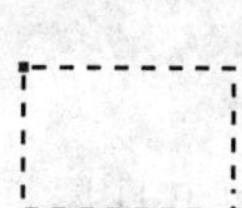

图 2－22 普通方式拉出的矩形选区

如果按下“Alt”键，就是以起点为中心点，向四周扩散选取。选取过程中“Alt”键要全程按着，如图 2－23 所示。

按下“Shift”键可锁定矩形的长宽比为 1，即创建正方形选区。选取过程中也必须全程按着，如图 2－24 所示。

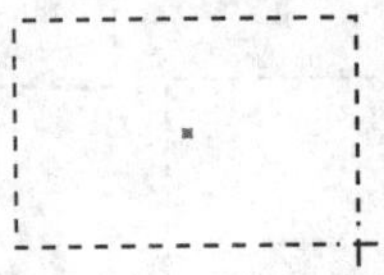

图 2－23　按“ALT”键拉出的矩形选区

图 2－24　按“Shift”键拉出的矩形选区

2.3.3　椭圆选框工具

与矩形选框工具组合在一起的是椭圆选框工具，因为椭圆可以看做是一个矩形的内切圆，因此它的使用方法与矩形选框工具是一样的。快捷键也一致，“Alt”键是从中点出发，“Shift”键是保持正圆。“椭圆选框工具”属性栏，如图 2－25 所示。

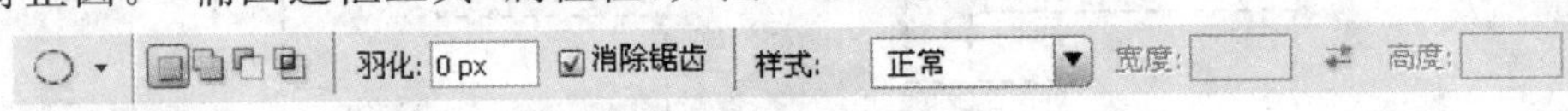

图 2－25　椭圆选框工具属性栏

2.3.4　移动工具

移动工具可以用来选择移动图层及对象。

(1)选择图层。我们先选择“图层 0”，然后使用“移动工具”在图像中单击右键，会弹出右键关联菜单，可以看到菜单中有三个层的名称。这时点击“图层 1”的名称，就相当于选择了“图层 2”，图层调板中的选择层也会同时切换到“图层 2”，如图 2－26 所示。

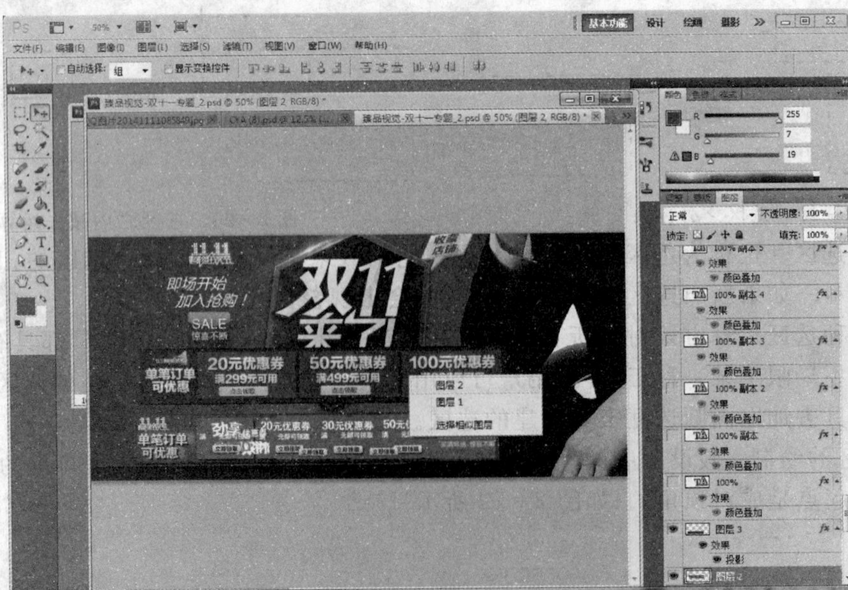

图 2－26　移动工具选择图层

另外，如果在移动工具属性栏的选项中打开“自动选择图层”，此时直接单击即可选择图层。但是实际操作中往往容易导致误操作，因此建议关闭这项功能，如图 2－27 所示。

图 2-27 “自动选择图层”控制按钮

(2)复制图层。可以使用移动工具在移动中直接进行复制。方法是选择移动工具后,在图像中按住“Alt”键,光标从▶会变为▶,表示具有复制功能。此时拖动鼠标即可复制出新层。同时按住“Shift”键保持水平。注意当鼠标开始拖动后,光标会变为▶,这时 Alt 键就可以松开了,不必一直按着。但保持水平或垂直方向的“Shift”键要全程按住,如图 2-28 所示。

图 2-28 使用“移动工具”复制图层

2.3.5 实例——使用套索选择工具快速抠图

现在选择工具对图片中需要的图像进行抠取,最终效果如图 2-29 所示。

(1)启动 Photoshop CS5,执行“文件”→“打开”命令,弹出对话框,选择需要修改的图片,点击“确定”打开,如图 2-30 所示。

图 2-29 最终效果

图 2-30 打开图片

(2)首先选择工具箱“多边形套索工具”,设置工具属性栏,如图 2-31 所示。

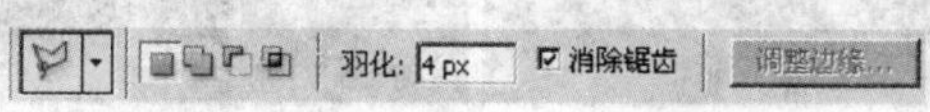

图 2-31 设置工具属性栏

“羽毛”设置:选择“多边形套索工具”,通过羽化将对象的边缘处虚化,数值越大其边缘像素越模糊。本例中为了使抠取的图像与所放置的背景协调,所以设置“羽化”数值。

(3)把鼠标放置到汽车的边缘单击,确定一个选取节点,如图 2-32 所示。

图 2-32 确定选取节点

(4)接着沿汽车的边缘依次单击创建多个节点，最后在起点节点位置处单击，此时选取的路径即闭合成选区，如图 2－33 所示。

图 2－33　创建多个节点

(5)单击鼠标右键盘，出现弹出菜单，选择“选择反选”，然后按“Delete”键将汽车图像外的选区删除，如图 2－34 所示。

图 2－34　选出汽车图像

(6)打开一个背景图片，使用“移动工具”将汽车图像拖拽到背景图片中，如图 2－35 所示。

图 2－35　将汽车图像拖拽到背景图片中

(7)执行“文件”→“存储为”命令，将图片另存为“科技. psd”，如图 2－36 所示。

图 2－36　图片另存为“科技. psd”

2.3.6 套索工具

套索工具的使用方法与画笔有点类似，在屏幕上按下鼠标任意拖动，松手(或按回车键)后即可建立一个与拖动轨迹相符的选区。需要注意的是，如果起点与终点不在一起就会自动在两者间连接一条直线，如图 2－37 所示。如果不希望出现这样的情况，应尽量将起点与终点靠近。在选取过程中如果按下“Esc”键将取消本次选取。

2.3.7 多边形套索工具

多边形套索工具的使用方法大体和上面的“连点成线”相同，但选取过程中持续按住“Shift”键可以保持水平、垂直或 45°的轨迹方向。并且如果终点与起点重合会出现一个小圆圈样子的提示，如图 2－38 所示。此时单击就会将起点、终点闭合而完成选取。在终点、起点没有重合的情况下，可以按下回车键或直接双击完成选取。这样起点、终点之间会以直线相连。在选取过程中如果按下“Esc”键将取消本次选取。

图 2－37 “套索工具”用法

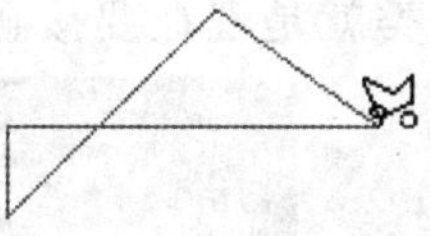

图 2－38 “多边形套索工具”用法

2.3.8 磁性套索工具

磁性套索工具的原理是分析色彩边界，它在经过的道路上找到色彩的分界并把它们连起来形成选区。

使用磁性套索工具，选取过程中应该尽可能贴紧色彩边缘。如果没有完全贴紧色彩边缘，只要误差在一定的范围内，磁性套索工具还是能够找到边缘。这个误差范围就是圆圈的大小，就是属性栏中的宽度。宽度越大容错(允许的误差)范围越大。如果超出了容错范围，磁性套索工具可能就无法准确地沿着原先的色彩边缘前进了，如图 2－39 所示。线路上的小方块是采样点，它们的数量可以通过属性栏中的频率来调整，频率越大采样点越多。如果色彩边缘较为复杂，参差不平且多为直线，就适合较高的频率。如图 2－39 要选取的物体，频率只需要 20～50 就足够了。在选取过程中采样点是自动产生的，在图像中某些拐角过大的地方可能不能正确产生采样点。这时可以通过单击手动增加采样点。“Delete”键或“BackSpace”键可以逐个撤销采样点。选取过程中按下“Esc”键将取消本次选取。

图 2－39 “磁性套索工具”用法

"磁性套索工具"属性栏,如图 2-40 所示。

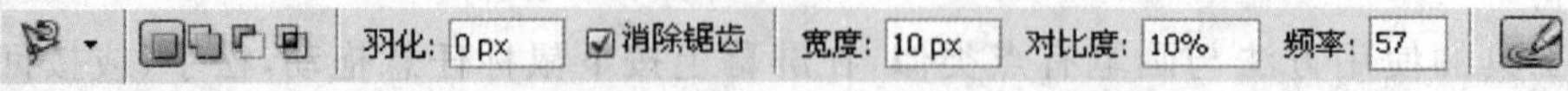

图 2-40 "磁性套索工具"属性栏

◆"宽度":宽度中数值的范围为 1~40px,用来定义磁性套索工具检索的距离范围,若是 10px,磁性套索工具只寻找 10 个像素距离之类的物体边缘。数值越大,范围越大,准确度越低。

◆"对比边度":数值的范围为 1%~100%,用来控制磁性套索工具对边缘的敏感程度,数值较大,磁性套索工具只能检索对比大的边缘,反之,检索对比小的边缘。

◆"频率":数值的范围为 0~100,用来控制磁性套索工具生成固定点的多少,频率越高,越能更快地固定选择边缘。

2.3.9 魔棒工具

Photoshop CS5 中的选取工具从性质上来说分为两类,一类是我们前面一直在学习的轨迹选取方式,还有一类就是现在要接触的颜色选取方式"魔棒工具",如图 2-41 所示。

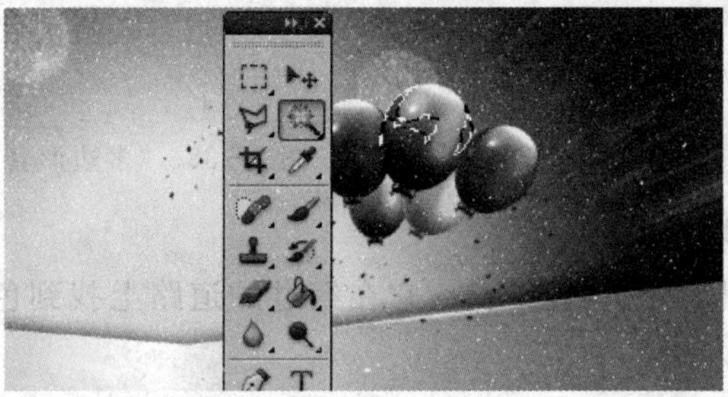

图 2-41 "魔棒工具"用法

这就是魔棒工具的效果,它利用颜色的差别来创建选区。以热点的那个像素颜色值为准,寻找容差范围内的其他颜色像素,然后把它们变为选区。所谓容差范围就是色彩的包容度。容差越大,色彩包容度越大,选中的部分也会越多。反之,选中的部分也会较少。"魔棒工具"属性栏,如图 2-42 所示。

图 2-42 "魔棒工具"属性栏

◆"容差":图中有两个相邻的深灰色与灰色方块,我们用默认的 32 容差与 80 容差去选取深灰色,可以看到容差较小时,对于色彩的差别就越严格,即使两个看起来很接近的颜色也未必会被选择。而当容差增大以后,就可以包含更多的颜色。

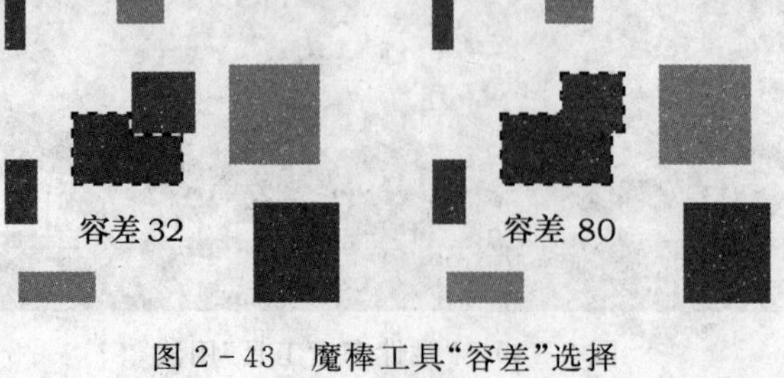

图 2-43 魔棒工具"容差"选择

◆"选区的运算":选区的运算方式是共通的,魔棒工具也不例外,如果要选中多个浅灰色方块,就可以按住"Shift"切换到添加方式,然后逐个点击。但这样还是比较麻烦,因为数量较多操作的次数也就越多。这时注意属性栏中有一个"连续的"选项,现在将它关闭,然后用魔棒工具点选任意一个绿色,会看到图像中全部的绿色方块都被选中了,如图 2-44 所示。

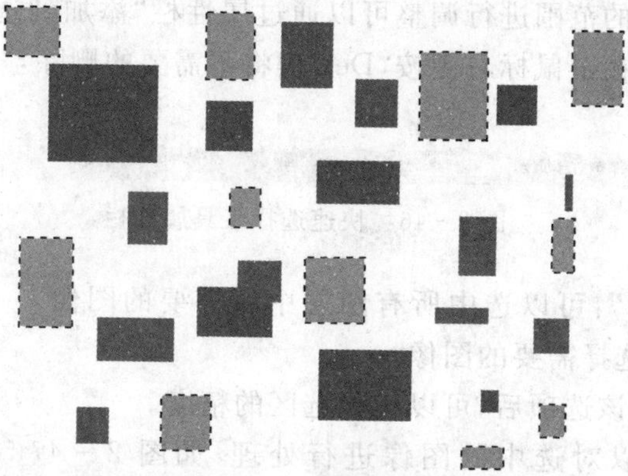

图 2-44 魔棒工具"选区的运算"选择

◆"连续的":若"连续的"选项打开,那么一旦遇到超过容差范围的色彩,就终止了。这样所选中的颜色,只会形成一个封闭的选择区域。如果关闭"连续的"选项,魔棒工具同样以点击的像素颜色作为标准配合容差,从整幅图像中寻找符合的像素。

◆"作用于所有图层":打开"作用于所有图层"复选框时,魔棒将跨越图层对所有颜色起作用,否则只对当前图层起作用。

2.3.10 快速选择工具

快速选择工具是 Photoshop CS5 中新增加的功能。利用该功能能够对不规则的图形颜色进行选择,如图 2-45 所示。

图 2-45 快速选择工具应用

如同许多其他工具，快速选择工具的使用方法是基于画笔模式的。也就是说，用户可以“画”出所需的选区。如果是选取离边缘比较远的较大区域，就要使用大一些的画笔大小；如果是要选取边缘则换成小尺寸的画笔大小，这样才能尽量避免选取背景像素。（要更改画笔大小，可以使用属性栏中“画笔”一侧的下拉列表，也可以直接使用快捷键“[”或“]”来增大或减小画笔大小；如果要对选取的范围进行调整可以通过属性栏“添加到选区”“从选区中减去”对区域范围进行调整）最后点在击鼠标右键按“Del”键将不需要的删除，“快速选择工具”属性栏，如图 2－46 所示。

图 2－46　快速选择工具属性栏

◆“对所有图层取样”：可以选中所有图层中所需要的图像，否则只能在当前图层中选择需要的图像。

◆“自动增强”：选择该选项后，可以优化选区的精度。

◆“调整边缘”：可以对选中的图像进行处理，如图 2－47 所示。

图 2－47　调整边缘→对比度→羽化效果

2.4　裁剪与吸管工具组

裁剪和切片工具组包含“裁剪工具”“注释工具”“吸管工具”“颜色取样器工具”。

2.4.1　裁剪工具

裁剪工具不属于绘图工具，对它最通俗的理解就是一把裁刀，将图像不需要的部分切去，如图 2－48 所示。在图像中拖拉出一个矩形裁切框，框内是裁切后保留的区域。属性栏有“屏蔽”“颜色”“不透明度”等选项，其作用就是在建立裁切框后遮蔽其他区域，提供视觉参照。矩形裁切框之外的区域变得暗淡，而裁切框之内的图像保持不变，这样就突出了对比效果。建立裁切框后，按下回车键或在裁切框内双击即可完成裁切。也可以点击属性栏中的提交按钮。若要放弃裁切可按“Esc”键或点击属性栏中的取消按钮。

图 2－48　裁剪工具

裁剪选区建立完毕后可以拖动四边中点进行缩放，在四角外可以像变形工具一样对图像进行旋转调整。“裁剪工具”属性栏，如图 2－49 所示。

图 2－49　裁剪工具属性栏

◆“透视”：在开启了“透视”选项后，可以对裁切框的 4 个角点单独定位，类似于自由变换中的扭曲。这样裁切后的图像将产生变形效果，如图 2－50 所示。根据我们前面所学习过的知识，这样的变形对于点阵图像是有损的。被变形放大的部分将显得较为粗糙。

图 2－50　裁剪工具用法

◆“删除/隐藏”：在建立裁切框后，可在属性栏的“裁切区域”选项中指定被裁切像素的去向——被删除或被隐藏。如果选择隐藏的话，相当于只是缩小了图层可视区域，而并未改变图层中本身的内容。这样通过移动图层就可以看到裁切后被隐藏的区域。

◆“宽度/高度/分辨率”：裁切工具可以指定裁切后图像的尺寸，包括宽度、高度和分辨率。其方法是：在建立裁切框之前在属性栏（见图 2－51）中输入数值，比如输入宽度 200 像素、高度 200 像素，那么无论用户如何拖动，裁切框将始终保持 2∶2 的高宽比。在裁切完成后要将图像的宽度和高度设置为指定的数值。

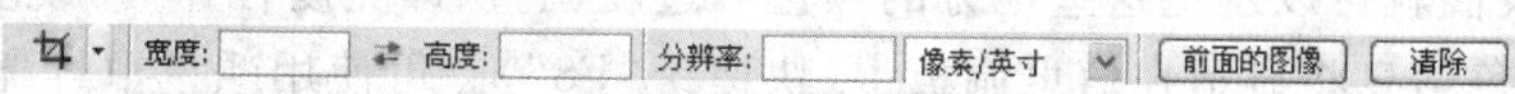

图 2－51　建立裁切框之前的属性栏

点击裁切工具属性栏中的“前面的图像”按钮，作为参照的图片的宽度、高度及分辨率就会自动被获取。需要注意的是，分辨率只有在以现实长度单位（厘米、英寸等）定义图像高宽时才有意义。

2.4.2　注释工具

注释工具的作用是在文件中写入一段文字注释内容，其主要应用在将文件交于其他人使用的时候，也可以作为自己的备忘录。在画面中单击即可出现文字输入框。可在属性栏中设定作者、字体、字号和标签颜色。也可以改变文字框大小，如图 2－52 所示。

图 2－52　注释工具属性栏

输入完成后点击输入框右上角的白色方块即可关闭。关闭后只在画面上留下一个小标签记号。双击标签即可展开文字框，此时可以修改文字内容。若要删除注释，可选择后按“Delete”键，或在小标签上点击右键选择“删除注释”。

需要注意的是，标签的位置与文字框的位置并不需要同在一处，可以将两者分离。双击标签后文字框将以最后一次的位置和大小出现，如图 2－53 所示。

图 2-53　注释工具使用

2.4.3　吸管工具

吸管工具的作用是吸取指定位置的颜色作为前景色，按住“Alt”键作为背景色。除了在图像中单击取色以外，还可以在图像中按住后四处拖动，这样所经过地方的颜色将不断作为前景色(按住“Alt”键后拖动即为背景色，拖动开始后“Alt”键可松开)。拖动的范围不限于图像，也不限于在 Photoshop 中，可以在屏幕上任何地方(如 Windows 任务栏)取色。吸管工具属性栏如图 2-54 所示。

图 2-54　吸管工具属性栏

2.4.4　颜色取样器工具

颜色取样器工具就是在调整图像时监测几个地方(如高光部分、暗调部分)的颜色，这样通过它们的数据我们就可以避免这些地方的颜色被过度调整(即亮度合并)。颜色取样器工具最多可取 4 处，颜色信息将显示在信息调板中(快捷键“F8”)。可使用颜色取样器工具来移动现有的取样点。如果切换到其他工具，画面中的取样点标志将不可见，但信息调板中仍有显示。在属性栏中可以更改取样大小选项。“取样点”代表以取样点处那一个像素的颜色为准。2×2 平均和 5×5 平均表示以采样点四周 2×2 或 5×5 范围内像素的颜色平均值为准。颜色取样器工具属性栏如图 2-55 所示。

图 2-55　颜色取样器工具属性栏

2.5　绘画工具组

绘画工具组包含:“画笔工具”“铅笔工具”“颜料替换工具”“历史记录画笔工具”“历史记录艺术画笔工具”“渐变工具”“油漆桶工具”。

2.5.1　实例——使用绘画工具绘制背景

现在来选择绘画工具绘制图片背景，使用画笔在 Photoshop CS5 中开始绘制像素背景，按下鼠标左键拖动即可绘制图像，松开左键结束绘制。

(1)启动 Photoshop CS5，执行“文件”→“打开”命令，弹出对话框，选择需要编辑的图片，如图2-56所示。

图 2－56　打开图片

(2)在图层面板上建立新图层，使用快速魔术棒工具选取动物，在选区状态下使用“Ctrl＋X”将图片剪切到新图层上，如图 2－57 所示。

图 2－57　建立新图层

(3)选择“画笔工具”，单击菜单栏窗口，打开“画笔预设”选项，选择特殊效果画笔，点击“确定”，在弹出的画笔预设里面选择一个喜欢的默认笔触，选择背景图层开始绘制(使用键盘“[”或“]”控制笔触大小)，如图 2－58 所示。

图 2-58 绘制背景图

2.5.2 画笔工具

选择画笔工具，然后按下"D"。"D"的作用是将 Photoshop CS5 的颜色设置为默认的前景色黑色、背景色白色。也可以点击工具栏颜色区的默认按钮。然后选择菜单栏"窗口"→"画笔预设"命令打开画笔预设，选择 9 像素大小的笔刷，模式选择正常，不透明度和流量都为 100%，将硬度设为 100%，如图 2-59 所示。

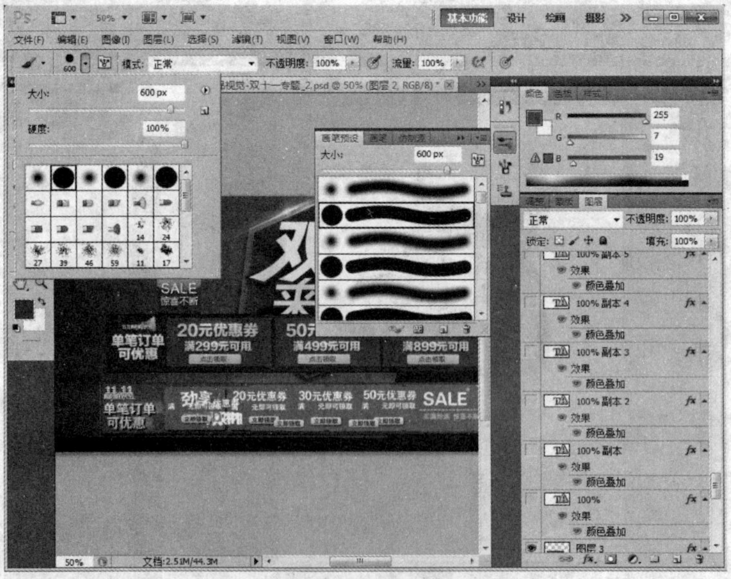

图 2-59 画笔预设选取器

复位软件默认设置，点击圆形三角按钮，在弹出的菜单中选择"复位画笔"，将出现如图 2-60右图的询问框，点击"好"即可。以后如果出现画笔预设更改的情况，就可以通过这个方法来恢复。

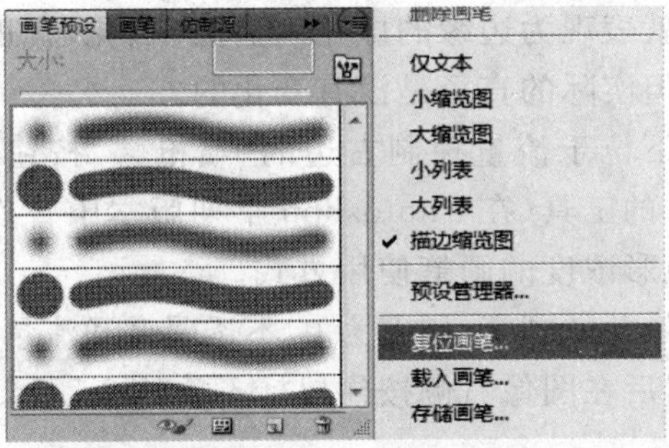

图 2-60 复位画笔选项

这时鼠标在图像中会变为笔刷大小的圆形，如果不是，首先确定键盘上的大小写转换键"CapsLock"处于关闭状态。选择"编辑"→"首选项"→"光标"命令，弹出如图 2-61 所示对话框。

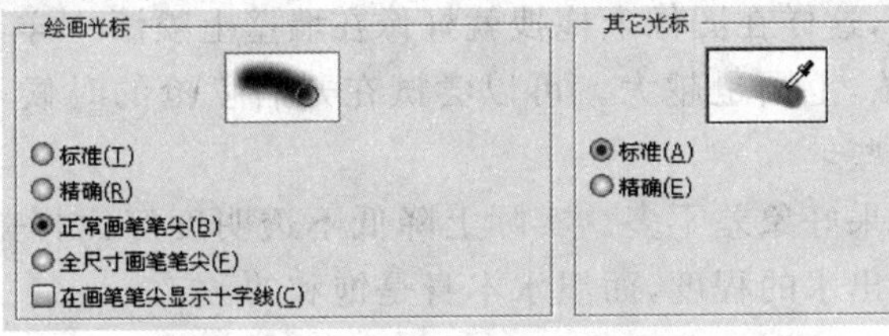

图 2-61 光标选项框

(1)选择"画笔工具"，菜单栏下出现"画笔工具"属性栏，如图 2-62 所示，各选项的具体含义如下：

图 2-62 "画笔工具"属性栏

◆"不透明度"：减低画笔不透明度将减淡色彩，笔画重叠处会出现加深效果。注意重叠的画笔必须是分次绘制的才会有加深效果，一次绘制的笔画即使重叠了也不会有加深效果。也可以使用不同的不透明度以及不同的前景色来试验效果，如图 2-63 所示。

◆"流量"：调出颜色调板或通过拾色器选择一个较为鲜艳的颜色，然后将流量改为 21%，在图像中涂抹。起初会觉得降低流量和降低不透明度效果差不多，逐渐就会觉出不同，那就是在一次绘制中，重叠的区域也会有加深的效果。多重叠几次颜色就更饱和，就如同我们用水彩画笔在纸张上绘制一样，如图 2-64 所示。

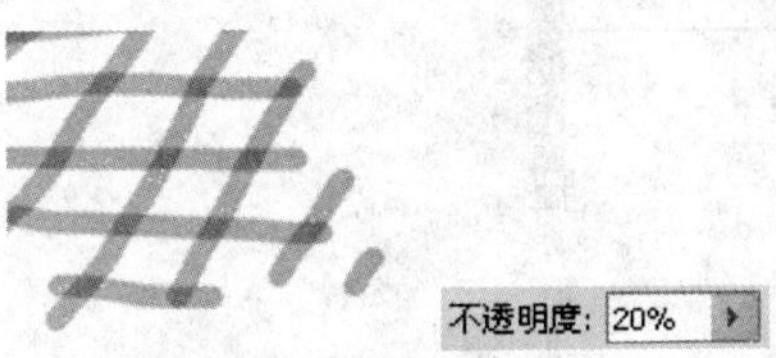

图 2-63 "不透明度"属性

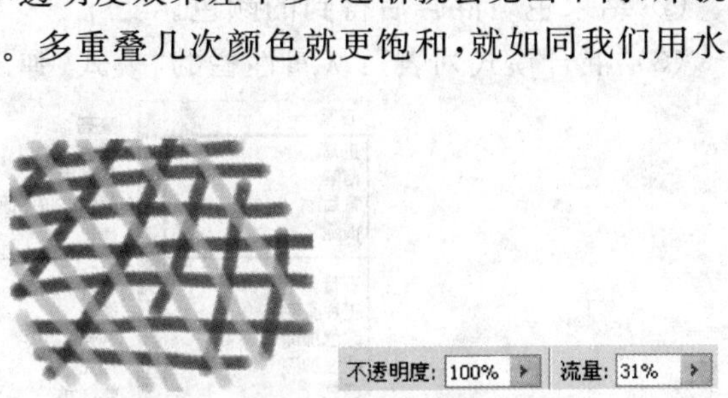

图 2-64 "流量"

◆"笔刷的硬度"：设置笔刷直径为 20，硬度为 100%，用黑色在图像左部点一下，这样出现了一个圆。然后把笔刷硬度设为 50%，在右边再点击一次，然后设为 0 点击第三个。这样将会出现不同的三个圆，如图 2-65 所示。

第一个圆的边缘最为硬朗，第三个边缘看起来较为虚化，第二个处于两者中间状态。因此，笔刷的软硬度在效果上就表现为边缘的虚化（也称为羽化）程度。较软的笔刷由于边缘虚化，看上去会显得较小些。但实际的直径是没有变化的。

◆“喷枪”：在属性栏按下位于流量控制右边的“喷枪”按钮，这样就启动了喷枪。喷枪是一种方式而不是一个独立的工具（在 Photoshop 早期版本中曾作为独立工具），它是一种随着停留时间加长逐渐增加色彩浓度的画笔使用方式。

现在我们选择一个 20 像素的画笔，硬度为 0，不透明度和流量都为 100%。喷枪方式开启后，在图像左侧单击一下，然后在图像右侧按住鼠标不放约 2 秒，会形成类似图 2-66 的图像。

图 2-65　画笔笔触

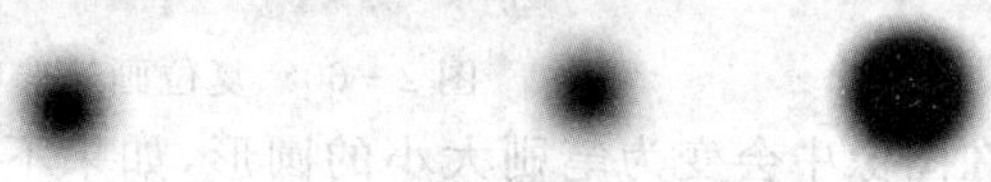

图 2-66　“喷枪”笔触

可以将流量下降一些，这样在图像上拖拽就好像在墙壁上喷漆一样，在一个地方停留得越久，那个地方的颜色就越浓，范围也越大。可以尝试在开启喷枪的时候下降流量，比如 15%，这样喷涂的效果会更柔和些。

不透明度和流量的效果好象差不多。实际上降低不透明度好比将墨水兑稀后装入画笔，降低流量好比是控制笔尖出水的程度，而墨水本身是饱和的。

◆“绘制直线”：按下“Shift”键，并且在绘制过程中持续按住“Shift”键，就可以绘制一条水平或垂直的直线。

◆“自定义画笔的存储”：我们可以把设定好的笔刷直径和硬度储存起来，这样在以后需要的时候可以快速地找到而不需要重新设定。现在我们随便设定一个主直径和硬度，然后在画笔预设窗口中点击新建按钮，或点击新建按钮上方的按钮后选择“新画笔预设”。将出现一个储存对话框，默认会将直径和硬度作为名称，硬度小于 50%时称为柔角，大于等于 50%时称为尖角，也可以自己输入想要的名称。储存后的笔刷将位于预设列表的最后。

(2)“混合模式”：属性栏中指定的混合模式控制图像中的像素如何受绘画或编辑工具的影响。在想象混合模式的效果时，从以下方面考虑颜色模式：

①“基色”：图像中的原稿颜色。

②“混合色”：通过绘画或编辑工具应用的颜色。

③“结果色”：混合后得到的颜色。

(3)“混合模式列表”：从属性栏的“模式”弹出式菜单中进行选取，如图 2-67 所示。

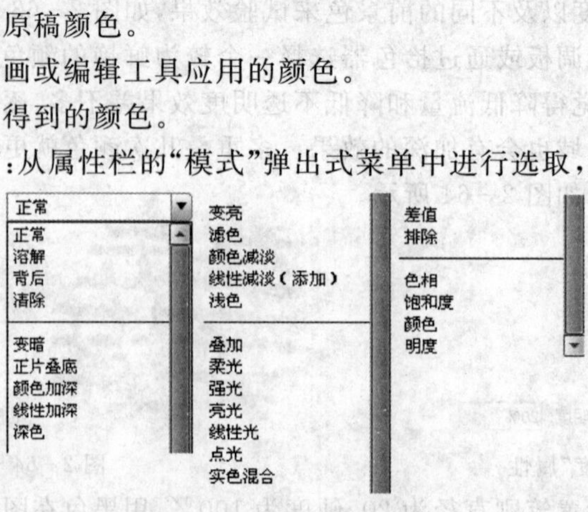

图 2-67　“混合模式列表”

◆“正常”：编辑或绘制每个像素，使其成为结果色。这是默认模式。（在处理位图图像或索引颜色图像时，“正常”模式也称为阈值）

◆“溶解”:编辑或绘制每个像素,使其成为结果色。但是,根据任何像素位置的不透明度,结果色由基色或混合色的像素随机替换。

◆“背后”:仅在图层的透明部分编辑或绘画。此模式仅在取消选择了“锁定透明区域”的图层中使用,类似于在透明纸的透明区域背面绘画。

◆“清除”:编辑或绘制每个像素,使其透明。此模式可用于形状工具(当填充区域被选中时)、油漆桶工具、画笔工具、铅笔工具、“填充”命令和“描边”命令。

◆“变暗”:查看每个通道中的颜色信息,并选择基色或混合色中较暗的颜色作为结果色。将替换比混合色亮的像素,而比混合色暗的像素保持不变。

◆“正片叠底”:查看每个通道中的颜色信息,并将基色与混合色复合。结果色总是较暗的颜色。任何颜色与黑色复合产生黑色。任何颜色与白色复合保持不变。当用户用黑色或白色以外的颜色绘画时,绘画工具绘制的连续描边产生逐渐变暗的颜色。这与使用多个标记笔在图像上绘图的效果相似。

◆“颜色加深”:查看每个通道中的颜色信息,并通过增加对比度使基色变暗以反映混合色。与白色混合后不产生变化。

◆“线性加深”:查看每个通道中的颜色信息,并通过减小亮度使基色变暗以反映混合色。与白色混合后不产生变化。

◆“变亮”:查看每个通道中的颜色信息,并选择基色或混合色中较亮的颜色作为结果色。比混合色暗的像素被替换,比混合色亮的像素保持不变。

◆“滤色”:查看每个通道的颜色信息,并将混合色的互补色与基色复合。结果色总是较亮的颜色。用黑色过滤时颜色保持不变。用白色过滤将产生白色。此效果类似于多个摄影幻灯片在彼此之上投影。

◆“颜色减淡”:查看每个通道中的颜色信息,并通过减小对比度使基色变亮以反映混合色。与黑色混合则不发生变化。

◆“线性减淡”:查看每个通道中的颜色信息,并通过增加亮度使基色变亮以反映混合色。与黑色混合则不发生变化。

◆“叠加”:复合或过滤颜色,具体取决于基色。图案或颜色在现有像素上叠加,同时保留基色的明暗对比。不替换基色,但基色与混合色相混以反映原色的亮度或暗度。

◆“柔光”:使颜色变暗或变亮,具体取决于混合色。此效果与发散的聚光灯照在图像上相似。

如果混合色(光源)比 50%灰色亮,则图像变亮,就像被减淡了一样。如果混合色(光源)比 50%灰色暗,则图像变暗,就像被加深了一样。用纯黑色或纯白色绘画会产生明显较暗或较亮的区域,但不会产生纯黑色或纯白色。

◆“强光”:复合或过滤颜色,具体取决于混合色。此效果与耀眼的聚光灯照在图像上相似。

如果混合色(光源)比 50%灰色亮,则图像变亮,就像过滤后的效果。这对于向图像添加高光非常有用。如果混合色(光源)比 50%灰色暗,则图像变暗,就像复合后的效果。这对于向图像添加阴影非常有用。用纯黑色或纯白色绘画会产生纯黑色或纯白色。

◆“亮光”:通过增加或减小对比度来加深或减淡颜色,具体取决于混合色。如果混合色(光源)比 50%灰色亮,则通过减小对比度使图像变亮。如果混合色比 50%灰色暗,则通过增加对比度使图像变暗。

◆“线性光”:通过减小或增加亮度来加深或减淡颜色,具体取决于混合色。如果混合色

（光源）比50%灰色亮，则通过增加亮度使图像变亮。如果混合色比50%灰色暗，则通过减小亮度使图像变暗。

◆“点光”：根据混合色替换颜色。如果混合色（光源）比50%灰色亮，则替换比混合色暗的像素，而不改变比混合色亮的像素。如果混合色比50%灰色暗，则替换比混合色亮的像素，而比混合色暗的像素保持不变。这对于向图像添加特殊效果非常有用。

◆“差值”：查看每个通道中的颜色信息，并从基色中减去混合色，或从混合色中减去基色，具体取决于哪一个颜色的亮度值更大。与白色混合将反转基色值，与黑色混合则不产生变化。

◆“排除”：创建一种与“差值”模式相似但对比度更低的效果。与白色混合将反转基色值。与黑色混合则不发生变化。

◆“色相”：用基色的亮度和饱和度以及混合色的色相创建结果色。

◆“饱和度”：用基色的亮度和色相以及混合色的饱和度创建结果色。在无(0)饱和度（灰色）的区域上用此模式绘画不会产生变化。

◆“颜色”：用基色的亮度以及混合色的色相和饱和度创建结果色。这样可以保留图像中的灰阶，并且对于给单色图像上色和给彩色图像着色都会非常有用。

◆“亮度”：用基色的色相和饱和度以及混合色的亮度创建结果色。此模式创建与“颜色”模式相反的效果。

2.5.3 铅笔工具

铅笔工具可以画出棱角比较突出的曲线或者直线，打开铅笔工具的画笔调板，发现与画笔工具相比，只有硬边笔触可以选择，并且不能像画笔工具一样模拟压力喷枪的效果。铅笔工具属性栏如图2-68所示。

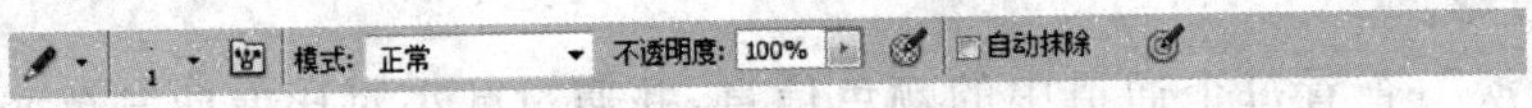

图2-68 铅笔工具属性栏

2.5.4 实例——使用“颜料替换工具”改变眼睛颜色

现在来选择“颜料替换工具”绘制动物的眼睛，按下鼠标左键拖动即可绘制图像，松开左键结束绘制。

(1)启动Photoshop CS5，执行“文件”→“打开”命令，弹出对话框，选择需要编辑的图片，如图2-69所示。

图2-69 打开图片

(2)选择“颜料替换工具”调整属性栏参数，如图 2－70 所示。

图 2－70 “颜料替换工具”调整属性栏参数

(3)在工具箱前景色中选择一个喜欢的颜色，对画面需要修改的地方直接涂抹即可，同时使用键盘的“[”和“]”来调整笔触的大小，如图 2－71 所示。

图 2－71 颜料替换工具案例

我们可以为画面任何色块进行替换，只改变颜色色相，颜色的明度、饱和度不发生变化。

(4)执行“文件”→“存储为”命令，将图片另存为“眼睛.psd”，如图 2－72 所示。

图 2－72 将图片另存为“眼睛.psd”

2.5.5 颜料替换工具

颜料替换工具如图 2－73 所示，正如其名称一样，其原理与“图像”→“调整”→“替换颜色”是类似的，只不过将 1 操作改为了与绘图工具相同的方式(在图像中涂抹)而已。在这里我们不再介绍其的操作过程，而就它的几个要点作一下讲解。理解这几个要点后大家就掌握了这个工具。

图 2－73 颜料替换工具属性栏

颜色替换工具的原理是用前景色替换图像中指定的像素，因此使用时需选择好前景色。选择好前景色后，在图像中需要更改颜色的地方涂抹，即可将其替换为前景色，不同的绘图模式会产生不同的替换效果，常用的模式为“颜色”。在图像中涂抹时，起笔（第一个点击的）像素颜色将作为基准色，选项中的“取样”“限制”“容差”都是以其为准的。

◆“限制选项”：“连续”方式将在涂抹过程中不断以鼠标所在位置的像素颜色作为基准色，决定被替换的范围。“一次”方式将始终以涂抹开始时的基准像素为准。“背景色板”方式将只替换与背景色相同的像素。

◆“取样选项”：“不连续”方式将替换鼠标所到之处的颜色。“邻近”方式替换鼠标邻近区域的颜色。“查找边缘”方式将重点替换位于色彩区域之间的边缘部分。因为颜色替换工具的原理和方便直观的操作方式，它经常被用来修正一些细小地方的颜色，比如修正照片中由于闪光灯所引起的红眼。模式为“颜色”，取样为“一次”，限制为“不连续”，开启消除锯齿，将容差设为20%～40%，选择一个小于眼球的笔刷，用黑色作为前景色进行涂抹，如图2-74所示。

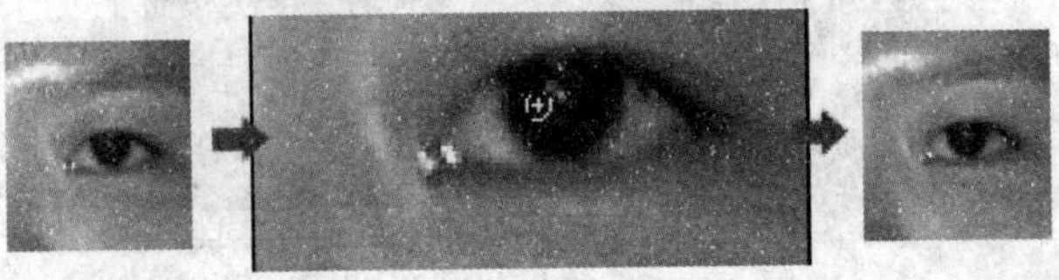

图2-74　颜料替换工具使用

2.5.6　实例——使用“历史记录艺术笔工具”绘制梦幻效果

Photoshop CS5历史记录艺术画笔工具可以将指定的历史记录状态或快照用做源数据。历史记录艺术画笔在使用这些数据的同时，还可以应用不同的颜色和艺术风格。

现在我们来选择“历史记录艺术画笔工具”绘制梦幻油画效果，按下鼠标左键拖动即可绘制图像，松开左键结束绘制。

(1)启动Photoshop CS5，执行“文件”→“打开”命令，弹出对话框，选择需要编辑的图片，如图2-75所示。

图2-75　打开图片

(2)选择工具箱“历史记录艺术画笔工具”，在Photoshop CS5“样式”下拉列表中可选择画笔笔触，如图 2－76 所示。

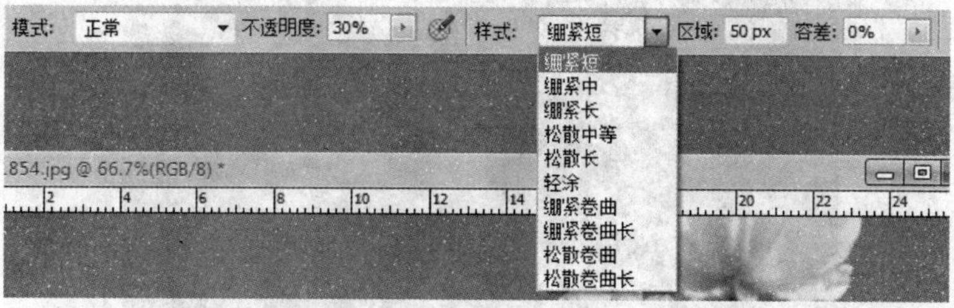

图 2－76 设置画笔浮动调板

(3)选择“历史记录艺术画笔工具”属性栏调整参数如图 2－77 所示。

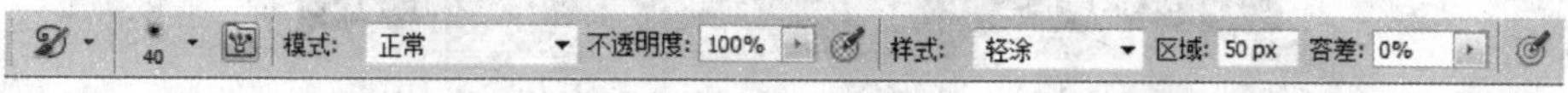

图 2－77 调整“历史记录艺术画笔工具”属性栏参数

任意绘制效果，最终完成效果如图 2－78 所示。

图 2－78 完成效果

2.5.7 实例——使用“历史记录画笔”制作特殊效果

历史记录画笔工具属于恢复工具，它需要配合历史记录面板使用。所谓历史记录是指图像处理的某个阶段，建立快照后，无论何种操作，系统均会保存该状态。历史记录画笔工具主要作用是将部分图像恢复到某一历史状态，可以形成特殊的图像效果。历史记录画笔工具必须与历史记录面板配合使用，它用于恢复操作，但不是将整个图像都恢复到以前的状态，而是对图像的部分区域进行恢复，因而可以对 Photoshop CS5 图像进行更加细微的控制。

(1)启动 PhotoshopCS5，执行“文件”→“打开”弹出对话框，选择需要编辑的图片，如图 2－79所示。

(2)执行 Photoshop CS 菜单栏“模糊” →“高斯模糊”命令，打开“高斯模糊”对话框，设置对话框参数，单击“确定”按钮，如图 2－80 所示。

图 2-79　打开图片

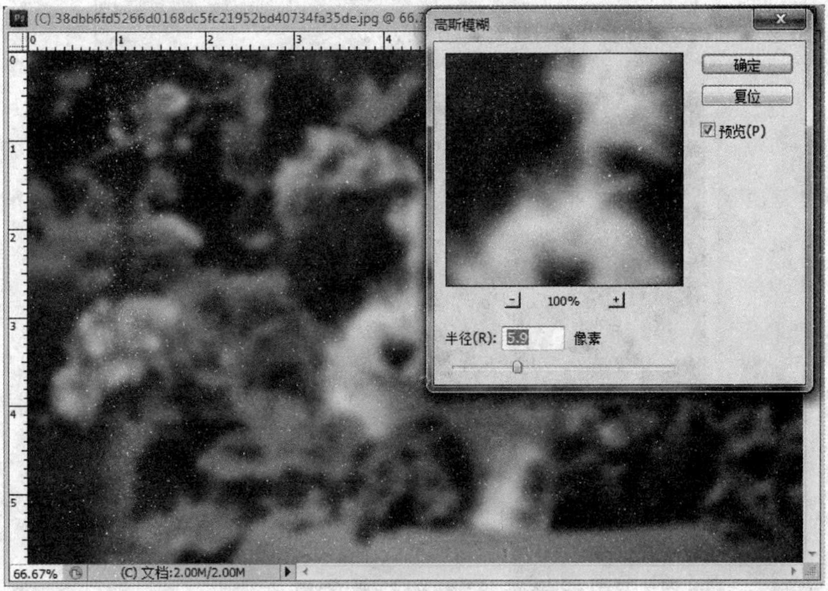

图 2-80　高斯模糊命令

(3)打开 Photoshop CS5“历史记录”面板(如图 2-81 所示),在打开的历史状态的左侧图标上单击,使“历史记录画笔的源”图标显示出来,将该状态设置为“历史记录画笔”的源。(如果在面板区没有“历史记录”面板,可以执行“窗口”→“历史记录”命令,打开 Photoshop CS5 历史记录面板)

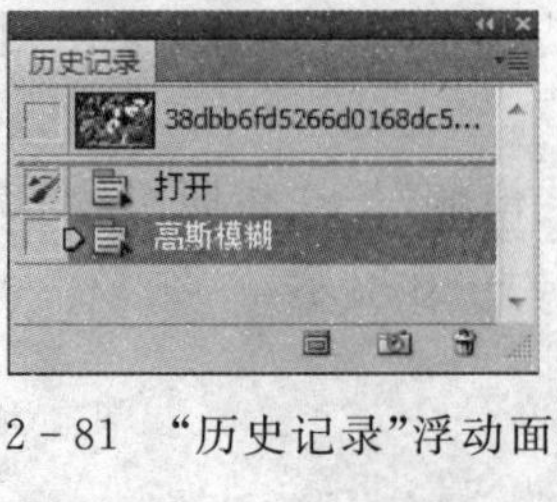

图 2-81　“历史记录”浮动面板

(4)执行 Photoshop CS5 菜单栏“滤镜”→“纹理”→“颗粒”命令;在弹出的拼贴对话框中保持默认设置,单击“确定”按钮,如图 2-82 所示。

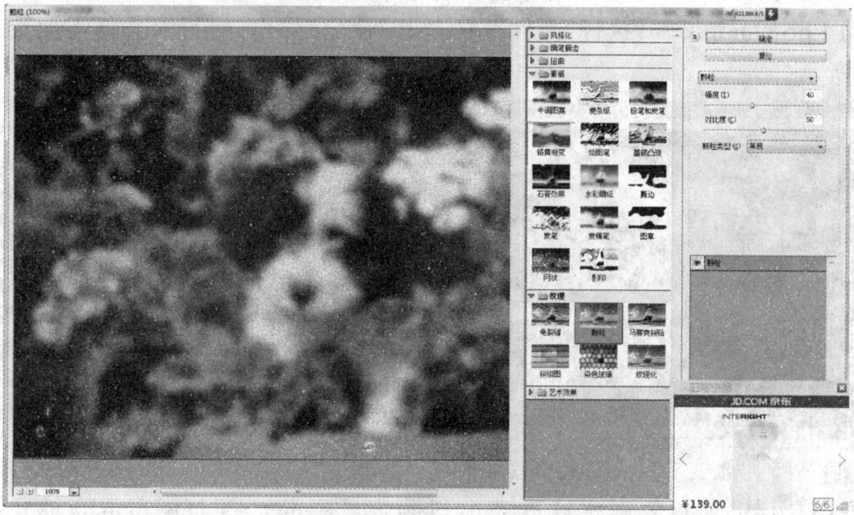

图 2-82　“颗粒”浮动面板设置

(5)在 Photoshop CS5“历史记录”面板设置历史记录画笔源(历史画笔源就是要把图像的某部分恢复到所选择源图像时候),如图 2-83 所示。

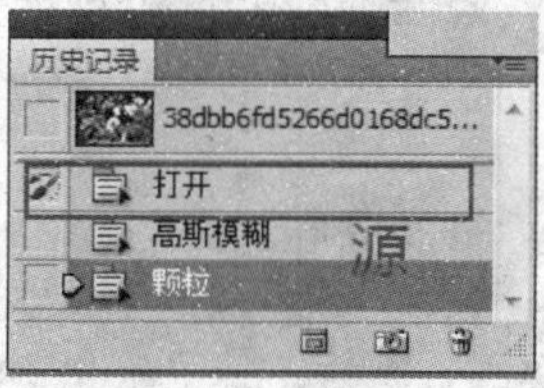

图 2-83　“历史记录”浮动面板设置

选择 Photoshop CS 工具箱“历史记录画笔工具”,设置合适画笔大小,在需要恢复的部分按住鼠标左键拖动涂抹,这时被涂抹的部分将恢复到所选“历史记录画笔源”的图像时的状态,如图 2-84 所示。

图 2-84　“历史记录画笔工具”完成效果

2.5.8 实例——使用“渐变工具”制作特殊效果

现在我们来选择“渐变工具”制作特殊效果，如图 2－85 所示。

(1)启动 Photoshop CS5，执行“文件”→“打开”命令，弹出对话框，选择需要编辑的图片，如图 2－86 所示。

图 2－85 “渐变工具”制作特殊效果

图 2－86 打开图片

(2)选择图层浮动面板复制背景图层 0，得到背景副本 0，并将图层混合模式调整为“叠加”，如图 2－87 所示。

图 2－87 复制背景图层并调整图层混合模式

(3)选择工具箱“渐变工具”，打开“渐变编辑器”，调整参数如图 2－88 所示。

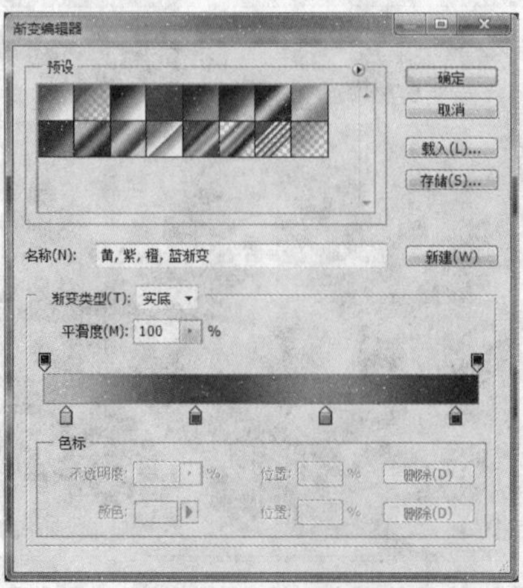

图 2－88 调整“渐变编辑器”参数

(4)使用“渐变工具”在背景副本图层 0 上任意拖拽得到效果，如图 2－89 所示。

图 2－89 “渐变工具”拖拽得到效果

(5)选择背景图层 0，选择工具箱画笔工具，在画笔工具属性栏中选择一个合适的画笔样式，直接在背景图层涂抹，如图 2－90 所示。

图 2－90 用“画笔工具”在背景图层上涂抹

(6)使用工具箱“文字”工具为画面加上文字效果，如图 2－91 所示。

图 2－91 用“文字工具”为画面加上文字效果

(7)执行“文件”→“存储为”命令，将图片另存为“渐变效果.psd”，如图 2 - 92 所示。

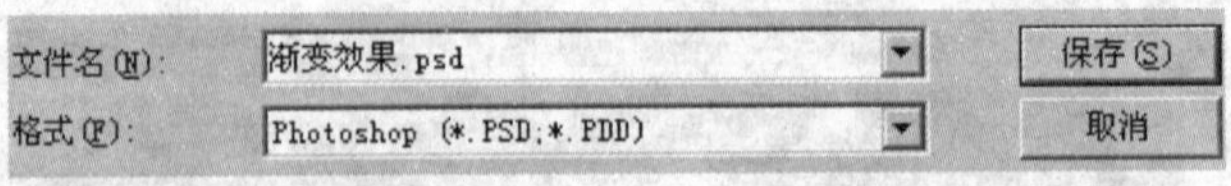

图 2 - 92　另存图片

2.5.9　渐变工具

渐变工具的作用是产生逐渐变化的色彩，在设计中经常使用到色彩渐变。色彩渐变可以通过渐变工具来使用，也可以在图层样式中使用。

Photoshop CS5 提供了多种渐变的设定，渐变工具属性栏，如图 2 - 93 所示。

图 2 - 93　渐变工具属性栏

在渐变工具属性栏中点击，就会出现“渐变编辑器”，如图 2 - 94 所示。

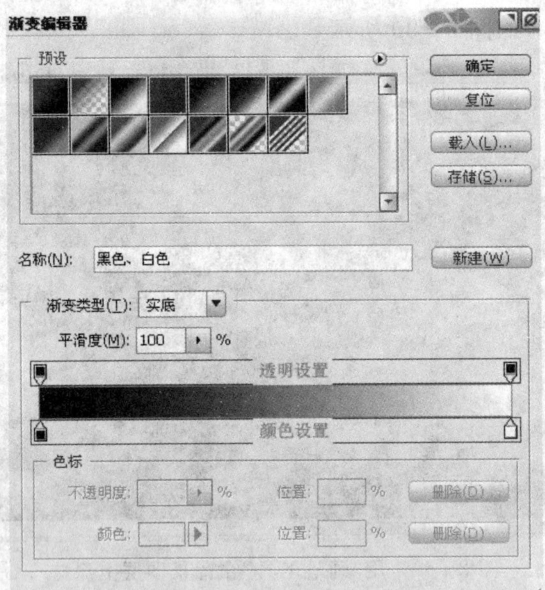

图 2 - 94　渐变编辑器

从中选择一个“红色、绿色”的设定(如果没有找到可复位渐变)，选择后可在渐变缩览图中看到大致效果，如图 2 - 95 中左图所示。右方有一排按钮是渐变样式的选择，先选择第一种线形渐变▣，然后建立一个选区在其中拖拉，松手后即可完成。

(1)“径向渐变”：它是将起点作为圆心，起点到终点的距离为半径，将颜色以圆形分布(图 2 - 95 白色圆圈之内)。半径之外的部分用终点色填充(图 2 - 87 白色圆圈之外)。颜色在每条半径方向上各不相同，但在每个同心圆圆弧方向上相同。也就是说，假如用户从圆心出发到圆弧，在途中将看到各种不同的色彩。但如果用户只是沿着圆心绕圈，那么在这一圈上用户看到的颜色都是相同的。对应图 2 - 95 中的蓝色和黄色圆弧可以说成：黄色圆弧上各点颜色相同，蓝色圆弧上各点颜色相同，蓝色圆弧与黄色圆弧的颜色不同，蓝色圆弧相对接近起点色，黄色圆弧相对接近终点色，如图 2 - 95 所示。

(2)“角度渐变”:它是以起点为中心,起点与终点的夹角为起始角,顺时针分布渐变颜色(如图 2-96 中白色箭头所指)。因此起点与终点之间的距离并不会影响效果,这在所有渐变样式中也是唯一的。从起点出发的每条射线上颜色都相同。对应到图 2-96 就是:黄色射线上各点颜色相同,蓝色射线上各点颜色相同,黄色射线与蓝色射线的颜色不同,蓝色射线相对接近起点色,黄色射线相对接近终点色,如图 2-96 所示。

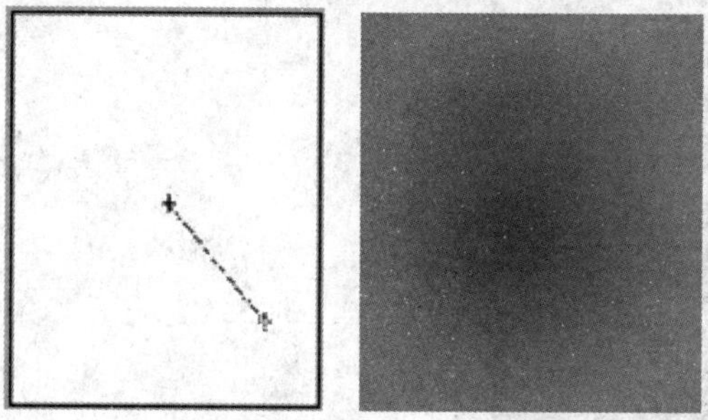

图 2-95 径向渐变

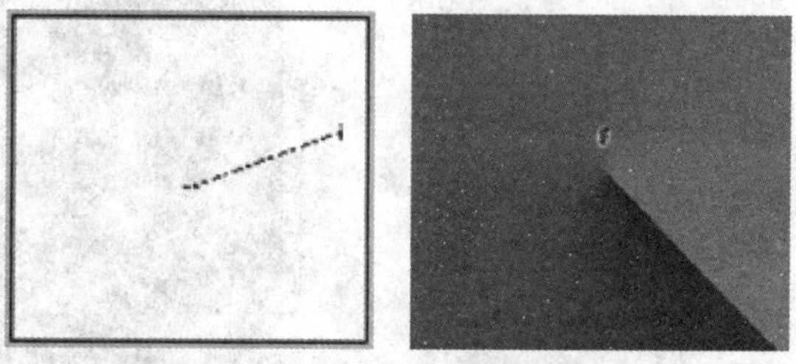

图 2-96 角度渐变

(3)“透明区域”:该选项可以保持渐变设定中的透明度,如果关闭,渐变色中就不带有透明区域。我们可以新建一个黑色背景的图像,选择默认渐变列表中的“透明彩虹”,然后分别开启和关闭“透明区域”选项,看到效果,如图 2-97 所示。因为“透明彩虹”的渐变设定中,在起点和终点区域包含有透明度的设定,因此开启选项后渐变的起点和终点区域是透明的,可以看到原先的黑色背景。关闭了选项后,透明区域就被单色所填充,无法再看到原先的黑色背景了。

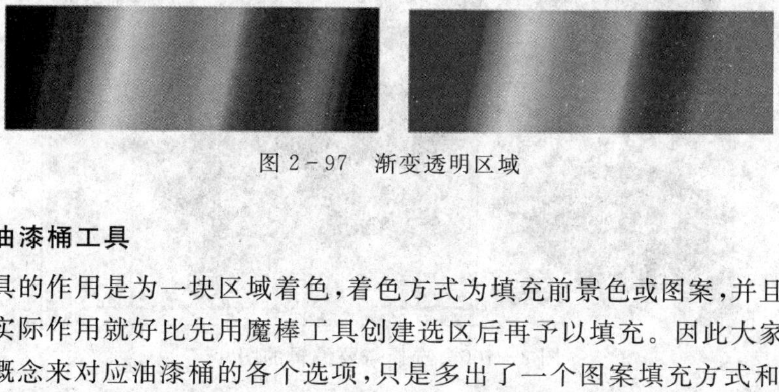

图 2-97 渐变透明区域

2.5.10 油漆桶工具

油漆桶工具的作用是为一块区域着色,着色方式为填充前景色或图案,并且附带了色彩容差的选项。其实际作用就好比先用魔棒工具创建选区后再予以填充。因此大家可以用魔棒工具各个选项的概念来对应油漆桶的各个选项,只是多出了一个图案填充方式和“所有图层”选项。图案填充的效果与图案图章工具的特点是一样的,即如果填充区域大于图案将产生平铺。“所有图层”的作用和其他工具相同,在关闭的情况下只能对所选图层有效。它通常被“创建选区后建立填充图层”的操作所取代。油漆桶工具属性栏如图 2-98 所示。

图 2-98 油漆桶工具属性栏

2.6 修饰工具组

修饰工具组包含:“仿制图章工具”“图案图章工具”“橡皮擦工具”“背景橡皮擦工具”“魔术橡皮擦工具”“模糊工具”“锐化工具”“涂抹工具”“减淡工具”

“加深工具”“海棉工具”“修复画笔工具”“修补工具”“污点修复画笔工具”“污点修复画笔工具”“红眼工具”。

2.6.1 实例——使用图章工具制作背景效果。

使用图章工作制作绚丽背景效果如图 2－99 所示。

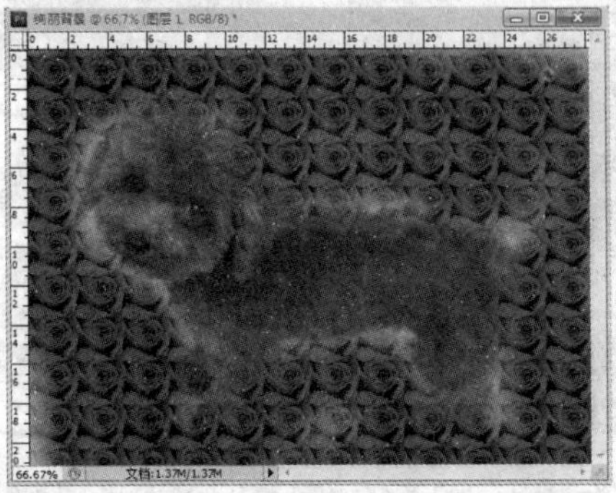

图 2－99 “图章工具”制作绚丽背景效果

(1)启动 Photoshop CS5，执行“文件”→“打开”命令，弹出对话框，选择需要编辑的图片，如图 2－100 所示。

图 2－100 选择需要编辑的图片

(2)选择菜单“文件”→“新建”命令，弹出“新建”对话框，输入名称为“绚丽背景”，大小为 800 像素×600 像素，分辨率为 72，点击“确定”，如图 2－101 所示。

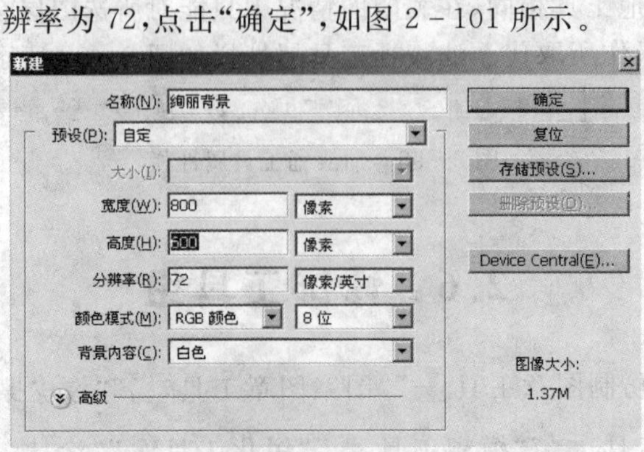

图 2－101 新建页面

(3)选择打开的编辑图片“玫瑰花”,使用“矩形选框工具”拖拽出一个需要的选区,如图 2-102 所示。然后选择菜单“编辑”→“定义图案”命令,弹出对话框点击确定,将选区定义为图案。

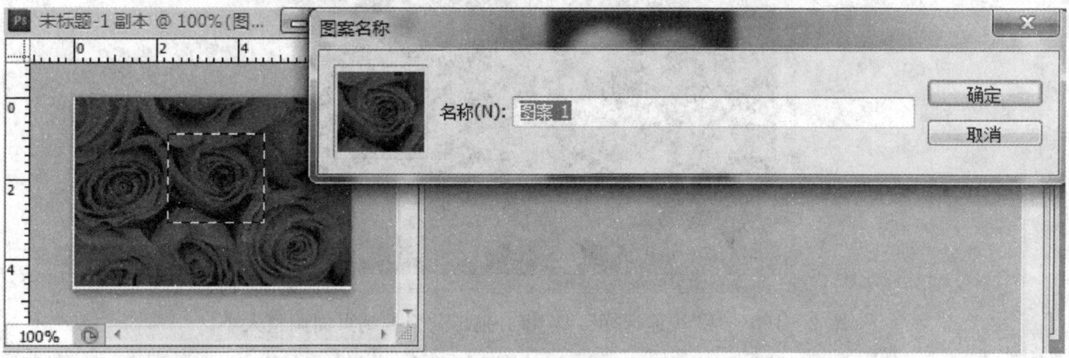

图 2-102 建立选区“定义图案”

(4)选择工具箱“图案图章工具”,在“图案图章工具”属性栏中选择刚才定义了的图章图案“玫瑰花”,如图 2-103 所示。

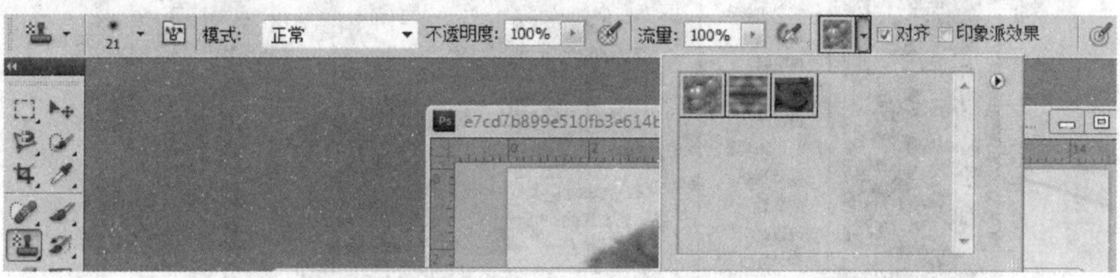

图 2-103 选择图案“玫瑰花”

(5)选择新建页面“绚丽背景”,将小狗图片使用“选择工具”直接拖拽到新建立页面上,再选择“图案图章工具”沿页面边缘绘制边框花纹(使用键盘“[”和“]”调整笔触大小),如图 2-104所示。

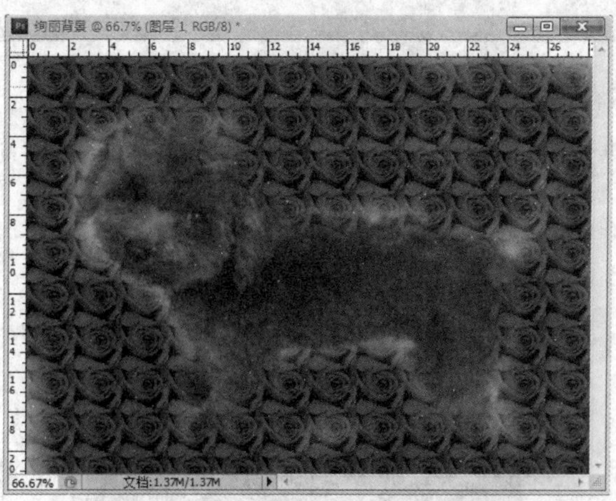

图 2-104 用“图案图章工具”绘制边框花纹

(6)选择“红心”图片,使用工具箱“快速选择工具”将心抠出,拖拽到页面,如图 2-105 所示。

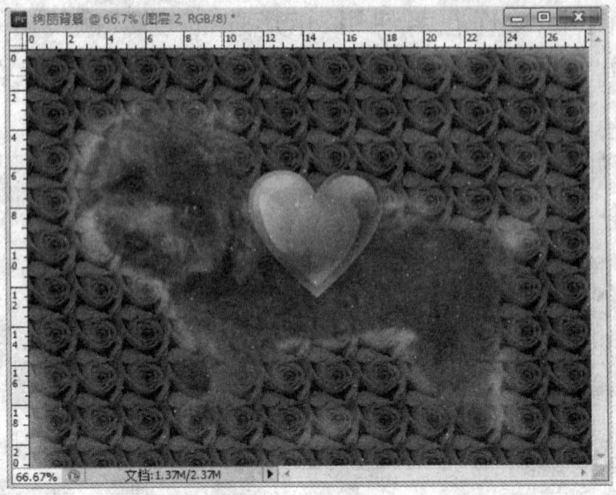

图 2 - 105　用“快速选择工具”将心抠出并拖拽到页面调整大小

(7)选择“红心”图层，点击“添加图层样式”命令，设置数据如图 2 - 106 所示，点击“确定”。

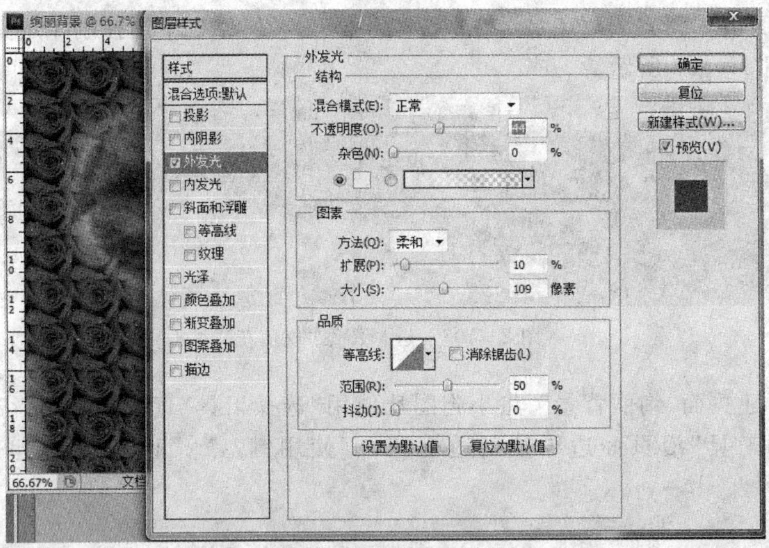

图 2 - 106　设置“添加图层样式命令” 数据

(8)得到完成效果，执行“文件”→“存储为”命令，将图片另存为“绚丽背景. psd”，如图 2 - 107 所示。

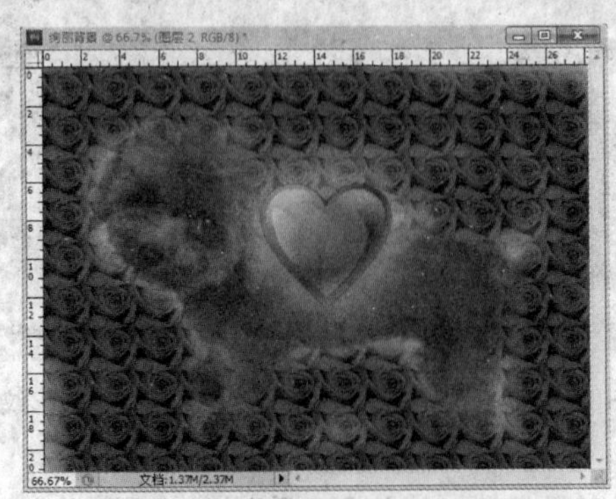

图 2 - 107　得到完成效果

2.6.2 仿制图章工具

仿制图章工具的作用是"复印机"，就是将图像中一个地方的像素原样搬到另外一个地方，使两个地方的内容一致。使用仿制图章工具的时候要先定义采样点，也就是指定原件的位置。定义采样点的方法是按住"Alt"键在图像 A 处单击，如图 2-108 所示。

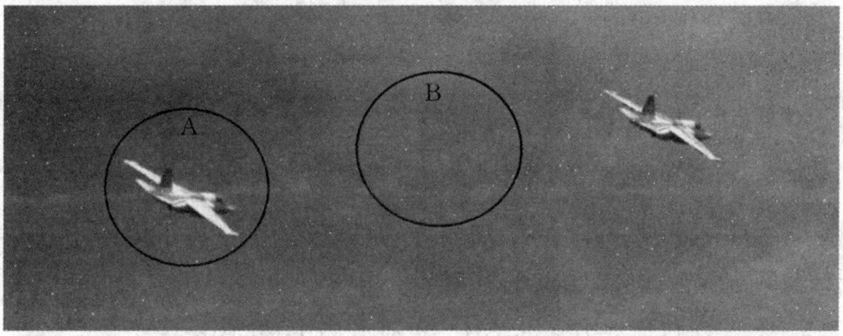

图 2-108 定义采样点

先在 A 处按住"Alt 键"单击一下，然后在 B 处拖动绘制，就会看到 A 处的像素被复制出来了，如图 2-109 所示。

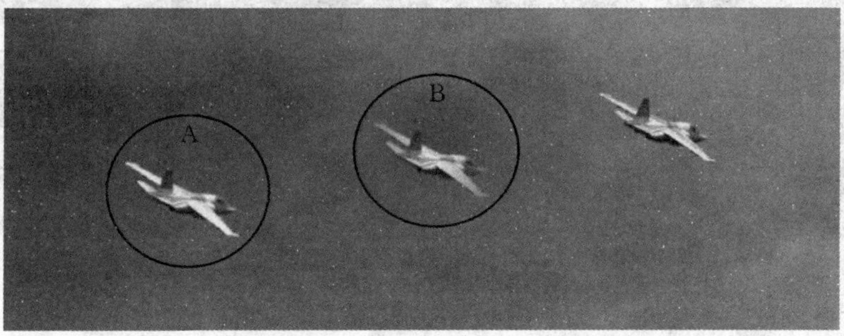

图 2-109 仿制图章工具制作效果

要注意采样点的位置并非是一成不变的，我们也看到虽然之前定义的采样点位于飞机的中部，但复制出来的飞机不仅有中部，也有上下左右各个部分。而大家留心一下就会发现，在 B 处拖动的时候，A 处采样点也会产生一个十字光标并同时移动，移动的方向和距离与我们正在绘制的 B 处是相同的。也就是说，大家应该把采样点理解为复制的"起始点"而不是复制的"有效范围"。采样点，只是一个点而已。如果称为采样场的话，那就是代表一个范围了。

还有需要注意的是，仿制图章工具是应用到了笔刷的，因此使用不同直径的笔刷（图 2-109中为 40）将影响绘制范围。而不同软硬度（图 2-109 中为 0）的笔刷将影响绘制区域的边缘。一般建议使用较软的笔刷，那样复制出来的区域周围与原图像可以比较好地融合，如图 2-109中图所示，可以看到在尾气及机头的边缘有逐渐淡化的效果。大家可以增加笔刷硬度再试一次，不过那效果一定很生硬。当然，如果选择异型笔刷（枫叶、茅草等），那复制出来的区域也将是相应的形状。因此在使用前要注意笔刷的设定是否合适。

仿制图章工具实际上经常被用来修补图像中的破损之处，其方法就是用周围临近的像素来填充。也可以用来改善画面，比如可参照图 2-110 所示。将图 2-110 左图中人物面部的瑕疵去除，达到图 2-110 右图的效果。制作过程中需注意选择适当的直径和硬度。

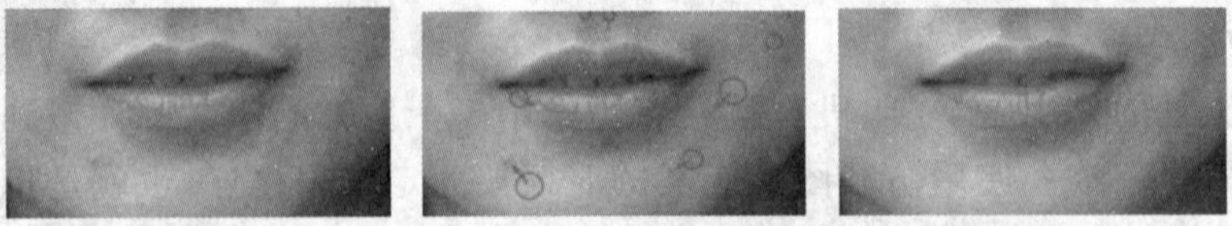

图 2-110　仿制图章工具使用

仿制图章工具属性栏如图 2-111 所示。

图 2-111　仿制图章工具属性栏

◆“对齐”:默认是开启。该选项的作用是在多次绘制中,保持取样点与绘制起始点同步位移。定义取样点,发现随着绘制起始点的移动,采样点也随着发生同样的位移。反正采样点不发生变化。如图 2-112 白色线框所示,使用“非对齐”制作的效果。

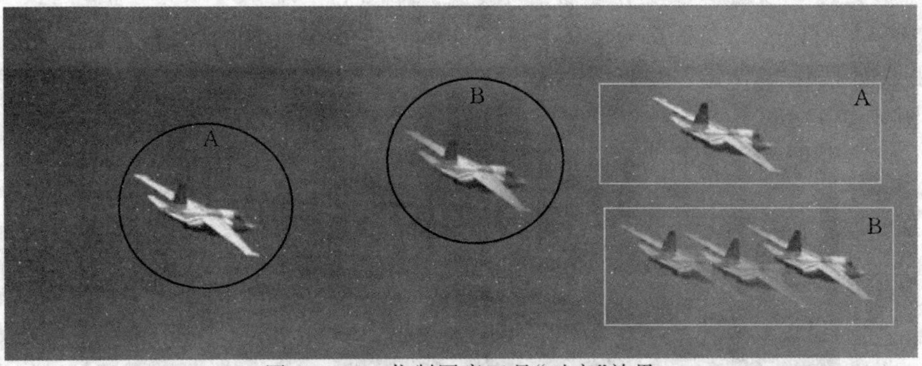

图 2-112　仿制图章工具“对齐”效果

◆“用于所有图层”:默认是关闭。在关闭的情况下,只能在同一图层内复制图像。如果是跨图像(在两个图像间)复制,是以所选图层中的内容作为复制的源图像的。打个比方:现在要将图像 A 中的内容复制到图像 B 中,而图像 A 有两个图层 A1 和 A2,这样在图像 A 中定义了采样点后,如果选择的是 A1 图层,复制到图像 B 中的就是 A1 层中的内容。采样点不变,选择了 A2 图层,那么复制到图像 B 中的就是 A2 层中的内容。这说明采样点本身是没有层的属性的,它只有坐标属性,这个坐标在哪个图层发生采样作用,就要看所选择的是哪个层。这个特点大家要注意,在跨图像复制的时候,除了定义好采样点的位置,也必须看清楚是否选择了正确的图层(如果有多个图层存在的话)。否则就会发生无法复制或错误复制的可能。如果将该选项开启,则不再有“采样层”的限制,采样点上所有图层中的图像都将被复制。

2.6.3　图案图章工具

选择图案图章工具后,单击属性栏,如图 2-113 所示。可以看到其中有一个图案的选项(图 2-113 中圆圈处),点击会出现图案列表。在列表中的图案上单击右键可以更改名称或删除图案。

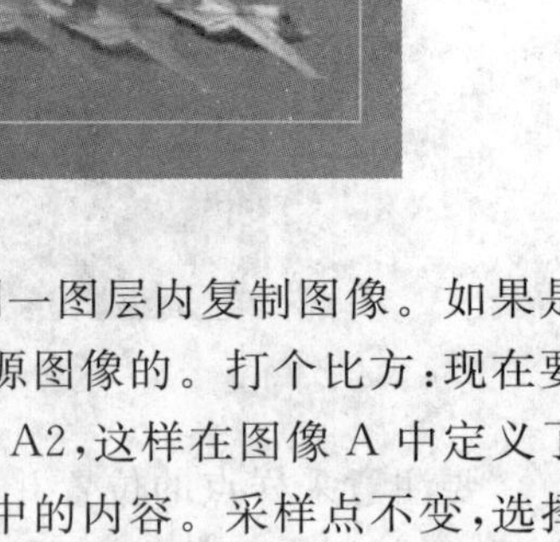

图 2-113　预设图案浮动面板

点击图案列表右上角的圆三角按钮,就会出现类似笔刷调板中的选择列表,其中有复位图案、载入图案等。其实用方法和效果与笔刷调板一致。这类操作也广泛运用在 Photoshop

CS5 以及 Adobe 其他一系列软件的调板中。由于没有采样点的选择，因此图案图章工具比起仿制图章工具来说要简单得多。选定了一个图案之后，在图像中按下鼠标并拖动就可以将所选图案绘制到图层中。如果所绘制的区域大于图案的尺寸，则在超过的部分中图案将重复出现。并且彼此头尾(准确地说是四周)衔接，最明显的表现就是图案块之间上下左右互为对齐。

◆"对齐"：如果开启的话，多次绘制的图案将保持连续平铺特性，如果关闭这个选项，分次绘制出来的图案之间没有连续性。而且早先绘制的图案会被后来所绘制的图案所覆盖。

◆"印象派效果"：开启之后所绘制出来的图像就带有色彩过渡分明的印象派风格，这些色彩都取自于所选的图案。不过已经看不出图案原先的轮廓了。

2.6.4　实例——使用修复工具去除填加纹身效果

(1)启动 Photoshop CS5，执行"文件"→"打开"命令，弹出对话框，选择需要编辑的图片，如图 2-115 所示。

使用修复工具去除填加纹身效果如图 2-114 所示。

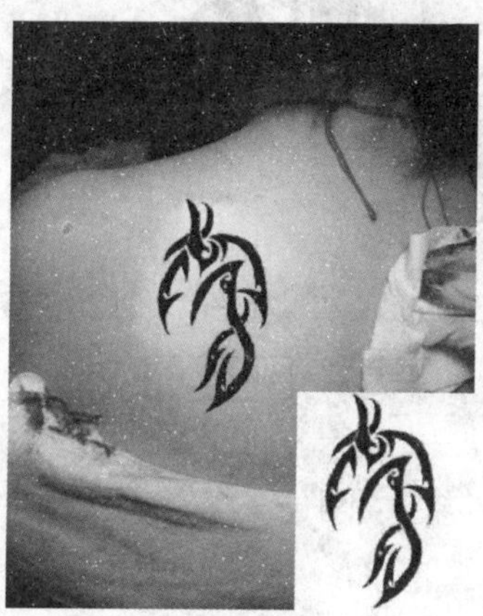

图 2-114　填加纹身效果

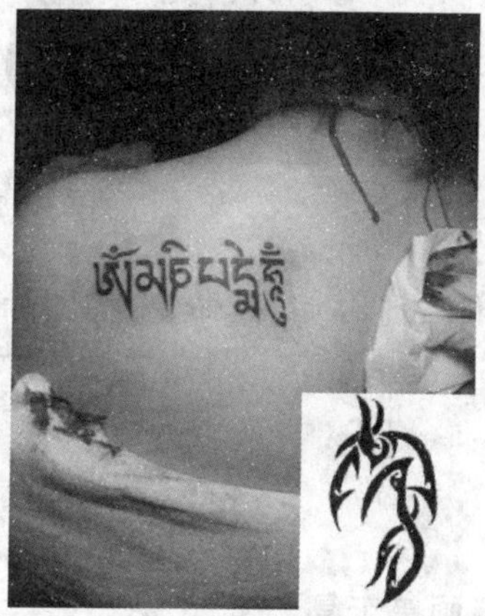

图 2-115　选择需要编辑的图片

(2)选择需要编辑的图片，在选择工具箱"修复画笔工具"，设置相关属性"，如图 2-116 所示。

图 2-116　设置修复画笔工具

(3)按键盘"Alt"键定义一个参考颜色，然后松开"Alt"键，直接在画面需要修复的位置涂抹，如图 2-117 所示。

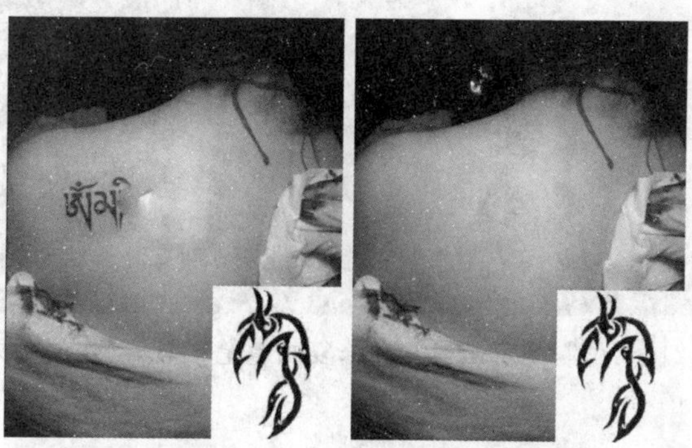

图 2-117　用修复画笔工具涂抹

(4)选择“修补工具”,设置“修补工具 ”属性栏,钩选“目标”与“透明”,如图 2－118 所示。

图 2－118　设置“修补工具 ”属性栏

(5)选择“修补工具”拖拽框选需要的图像,确定选择区域后,拖拽到画面合适的位置,释放鼠标左键得到需要的效果,如图 2－119 所示。

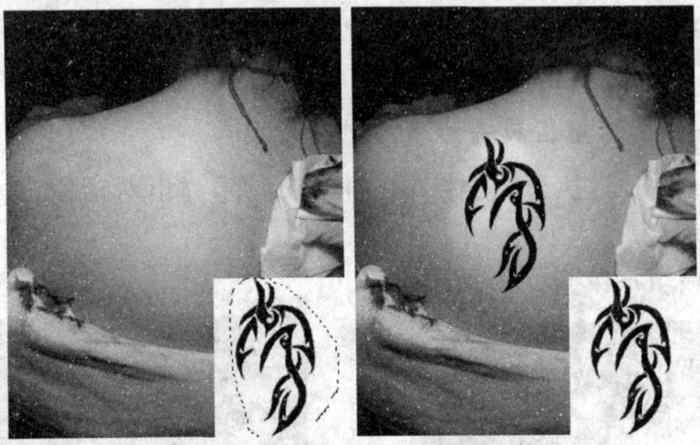

图 2－119　完成效果

(6)执行“文件”→“存储为”命令,将图片另存为“纹身. psd”,如图 2－120 所示。

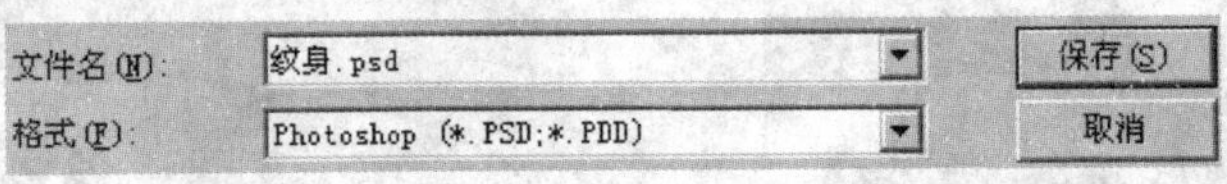

图 2－120　将图片另存为“纹身. psd”

2.6.5　修复画笔工具

使用修复画笔工具,选择一个合适的笔刷,在属性栏中将模式设为“正常”,源选择“取样”,然后按照仿制图章工具的使用方法,先在图像上定义好采样点,之后复制到图像需要处(可以跨图层、跨文件操作),在复制过程中的情形也和仿制图章一样,当结束复制松开鼠标之后,复制出来的图像会与背景形成良好的图像交融形成如图 2－121 所示效果。修复画笔的交融效果兼顾了复制前后的图像,在两者间取得平衡。

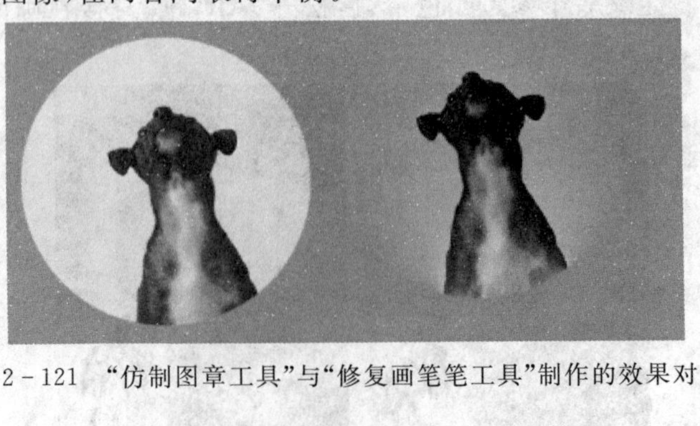

图 2－121　“仿制图章工具”与“修复画笔笔工具”制作的效果对比

2.6.6 修补工具

修补工具的作用原理和效果与修复画笔工具是完全一样的，只是它们的使用方法有所区别，如图 2-122 所示。修补工具的操作是基于区域的，因此要先定义好一个区域（与选区类似）。注意修补工具在属性栏的设置中有一项“修补”，确保其选择为“源”，而“透明”选项为“关闭”，然后在图 2-122 左图创建一个选区。和普通的选区一样，这里的选区创建后也可以进行加、减、交叉等修改。

选区完成后，从选区内开始拖动鼠标（如果在选区外拖动将会重新创建选区），在图像中寻找要复制到该选区的图像，拖动的时候可以在原先的选区中看到复制后的效果，如图 2-122 中图所示。完成后效果如图 2-122 右图所示。如果开启“透明”选项，则会产生新旧像素重叠的效果。此外，也可以在属性栏或单击右键菜单中选择利用图案。

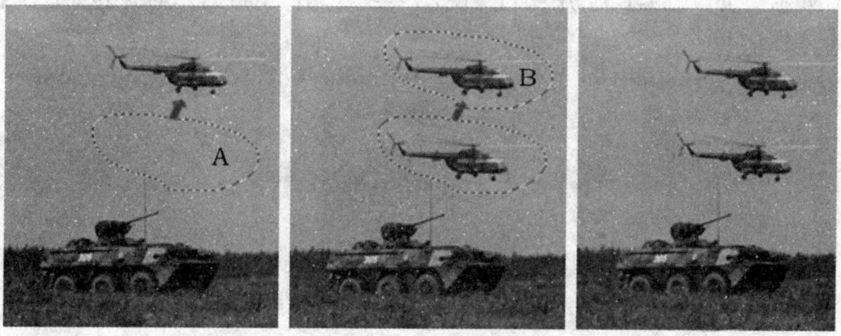

图 2-122 修补工具使用

若属性栏中的“修补”选项改为“目标”的话，会有什么区别呢？首先我们来明确一下“源”和“目标”的概念，我们之前是先创建选区（A 区域），然后从选区往外拖动到一个地方（B 区域），那么原先的选区就是源，拖动到的地方就是目标。那么如果选择修补“源”的话，就意味着“源”被更改，也就是选区内的像素被更改，即 A 区域被 B 区域中的内容所更改，所以就产生了如上的一个过程。

与之相反，如果选择修补“目标”的话，那么就是拖动到达的 B 区域被原先处于选区的 A 区域更改，会产生如下的一个过程，如图 2-123 所示。

图 2-123 属性栏中的“修补”选项改为“目标”

2.6.7 污点修复画笔工具

污点修复画笔工具出现在 Photoshop CS5 版本中，相当于橡皮图章和普通修复画笔的综合作用，既然称之为污点修复，意思就是适合于消除画面中的细小部分。因此不适合在较大面积中使用。如果想把人物从画面中抹去，最好还是使用橡皮图章工具来完成，它不需要定义采样点，在想要消除的地方涂抹就可以了，如图 2-124 所示。

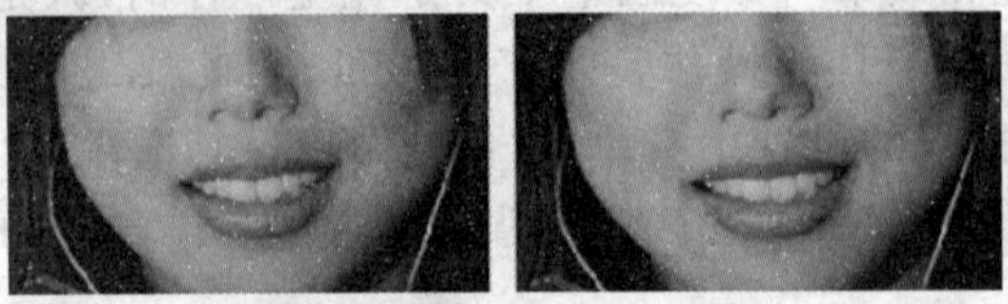

图 2-124 污点修复画笔工具

2.6.8 红眼工具

红眼出现在 Photoshop CS5 版本中，使用起来更为简单，只需要框选红眼区域就可以消除，如图 2-125 所示。如开启了对齐功能“视图”→“对齐”，那么红眼移除工具在框选的时候，选框边会自动对齐红眼区域。

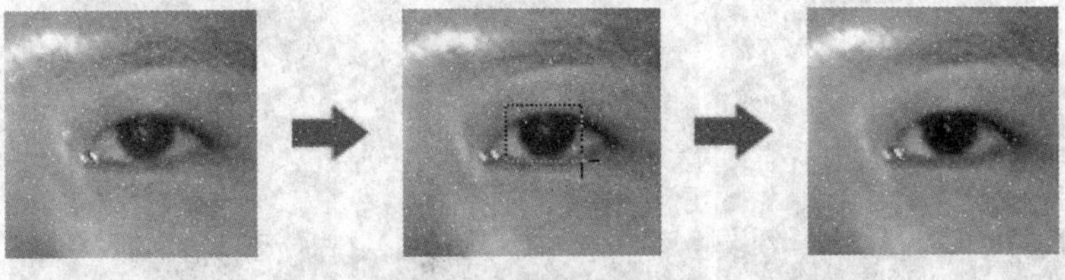

图 2-125 红眼工具

2.6.9 实例——使用“背景橡皮擦工具”去除背景

使用“背景橡皮擦工具”去除背景，如图 2-126 所示。

(1)打开需要编辑的图片，如图 2-127 所示。

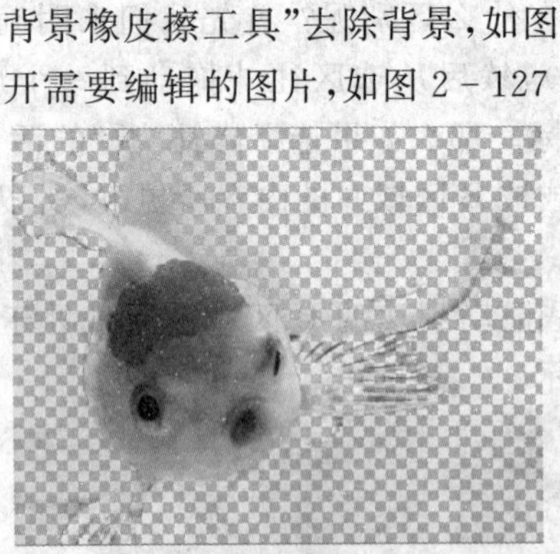

图 2-126 用背景橡皮擦工具去除背景

图 2-127 打开需要编辑的图片

(2)选择“背景橡皮擦工具”并设置属性(限制为“不连续”、取样为“一次”)，将容差设为 50%，在涂抹过程中不会抹除物体其他部分的像素，因为取样中的颜色是白色，而物体的颜色是都位于所选处的颜色及容差范围之外，如图 2-128 所示。

这样就可以在物体周围得到透明的区域，重复操作可去除残余部分。这个操作中最重要的选项就是取样，选择“一次”代表以鼠标第一笔所在位置的像素颜色为基准，在容差之内去寻找并消除像素。这种方法适用于主体与背景反差较大的情况，反差越大就越容易操作。

如果想用这个功能来进行去除背景的操作，一般来说使用一次之后并不能完全抹除像素，大部分会留下半透明的像素。尽管很淡，但还是半透明的。在叠加了其他的背景后就很容易看出痕迹，因此在看似透明的区域可再次使用。如有必要就再重复几次。

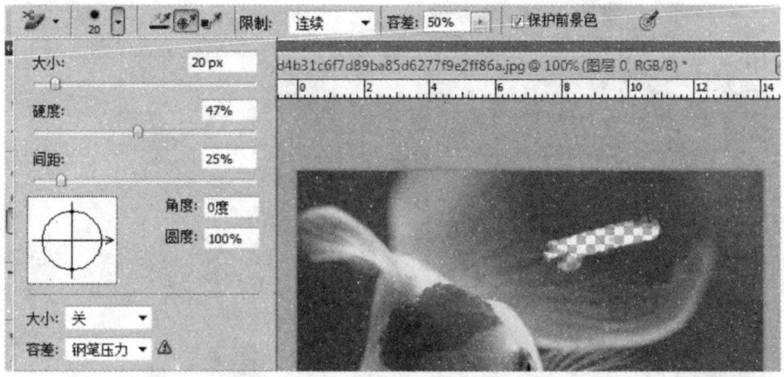

图 2-128 设置背景橡皮擦工具属性

(3)设置好属性后直接使用“背景橡皮擦工具”在画面需要删除的地方直接涂抹，如图 2-129 所示。

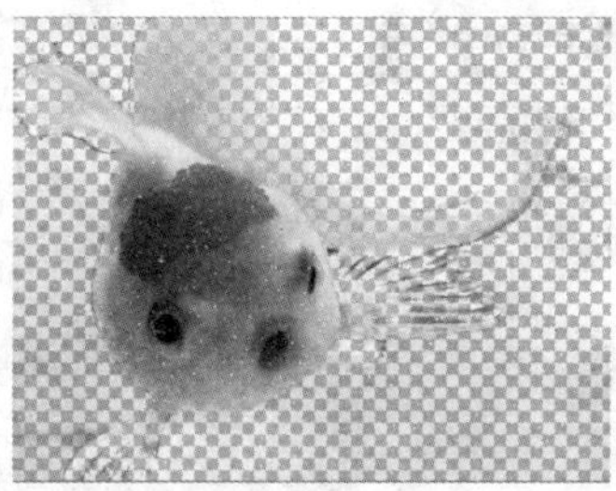

图 2-129 在画面需要删除的地方直接涂抹

(4)执行“文件”→“存储为”命令，将图片另存为“去除背景.psd”，如图 2-130 所示。

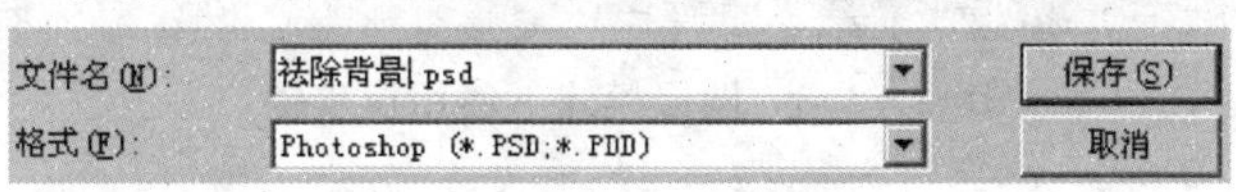

图 2-130 将图片另存为“去除背景.psd”

2.6.10 橡皮擦工具

正如同现实中我们用橡皮擦掉纸上的笔迹一样，Photoshop CS5 中的橡皮擦就是用来擦除像素的，擦除后的区域将为透明。橡皮擦工具属性栏如图 2-131 所示。橡皮擦工具可以选择以画笔笔刷或铅笔笔刷进行擦除，两者的区别在于画笔笔刷的边缘柔和并带有羽化效果，铅笔笔刷则没有。此外，还可以选择以一个固定的方块形状来擦除。不透明度、流量以及喷枪方式都会影响擦除的“力度”，较小力度(不透明度与流量较低)的擦除会留下半透明的像素。“抹到历史记录”选项的效果同历史纪录画笔工具一样，需要配合历史记录调板“窗口”→“历史记录”来使用。

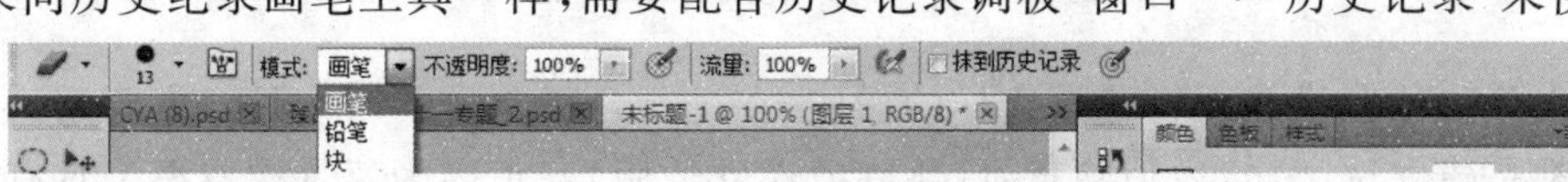

图 2-131 橡皮擦工具属性栏

需要注意的是，如果在背景层上使用橡皮擦，由于背景层的特殊性质(不允许透明)，擦除后的区域将被背景色所填充，如图 2-132 所示。因此如果要擦除背景层上的内容并使其透明的话，要先将其转为普通图层，如图 2-133 所示。

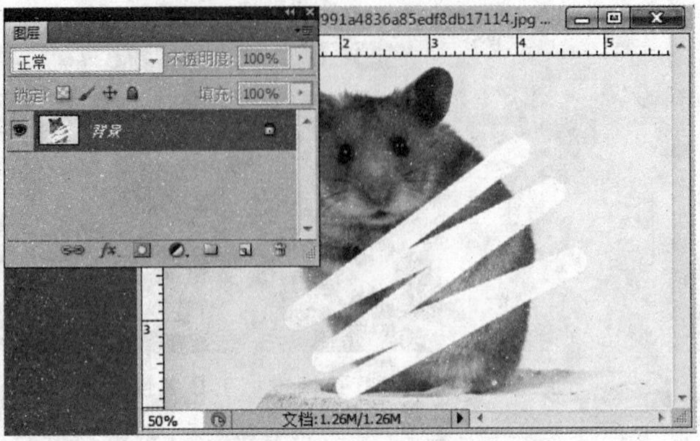

图 2-132 背景层上使用橡皮擦

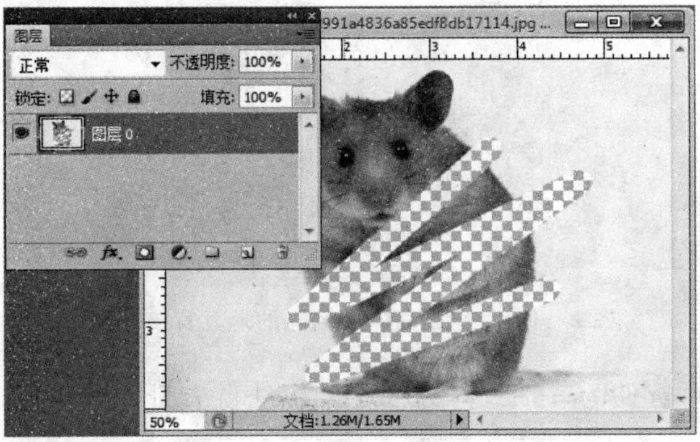

图 2-133 图层模式下使用橡皮擦

2.6.11 背景橡皮擦工具

背景橡皮擦工具的使用效果与普通的橡皮擦相同，都是抹除像素，可直接在背景层上使用，使用后，背景层将自动转换为普通图层。其选项与颜色替换工具有些类似，如图 2-134 所示。可以说它也是颜色替换工具，只不过真正的颜色替换工具是改变像素的颜色，而背景色橡皮擦工具将像素替换为透明而已。

图 2-134 背景橡皮擦工具属性栏

类似去除物体背景或人物背景这样的操作，在进行合成制作的时候是经常要用到的，而通常的思路都是建立选区，然后消除背景（删除或建立蒙版）。正因为背景橡皮擦工具有"替换为透明"的特性，加上其又具备类似魔棒选择工具那样的容差功能，因此也可以用来抹除图片的背景，如图 2-135 所示。

图 2-135　背景橡皮擦工具的使用

2.6.12　魔术橡皮擦工具

魔术橡皮擦工具在作用上与背景橡皮擦类似，都是将像素抹除以得到透明区域。只是两者的操作方法不同，背景橡皮擦工具采用了类似画笔的绘制（涂抹）型操作方式，而魔术橡皮擦则是区域型（即一次单击就可针对一片区域）的操作方式。相似于魔棒工具，魔棒点击后会根据点击处的像素颜色及容差产生一块选区。魔术橡皮擦工具的操作方式也是如此，只不过它将这些像素予以抹除，从而留下透明区域。换言之，魔术橡皮擦的作用过程可以理解为是三合一：用魔棒创建选区、删除选区内像素、取消选区。

魔术橡皮擦工具属性如图 2-136 所示。“对所有图层取样”如果开启将对所有图层有效，关闭的话就只能针对目前所选择的图层有效。“不透明度”决定删除像素的程度，100％的话为完全删除，被操作的区域将完全透明；减小数值的话就得到半透明的区域。

图 2-136　魔术橡皮擦工具属性栏

2.6.13　模糊工具

模糊工具的操作类似画笔操作，是将涂抹的区域变得模糊，模糊有时候是一种表现手法，将画面中其余部分作模糊处理，就可以凸现主体。注意：模糊工具的操作是类似于喷枪的可持续作用，也就是说鼠标在一个地方停留时间越久，这个地方被模糊的程度就越大，如图 2-137 所示。

图 2-137　模糊工具效果

2.6.14　锐化工具

锐化工具的作用和模糊工具正好相反，它是将画面中模糊的部分变得清晰。模糊的最大效果就是体现在色彩的边缘上，比如树干上的斑点，原本边缘分明，在模糊处理后边缘被淡化，整体就感觉变模糊了。而锐化工具则反其道而行之，强化色彩的边缘。但过度使用会造成色斑，因此在使用过程中应选择较小的强度并小心使用。

另外，锐化工具在使用中不带有类似喷枪的可持续作用性，在一个地方停留并不会加大锐化程度。不过在一次绘制中反复经过同一区域则会加大锐化效果。

不能将模糊工具和锐化工具当做互补工具来使用（比如模糊太多了，就锐化一些）。这种操作是不可取的，不仅不能达到所想要的效果，反而加倍地破坏图像。

2.6.15 涂抹工具

涂抹工具的效果就好像在一幅未干的油画上用手指按住颜色涂抹一样，效果如图 2-138 所示。如果打开“手指绘画”选项，就好比手指先蘸染一些颜料再在画面中涂抹一样。绘画的颜色就是前景色。

图 2-138 涂抹工具的使用

2.6.16 减淡工具和加深工具

减淡工具早期也称为遮挡工具（因为其原理与传统洗印照片工艺中的遮挡相似而得名），作用是局部加亮图像。可选择为高光、中间调或暗调区域加亮，效果如图 2-139 所示（在图像的右部和下部涂抹）。加深工具的效果与减淡工具相反，是将图像局部变暗，也可以选择针对高光、中间调或暗调区域。这两个工具曝光度设定越大则效果越明显。如果开启喷枪方式则在一处停留时具有持续性效果。

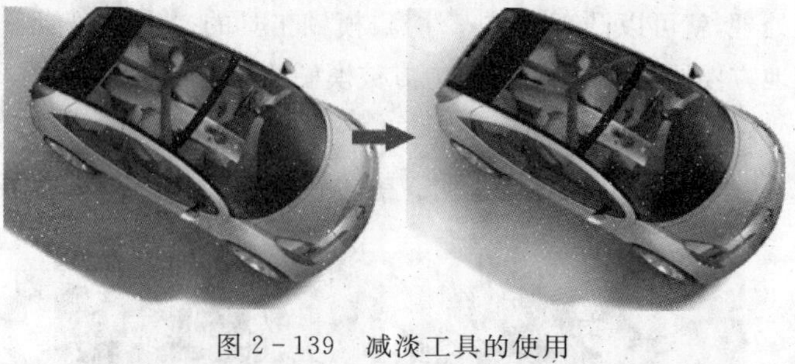

图 2-139 减淡工具的使用

2.6.17 海绵工具

海绵工具的作用是改变局部的色彩饱和度，可选择减少饱和度（去色）或增加饱和度（加色），效果如图 2-140 所示。流量越大效果越明显。开启喷枪方式可在一处持续产生效果。注意：如果在灰度模式的图像（不是 RGB 模式中的灰度）中操作将会产生增加或减少灰度对比度的效果。还要注意的是，海绵工具不会造成像素的重新分布，因此其去色和加色方式可以作为互补来使用，过度去除色彩饱和度后，可以切换到加色方式增加色彩饱和度。但无法为已经完全为灰度的像素增加上色彩。

图 2-140 海棉工具的使用

2.7 绘图和文字工具组

绘图和文字工具组包含:“钢笔工具”“自由钢笔工具”“添加锚点工具”“删除锚点工具”“转换点工具”“路径选择工具”“直接选择工具”“矩形工具”“圆角矩形工具”“椭圆工具”“多边形工具”“直线工具”“自定义形状工具”“横排文字工具”“直排文字工具”“横排文字蒙版工具”“直排文字蒙版工具”。

2.7.1 实例——使用钢笔工具组绘制福娃形象

本实例主要运用路径工具、填充工具制作,通过路径工具绘制具体图像的外形特征,然后综合使用油漆桶及渐变填充工具表现出色彩,最终达到我们需要设计的效果。实例效果如图 2-141 所示。

图2-141 福娃形象

(1)选择“文件”→“新建”命令,新建一背景页面,点击新建图层按钮,建立一透明“图层 1”,如图 2-142 所示。

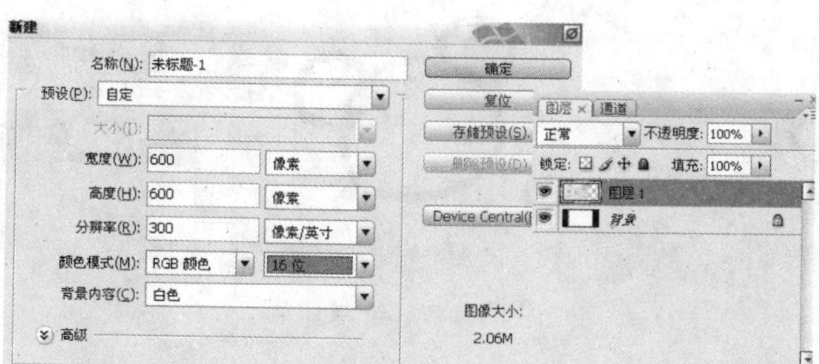

图 2-142 建立背景及新图层

(2)选择窗口路径，弹出“路径浮动调板”，点击创建新路径按钮，建立“路径 1”，双击“路径 1”将名称改为“脸”。选择工具箱“钢笔工具”，调整“钢笔”工具属性，如图 2－143 所示。

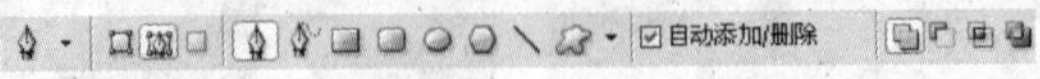

图 2－143　钢笔工具属性栏调整

在图层 1 上绘制“福娃”脸部外轮廓。选择“转换拐点工具”，对“钢笔工具”所绘路径曲度进行调整。(按住“Ctrl”键可以跳转到“直接选择工具”上，进而可以对“钢笔工具”所绘制的锚点进行位置调整)，选择路径“脸”，回到图层面板，如图 2－144 所示。

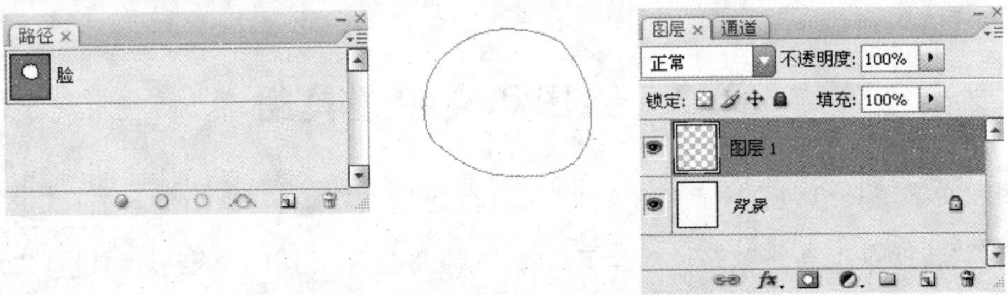

图 2－144　绘制脸部

(3)选择工具箱“画笔工具”，将画笔直径调整至 10。前景色选择黑色，如图 2－145 所示。

图 2－145　画笔工具设定

(4)回到路径调板，选择“画笔描边路径”，点击得到路径描边的效果，脸部外轮廓描边完成，如图 2－146 所示。

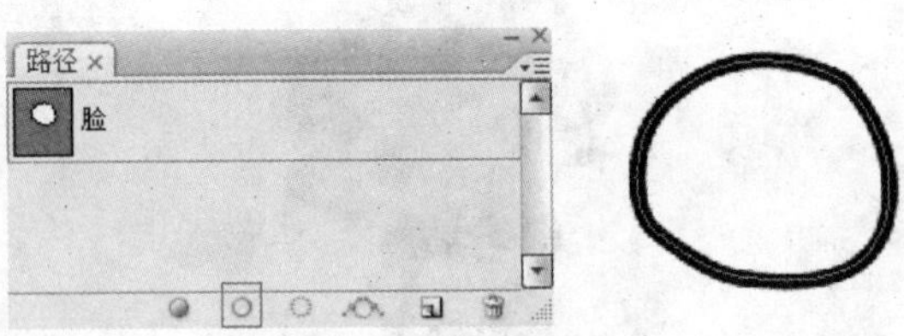

图 2－146　画笔描边

(5)新建“图层 2”，继续选择路径面板，点击创建新路径按钮，建立“路径 1”，双击“路径 1”将名称改为“耳”。选择工具箱“钢笔工具”，在图层 1 上绘制“福娃”耳朵并选择画笔描边路径描边，如图 2－147 所示。

图 2－147　绘制耳朵

(6)继续按照以上方法完成“福娃”的其他外部轮廓,如图 2 - 148 所示。

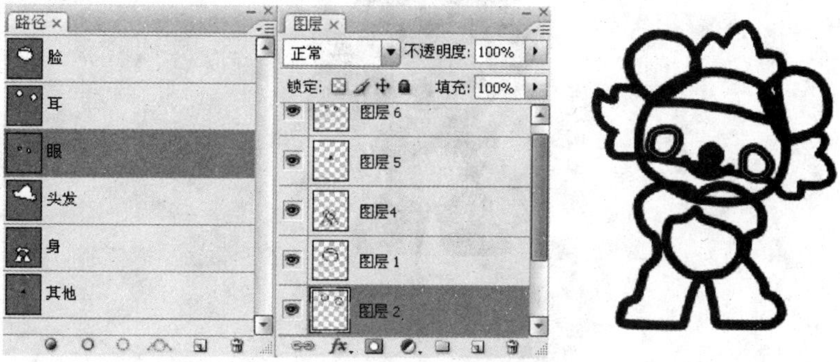

图 2 - 148 轮廓完成

(7)选择相应的图层并选择工具箱“油漆桶工具”填充颜色,如图 2 - 149 所示。

图 2 - 149 填充颜色

(8)绘制脸部细节。新建立页面放在“图层 5”(鼻子)后面,选择“椭圆选框工具”,调整参数,如图 2 - 150 所示。

图 2 - 150 椭圆选框工具属性栏

在新建图层上绘制椭圆选区,选择合适颜色,选择工具箱“油漆桶工具”填充颜色,如图 2 - 151所示。

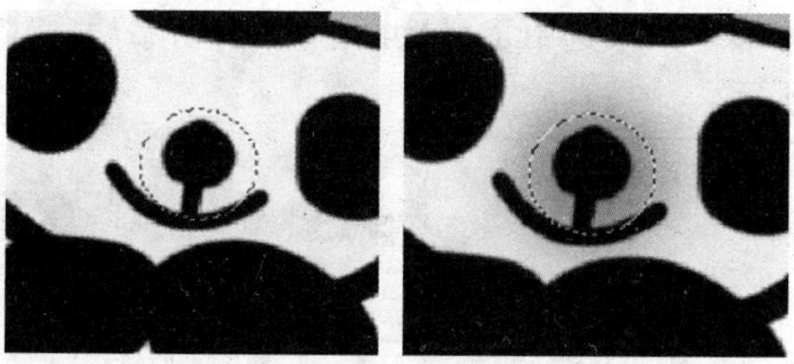

图 2 - 151 填充颜色

(9)细节刻画。选择相应的图层,使用“渐变填充工具”,通过改变渐变类别和渐变属性,填充合适的颜色,塑造物体体积,最终完成,效果如图 2 - 152 所示。

图 2－152 最终效果

2.7.2 钢笔工具组

铅笔工具组包括:“钢笔工具”“自由钢笔工具”“添加锚点工具”“删除锚点工具”“转换点工具”。

1. 用钢笔工具绘图

钢笔工具可以创建直线和平滑流畅的曲线。可以组合使用钢笔工具和形状工具以创建复杂的形状。

(1)选择“钢笔工具”,出现钢笔工具属性栏,如图 2－153 所示。

图 2－153 钢笔工具属性栏

(2)设置下列属性栏选项:要在点击线段时添加锚点或在点按线段时删除锚点,可选择属性栏中的“自动添加/删除”。要在绘图时预览路径段,可点击属性栏中形状按钮旁边的反向箭头并选择“橡皮带”。将钢笔指针定位在绘图起点处并点按,以定义第一个锚点。点按或拖移,为其他的路径段设置锚点。完成路径,具体如下:

①绘制直线段:将钢笔指针定位在直线段的起点并点按,以定义第一个锚点。在直线第一段的终点再次点按,或按住“Shift”键点按将该段的角度限制为 45°角的倍数。继续点按,为其他的段设置锚点。最后一个锚点总是实心方形,表示处于选中状态。当继续添加锚点时,以前定义的锚点会变成空心方形。如果选中了属性栏中的“自动添加/删除”选项,则点按现有点可将其删除,如图 2－154 所示。

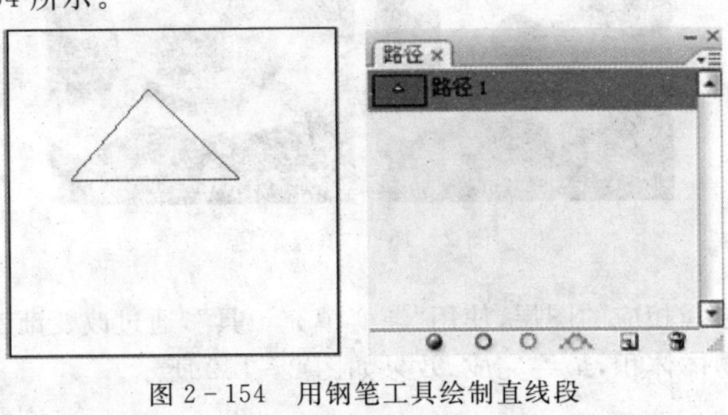

图 2－154 用钢笔工具绘制直线段

②绘制曲线:将指针定位在曲线的起点,并按住鼠标按钮,此时会出现第一个锚点。向绘

制曲线段的方向拖移指针，将指针定位在曲线段的终点，并向相反方向拖移可完成曲线段，如图 2－155 所示。

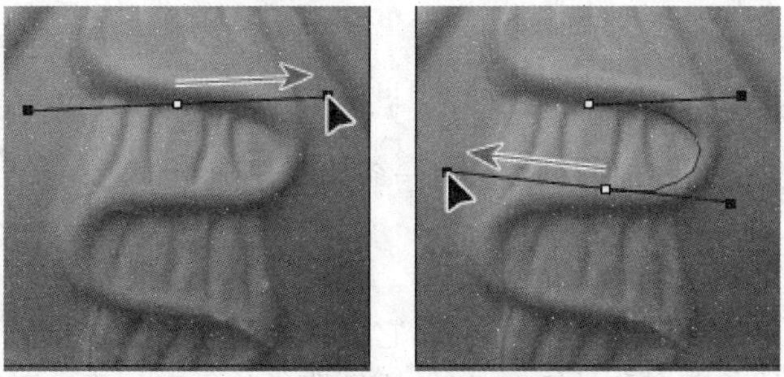

图 2－155 用钢笔工具绘制曲线

◆绘制平滑曲线的下一段，请将指针定位在下一段的终点，并向曲线外拖移。沿着偏离曲线的方向拖移可创建下一段，如图 2－156 所示。

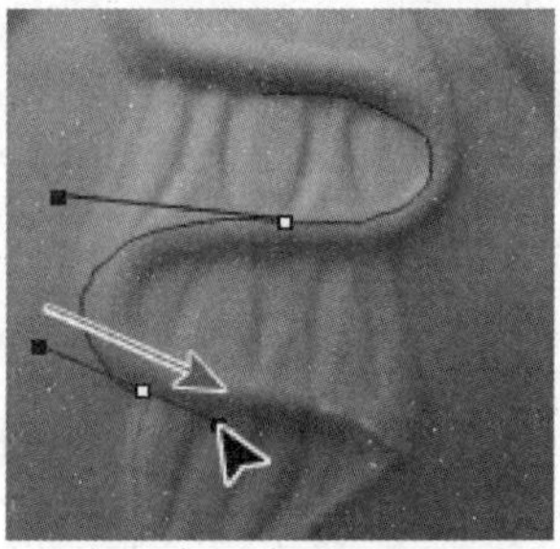

图 2－156 绘制平滑曲线

◆急剧改变曲线的方向，释放鼠标按钮，然后按住“Alt”键沿曲线方向拖移方向点。松开“Alt”键以及鼠标按钮，将指针重新定位在曲线段的终点，并向相反方向拖移以完成曲线段。要间断锚点的方向线，可按住“Alt”键拖移方向线，即按住“Alt”键沿曲线方向拖移方向点，如图 2－157 左图所示。松开此键，并向相反方向拖移，如图 2－157 右图所示。

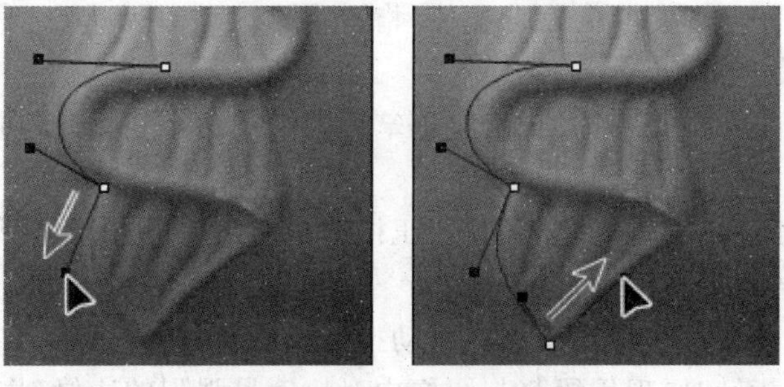

图 2－157 改变曲线的方向

2. 用自由钢笔工具绘图

自由钢笔工具可用于随意绘图，就像用铅笔在纸上绘图一样。在绘图时，将自动添加锚点。无需确定锚点的位置，完成路径后可进一步对其进行调整。要绘制更精确的图形，请使用钢笔工具。

（1）选择“自由钢笔工具”。点按属性栏中形状按钮旁边的反向箭头，然后为“曲线拟合”输入介于 0.5～10.0 像素之间的值。此值越高，创建的路径锚点越少，路径越简单，如图 2－158 所示。

图 2－158　自由钢笔工具设置

（2）在图像中拖移指针。在拖移时，会有一条路径尾随指针。释放鼠标，工作路径即创建完毕。

3. 用磁性钢笔选项绘图

磁性钢笔是自由钢笔工具属性栏的选项，它可以绘制与图像中定义区域的边缘对齐的路径。可以定义对齐方式的范围和灵敏度，以及所绘路径的复杂程度。磁性钢笔和磁性套索工具共用很多相同的选项，如图 2－159 所示。

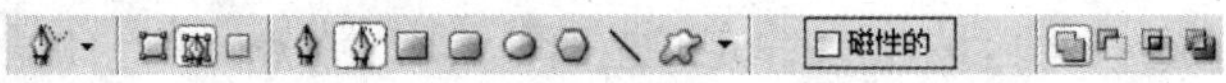

图 2－159　磁性钢笔选项

（1）要将自由钢笔工具转换成磁性钢笔工具，需在属性栏中选择“磁性的”，或点按属性栏中形状按钮旁边的反向箭头，选择“磁性的”并进行如图 2－160 所示的设置。

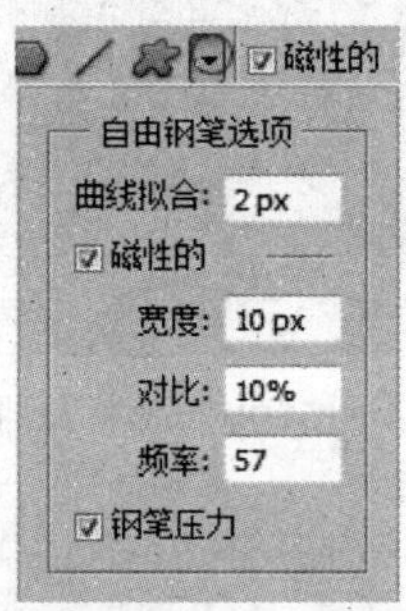

图 2－160　自由钢笔工具转换成磁性钢笔工具

◆“宽度”：输入介于 1～256 的像素值。磁性钢笔只检测距指针指定距离内的边缘。

◆“对比”：输入介于 1～100 的百分比值，指定将该区域看做边缘所需的像素对比度。此值越高，图像的对比度越低。

◆“频率”：输入介于 0～100 的值，指定钢笔设置锚点的密度。此值越高，路径锚点的密度越大。

◆“钢笔压力”：若使用的是光笔绘图板（压杆笔），需选择或取消选择“钢笔压力”。当选择该选项时，钢笔压力的增加将导致宽度减小。

（2）在图像中点，设置第一个紧固点。移动指针或沿要描的边拖移。刚绘制的边框段保持为现用状态。当移动指针时，现用段会与图像中对比度最强烈的边缘对齐，并使指针与上一个紧固点连接。磁性钢笔定期向边框添加紧固点，以固定前面的各段。点击鼠标左键可添加紧固点并继续跟踪，如图 2－161 所示。

（3）如果边框没有与所需的边缘对齐，则点按一次以手动添加一个紧固点，并使边框保持不动继续沿边缘操作，根据需要添加紧固点。如果出现错误，按“Delete”键删除上一个紧固点。

（4）要动态修改磁性钢笔的属性，按住“Alt”键并拖移，可绘制手绘路径。按住“Alt”键并

图 2-161 钢笔工具转换成磁性钢笔工具绘制效果

点鼠标左键，可绘制直线段。按左方括号键“[”可将磁性钢笔的宽度减小 1 个像素；按右方括号键“]”可将钢笔宽度增加 1 个像素。

(5)完成路径：按“Enter”键，结束开放路径。点击鼠标左键两次，闭合包含磁性段的路径。按住“Alt”键并点击鼠标左键两次，闭合包含直线段的路径。

4. 添加锚点工具使用方法

选择“添加锚点工具”，并将指针放在要添加锚点的路径上(指针旁会出现加号)。要添加锚点但不更改线段的形状，请点按路径。要添加锚点并更改线段的形状，请拖移以定义锚点的方向线。(如果已在钢笔工具或自由钢笔工具的属性栏中选择了“自动添加/删除”，则在点按直线段时，将会添加锚点，而在点按现有锚点时，则会将该锚点删除。)

5. 删除锚点工具使用方法

选择“删除锚点工具”并将指针放在要删除的锚点上(指针旁会出现减号)。点按锚点将其删除，路径的形状重新调整以适合其余的锚点。拖移锚点将其删除，线段的形状随之改变。(如果已在钢笔工具或自由钢笔工具的属性栏中选择了“自动添加/删除”，则在点按直线段时，将会添加锚点，而在点按现有锚点时，则会将该锚点删除。)

6. 转换点工具使用方法

选择“转换点工具”，并将指针放在要更改的锚点上。

要在选中了“直接选择工具”的情况下启动转换锚点工具，请将指针放在锚点上，然后按“Ctrl＋Alt”组合键。

(1)转换锚点：要将平滑点转换成没有方向线的角点，请点按平滑锚点。要将平滑点转换为带有方向线的角点，一定要能够看到方向线。然后，拖移方向点，使方向线断开，如图 2-162 所示。

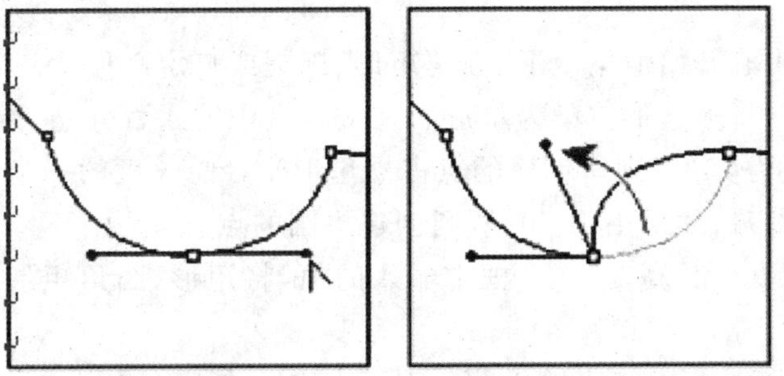

图 2-162 平滑点转换成没有方向线的角点

(2)要将角点转换成平滑点，可向角点外拖移，使方向线出现。点按以创建角点，拖移以创建平滑点，如图 2-163 所示。

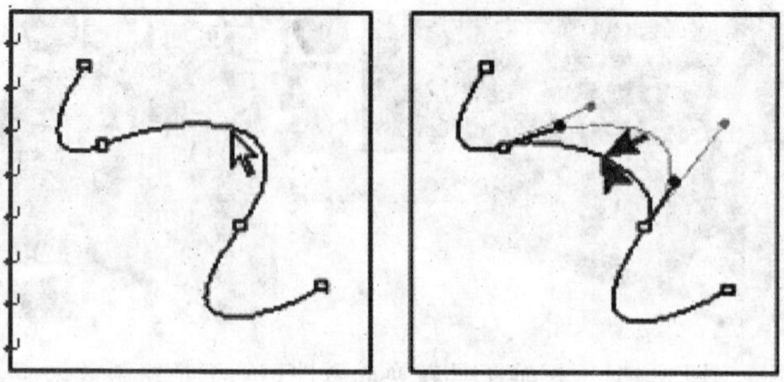

图 2-163　角点转换成平滑点

2.7.3　图形工具组

图形工具组包括:"矩形工具""圆角矩形工具""椭圆工具""多边形工具""直线工具""自定义形状工具"。这些工具综合运用,可用来绘制编辑矢量图形。选择直线图形出现形状工具属性栏选项,如图 2-164 所示。

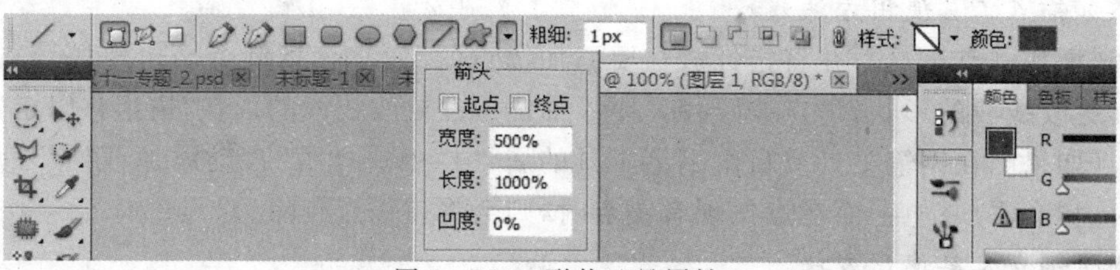

图 2-164　形状工具属性

◆"起点""终点":向直线中添加箭头。选择直线工具,然后选择"起点",即可在直线的起点添加一个箭头;同样,选择"终点"即可在直线的终点添加一个箭头。输入箭头的"宽度"值和"长度"值,以直线宽度的百分比指定箭头的比例("宽度"值从 10%～1000%,"长度"值从 10%～5000%)。输入箭头的凹度值(从－50%～＋50%)。凹度值定义箭头最宽处(箭头和直线在此相接)的曲率。在 Photoshop CS5 中,也可以通过矢量选区和绘图工具直接编辑箭头。

◆"圆形":将椭圆约束为圆。

◆"定义的比例":基于创建自定义形状时所使用的比例对自定义形状进行渲染。

◆"定义的大小":基于创建自定义形状时的大小对自定义形状进行渲染。

◆"固定大小":在"宽度"和"高度"文本框中输入的值,将矩形、圆角矩形、椭圆或自定义形状渲染为固定形状。

◆"从中心":从中心开始渲染矩形、圆角矩形、椭圆或自定义形状。

◆"缩进边依据":将多边形渲染为星形。在文本框中输入百分比,指定星形半径中被点占据的部分。如果设置为 50%,则所创建的点占据星形半径总长度的一半;如果设置大于 50%,则创建的点更尖、更稀疏;如果小于 50%,则创建更圆的点。

◆"比例":在"宽度"和"高度"文本框中输入的值,将矩形、圆角矩形或椭圆渲染为成比例的形状。

◆"半径":对于圆角矩形,指定圆角半径。对于多边形,指定多边形中心与外部点之间的距离。

◆"边数":指定多边形的边数。

◆"平滑拐角或平滑缩进":用平滑拐角或缩进渲染多边形。

◆"对齐像素":将矩形或圆角矩形的边缘对齐像素边界。

◆“方形”:将矩形或圆角矩形约束为方形。

◆“不受限制”:允许通过拖移设置矩形、圆角矩形、椭圆或自定形状的宽度和高度。

◆“粗细”:以像素为单位确定直线的宽度。

1. 绘制编辑形状

要在形状图层上创建形状,可选择一个形状工具或钢笔工具,确保在属性栏中选中了“形状图层”按钮选取形状的颜色,在属性栏中点击色板,然后从拾色器中选取一种颜色。在属性栏中设置工具选项。在 Photoshop CS5 中,点击形状按钮旁边的反向箭头以查看每个工具的其他选项。要为形状应用样式,从属性栏的“样式”弹出式菜单中选择预设样式。在图像中拖移可绘制形状。

2. 绘制自定形状

选择“自定形状工具”,从属性栏中的“自定形状”,在弹出式调板中选择一个形状。在调板中找不到所需的形状,请点击调板右上角的箭头,然后选取其他类别的形状。当询问是否替换当前形状时,请点击“替换”以仅显示新类别中的形状,或点击“追加”以添加到已显示的形状中。在图像中拖移可绘制形状,如图 2-165 所示。

图 2-165 绘制自定形状

2.7.4 选择路径工具组

选择路径组件或路径段将显示选中部分的所有锚点,包括全部的方向线和方向点(如果选中的是曲线段)。方向点显示为实心圆,选中的锚点显示为实心方形,而未选中的锚点显示为空心方形。选择路径工具属性栏如图 2-166 所示。

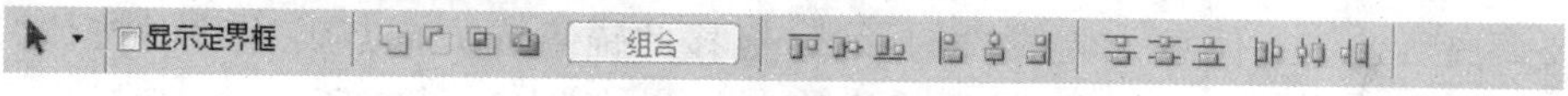

图 2-166 选择路径工具属性栏

1. 选择路径

(1)要选择路径组件(包括形状图层中的形状),需选择“路径选择工具”,并点按路径组件中的任何位置。如果路径由几个路径组件组成,则只有指针所指的路径组件被选中。要同时显示定界框和选中的路径,需在属性栏中选择“显示定界框”。要选择路径段,需选择“直接选择工具”,并点按段上的某个锚点,或在段的一部分上拖移选框。

(2)要选择其他的路径组件或段,需选择“路径选择工具”或“直接选择工具”,然后按住“Shift”键并选择其他的路径或段。当选中“直接选择工具”时,按住“Alt”键并在路径内点按可以选择整条路径或路径组件。要在选中大多数其他工具的情况下启动“直接选择工具”,需将指针定位在锚点上,并按“Ctrl”键。

2. 移动路径段

移动路径段，如图 2－167 所示。

(1)选择“直接选择工具”，然后选择要移动的点或段。确保选择定位段的两个锚点。

(2)将所选锚点或段拖移到新位置。拖移时按住“Shift”键可限制按 45°角的倍数移动。选择定位曲线的锚点，然后通过拖移移动曲线。

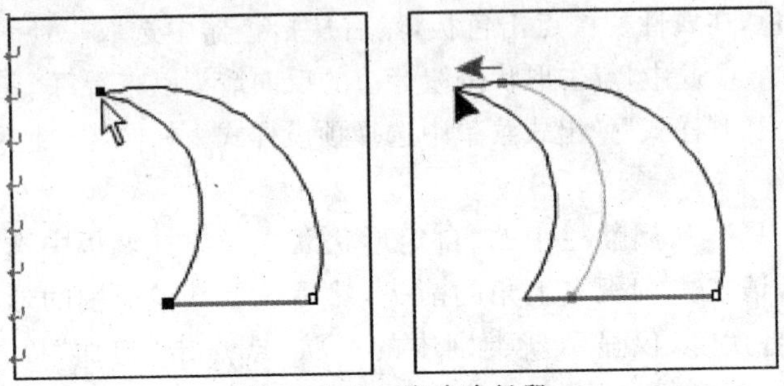

图 2－167 移动路径段

3. 调整曲线段

(1)选择“直接选择工具”，然后选择要调整的曲线段。出现该段的方向线。

(2)调整曲线：要调整两个关联锚点之间曲线的位置，可拖移此段。点按以选择此曲线段，然后通过拖移对其进行调整，如图 2－168 所示。

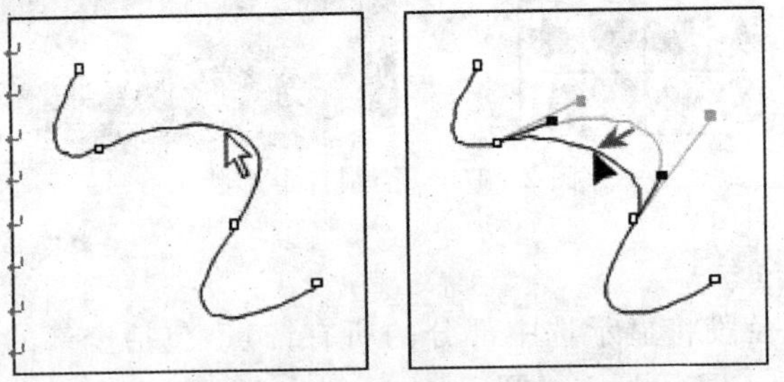

图 2－168 调整曲线

(3)要调整所选锚点任意一侧线段的形状，拖移此锚点或方向点。拖移时按住“Shift”键可限制按 45°角的倍数移动。拖移锚点，或拖移方向点，如图 2－169 所示。

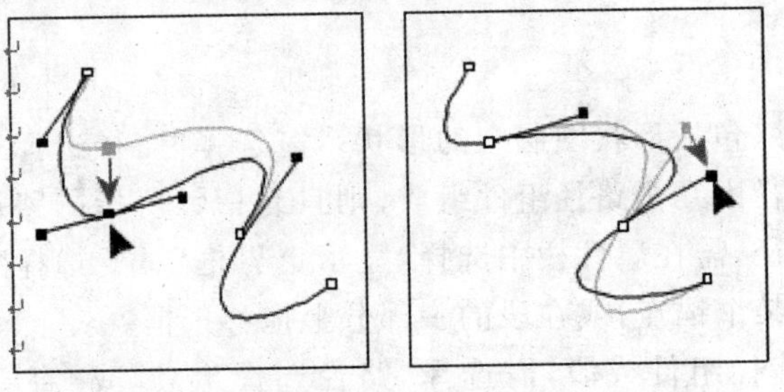

图 2－169 调整所选锚点任意一侧线段的形状

4. 删除路径段

选择“直接选择工具”，然后选择要删除的段。按“Delete”键删除所选段。再次按“Delete”键可删除其余的路径组件。

5. **移动路径或路径组件**

(1)在“路径”调板中选择路径名,并使用“路径选择工具”在图像中选择路径。要选择多个路径组件,按住“Shift”键并点按每个其他路径组件,将其添加到选区。

(2)将路径拖移到新位置。如果将路径的一部分拖移出了画布边界,则路径的隐藏部分仍然是可用的。将路径拖移到新位置,如图 2 - 170 所示。

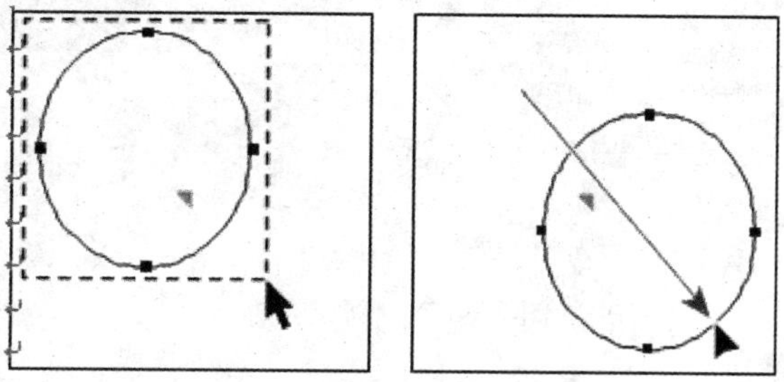

图 2 - 170　移动路径或路径组件

6. **对齐并分布路径组件**

可以对齐和分布在单个路径中描述的路径组件。例如,可以使单个图层所包含的多个形状左对齐,或使工作路径中的多个组件水平居中分布。要对齐不同图层上的形状,可使用移动工具。

要对齐组件,可使用“路径选择工具”选择要对齐的组件,然后从属性栏中选择一个对齐选项(可以使用“路径选择工具”框选需要对齐的路径组件,或按“Shift”键加选),如图 2 - 171 所示。

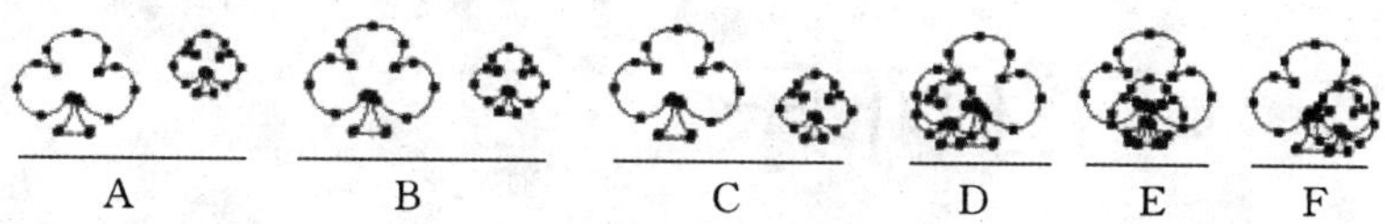

A—顶对齐;B—垂直居中对齐;C—底对齐;D—左对齐;E—水平居中对齐;F—右对齐

图 2 - 171　对齐并分布路径组件

2.7.5　实例——使用文字工具组绘制可乐标志

本实例绘制可口可乐标志,主要运用文字工具、矢量蒙版、钢笔工具。通过运用文字工具写出文字,然后综合矢量蒙版工具,将文字矢量化。最后使用路径选择工具、拐点工具绘制具体图像的外形特征,最终达到我们需要设计的效果。最终的实例效果如图 2 - 172 所示。

图 2 - 172　可口可乐标志

(1)选择“文件”→“新建”命令，新建一背景页面，点击“新建图层”按钮，建立一个透明“图层1”，双击取名“文字”，如图2-173所示。

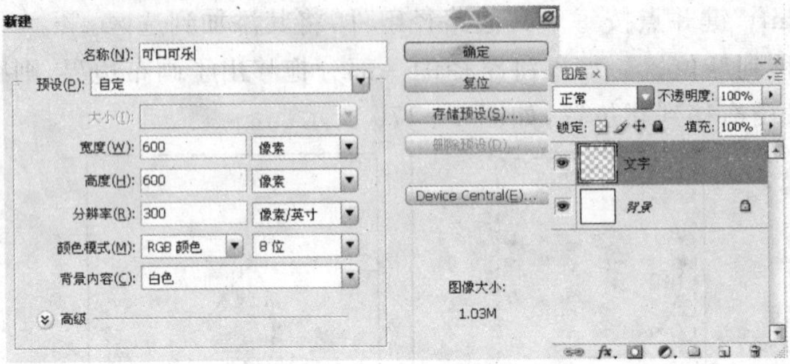

图2-173 新建页面

(2)选择工具箱“文字工具”，调整文字属性栏，如图2-174所示。点击“文字”图层，切换输入法，输入“可口可乐”文字，如图2-175所示。

图2-174 文字属性栏设置

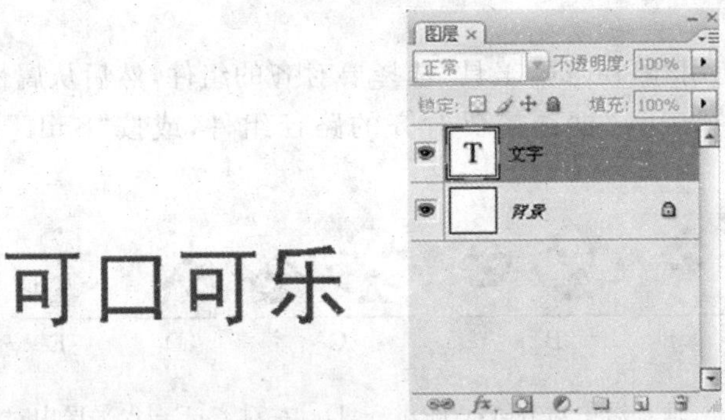

图2-175 输入“可口可乐”文字

(3)选择“文字”图层，然后选择菜单“图层”→“文字”→“转换为形状”命令，如图2-176所示。

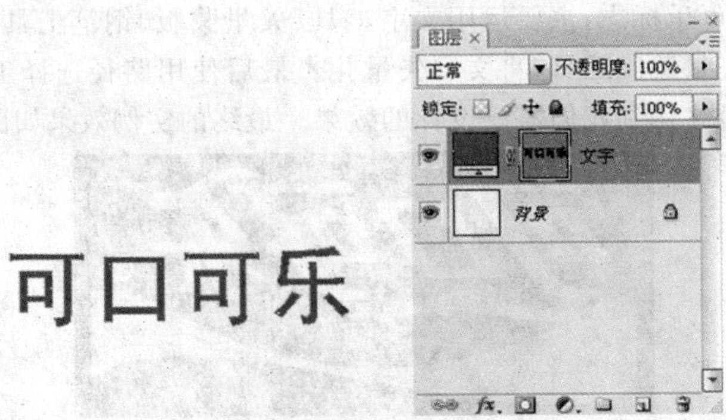

图2-176 文字转换为形状

(4)选择“直接选择工具”，框选择所有文字，选择菜单栏“编辑”→“自由变换路径”命令，再选择菜单栏“编辑”→“变换路径”→“扭曲”命令，对文字进行处理，如图 2－177 所示。按回车键确定。

图 2－177 对文字进行处理

(5)选择“直接选择工具”，结合“转换点工具”选择相应锚点对文字进行编辑(注意快捷键的使用、“Ctrl”键、“Ctrl＋Alt”键的运用)。同时需要综合运用钢笔工具组的各项工具对形态进行调整，如图 2－178 所示。

(6)继续对文字进行编辑，此过程不难，需要大家多操作、多体会，如图 2－179 所示。

图 2－178 文字形态调整

图 2－179 继续文字形态调整

(7)完成细节，我们需要一条流畅的水波线。选择钢笔工具，调整属性栏，如图 2－180 所示。开始绘制水波，如图 2－181 所示。

图 2－180 钢笔工具属性栏设置

图 2－181 绘制水波

(8)选择文字图层的矢量蒙版，点击图 2－182 线框处，点击鼠标右键，在弹出的菜单中选择“栅格化矢量蒙版”，如图 2－182 所示。

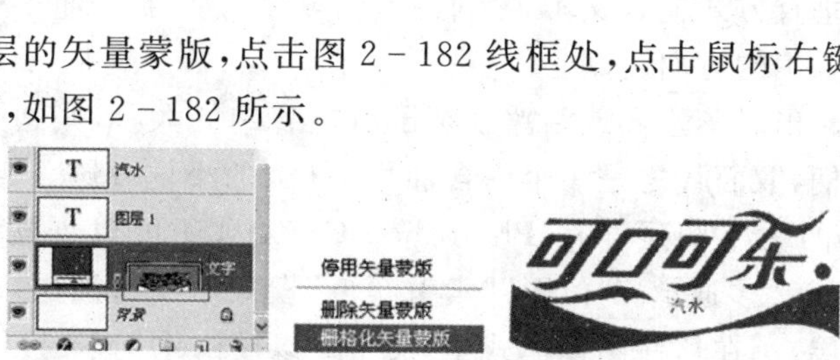

图 2－182 栅格化矢量蒙版

(9)选择背景图层并填充红色，选择图层“文字”，双击线框处，弹出颜色拾色器，选择白色，点击“确定”，如图 2－183 所示。

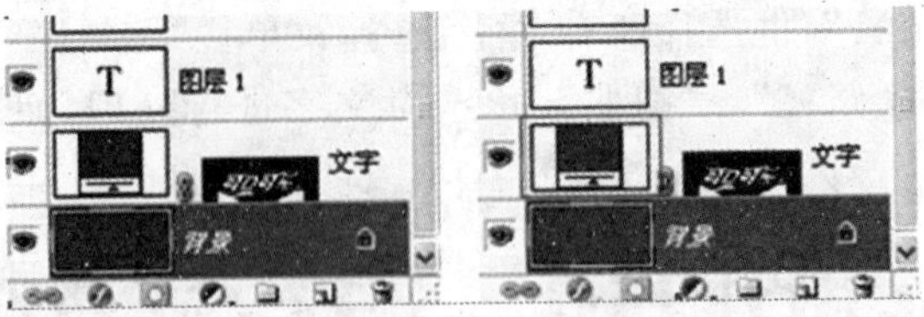

图 2－183　填充颜色

(10)得到如图 2－186 左图所示图像，调整细节，最终完成效果如图 2－184 右图所示。

图 2－184　完成效果

2.7.6　文字工具组

文字工具组包含“横排文字工具”“直排文字工具”“横排文字蒙版工具”“直排文字蒙版工具”。

1. 创建文字

Photoshop 中的文字由以数学方式定义的形状组成，这些形状描述的是某种字体的字母、数字和符号。当将文字添加到图像时，字符由像素组成，并且与图像文件具有相同的分辨率，字符放大时，用户会看到锯齿状边缘。但是，Photoshop CS5 保留有基于矢量的文字轮廓，并在缩放文字或调整文字大小、存储 PDF 或 EPS 文件或将图像打印到 PostScript 打印机时使用它们。因此，将可能生成带有与分辨率无关的犀利边缘的文字。

可采用三种方式来创建文字：在某个点创建、在段落内创建以及在 Photoshop 中沿路径创建。

(1)“点文字”：是一个水平或垂直文本行，它从用户在图像中点按的位置开始。要向图像中添加少量文字，在某个点输入文本是一种有用的方式。

(2)“段落文字”：使用以水平或垂直方式控制字符流的边界。当用户想要创建一个或多个段落（比如为宣传手册创建）时，采用这种方式输入文本十分有用。

(3)“路径上的文字”：沿开放或闭合路径的边缘流动。如果以水平方式输入文本，字符将与基线平行。如果以垂直方式输入文本，字符将垂直于基线。在任何一种情况下，文本都会按将点添加到路径时所采用的方向流动。

如果输入的文字超出段落边界或沿路径范围所能容纳的大小，则边界的角上或路径端点的锚点上不会出现手柄，取而代之是一个内含加号（＋）的小框或圆。当创建文字时，“图层”调板中会添加一个新的文字图层。在 Photoshop CS5 中，还可以创建文字形状的选框（在 Photoshop CS5 中，因为 “多通道 ”“位图”“索引颜色”模式不支持图层，所以不会为这些模式中的图像创建文字图层）。在这些图像模式中，文字将以栅格化文本的形式出现在背景上。

2. 输入点文字

选择“横排文字工具”或“直排文字工具”，出现文字工具属性栏，如图 2－185 所示。

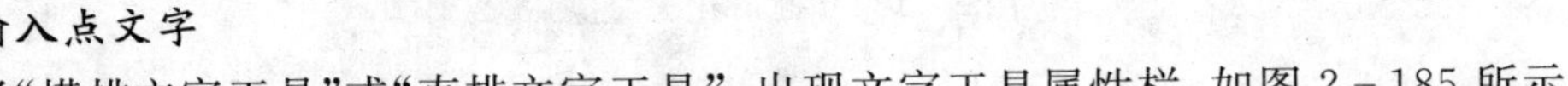

图 2－185　文字工具属性栏

当输入点文字时，每行文字都是独立的，一行的长度随着编辑增加或缩短，但不会换行；输入的文字即出现在新的文字图层中。在图像中点鼠标左键，为文字设置插入点。“I ”型光标中的小线条标记的是文字基线（文字所依托的假想线条）的位置。对于直排文字，基线标记的是文字字符的中心轴。在属性栏选择“字符”调板或在“段落”调板中选择其他文字选项，输入字符。要开始新的一行，按“Enter”键。

可以在编辑模式下变换点文字，按住“Ctrl”键（Windows）。文字周围将出现一个定界框。可以抓住手柄缩放或倾斜文字，还可以旋转定界框。

点击属性栏中的“提交” 按钮，按数字键盘上的“Enter”键，文字输入完毕，如图 2－186 所示。

图 2－186 输入点文字

3. 输入段落文字

文字基于定界框的尺寸换行，可以输入多个段落并选择段落调整选项。可以调整定界框的大小，这将使文字在调整后的矩形内重新排列。也可以使用定界框来旋转、缩放和斜切文字。选择“横排文字工具”，沿对角线方向拖移，为文字定义一个定界框。按住“Alt”键点按或拖移可显示“段落文字大小”对话框。输入“宽度”和“高度”的值，然后点击“确定”。在属性栏选择“字符”调板、“段落”调板或在“图层”→“文字”子菜单中选择其他文字选项，输入字符。要开始新段落，可按“Enter”键。如果输入的文字超出定界框所能容纳的大小，定界框上将出现溢出图标，如图 2－187 所示。

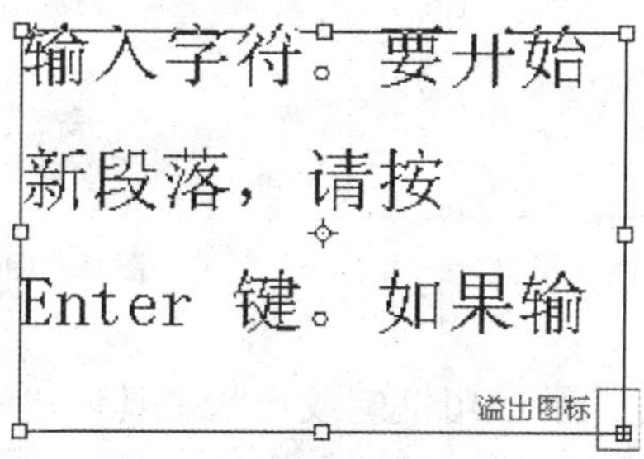

图 2－187 输入段落文字

调整定界框的大小、旋转或斜切定界框。点击属性栏中的“提交”按钮，或按数字键盘上的“Enter”键。输入的文字即出现在新的文字图层中。

4. 调整文字定界框的大小或变换文字定界框

选择“文字工具 T”，选择“图层”调板中的文字图层，并在图像中的文本中点击鼠标左键，将指针定位在手柄上（指针将变为双箭头）并拖移，按住“Shift”键拖移可保持定界框的比例。要旋转定界框，需将指针定位在定界框外（指针变为弯曲的双向箭头）并拖移，按住“Shift”键拖移可将旋转每次按 15°进行。要更改旋转中心，需按住“Ctrl”键并将中心点拖移到新位置，中心点可以在定界框外。要斜切定界框，需按住“Ctrl”键并拖移边手柄，指针变为带有小双向箭头的指针。要在调整定界框大小时缩放文字，按住“Ctrl”键并拖移角手柄。要从中心点调整定界框大小，请按住“Alt”键并拖移角手柄，如图 2－188 所示。

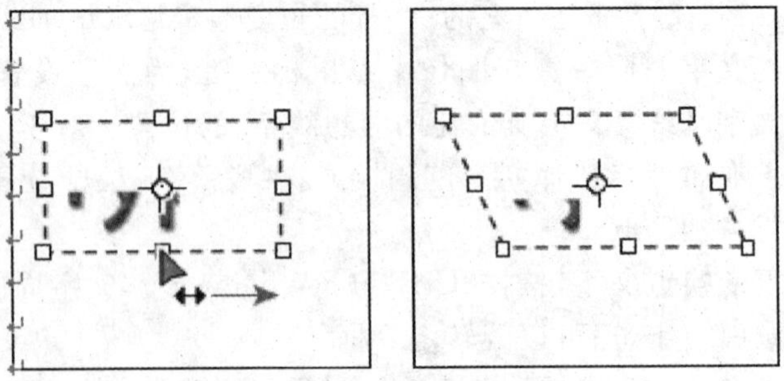

图 2-188　调整文字定界框的大小

5. **变形文字**

使文字变形:允许扭曲文字以符合各种形状;如可以将文字变形为扇形或波浪形。选择的变形样式是文字图层的一个属性。可以随时更改图层的变形样式以更改变形的整体形状。变形选项使用户可以精确控制变形效果的取向及透视[不能变形包含“仿粗体”格式设置的文字图层,也不能变形使用不包含轮廓数据的字体(如位图字体)的文字图层]。选择一个文字工具,然后点按属性栏中的“变形”按钮，或选取“图层”→“文字”→“文字变形”命令。从“样式”弹出式菜单中选取一种变形样式,如图 2-189 所示。

选择变形效果的方向:“水平”或“垂直”。如果需要,请指定其他变形选项的值,“弯曲”选项指定对图层应用的变形程度,“水平扭曲”或“垂直扭曲”选项对变形应用透视,如图 2-190 所示。

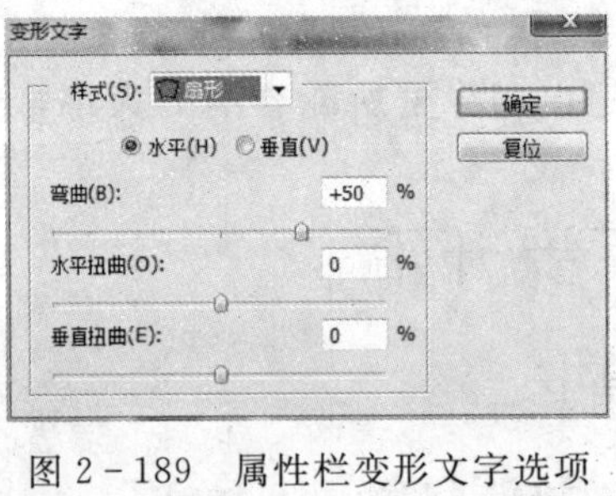

图 2-189　属性栏变形文字选项

图 2-190　文字变形效果

6. **路径上创建文字**

在路径上输入文字,可以输入沿着用钢笔或形状工具创建的工作路径的边缘排列的文字。当沿着路径输入文字时,文字将沿着锚点被添加到路径的方向排列。在路径上输入横排文字会导致字母与基线垂直。在路径上输入直排文字会导致文字方向与基线平行。移动路径或更改其形状时,文字将会适应新的路径位置或形状。

(1)沿着路径输入文字,选择“横排文字工具”或“直排文字工具”;或者选择“横排文字蒙版工具”或“直排文字蒙版工具”。定位指针,使文字工具的基线指示符“T”位于路径上,然后点按。点按后,路径上会出现一个插入点,输入文字。横排文字沿着路径显示,与基线垂直。直排文字沿着路径显示,与基线平行,如图 2-191 所示。

(2)在路径上移动或翻转文字,选择“直接选择工具”或“路径选择工具”,并将该工具放在文字上。指针会变为带箭头的 I 型光标。要移动文本,需点按并沿路径拖移文字。拖移时请小心,以避免跨越到路径的另一侧。要将文本翻转到路径的另一边,需点按并横跨路径拖移文字,如图 2-192 所示。

图 2-191 沿着路径输入文字

图 2-192 在路径上移动或翻转文字

7. 基于文字创建路径、形状和选区

基于文字创建工作路径可以将字符作为矢量形状处理。工作路径是出现在"路径"调板中并定义形状轮廓的一种临时路径。基于文字图层创建工作路径之后，就可以像处理任何其他路径一样存储和处理该路径。但是不能以文本形式编辑路径中的字符，原文字图层保持不变并可编辑。将文字转换为形状，选择一个文字图层，然后选取"图层"→"文字"→"创建工作路径"[无法基于不包含轮廓数据的字体（如位图字体）创建工作路径]，即可在"路径"调板中选择该文字路径并编辑，如图 2-193 所示。

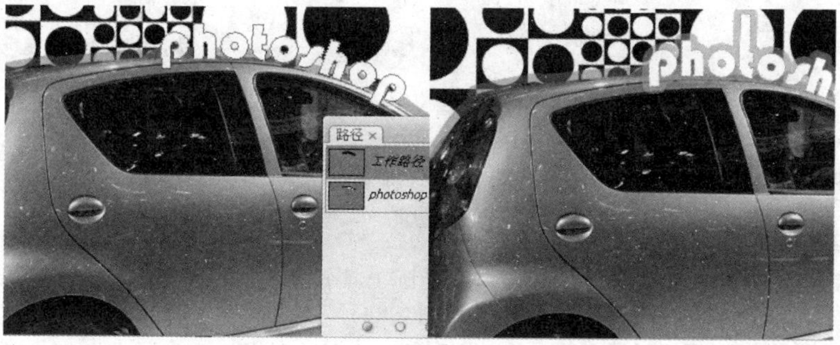

图 2-193 将文字转换为形状

2.8 综合实例讲解

2.8.1 实例 1——绘制 QQ 表情

本实例主要运用椭圆工具、填充工具制作。通过椭圆工具绘制具体图像的外形特征，然后综合使用油漆桶及渐变填充工具表现出色彩，最终达到我们需要设计的效果。最终实例效果如图 2-194 所示。

图 2-194 QQ 表情

1. **知识难点**

(1)椭圆工具的运用；

(2)填充工具的运用。

2. **操作步骤**

(1)选择“文件”→“新建”命令，新建一背景页面，点击新建图层按钮，建立一透明图层1，如图2-195所示。

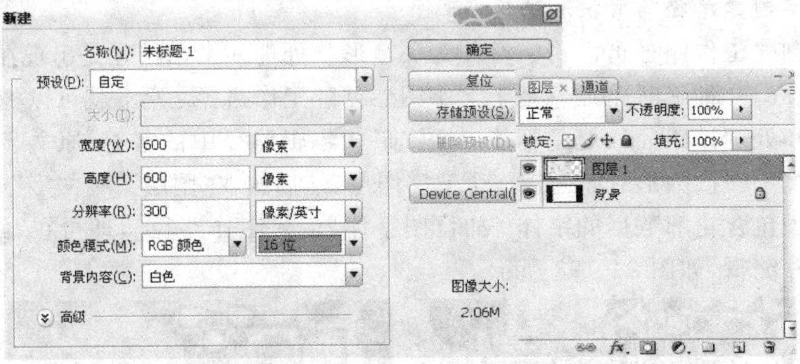

图 2-195　建立背景及新图层

(2)选择“椭圆工具”，出现椭圆工具属性栏，如图2-196所示。

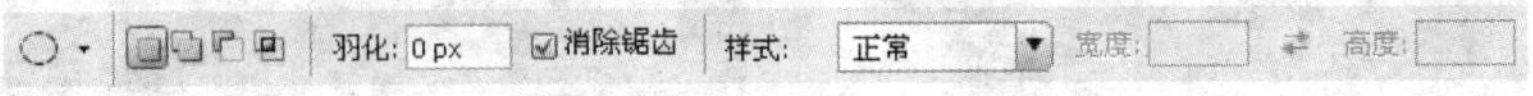

图 2-196　椭圆工具属性栏

按住键盘“Shift＋Alt”键在新建页面上直接从中心拖拽出一个正圆，如图2-197所示。

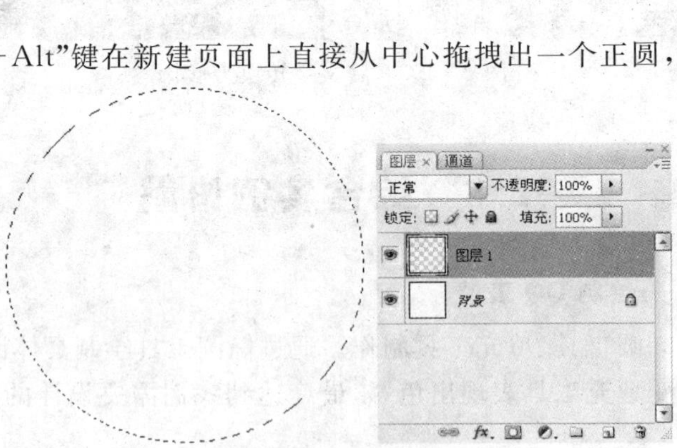

图 2-197　绘制脸部

(3)选择路径调板点击，从选区生成工作路径，如图2-198所示。

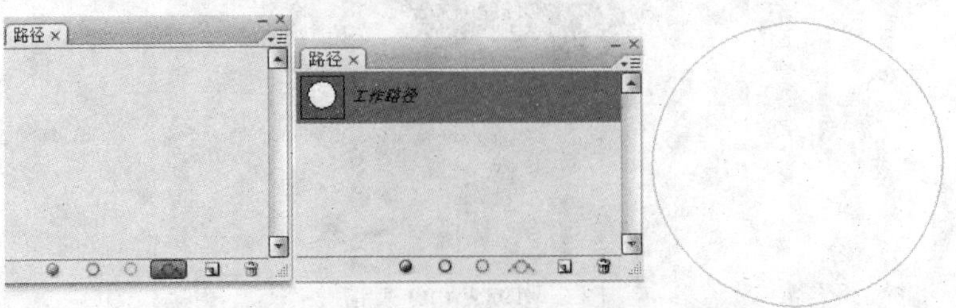

图 2-198　从选区生成工作路径

然后在工具箱选择“添加锚点工具”，在适当的位置增加节点，并使用“直接选择工具”和“转换拐点工具”调整形态，制作“表情”外轮廓，设置工具箱画笔大小，并在工具箱设置前景色。回到路径调板，选择画笔描边路径，点击得到路径描边的效果，脸部外轮廓描边完成，如图 2-199 所示。

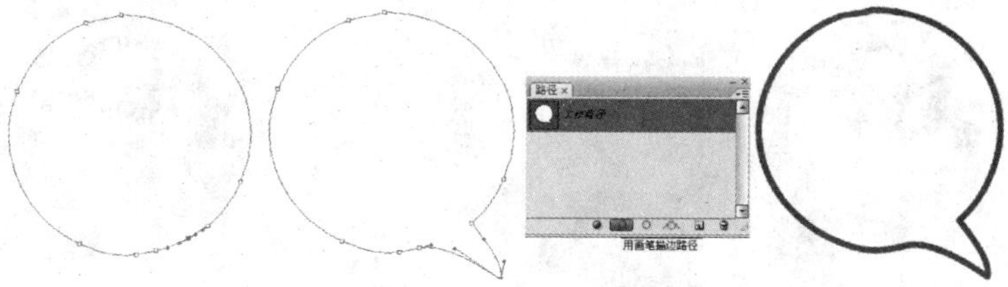

图 2-199 用画笔描边路径

(4)选择“魔棒工具”在图层 1 上选择脸部内部廓描，再选择“油漆桶工具”填充合适的颜色，如图 2-200 所示。

图 2-200 油漆桶工具填充合适的颜色

(5)新建图层 2，选择“椭圆工具”，按住“Shift+Alt”键在新建页面上直接从中心拖拽出一个正圆(眼睛)，并选择菜单“编辑”→“描边”命令，填充合适的边缘色，继续使用椭圆工具绘制眼白，如图 2-201 所示。

图 2-201 绘制眼睛

(6)新建图层选择“椭圆工具”直接拖拽(可以使用菜单“编辑”→“自由变换”调整嘴巴的角度)，继续按照以上方法完成“表情”的嘴巴，如图 2-202 所示。

图 2-202 基本轮廓完成

(7)接着丰富表情的特效,新建图层,使用“椭圆工具”拖拽出一个圆,选择“渐变工具”,设置渐变属性,由白色到透明选择属性栏线性渐变,在圆选区内拖拽形成立体效果,如图 2-203 所示。

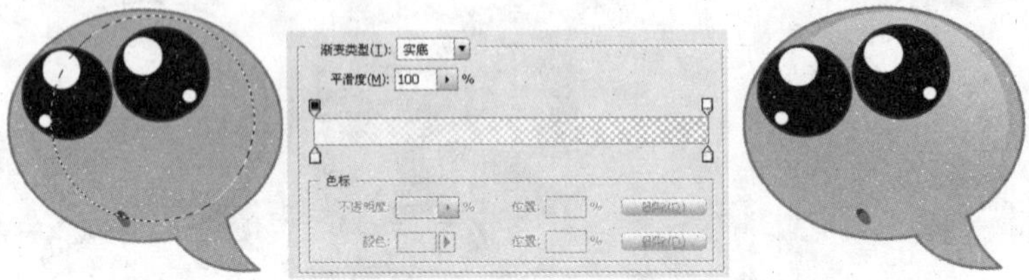

图 2-203 拖拽形成立体效果

(8)使用同样的方法绘制眼睛体积,如图 2-204 所示。

图 2-204 绘制眼睛体积

(9)细节刻画。新建立图层,选择“椭圆工具”拉出一个椭圆,使用“油漆桶工具”填充颜色(按键盘“Ctrl+D”取消选择区域),然后选择菜单栏“滤镜”→“模糊”→“高斯模糊”命令,设置数据,点击“确定”,如图 2-205 所示。

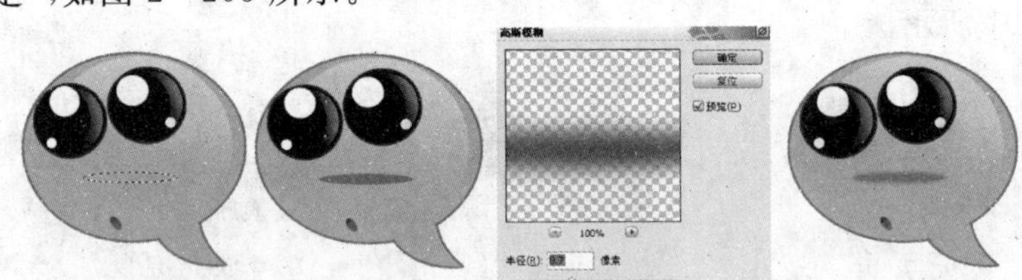

图 2-205 绘制细节

选择菜单“编辑”→“自由变换”调整位置,位置确定后点击键盘“Enter”键确定,如图 2-206 所示。

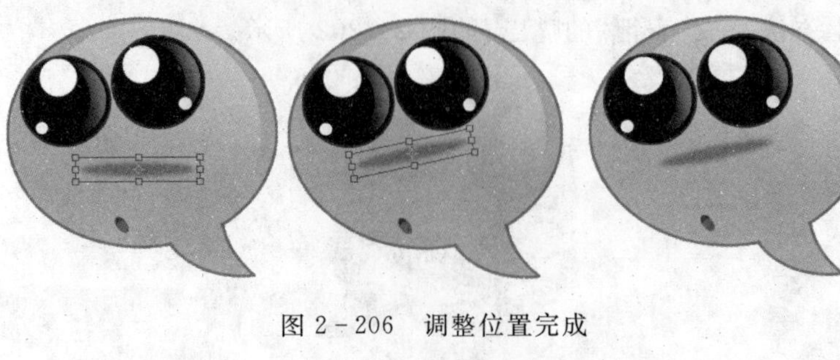

图 2-206 调整位置完成

2.8.2 实例 2——卡片设计

本实例制作卡片，主要运用框选工具、路径、自由变换命令、文字工具。通过运用钢笔工具绘制形状，然后添加文字，达到我们需要设计的效果。最终实例效果如图 2-207 所示。

图 2-207 卡片实例效果

1. **知识难点**

(1)框选工具的运用；

(2)路径的运用。

2. **操作步骤**

(1)选择“文件”→“新建”命令，新建文件，命名为“VIP 卡片”，如图 2-208 所示。

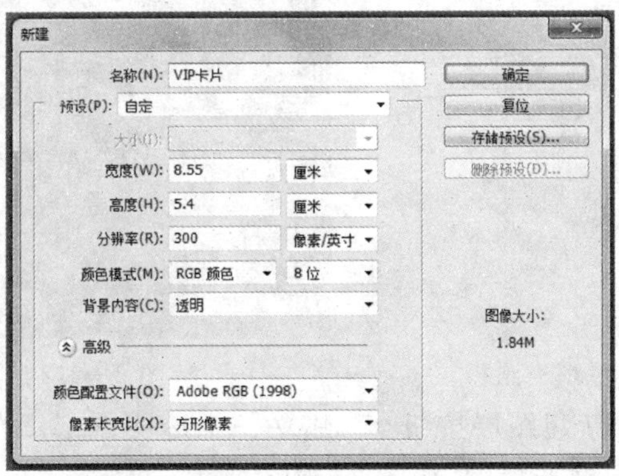

图 2-208 新建文件

(2)选择“圆角矩形工具”，点击属性栏里的“路径”选项，在文件上绘制卡片路径，如图2-209所示。

图 2-209 绘制卡片路径

(3)点击“前景色 ”,弹出拾色器,设置颜色为 R:233,G:73,B:121,确定后前景色效果为 ,如图 2-210 所示。

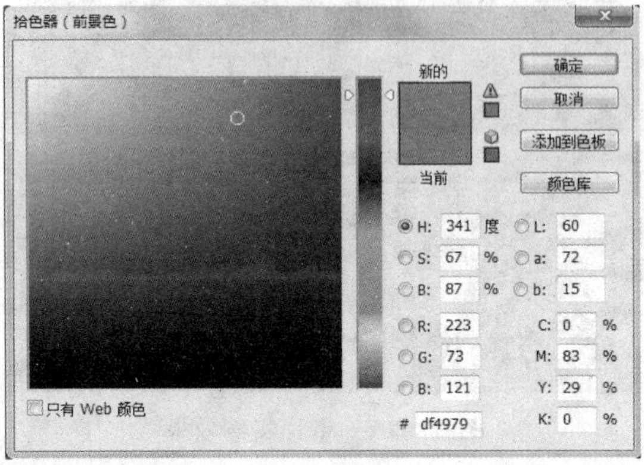

图 2-210　选择适当的颜色填充

保持选中绘制的路径状态不变,点击路径面板,选择“用前景色填充路径”按钮 ,如图 2-211所示。确定后效果如图 2-212 所示。

图 2-211　用前景色填充路径

图 2-212　填充路径效果

(4)在图层面板上点击新建图层按钮 ,建立一个透明图层 2。选择矩形“框选工具”,在“图层 2”上绘制出一个矩形框选范围,如图 2-213 所示。

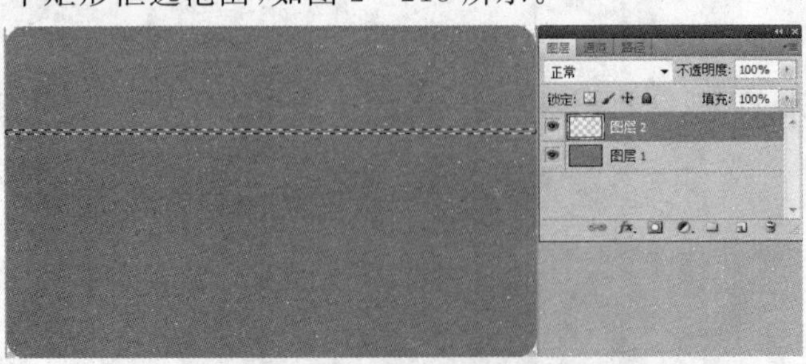

图 2-213　绘制矩形框选范围

(5)执行“编辑”→“填充”命令,打开填充对话框,设置内容为“颜色”,在弹出的拾色器里设置数值为 R:252,G:155,B:186。确定后效果如图 2-214 所示。

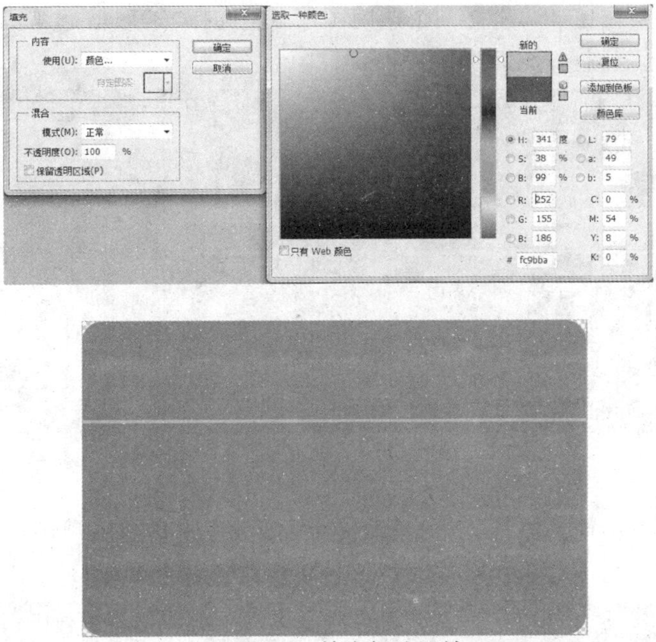

图 2-214　填充框选区域

(6)使用相同方法把余下 3 根线条绘制出来,注意绘制每个图形之前,新建图层。绘制完成效果如图 2-215 所示。

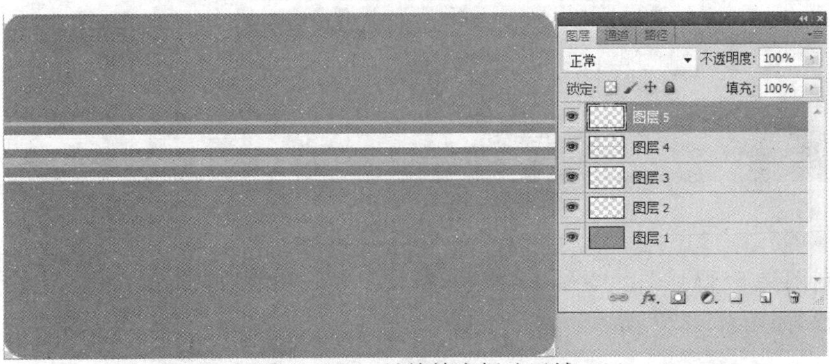

图 2-215　继续填充框选区域

(7)由于图层较多,为了不混淆视线,可以点击图层面板上的“创建新组”按钮 ,新建组 1,把图层 2 到图层 5 这 4 个图层放入组 1。如图 2-216 所示。

图 2-216　创建新组

(8)点击新建图层按钮 ，建立一个透明图层 6。选择“矩形框选工具”，在图层 6 上绘制出一个纵向矩形框选范围，如图 2-217 所示。

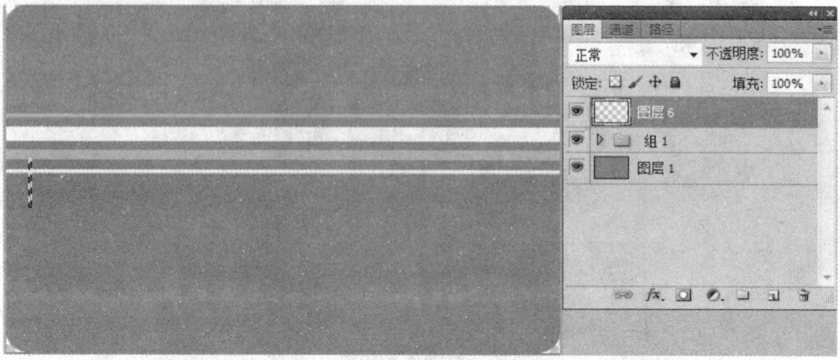

图 2-217　绘制矩形框选范围

(9)使用与步骤 5 相同的方法，将选区填充为白色，并调整图层顺序，将图层 6 放置在组 1 之下，如图 2-218 所示。

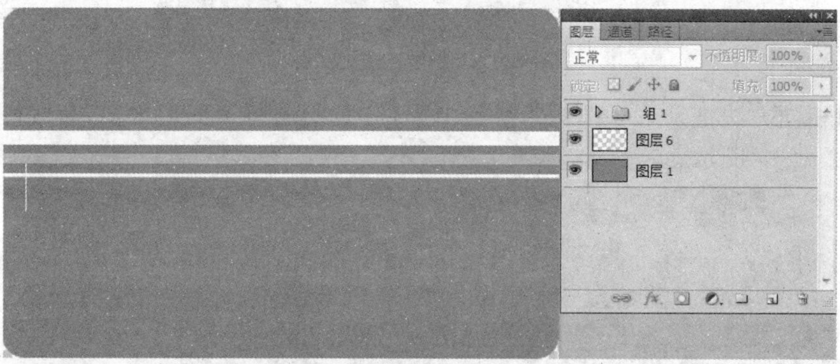

图 2-218　填充框选范围并调整图层顺序

(10)复制图层 6，得到图层 6 副本，执行“编辑”→“自由变换”命令，调整线条长短，并放置在合适的位置，如图 2-219 所示。

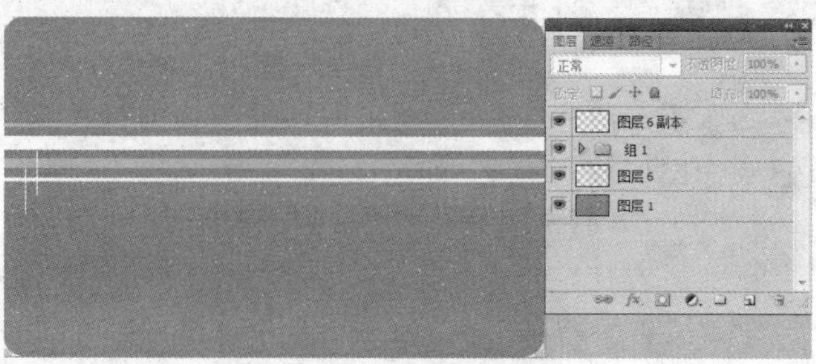

图 2-219　复制图层并调整线条位置

(11)重复步骤 10，绘制长短不一的线条，完成后，新建组 2，将所有纵向线条图层放入其中。最终效果如图 2-220 所示。

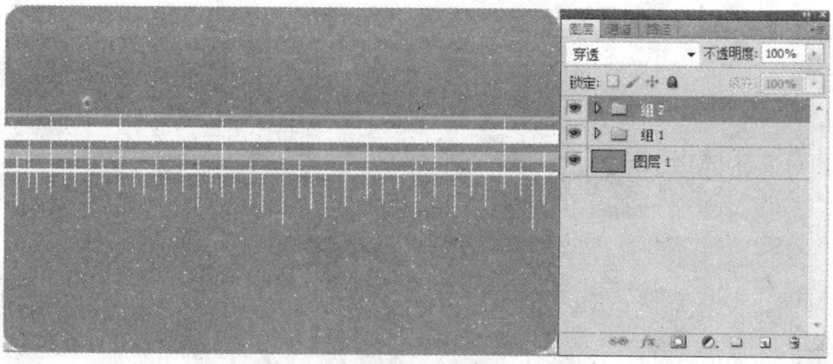

图 2-220 复制图层并调整线条位置

(12)下面开始制作星形。新建透明图层 7,设置前景色为 R:255,G:251,B:0。点击“多边形工具”,设置属性栏属性,如图 2-221 所示。

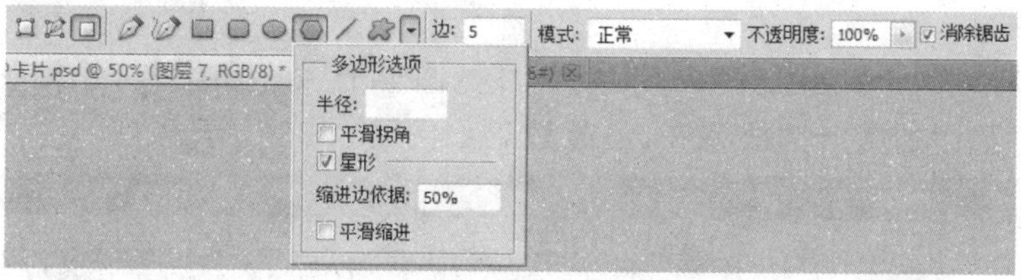

图 2-221 属性栏设置

(13)在图层 7 上开始绘制星形,执行“编辑”→“自由变换”命令,调整大小和位置,最终效果如图 2-222 所示。

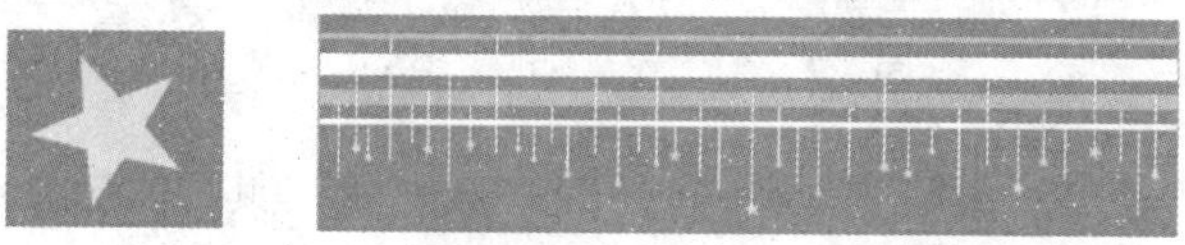

图 2-222 绘制星形并放置在合适的位置

(14)绘制月亮。新建透明图层 8,点击“椭圆形选框工具”,设置属性栏,如图 2-223 所示。

图 2-223 属性栏设置

在图层 8 上,按住“Shift”绘制两个相交的正圆形选区,相减后得出月亮形状的框选区域,如图 2-224 所示。

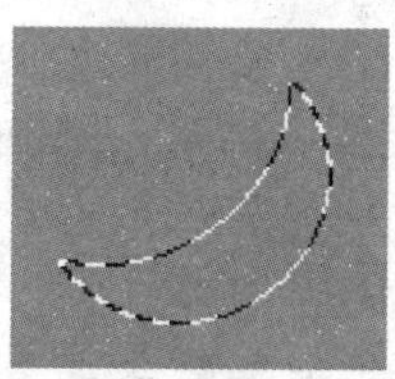

图 2-224 绘制月亮选区

(15)执行“编辑”→“填充”命令,打开填充对话框,设置内容为“前景色”,确定后按“Ctrl+

D”取消选区，效果如图 2－225 所示。

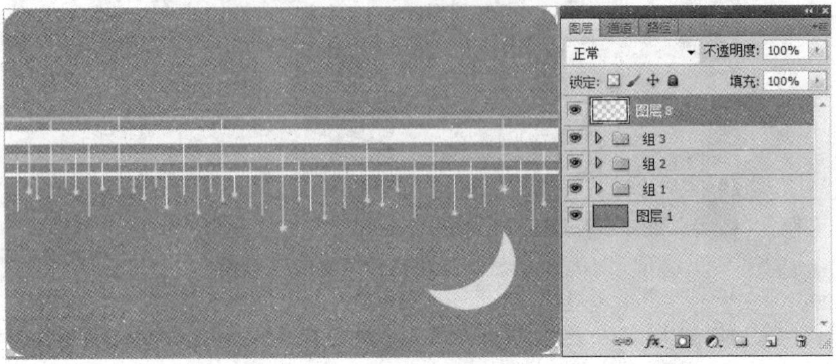

图 2－225　绘制月亮

(16)执行“编辑”→“自由变换”命令，调整月亮图形的大小和位置，并放置于合适的位置。复制图层 8，并将复制的图形摆放整齐，最终效果如图 2－226 所示。

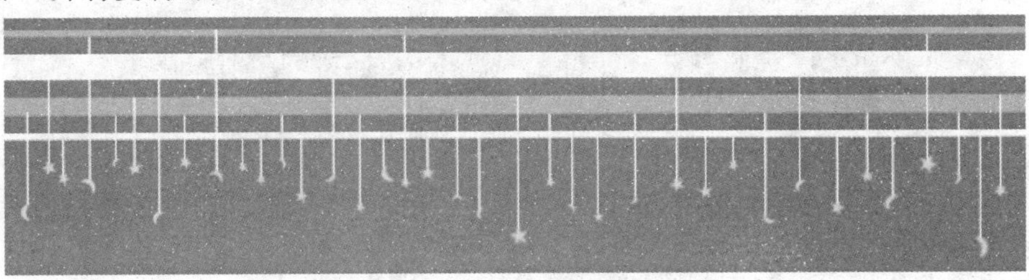

图 2－226　复制月亮图层

(17)开始添加文字。点击“文字工具”，选择“横排文字工具”。在画布上分别写出“张小姐”和“の美甲屋”，并分别选中文字，设置属性栏如图 2－227 所示。文字效果如图 2－228 所示。

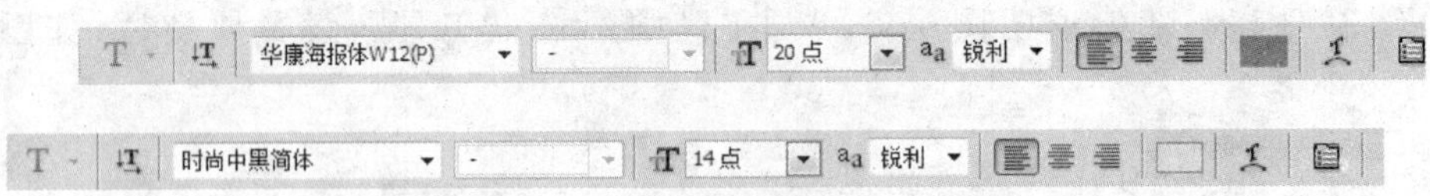

图 2－227　属性设置

图 2－228　文字效果

(18)选中“张小姐”文字图层，点击图层面板上的“添加图层样式”按钮 fx，选择描边，弹出的图层样式对话框设置如图 2－229 所示。最终文字效果如图 2－230 所示。

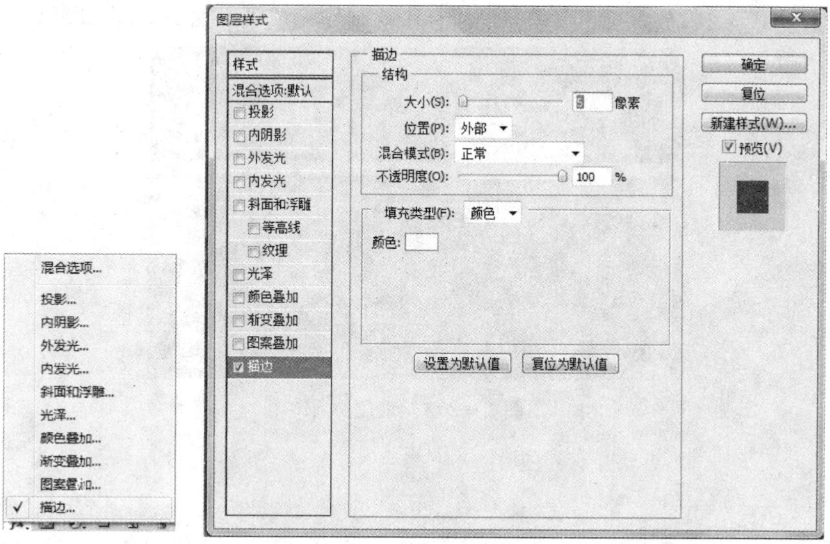

图 2-229　描边效果设置

图 2-230　文字效果

(19)新建透明图层 9,使用“矩形选框工具”在“甲”字上绘制框选区域,并填充白色,如图 2-231 所示。

图 2-231　填充效果

(20)使用“文字工具”,添加地址、电话和卡号,效果如图 2-232 所示。

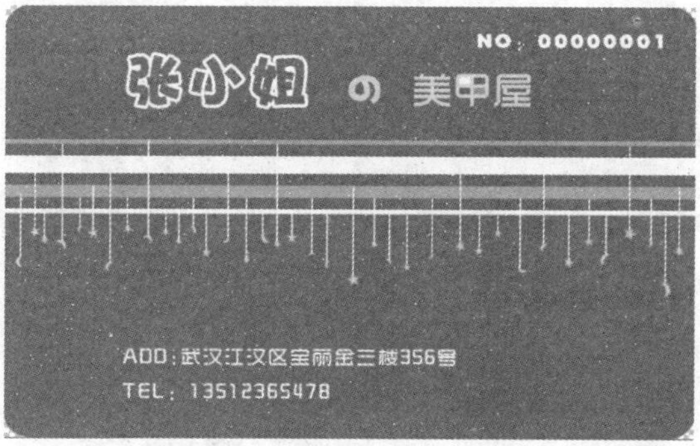

图 2-232　添加后效果

(21)添加"VIP"素材,放置在卡片右下角,卡片就制作完成了。最终效果如图 2-233 所示。

图 2-233　最终效果

第 3 章　Photoshop CS5 浮动调板运用实例

3.1　浮动调板介绍

浮动调板是指打开 Photoshop CS5 软件后在桌面可以移动，可以随时关闭且具有不同功能的各种控制调板。当按键盘上的“Tab”大写键时，可将包括工具箱在内的所有调板关闭，再按“Tab”键，可恢复关闭前的状态。如果按住“Shift＋Tab”键，就会关闭除工具箱以外的其他调板。选择菜单栏“窗口”命令，从弹出的关联选项中可以看到各种浮动调板，如图 3－1 所示。

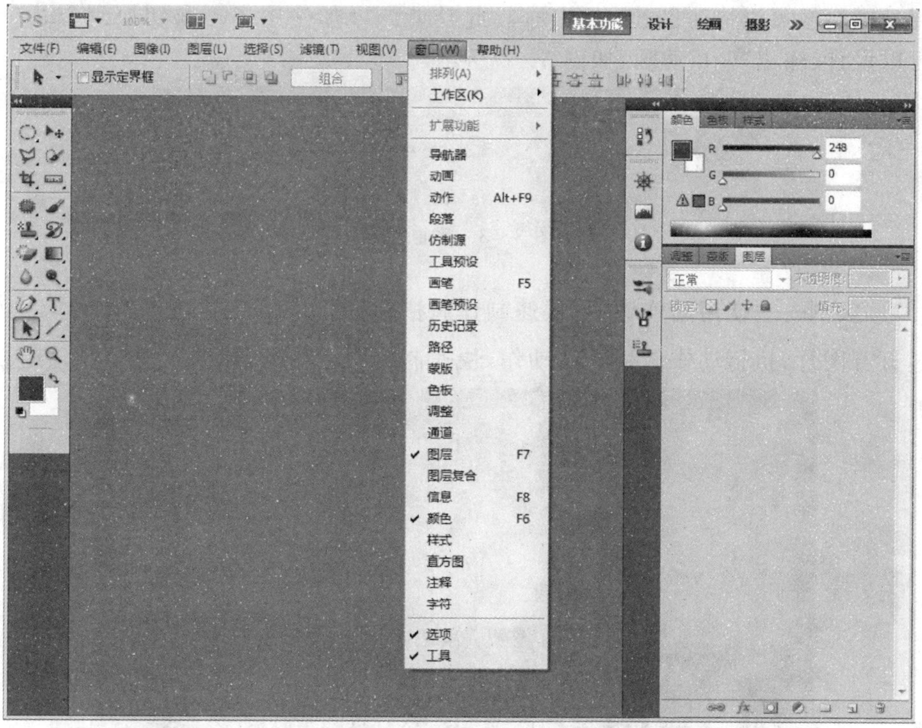

图 3－1　浮动调板

3.1.1　导航器调板

导航器调板是用来观察图像的，通过鼠标拖动导航器下方的三角划块来进行图像比例的缩放，滑动栏两边有两个形状像山的小图标，用鼠标单击左边则图像缩小，鼠标单击右边则图像放大，便于我们整体局部观察图像。同时也可按住鼠标左键将导航器中的“显示框”移动到任意位置。当按住“Ctrl”键时，鼠标在导航器中就变成放大镜的形状，此时可以用鼠标拉出任意大小的方框来对图形进行局部的观察，如图 3－2 所示。

图 3-2 导航器调板

3.1.2 动画调板

利用动画调板可以快速创建“Gif”动画，此功能的增加使用户不必切换到 ImageReady 软件中即可以设计、输出“Gif”动画，如图 3-3 所示。

图 3-3 动画调板

3.1.3 实例——使用动作调板，快速制作风格相框

通过打开图片，执行动作调板默认动作，快速制作图片相框，如图 3-4 所示。

图 3-4 相框示例

(1)启动 Photoshop CS5，执行“文件”→“打开”命令，弹出对话框，选择一个需要编辑的图片，如图 3-5 所示。点击对话框右上“确定”按钮。

图 3－5 选择图片

(2)选择菜单栏“窗口”→动作命令,调出动作浮动面板。在“动作”浮动面板点击右上角的符号▾≡,弹出关联菜单,选择“图像效果”选项,如图 3－6 所示。

图 3－6 “动作”浮动面板关联菜单

(3)单击“动作”→“图像效果” →“油彩蜡笔”命令,再单击“播放选定的动作”按钮,如图 3－7所示,Photoshop CS5 自动执行当前选择动作中的命令。

图 3-7　选择“油彩蜡笔”命令

(4)执行“动作”→“图像效果”→“油彩蜡笔”动作命令后，得到需要的效果，如图 3-8 所示。

图 3-8　“油彩蜡笔”动作命令后的效果

(5)继续选择菜单栏“窗口”→“动作”命令，调出动作面板。在动作调板点击右上角的符号▾≡，弹出关联菜单，选择“纹理”，回到动作调板，执行“动作”→“纹理”→“再生纸”动作命令，单击“播放选定的动作”按钮，如图 3-9 所示。

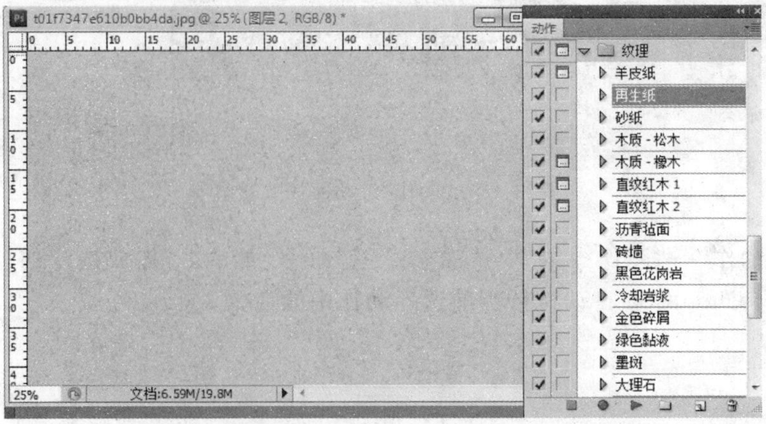

图 3-9　执行“再生纸”动作命令

(6)修改图层混合模式，选择图层 2，在图层浮动面板，将“正常”模式改为“叠加”，如图3－10所示。

图 3－10 修改图层混合模式

(7)最后在动作调板点击右上角的符号▾≡，弹出关联菜单，选择“画框”，回到动作调板，执行“动作”→“画框”→“天然材质画框”动作命令，单击“播放选定按钮”命令，如图3－11所示。

图 3－11 执行“天然材质画框”动作命令

(8)得到效果,如图 3 - 12 所示。

图 3 - 12　完成后的效果

(9)执行"文件"→"存储为"命令,将图片另存为"画框. psd",如图 3 - 13 所示。

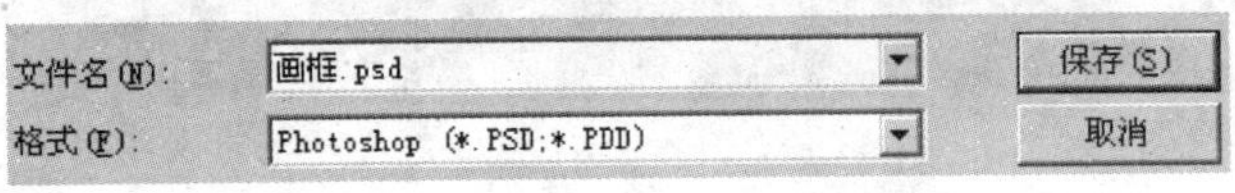

图 3 - 13　另存为"画框. psd"

3.1.4　动作调板

动作调板是多个按顺序执行的命令的集合体。通过运行动作,Photoshop CS5 可以快速自动地执行多个录制在动作中的命令,从而大大提高工作效率。通过点击"扩展按钮"命令调入相应预设动作,利用这些动作可以快速得到各种字体、纹理、边框效果。在一个动作中,可跳过一些命令不执行。方法是只要将☑图标关掉即可。同时,"批处理"命令可以调用相关动作,对大量图片用同一种特效动作进行处理,如图 3 - 14 所示。

图 3 - 14　动作调板

也可以自定义动作,其具体操作如下:

(1)单击动作调板中的"创建新组"命令按钮,在弹出的对话框中设置新组的名称,然后单击“确定”按钮，在“动作”调板中增加一个新动作序列组，如图 3－15 所示。

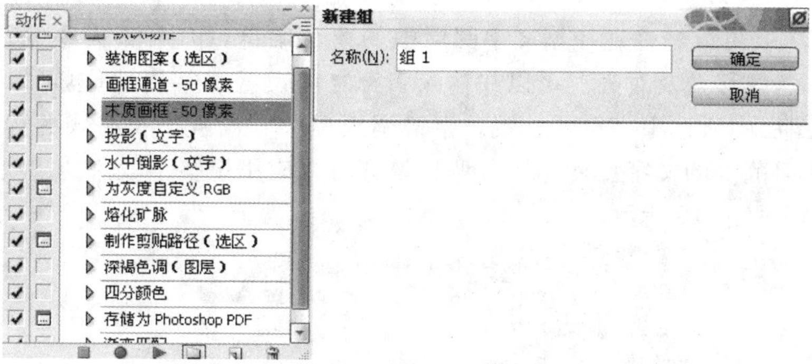

图 3－15　增加一个新动作序列组

（2）单击动作调板中的“创建新动作”命令按钮，在弹出的对话框中设置新动作的名称，如图 3－16 所示。

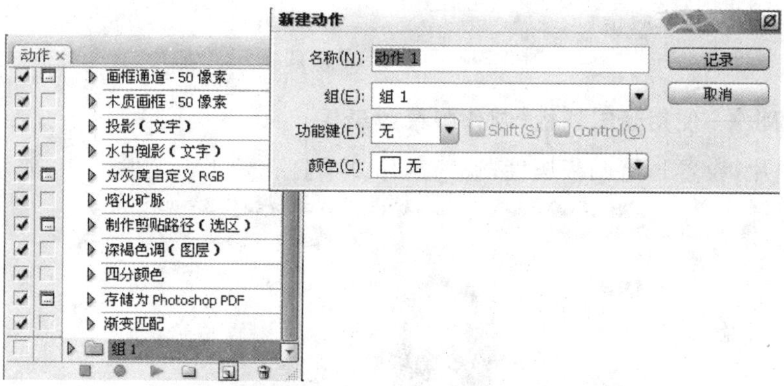

图 3－16　创建新动作

（3）单击“记录”按钮，此时动作调板中的“开始记录”命令按钮显示为红色，进行图片编辑的操作完成后，单击“动作”调板中的“停止播放→记录”命令按钮，即可完整地录制一个动作。

3.1.5　工具预设调板

工具预设调板保存所有由系统默认及操作者自定义的预设工具，通过单击要调用的工具图标，即可运用该设置。通过单击创建新的工具预设，可将当前应用的工具属性记录下来并保存在工具预设调板中，如图 3－17 所示。

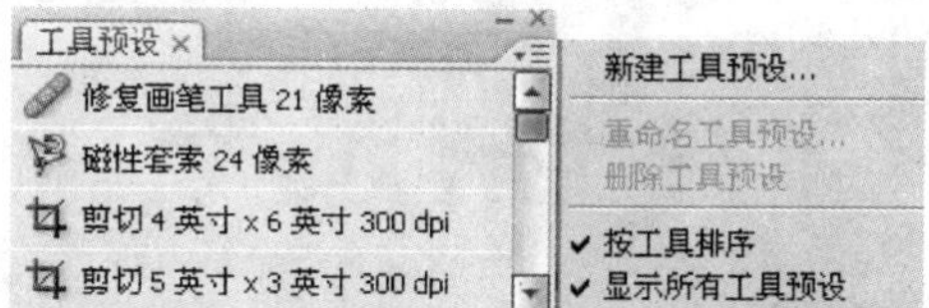

图 3－17　工具预设调板

3.1.6 字符与段落调板

Photoshop CS5 可以精确地控制文字图层中的单个字符，如字体、大小、颜色、行距、字距微调、字距调整、基线移动及对齐。可以在输入字符之前设置文字属性，也可以重新设置文字属性，更改文字图层中所选中字符的外观。字符调板提供了设置字符格式的选项。段落是末尾带有回车的任何范围的文字。使用段落调板设置可以应用于整个段落的选项，如对齐、缩进和文字行间距，如图 3－18 所示。

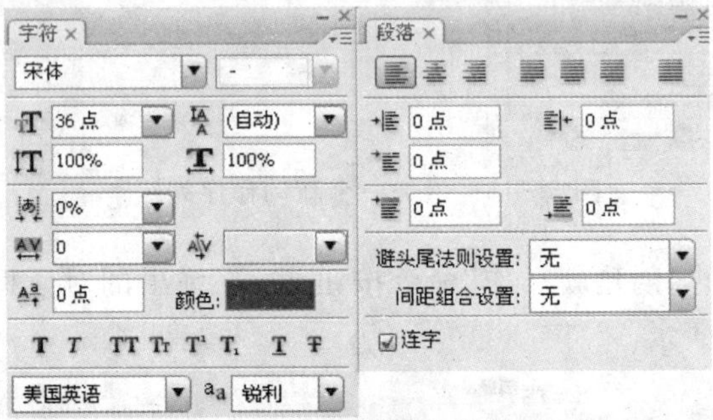

图 3－18 字符与段落调板

3.1.7 实例——使用画笔调板，制作邮票效果

通过打开图片，设置画笔调板属性，快速制作邮票打孔效果，如图 3－19 所示。

图 3－19 邮票效果图

(1)启动 Photoshop CS5，执行“文件”→“打开”命令，弹出对话框，选择一个需要编辑的图片，如图 3－20 所示。点击对话框右上“确定”按钮。

图 3－20 选择图片

(2)选择“文件”→“新建”命令，新建一背景页面，宽度为 600，高度为 500，背景内容为白色，如图 3－21 所示。

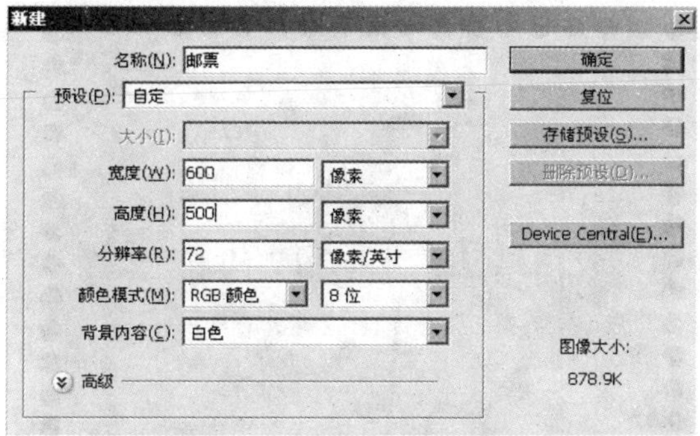

图 3－21 建立背景

(3)使用“移动工具”将图片直接拖拽至新建页面“邮票”中，选择菜单命令栏“编辑”→“自由变换”命令，按“Shift”键拖拽等比例缩小图片，如图 3－22 所示。

图 3－22 等比例缩小图片

(4)选取“画笔工具”，按“F5”调出画笔调板。点击“画笔笔尖形状”，使用键盘“[”“]”调整画笔大小，设置“画笔笔尖形状”，直径为 15，间距为 151，可以根据需要来设置，如图 3－23 所示。

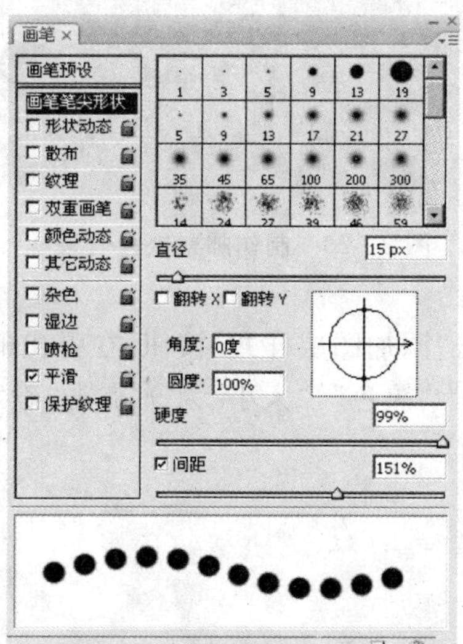

图 3－23 设置“画笔笔尖形状”

(5)设置前景色为黑色，在图层 1 上绘制，首先确定一个起点，按住键盘“Shift”键点击一个终点，可以看到绘制出一条白色的点状直线，如图 3 - 24 所示。

图 3 - 24 在图层 1 上绘制点状直线

(6)选择“魔棒工具”，在“魔棒工具”属性栏中将“连续”空出，如图 3 - 25 所示。

图 3 - 25 “魔棒工具”属性栏

(7)使用“魔棒工具”，在画面黑色的地方单击即可以将全部黑色的小点选择，按键盘“Delete”键将黑色的小点删除，执行“Ctrl＋D”键取消选择区域，如图 3 - 26 所示。

图 3 - 26 制作邮票缺齿效果

(8)选择图层浮动面板，点击“添加图层样式”按钮，在弹出的关联菜单中选择“外发光”，设置“混合模式”为“正常”，“颜色”为“黑色”，“大小”为 9，点击“确定”，如图 3 - 27 所示。

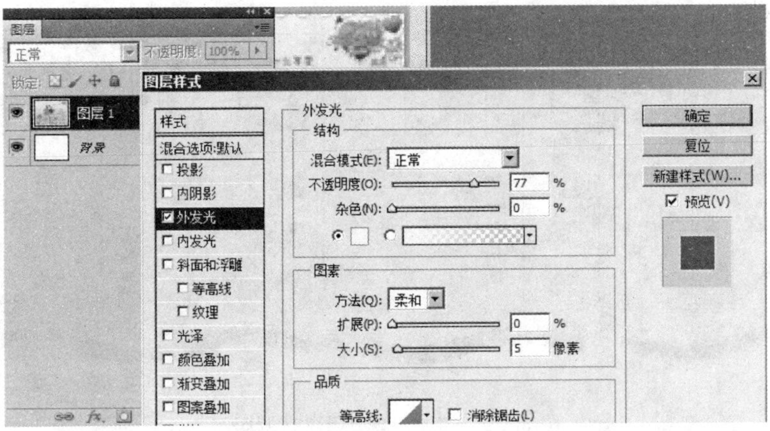

图 3-27 “外发光”设置

(9)得到效果,如图 3-28 所示。

图 3-28 完成效果

(10)执行“文件”→“存储为”命令,将图片另存为“邮票.psd”,如图 3-29 所示。

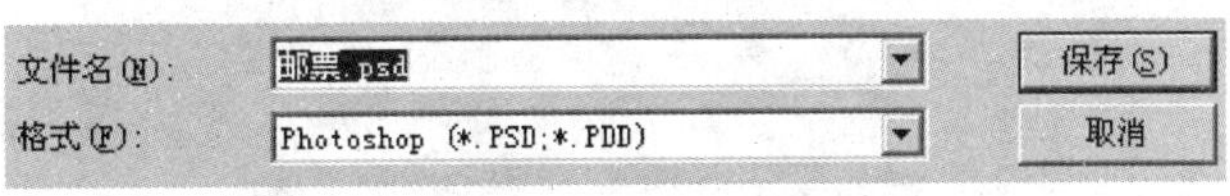

图 3-29 图片另存为“邮票.psd”

3.1.8 画笔调板

画笔调板可用于选择预设画笔和设计自定画笔。Photoshop CS5 提供了各种预设画笔,以满足广泛的用途。同时可以使用画笔调板来创建自定画笔。画笔调板提供了许多将动态(或变化)元素添加到预设画笔笔尖的选项(可以设置在描边路线中改变画笔笔迹的大小、颜色和不透明度的选项)。

1. **画笔笔尖形状**

通过“画笔笔尖形状”可以设置当前画笔的基本属性,其中包括画笔的“直径”“圆度”“间距”等参数,同时可以调用画笔弹出菜单中的其他笔触,如图 3-30 所示。

◆“直径”:在直径数值中输入数值或调整划块,可以设置画笔的大小。

◆“翻转 X/翻转 Y”:当前选择画笔将作水平翻转/垂直翻转。

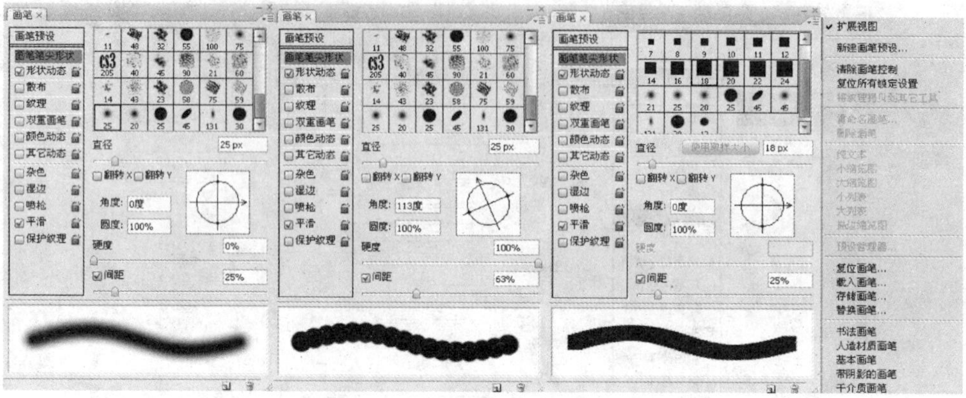

图 3-30 “画笔笔尖形状”调整

◆“角度”:可以设置画笔旋转的角度。

◆“圆度”:设置画笔的圆度,100%为最大值正圆。

◆“硬度”:当在画笔列表中选择椭圆型画笔时,此项激活,在硬度数值中输入数值或调整划块。数值越大,笔刷的边缘越清晰,反之柔和。

◆“间距”:在间距数值中输入数值或调整划块。可以设置绘图时组成线段的两点间的距离,数值越大,间距越大。

2. **形状动态**

形状动态包括画笔的“大小抖动”“最小直径”“角度抖动”“圆度抖动”等参数,如图 3-31 所示。

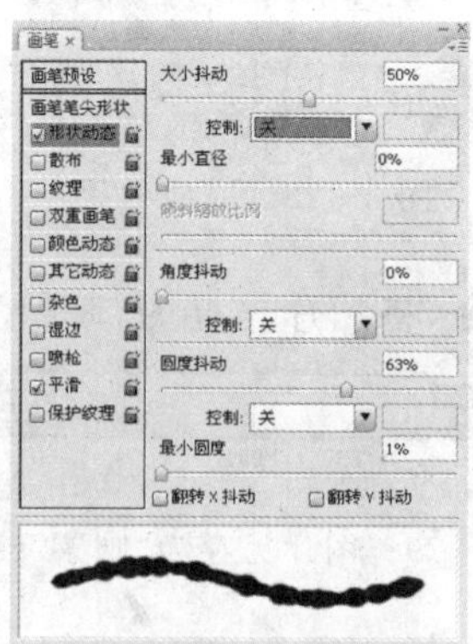

图3-31 “形状动态”调整

◆“大小抖动”:此参数控制画笔在绘制过程中尺寸的波动幅度。数值越大,波动的幅度越大。大小抖动分别为 0 和 100 时候画笔状态,分别如图 3-32 左图和右图所示。

图 3-32 “大小抖动”参数

◆“最小直径”:此数值控制在尺寸发生波动时画笔的最小尺寸。数值越大,发生波动的范围越小，波动的幅度也会相应变小，画笔的动态达到最小时尺寸最大。

◆"角度抖动"：此参数控制画笔在角度上的波动幅度。数值越大，波动的幅度越大，笔画显得越淆乱。

◆"圆度抖动"：此参数控制画笔在圆度上的波动幅度。数值越大，波动的幅度越大。

3. **散布**

散布包含散布、数量、数量抖动等参数。

◆"散布"：此参数控制画笔偏离时使用画笔绘制的笔划的偏离程度。数值越大，偏离的程度越大。图 3-33 中左图、右图分别是设置值为 300 和 1000 时图像中的效果。

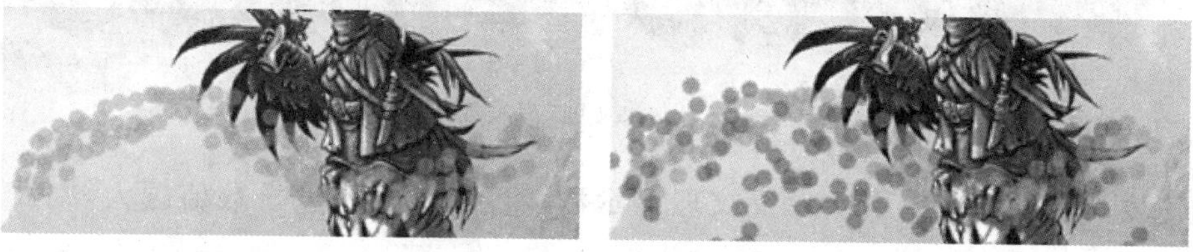

图 3-33 "散布"效果

◆"两轴"：选择此项，画笔在 X 和 Y 两个轴向上发生分散，默认状态则在 X 轴上发生分散。

◆"数量"：此参数控制笔划动时笔点的数量，数值越大划点越多，反之越少。图 3-34 左图、右图分别是设置值为 1 和 4 时图像中的效果。

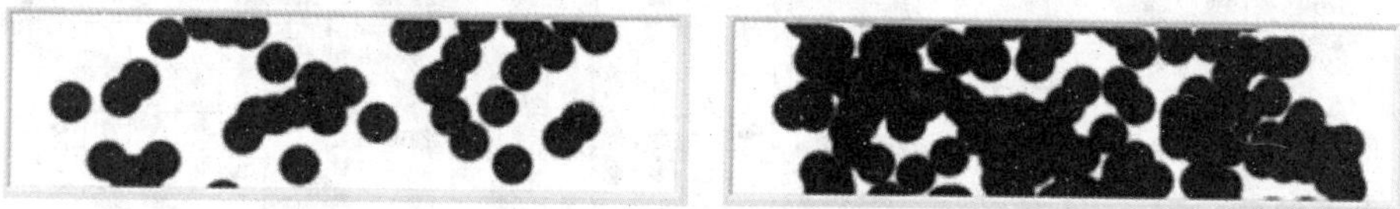

图 3-34 "数量"效果

◆"数量抖动"：此参数控制在绘制的笔划中画笔点数量的波动幅度。数值越大，得到的笔划中笔画的数量抖动幅度越大。

4. **纹理**

选择此处的参数，可以在画笔中增加不同的纹理效果，如图 3-35 所示。

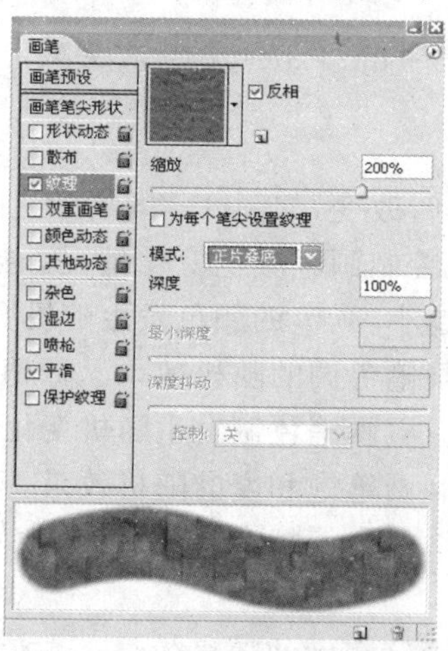

图 3-35 "纹理"效果

◆“选择纹理”:在下拉列表中选择合适的纹理效果,其中包括系统默认和用户自定义的所有纹理。

◆“缩放”:拖动划块,可设置纹理在笔触中的缩放比例。

◆“模式”:可在下拉菜单中选择一种纹理与画笔进行的叠加。

◆“深度”:此参数设置所使用的纹理显示时的浓度。数值越大,显示的越明显。数值分别为 40 和 100 时的效果,如图 3-36 左图和右图所示。

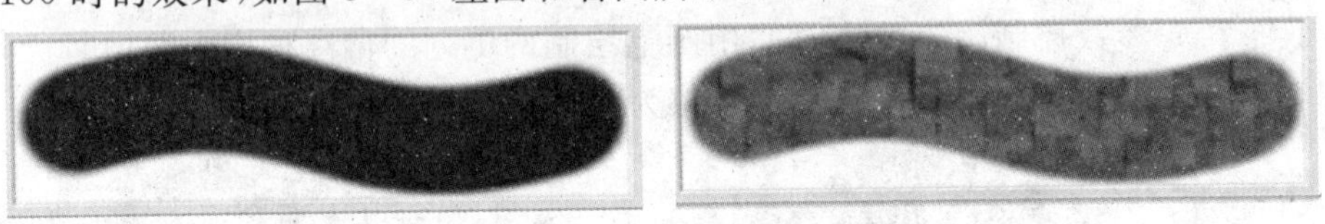

图 3-36 纹理“深度”效果

◆“深度抖动”:此参数用于设置纹理显示浓淡度的波动程度。数值越大,则波动的幅度越大。

◆“最小深度”:此参数用于设置纹理显示浓淡的波动程度。

5. 双重画笔

此选项可以在画笔中填充另一种笔效果。调动参数与前面例子相同,主要是正确地选择所用模式进行笔画的叠加,如图 3-37 所示。

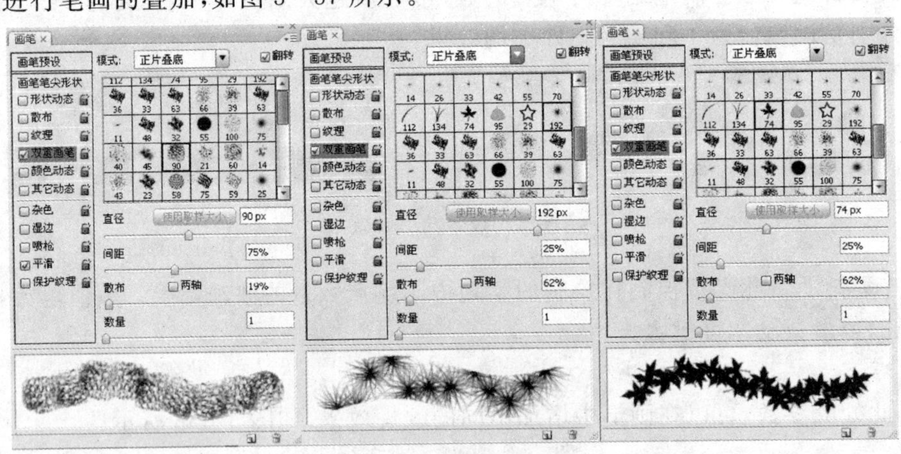

图 3-37 双重画笔效果

6. 颜色动态

此选项可对画笔颜色效果进行改变,如图 3-38 所示。

◆“前景/背景抖动”:此选项控制画笔颜色变化情况。数值越大,画笔的颜色发生随机变化时,越接近背景色;反之,数值越小,画笔的颜色发生随机变化时,越接近前景色。

◆“色相抖动”:此选项控制画笔色调的随机效果。数值越大,画笔色调发生随机变化时,越接近背景色色相;反之,数值越小,画笔色调发生随机变化时,越接近前景色色相。

◆“饱和度抖动”:此选项控制画笔饱和度的随机效果。数值越大,画笔饱和度发生随机变化时,越接近背景色的饱和度;反之,数值越小,画笔饱和度发生随机变化时,越接近前景色的饱和度。

◆“亮度抖动”:此选项控制画笔亮度的随机效果。数值越大,画笔亮度发生随机变化时,

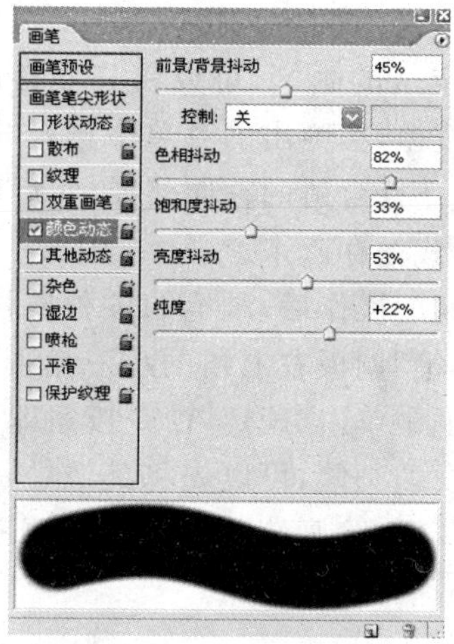

图 3 - 38 颜色动态画笔

越接近背景色的色调;反之,数值越小,画笔亮度发生随机变化时,越接近前景色的色调。

◆“纯度”:数值为－100 时,笔划呈饱和度为 0 的效果;反之,数值为 100 时,笔划呈饱和度完全饱和的效果。

7. 其他动态

此选项可对画笔透明度及流量进行设计。

◆“不透明度抖动”:此选项用于控制画笔的随机不透明度效果。

◆“流量抖动”:控制画笔绘制时的消褪速度。

8. 设置附加选项

设置附加选项有 5 个附加选项,选择其中的任一选项,即可为画笔添加相应的效果,如图 3 - 39 所示。

图 3 - 39 设置附加选项

◆“杂色”:选择该选项时,画笔边缘越柔和,杂色效果就越明显,也就是当画笔“硬度”数值为 0%时,杂色效果最明显;“硬度”数值为 100%时,效果最不明显。

◆“湿边”:递择该选项后,在进行绘图时将沿着画笔的边缘增加前景色,从而创建山水画的效果。

◆“喷抢”:选择该选项后,与在画笔工具选项条上选中喷枪按钮的作用是相同的。当使用画笔工具按住鼠标左键不放时,将产生颜色淤积的效果。

◆“平滑”:选择该选项后,在绘图过程中可能产生较平滑的曲线,尤其在使用压感笔的时候选择该选项得到的平滑效果更为明显。

◆“保护纹理”:选择该选项后,将对所有具有纹理的画笔预设应用相同的图案和比例。选择此选项后,在使用多个纹理画笔笔刷绘画时,可以模拟出一致的画布纹理。

9. 管理预设画笔

Photoshop CS5 有多种预设的画笔,默认情况下,“画笔”调板只显示其中的一部分,要显示其他预设的画笔,可以单击“画笔”调板右侧的三角型按钮,在弹出的菜单中选择相应程序。

10. 调板菜单命令

在“画笔”调板的弹出菜单中有一些需要掌握的管理画笔的命令,其中包括存储画笔,复位画笔、删除画笔等。各选项的具体含义如下：

◆“存储画笔”：对于用户自定义的画笔，可以将其储存起来。要存储画笔、可以单击“画笔”调板右上角的小三角形命令按钮，在弹出的菜单中选择“存储画笔”命令，弹出“存储”对话框。在对话框中输入画笔名称并选择合适的存储路径，然后单击“保存”命令按钮，即可将当前画笔列表框中的画笔以文件的形式保存起来。

◆“复位画笔”：经过一段时间的操作后，画笔的各种属性都会有不同程度的更改，要将画笔属性恢复到默认状态，单击“画笔”调板右上角的小三角形命令按钮。在弹出的菜单中选择“复位画笔”命令，在弹出的对话框中单击“确定”命令按钮即可。

◆“删除画笔”：对于不再需要的画笔，可以先将其选中，单击“画笔”调板右上角的的三角形命令按钮，在弹出的菜单中选择“删除画笔”命令，或在要删除的画笔上单击右键，在弹出的快捷菜单中选择“删除画笔”命令即可将其删除。

11. **定义画笔**

如果需要更加个性化的画笔，就需要自定义画笔。其操作步骤如下：新建立一页面，绘制一个图像，选择“编辑”→“定义画笔预设”命令，在弹出的对话框中输入画笔的名称，然后单击“确定”命令按钮，同时在“画笔”调板中即可看到新定义的画笔。

3.1.9 历史记录调板

历史记录调板，可以清楚地观察到对图像操作的历史记录，可以通过选择相应的历史记录退回至历史控制状态。如果配合历史记录画笔工具，能够使图像的局部回退至某一历史状态，如图 3－40 所示。

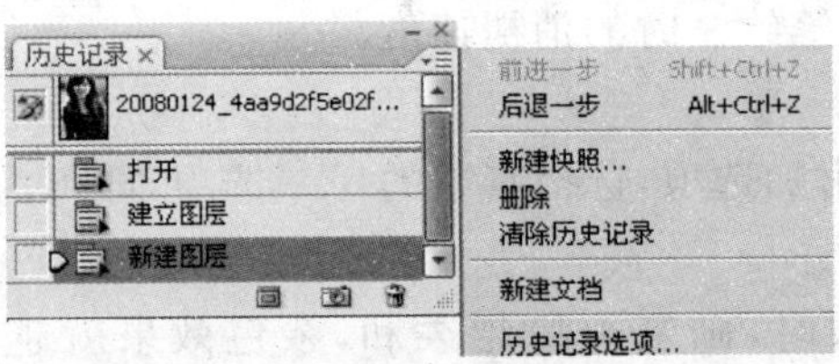

图 3－40 历史记录调板

3.1.10 实例——使用路径调板，制作文字效果

打开图片，使用路径工具命令制作“营养快线”字体，如图 3－41 所示。

图 3－41 打开图片

(1)选择“文件”→“新建”命令,新建一背景页面,点击新建图层按钮,建立一个透明图层 1,如图 3-42 所示。

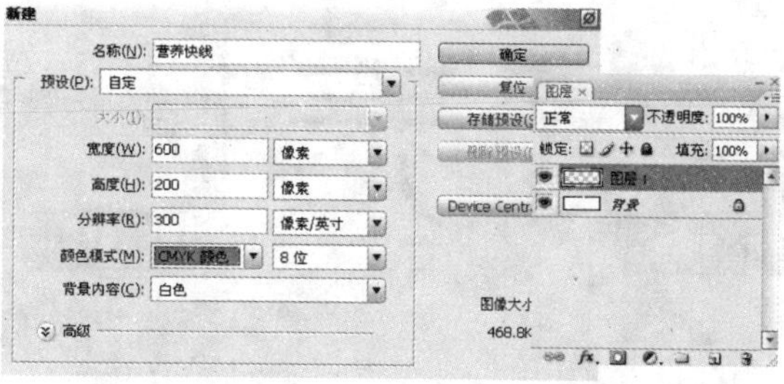

图 3-42 新建背景页面

(2)选择“文字工具”命令,调整属性栏,如图 3-43 所示。

图 3-43 “文字工具”属性栏

(3)点击页面出现文字插入符号,开始书写“营养快线”,如图 3-44 所示。

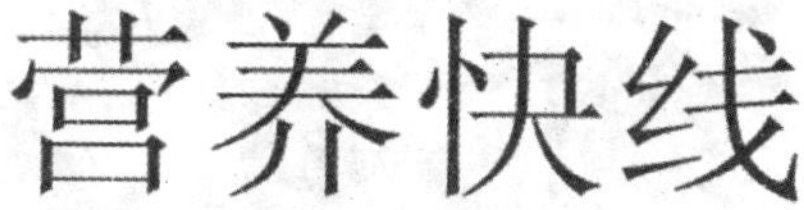

图 3-44 书写“营养快线”

(4)选择菜单栏“图层”→“文字”→“转换为形状”命令,即出现路径,如图 3-45 所示。

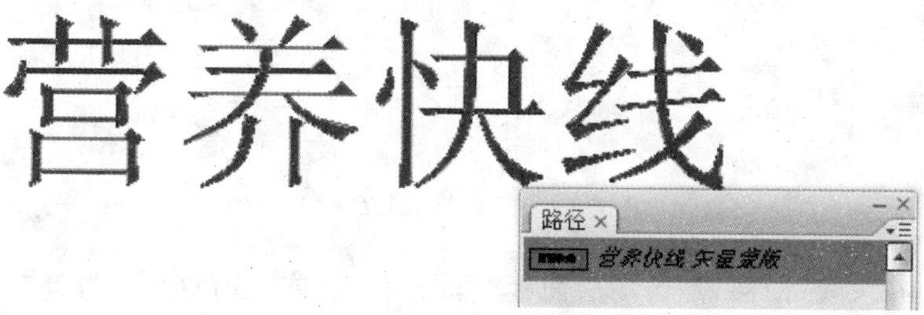

图 3-45 “转换为形状”命令

(5)选择“直接选择工具”命令,调整路径锚点的位置,选择“转换点工具”命令,调整线段的弧度,如图 3-46 所示。

图 3-46 路径工具调整线段

(6)选择“图层”面板中的“矢量蒙版缩览图”命令,点击鼠标右键,选择“栅格化矢量蒙版”命令,文字创建成功,如图3-47所示。

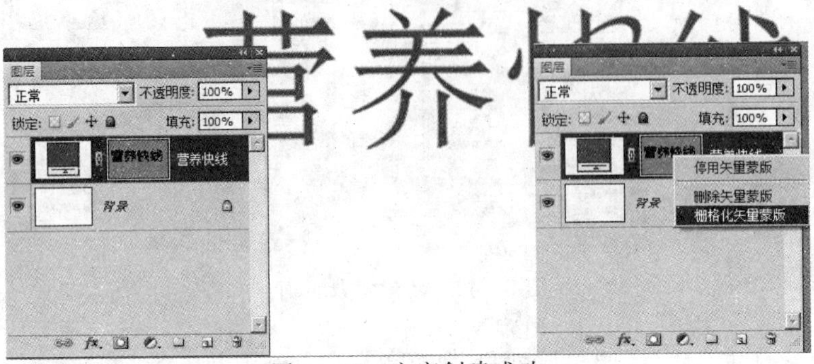

图3-47 文字创建成功

(7)选择“背景”图层,给“背景”填充黄色,如图3-48所示。

图3-48 “背景”填充黄色

(8)选择“营养快线”图层,点击图层面板“添加图层样式”按钮命令,选择“投影”,将“模式”改为“正常”,“距离”为4,“扩展”为64,“大小”为2,点击“确定”,如图3-49所示。

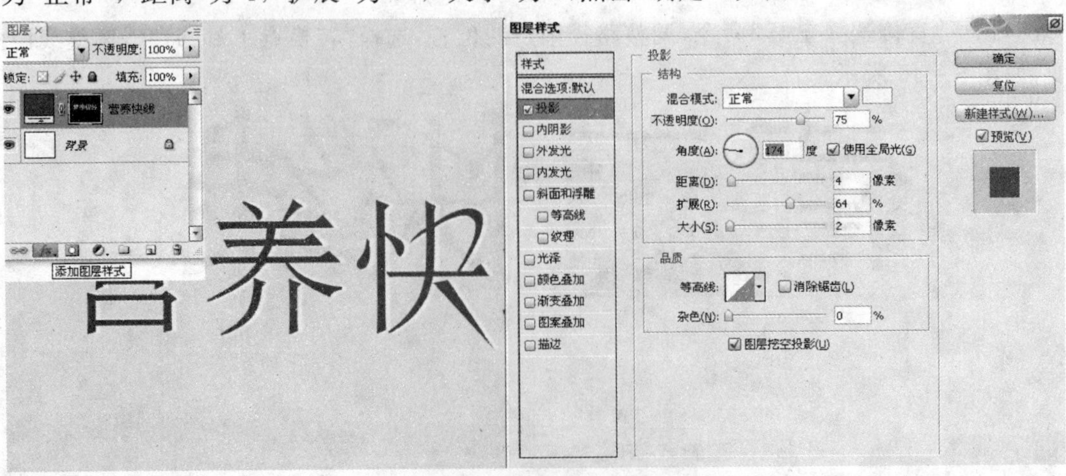

图3-49 添加图层样式

(9)新建立图层 1,选择图层 1 与“营养快线”图层,执行菜单栏“图层”→“合并图层”命令,将文字图层变为普通图层,如图 3-50 所示。

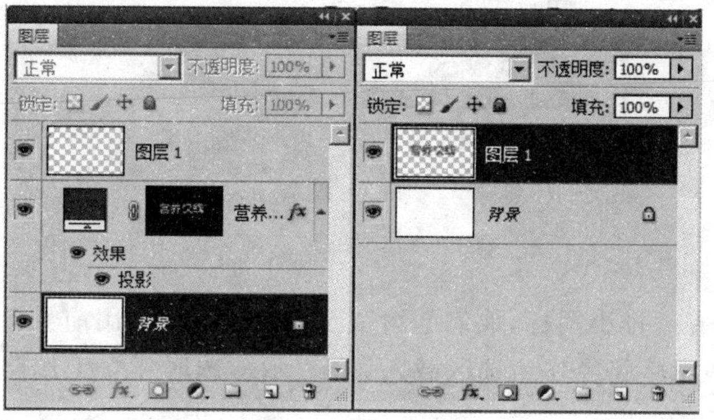

图 3-50 合并图层

(10)选择图层 1,继续点击图层面板“添加图层样式”按钮命令,选择“投影”,将“模式”改为“正常”,“距离”为 5,“扩展”为 7,“大小”为 8,点击“确定”,如图 3-51 所示。

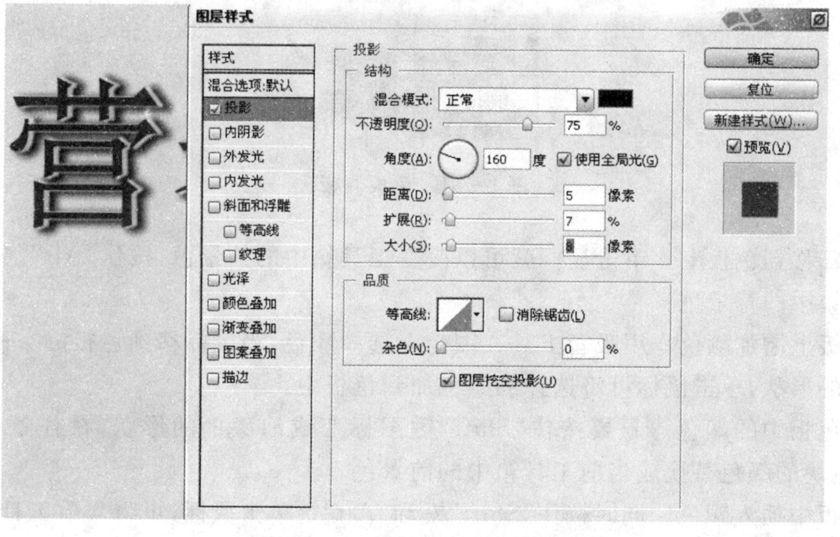

图 3-51 继续添加图层样式

(11)完成,最终效果如图 3-52 所示。

图 3-52 最终效果

3.1.11 路径调板

使用路径可以制作精确的选择区域,并且能够绘制复杂的矢量图形,通过钢笔工具与路径调板配合可以很方便地制作复杂插画。路径调板用于保存、删除、复制路径，如图 3－53 所示。

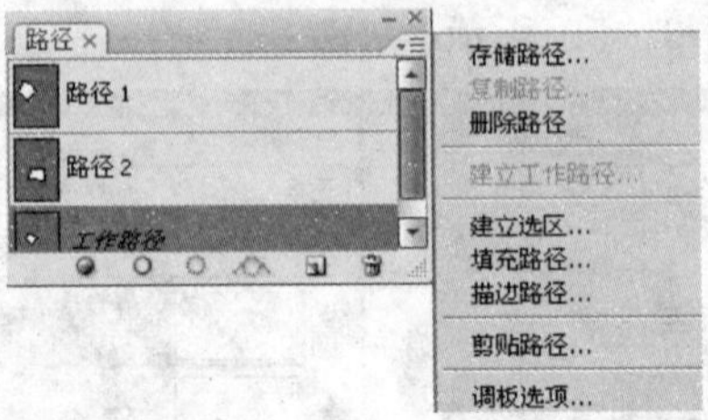

图 3－53　路径调板

路径调板的下方有一排小图标，他们的含义分别是：表示用前景色填充路径，表示用前景色描边路径，表示将路径作为选区载入，表示从选区建立工作路径，表示创建新路径，表示删除当前路径。

3.1.12　色板调板

使用色板调板能够选择自定义的颜色，配合吸管工具，能够选择并保存自定义的颜色，如图 3－54 所示。

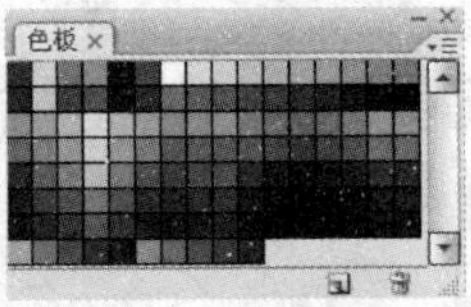

图 3－54　色板调板

◆将鼠标移到色板上。单击显标就可以改变工具箱中的前景色，按住“Alt”键单击鼠标就可改变工具箱中的背景色。

◆在色板上增加颜色。用吸管工具在图像上选择颜色，当鼠标移到色板的空白处时，就会变成油漆桶的形状，单击鼠标可将选择的颜色加到色板中。

◆替换色板中的颜色。只要按住“Shift”键图标变成油漆桶的形状，在任意色块单击鼠标，就可将色块的颜色替换成当前工具箱中的前景色。

◆在色板中插入颜色。同时按住“Shift”键和“Alt”键单击鼠标，可将当前工具箱中的前景色插进去。

◆删除色板中的颜色。按住“Ctrl”键就可使图标变成剪刀的形状，在任意色块上单击鼠标，就可将此色块剪掉。

◆恢复软件内定的情况。单击图标，在色板右边的弹出式菜单中选择“复位色板”命令，如图 3－55 所示。

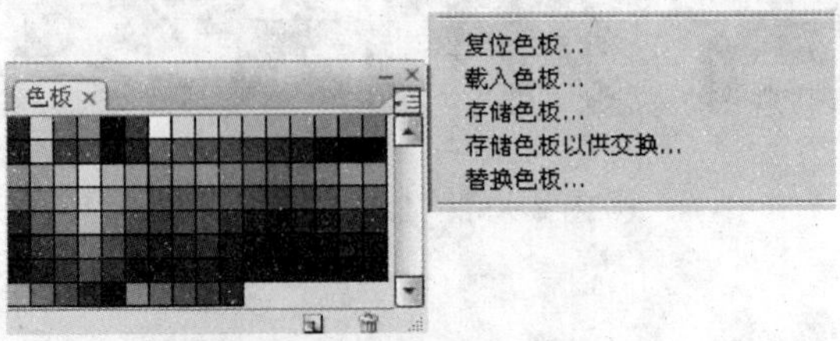

图 3－55　“色板”关联命令

在弹出的对话框中，如果要恢复到软件内定的状态，单击“好”按钮；如果要使软件内定的颜色在加入的同时保留现有存储颜色中的颜色，可单击“追加”按钮，若要取消此命令，可单击“取消”按钮。

3.1.13 通道调板

在 Adobe Photoshop 中，通道调板有两种用途，一是存储图像的颜色信息，二是将选区存储为通道。当建立新文件时，颜色信息通道已经自动建立。颜色信息通道的多少是由选择的色彩模式决定的，例如，所有 RGB 模式的图像都有内定的 3 个颜色通道：红色通道用于存储红色信息，绿色通道用于存储绿色信息，蓝色通道用于存储蓝色信息；CMYK 模式的图像都有内定的 4 个颜色通道：青色通道、洋红通道、黄色通道和黑色通道，分别用于存储印刷四色的信息；而灰阶模式的图像只有 1 个黑色通道。除了图像内定的颜色信息通道以外，还可以另外建立新的通道，这些通道被称为 Alpha 通道。它们的用途是用来建立或存储选区，相当于蒙版的概念，并可使用计算命令来形成新的图像。打开通道调板，调板最下方有 4 个图标，分别表示不同的操作，如图 3-56 所示。

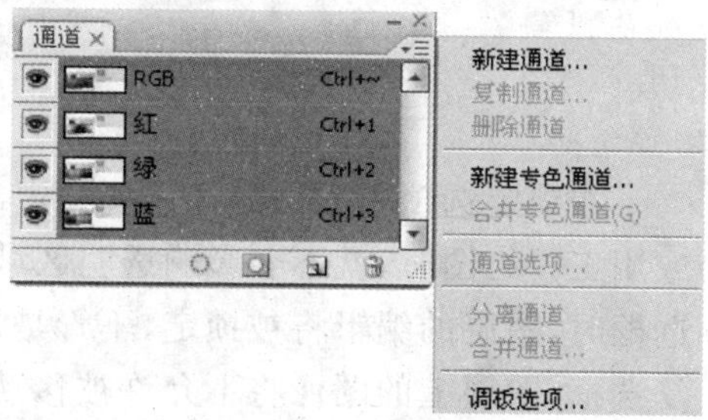

图 3-56 通道调板

◆ 表示将通道作为选区载入。单击此按钮可以将当前选择的通道从所保存的选区调出。

◆ 表示将选区存储为通道。在选区处于激活状态下，单击此按钮可以将当前选区保存为“Alpha”通道。

◆ 表示创建新通道。单击此按钮可以按默认设置新建一个“Alpha”通道。

◆ 表示删除当前通道。单击此按钮可以删除当前选择的通道。

3.1.14 图层调板

图层调板对于图像合成大有帮助，它就像图形软件一样，可以改变图像中某一部分的位置以及与其他部分的前后关系。也就是说，利用图层调板可对图像中的某一部分进行编辑，但丝毫不影响图像的其他部分。

只要内存允许，就可以增加图层。如果图层中包含空白部分(注意不是白色部分)，透过图层的空白部分就可以看到下一个图像的内容，也就是说，在图层中没有图像的部分是完全透明的。透明的区域由灰白交替的小方格组成。在同一文件所有层中的图像都具有相同的分辨率，相同数量的通道，相同的图像模式。

图像中包括图层时只能存储成 Photoshop(缩写为 PSD)的格式，这种格式其他软件如 FreeHand、PageMaker、CorelDRAW 等矢量软件格式是不能置入的，若要将图像置入到这些软件中，必须将层合并到背景上，然后存成“TIFF”或“EPS”格式导入。所以在设计和制作图像的过程中可使用 Photoshop 的格式，定稿时就需将所有的层合并。

图层的操作离不开图层调板，在“窗口”菜单下点击图层，就可显示图层调板，通常它是和通道及路径调板在一起的，也可将其从组合中拖出来。

图层调板中的眼睛表示此层是显示还是隐藏，用鼠标单击就可来回切换，但只能在当前选中的层上进行操作。

如图 3－57 所示，图层 1 是当前选中的层，在此层上可进行各种绘图操作。当选中某个图层时，图层调板中的“不透明度”和作用模式将变成可选的项目。

图 3－57　图层调板

在锁定选项中可以选择需要锁定的内容，选中“锁定透明像素”复选框时，在执行填充命令或用工具绘图时，就不会影响透明区域，而只作用于有像素的部分。当选中“锁定图像像素”复选框时，图层的编辑将被锁定，不管是透明或是图像部分都不允许进行编辑。选中“锁定位置”复选框，图层上的图像将不允许被移动或是进行各种变形编辑。选中“锁定全部”框选项，图层上的图像将不允许进行各种编辑。

3.1.15　信息调板

信息调板能够为操作者提供图像大小、距离、角度及颜色信息，选择度量工具，在此调板将显示角度与距离；选择“吸管工具”，在此调板将显示颜色信息，如图 3－58 所示。

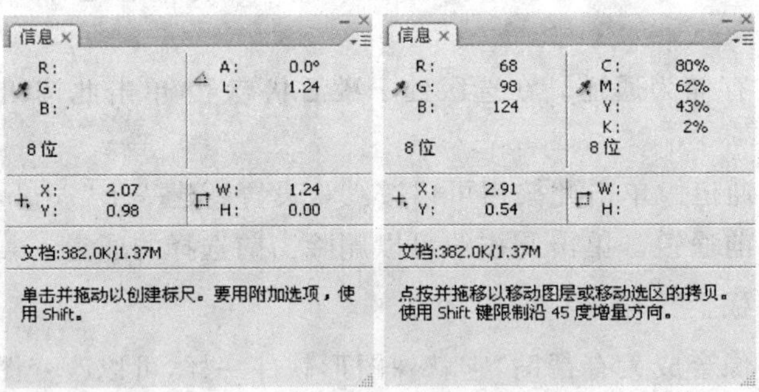

图 3－58　信息调板

3.2　综合实例讲解

3.2.1　实例 1——使用动作命令给漫画快速上色

本实例给连环画快速上颜色，主要通过魔棒工具、快速选择工具、填充命令、图层样式命令及动作命令的综合使用。通过动作面板记录动作，然后选择一定区域并在前景色中选择合适的颜色及图层样式调整，使用动作命令快速填充。最后用选择工具及画笔工具修正细节，最终达到我们需要绘制的效果。最终的实例效果如图 3－59 所示。

1. 知识难点

(1)动作命令运用；

(2)选择工具运用；

图 3-59 漫画快速上色实例效果

(3)图层样式命令的运用。

2. 操作步骤

(1)选择双击软件工作区域，打开需要编辑的图片。在图层浮动面板对当前图层执行复制命令，如图 3-60 所示。

图 3-60 制作复制成为副本文件

(2)选择背景副本，选择“魔棒工具”，设定属性栏，如图 3-61 所示。

图 3-61 “魔棒工具”属性栏

(3)选择背景副本，选择“魔棒工具”，在画面建立一个选区，如图 3-62 所示。

图 3－62 “魔棒工具”建立一个选区

(4)选择工具箱,将工具箱前景色设置为皮肤色,点击“确定”,如图 3－63 所示。

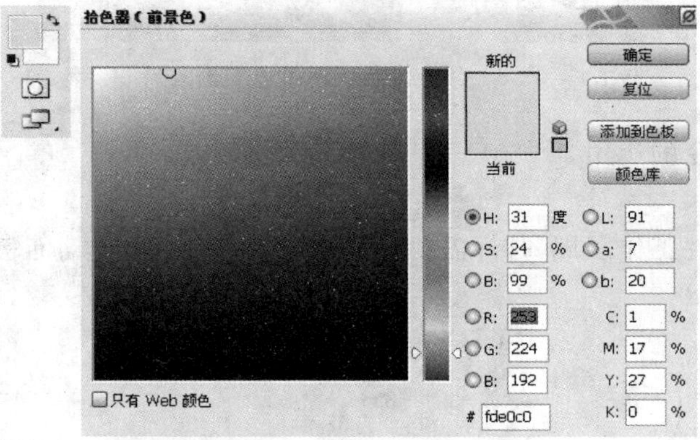

图 3－63 选取颜色

(5)选择“窗口”→“动作”命令,调出“动作浮动面板”命令,点击“创建新动作”按钮,弹出“新建动作”对话框,将名称改为“快速上色”,功能键选择“F11”,颜色选择“蓝色”,如图 3－64 所示。

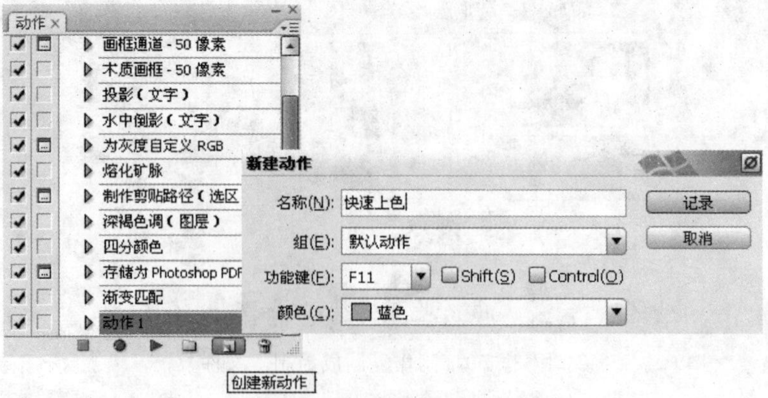

图 3－64 动作设置

(6)点击“确定”开始记录,在图层面板中新建一个透明背景图层,按键盘“Alt＋Delete”键,将设置好的前景色填充到图层中,如图 3－65 所示。

图 3 - 65　新建透明背景图层并填充

(7)继续在“动作”命令记录按钮开启后，打开“图层样式”命令，选择“内发光”，设置数据，点击“确定”，如图 3 - 66 所示。

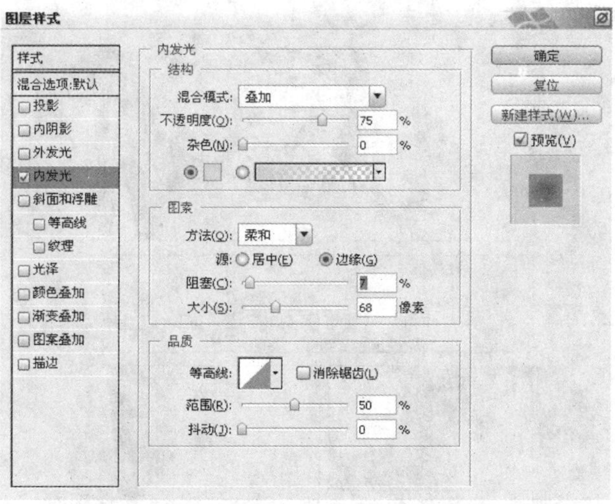

图 3 - 66　“图层样式命令”设置

(8)回到画面，使用“Ctrl＋D”取消选择区域，点击动作面板“停止播放/记录”按钮，如图 3 - 67所示。

图 3－67　动作记录

(9)现在我们就建立了一个给选择区域上颜色填充并做特效的一个连续动作,可以使用选择工具选择“选区”在前景色中设置颜色,直接按键盘“F11”就可以快速地为其他画面选择上颜色及做特效,如图 3－68 所示。

图 3－68　为其他画面选择上颜色及做特效

(10)设置前景色为其他颜色,选择“背景副本”命令,使用选择工具建立选区,按键盘“F11”调用设置的动作,绘制画面其他部分,如图 3－69 所示。

图 3-69 绘制画面其他部分

3.2.2 实例 2——制作芬达饮料瓶贴

本实例制作饮料瓶贴，主要运用渐变工具、蒙版、钢笔工具、文字工具、画笔工具、添加图层样式命令。通过运用钢笔工具绘制形状，然后添加文字。最后使用添加图层样式命令增加文字效果，达到我们需要设计的效果。最终实例效果如图 3-70 所示。

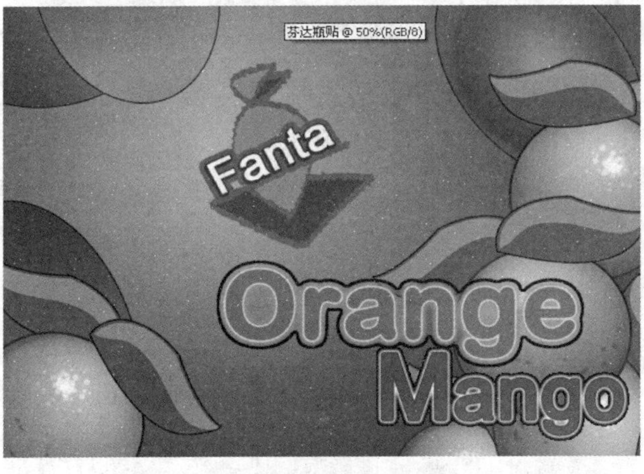

图 3-70 包装实例效果

1. 知识难点

(1)钢笔工具的运用；

(2)渐变工具的运用；

(3)图层样式命令的运用。

2. 操作步骤

(1)选择"文件"→"新建"命令,新建一背景页面,点击新建图层按钮,建立一个透明图层1,如图3-71所示。

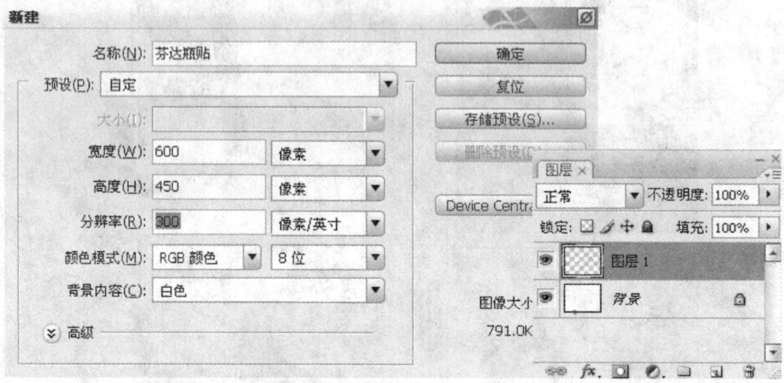

图3-71 新建页面

(2)选择图层1,点击"渐变工具",在"渐变工具"属性栏中设置渐变模式为"径向渐变",如图3-72所示。在渐变编辑器中进行设置,点击"确定",如图3-73所示。

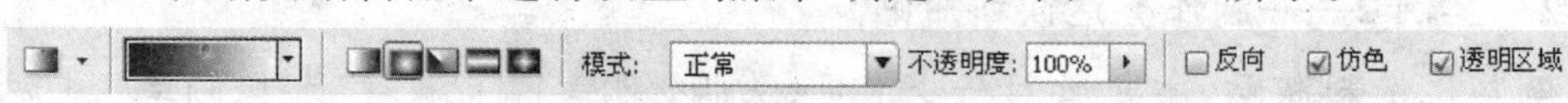

图3-72 "渐变工具"属性栏

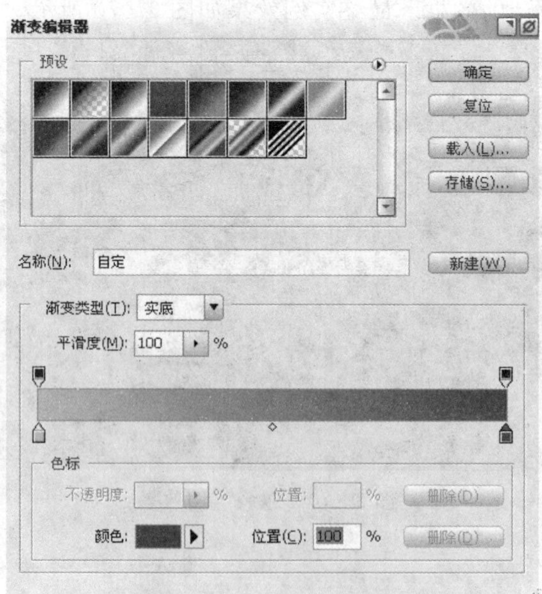

图3-73 渐变编辑器设置

(3)选择“渐变工具”在画面合适的位置直接拖拽，如图 3－74 所示。

图 3－74 填充颜色后渐变

(4)开始绘制橙子的形状，点击新建图层按钮，建立一个透明图层 2，选择“椭圆选框工具”在图层 2 上拉出一个椭圆，填充合适的颜色，执行“编辑”→“描边”命令，绘制合适的边缘，如图 3－75 所示。

图 3－75 “描边”绘制合适的边缘

(5)使用魔棒选择橙子，选择“渐变工具”，在“渐变工具”属性栏中设置渐变模式为“径向渐变”，在画面合适的位置直接拖拽，如图 3－76 所示。

(6)选择“加深工具”，根据橙子的特点绘制暗部，表现出橙子的细节，如图 3－77 所示。

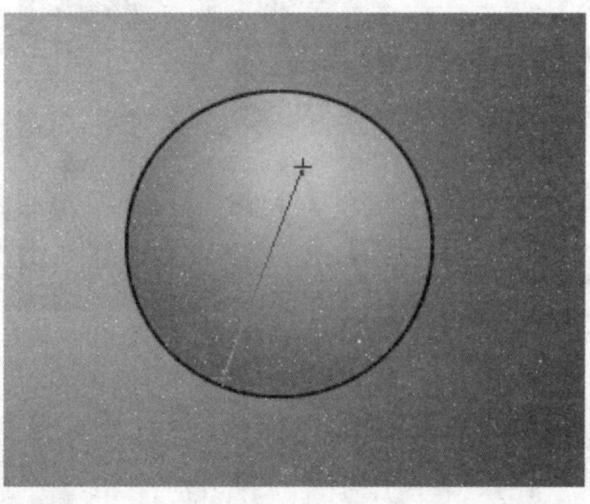

图 3－76 在画面合适的位置直接拖拽渐变

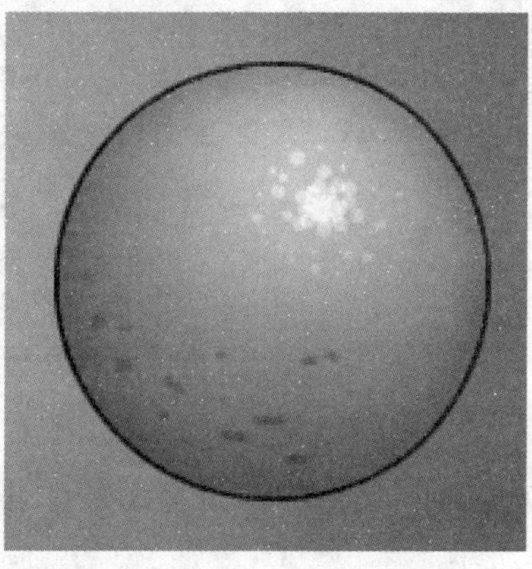

图 3－77 绘制暗部后的效果

(7)选择图层 2,执行“样式”命令,点击“确定”,制作出橙子的体积,如图 3-78 所示。

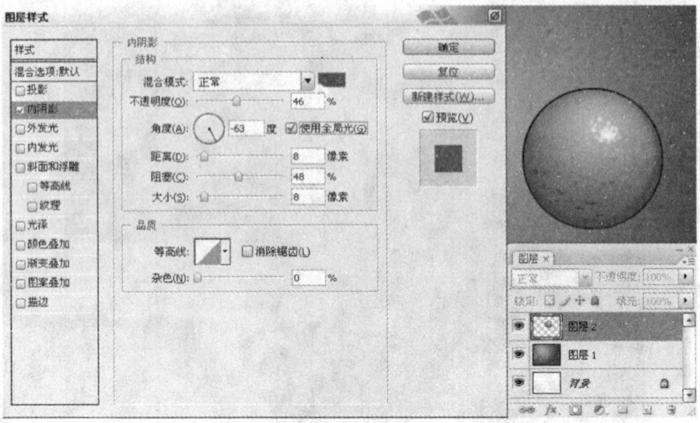

图 3-78　制作出橙子的体积

(8)绘制树叶,选择“钢笔工具”打开路径浮动面板,点击建立新路径按钮,开始绘制叶子的形状,然后点击“将路径作为选区载入”按钮建立区域,填充前景色,如图 3-79 所示。

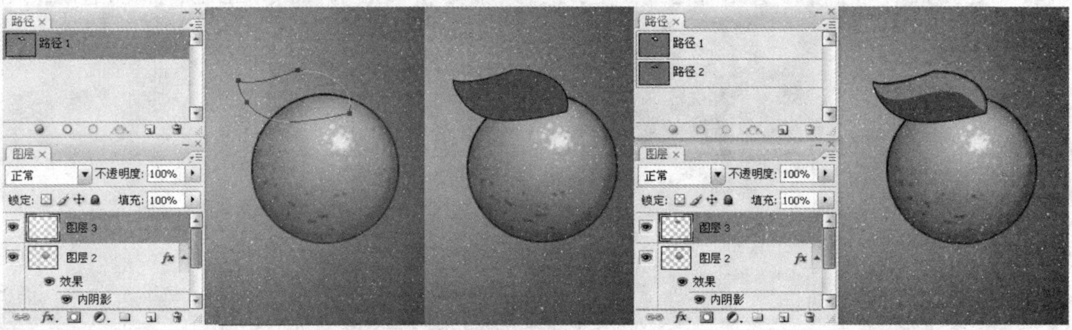

图 3-79　绘制树叶

(9)选择图层 3,复制图层 3,执行“编辑”→“变换”→“水平翻转”命令,然后调整图层 3 到图层 2 后面,如图 3-80 所示。

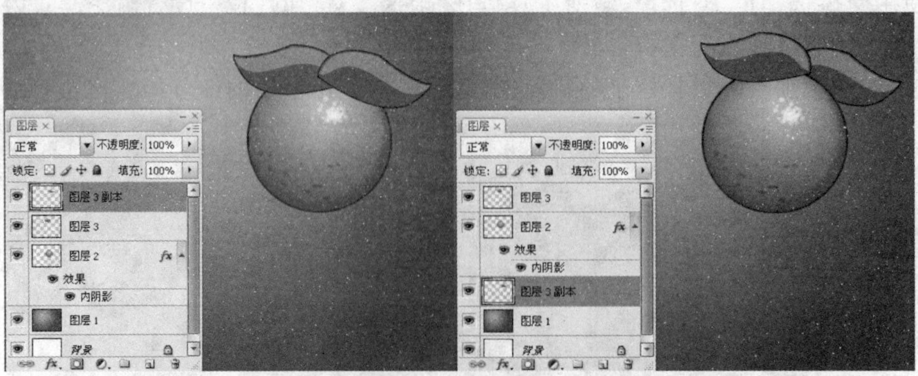

图 3-80　橙子完成

(10)按键盘“Shift”键,选择图层 3、图层 2、图层 3 副本,执行“图层”→“向下合并”命令,如图 3-81 所示。

(11)复制图层 3,选择不同的图层执行“编辑”→“变换”→“自由变换”命令,制作出丰富多样的效果,如图 3 - 82 所示。

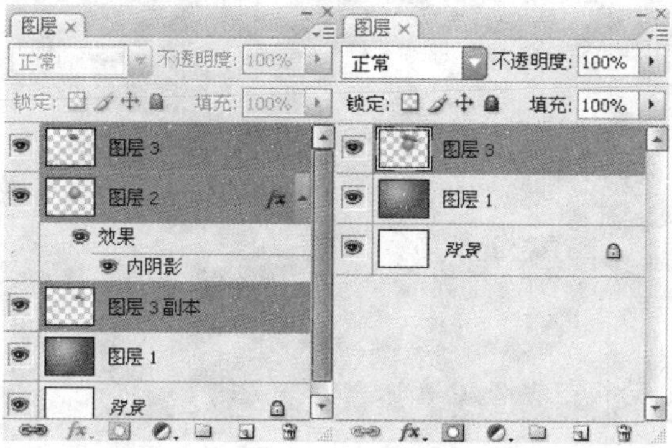

图 3 - 81 合并图层

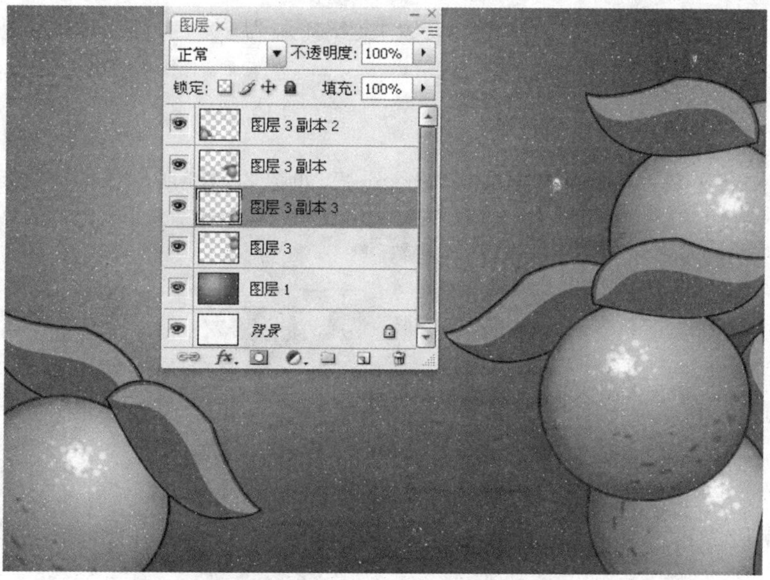

图 3 - 82 基本效果

(12)选择图层 1,点击图层面板“新建图层”按钮,在图层 1 上新建图层 4,使用椭圆工具建立选区,选择描边工具描边,在图层 4 上建立图层 5,选择椭圆工具建立正圆选区,使用渐变工具绘制颜色渐变效果,取消选区,执行“滤镜”→“模糊”→“高斯模糊”命令,半径选择 5,如图 3 - 83 所示。

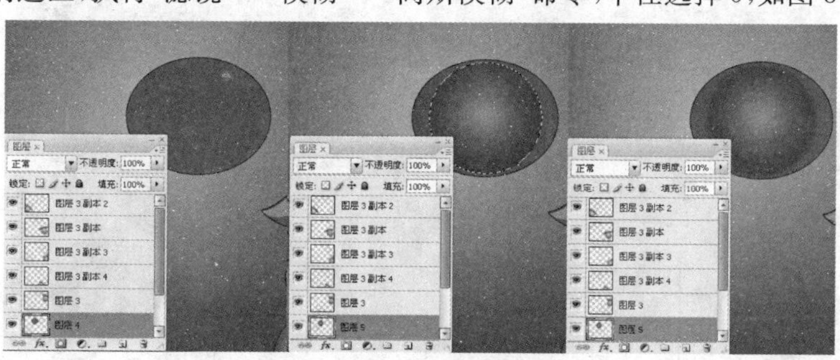

图 3 - 83 绘制水滴

(13)继续绘制其他的细节部分,效果如图 3-84 所示。

图 3-84 其他细节部分的效果

(14)制作文字效果,选择"文字工具",设置"文字工具"属性栏,如图 3-85 所示。

图 3-85 文字工具属性栏

(15)使用"文字工具"在画面点击输入"Orange",如图 3-86 所示。

图 3-86 输入文字

(16)"添加图层样式"按钮,弹出关联菜单,选择"描边"命令,设置"描边"对话框,点击"确定",如图 3-87 所示。

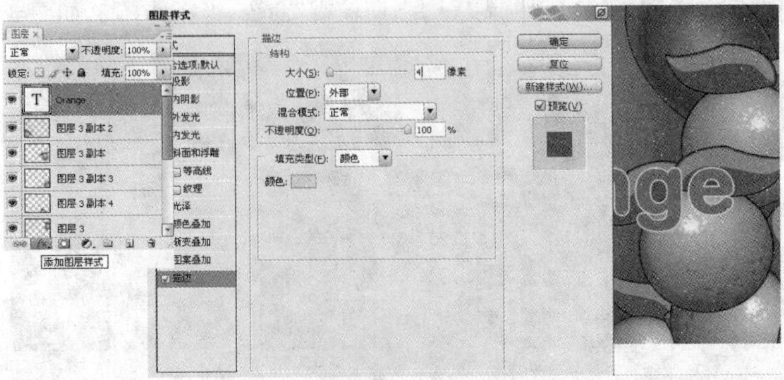

图 3-87 设置"描边"选项

(17)继续点击“添加图层样式”按钮，弹出关联菜单，选择“外发光”命令，设置“外发光”对话框，点击“确定”，如图 3－88 所示。

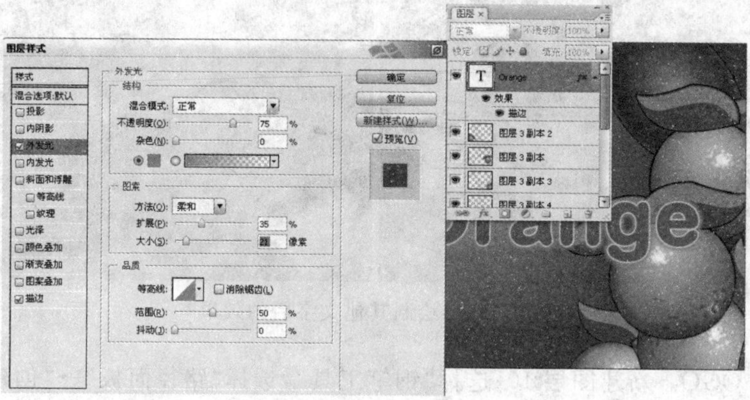

图 3－88 设置“外发光”选项

(18)新建立图层 8，按键盘“Shift”键选择图层 8 与文字图层，执行“图层”→“向下合并”命令，如图 3－89 所示。

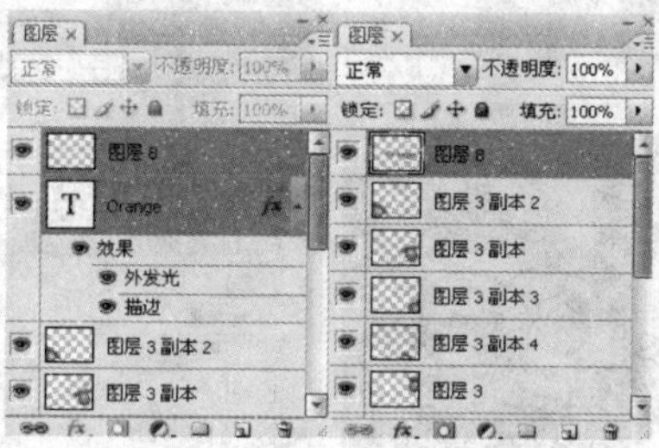

图 3－89 合并图层

(19)选择图层 8 并选择“魔棒工具”，在画面空白处点击，执行“选择”→“反向”命令，再执行“编辑”→“描边”命令，如图 3－90 所示。

图 3－90 描边

(20)继续使用上面的方法绘制出其他的文字,效果如图 3－91 所示。

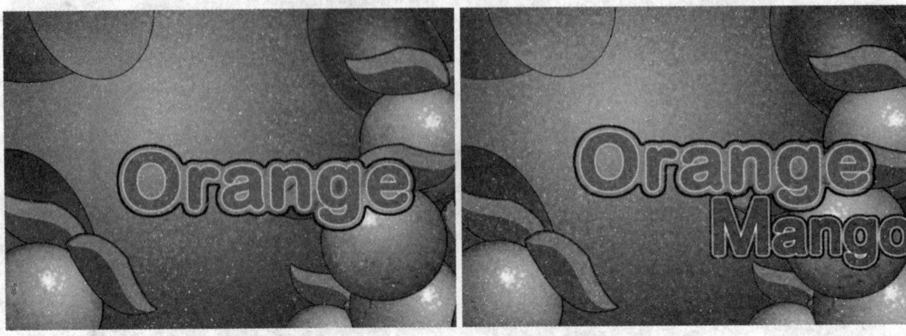

图 3－91　绘制其他文字后的效果

(21)绘制 LOGO。新建图层 10,选择“钢笔工具”,选择“路径面板”→“创建新路径”命令,绘制路径,完成路径绘制后,选择“路径面板”→“路径 3”命令,点击鼠标右键,弹出菜单,选择“描边画笔”→“铅笔”(绘制路径前先设置前景色及铅笔笔触和大小)命令,如图3－92所示。

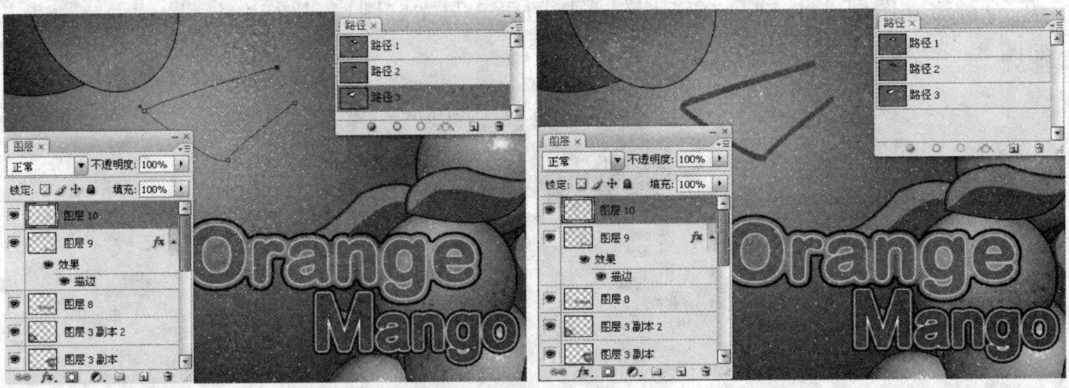

图 3－92　绘制路径并描边

(22)继续使用钢笔绘制路径,再进行描边,绘制其他形态,效果如图 3－93 所示。

图 3－93　绘制其他形态后的效果

(23)选择“滤镜”→“波纹”命令，设置“波纹”数据，点击“确定”，如图 3 - 94 所示。

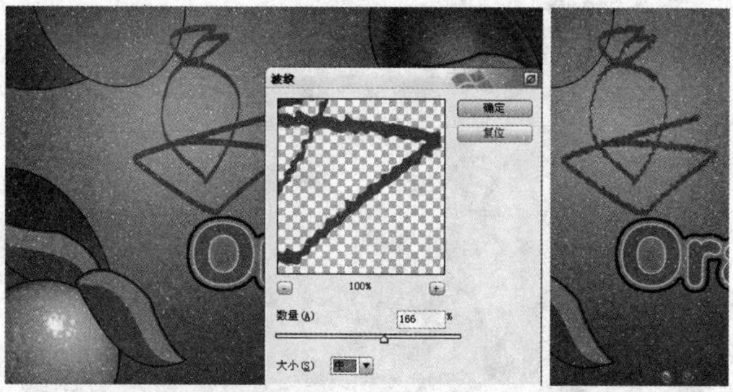

图 3 - 94　设置“波纹”数据

(24)选择“油漆桶工具”选择合适的颜色填充，使用“画笔工具”将多余的颜色涂抹掉，效果如图 3 - 95 所示。

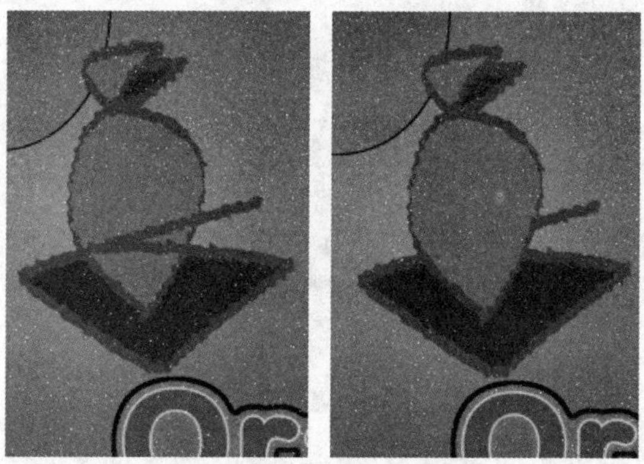

图 3 - 95　填充颜色效果

(25)继续使用“文字工具”和“添加图层样式”命令制作文字效果，如图 3 - 96 所示。

图 3 - 96　制作文字效果

(26)最后,调整细节,完成,最终效果如图 3-97 所示。

图 3-97 最终效果

第 4 章 Photoshop CS5 图层运用实例

4.1 基本图层操作与运用

可以将图层看做是一张一张独立的透明胶片，在每一个图层的相应位置创建组成图像的一部分内容，所有图层叠放在一起，就合成了一幅完整的图像。图层越多，对图像进行操作的灵活性就越大。因此要灵活运用 Photoshop 对图层进行分层管理，方法之一就是尽可能创建需要的图层。

“图层”的基本功能是创建和调整图层。图层类似于图像上面的一个不可见平面内塑造的一张大纸。“图层”菜单中的一些命令也可以在“图层选择板”中找到，如“新建”“复制图层”“删除图层”“图层内容选项”等。图 4－1 所示为“图层”菜单。

图 4－1 “图层”菜单

1. **分层管理**

应用图层的分层管理特性，可以非常方便地改变处于不同图层上的对象，而不会影响其他图层,从而可以尝试各种图层复合设计,得到不同的效果。图层的特性首先是“一张一张”,其含义是图层具有非常好的独立可操作性,可以针对每一张透明胶片即图层进行不同的操作,也可以删除旧的图层或增加新的图层,正是其独特的独立特性,使我们能够组合不同的图像,得到千变万化的效果。

2. 透明特性

图层最基本的特性是透明,即透过上面图层的透明部分,能够看到下方图层的图像效果。在 Photoshop CS5 中,图层的透明部分是以灰白相间的方格来表现的。利用透明的特性,在其他图层进行绘制时并不会如盲人摸象般找不到整体感觉,反之通过显示或隐藏这些透明图层,能够对图层的整体有更好的把握。

3. 合成特性

“合成”是图层的第三个特性,其意义在于图层可以使用各种不同的叠加方法及控制选项得到不同的合成效果,最为简单的是改变图层的“不透明度”及“填充透明度”。在观察分层的图像时,最终效果是由一个个图层叠加在一起产生的,由于透明图层除图像外的区域(在图中以灰白格显示)都是透明的,因此在叠加时,可以透过其透明区域观察到该图层下方的图层,由于“背景”图层不透明,因此观察者的视线在穿透所有透明图层后,停留在“背景”图层上,并最终产生所有图层叠加在一起的视觉效果。同时,也可以在图层浮动调板中建立、修改、编辑、删除图层。

4. 图层的混合模式

在图层操作中,合成模式决定的是当前层的像素与它下面图层像素的合成模式。合成模式下拉列表框中列举了 23 种合成模式,如图 4-2 所示。

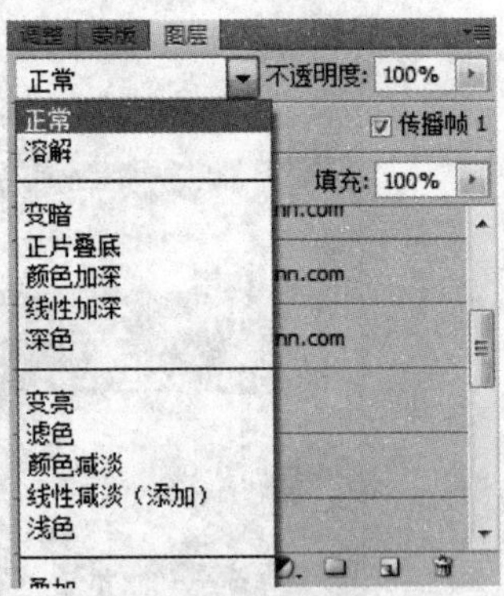

图 4-2 “图层的混合模式”对话框

◆“正常”:当透明度设定为 100%时,该合成模式将显示当前层,且该层的显示不受其他层的影响。而当透明度的设定值小于 100%时,当前层所有像素点的颜色都将受到其他层的影响,根据当前层的不透明度和其他层的色彩来确定显示的颜色。

◆“溶解”:该模式用于控制层与层之间的融合显示,对于有羽化边缘的层影响很大,最终效果受到当前层的羽化程度和不透明度的共同影响,因而对于没有羽化边缘或不透明的层,该项不起作用。

◆“变暗”:该模式只对当前层中比它下面层中对应像素暗的像素起作用,系统将图像中所有通道中的颜色进行比较后,以上方图层中较暗像素代替下方图层与之相对应的较亮像素,且下方图层中的较暗区域代替上方图层中的较亮区域，整体叠加后整图较暗。

◆“正片叠底”：该模式将两层颜色相乘并除以 255，形成一种光线透过两张叠加在一起的幻灯片的效果，呈现比上下两个图层的颜色都要暗些的效果，但可以为较亮的图像增加细节。

◆“颜色加深”：用于加深图像的颜色，通常用于创建非常暗的阴影效果，或者降低图像的局部亮度。

◆“线性加深”：计算每个通道的颜色信息，加暗所有通道信息，并通过提高其他颜色的亮度来反映混色，对白色无效。

◆“变亮”：该模式与变暗相反，只对当前层中比它下层图像对应像素亮的像素点起作用，系统比较通道颜色的数值后，将亮的调整至比原色调更亮。

◆“滤色”：此项在整体效果上显示由上方图层及下方图层的像素值中较亮的像素合成的图像效果，通常用于图层合并显示下方图层的高光部分。

◆“颜色减淡”：该模式可以生成非常亮的合成效果，其原理为上方图层的像素值与下方图层的像素值进行计算。

◆“线性减淡”：查看所有颜色通道，加亮所有通道基色，并通过降低其他颜色的亮度来反映混合颜色，对黑色无效。

◆“叠加”：该模式根据底层的颜色，将当前层的像素进行相乘或覆盖，使当前层变亮，对中间色调影响较明显，而对下方图层的高亮度区域和阴影区域则影响不大。

◆“柔光”：该模式将高亮度区域变暗，而使暗调区域变亮，减小它们之间的反差，具体变化的程度取决于像素的明暗程度，如果上方图层的像素比 50%灰度亮，则图像变亮；反之相反，得到一种用柔和光线照射的效果。

◆“强光”：该模式与柔光模式相反，高亮度区域将更亮，暗度区域则变得更暗，结果使反差进一步增大，得到一种强烈光线照射的效果。

◆“亮光”：通过增加或减小对比度来加深或减淡颜色，具体取决于混合色。如果混合色（光源）比 50% 灰色亮，则通过减小对比度使图像变亮。如果混合色比 50% 灰色暗，则通过增加对比度使图像变暗。

◆“线性光”：通过减小或增加亮度来加深或减淡颜色，具体取决于混合色。如果混合色（光源）比 50% 灰色亮，则通过增加亮度使图像变亮。如果混合色比 50% 灰色暗，则通过减小亮度使图像变暗。

◆“点光”：通过置换颜色像素来混合图像，如果混合色比 50%灰度亮，比原图像暗的像素会被置换，而比原图像亮的像素无变化；反之，比原图像亮的像素会被置换，而比原图像暗的像素无变化。

◆“实色混合”：此模式可以创建一种具有较硬边缘的图像效果，类似于多块实色相混合。

◆“差值”：该模式单纯地反转图像，其形成的效果取决于当前层和底层像素值的大小。当不透明度值设定为 100%时，当前层中的白色将全部反转，而黑色的区域保持不变，介于黑白之间的部分则作相应的阶调反转。

◆“排除”：该模式由亮度决定了从当前层中减去的是底层色还是目标色，它的效果比差值模式柔和。

◆“色相”：选择此模式，最终图像的像素值由下方图层的“亮度”和“饱和度”值及上方图层的“色相”值构成。

◆“饱和度”:该模式将把当前层中的饱和度与下面层中的色相亮度结合起来,形成特殊的效果。

◆“颜色”:该模式保留当前层的色相饱和度,且只与下面层的亮度值进行混合。

◆“亮度”:该模式保留当前层的亮度值,而将下面层的色相饱和度进行合成,因而效果与颜色模式相反。

4.2 新建与删除图层

在“图层”→“新建”中,可以进行建立新图层、建立图层背景、建立图层组、从图层建立组等各项图层操作。选择“图层”→“新建”,弹出对话框,如图 4-3 所示。

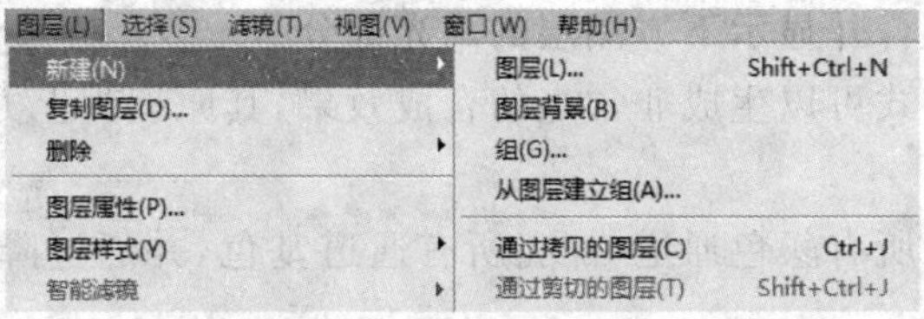

图 4-3 “新建”菜单

4.2.1 建立普通图层

选择“图层”调板,弹出菜单中的“新建图层”命令,弹出“新建图层”命令对话框,如图 4-4 所示。

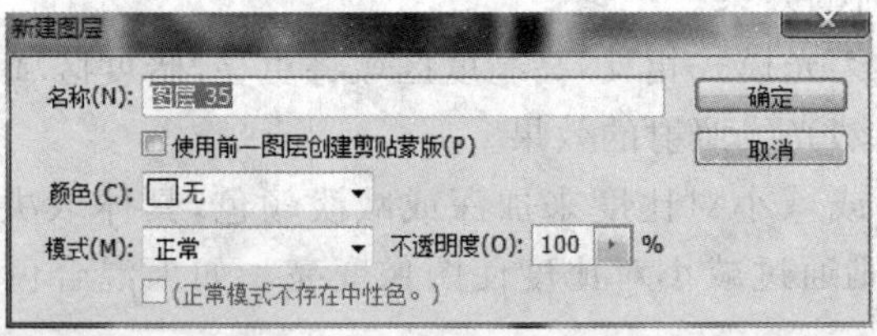

图 4-4 “新建图层”对话框

在图 4-4 中各选项的具体含义如下:

◆“名称”:在此文本框中输入新图层的名称。

◆“不透明度”:此数值用于设置新图层的不透明度。

◆“颜色”:在“颜色”下拉列表中可以选择一种用于新图层的颜色。

◆“模式”:在此下拉列表菜单中选择新图层的混合模式。

◆“确定”:命令按钮,点击即可创建一个新图层。

4.2.2 建立图层背景

选择“图层”→“新建”→“图层背景”命令,即为当前图像建立一个 Photoshop CS5 默认空白图层背景,如图 4-5 所示。

◆“名称”:在此文本框中输入背景图层的名称。

◆“颜色”:在“颜色”下拉列表中可以选择一种用于背景图层的颜色。

◆“模式”:在此下拉列表菜单中选择新图层的混合模式。

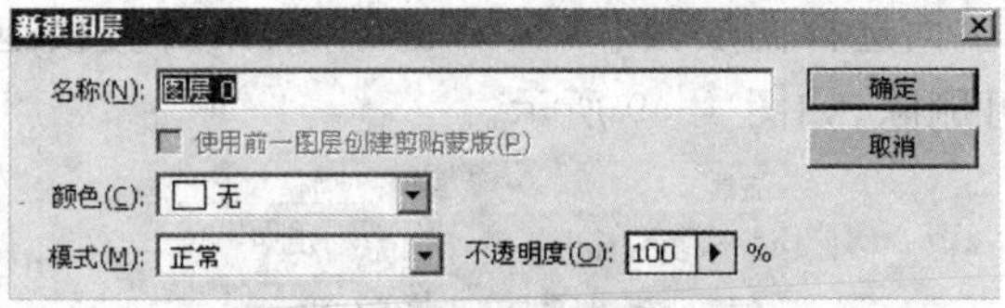

图 4-5　建立图层背景

◆“不透明度”:此数值用于设置新图层的不透明度。

◆“确定”:命令按钮,点击即可创建一个新图层。

4.2.3　建立组图层

通过使用图层组能够将若干个相似图层组合在一起,从而提高“图层”调板的使用效率。选择“图层”→“新建”→“组”命令,弹出“新建组”命令对话框,如图 4-6 所示。

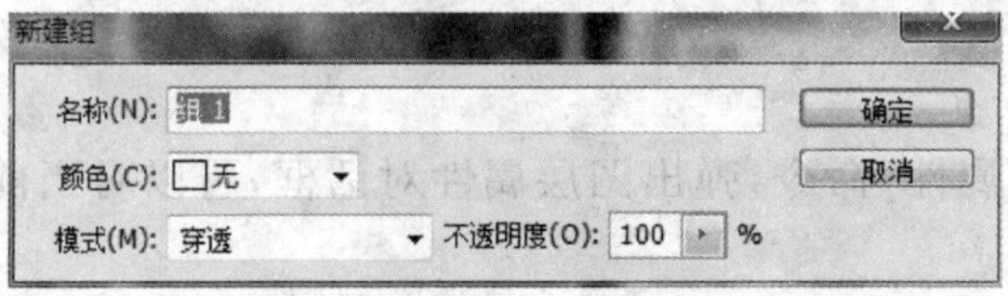

图 4-6　“新建组”对话框

在对话框中可以设置新图层组的“名称”“颜色”“模式”“不透明度”等选项,设置完选项后单击“确定”按钮,即可创建新图层组。

4.2.4　从图层新建组

可以通过选择多个图层(按住“Ctrl”键图层浮动面板中即可选择多个需要编辑的图层)创建一个新的图层组,并使这些被选择层包含在图层组中。选择多个图层,选择“图层”→“从图层新建组”,即可将这些被选择的图层编入一个新的组中。“从图层新建组”命令对话框,如图 4-7 所示。

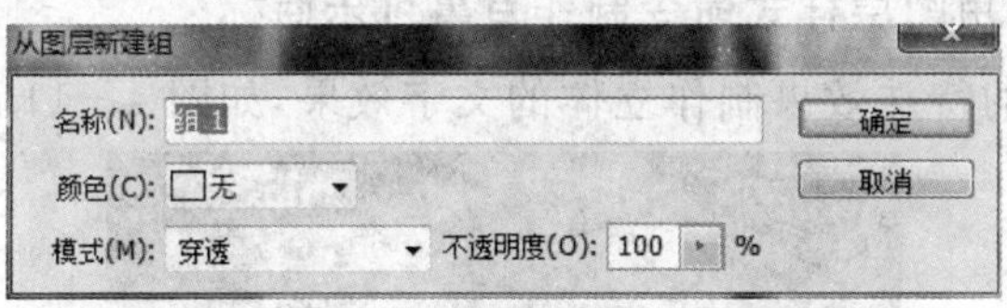

图 4-7　“从图层新建组”对话框

4.2.5　删除图层

可以使用删除图层的方式来对不需要的图层进行删除编辑。

(1)选择图层或者隐藏图层,执行“图层”→“删除”→“图层或隐藏图层”命令,可以对当前选择的“图层或者隐藏图层”进行删除,如图 4-8 所示。

图 4-8　通过“图层”→“删除”删除图层对话框

(2)在浮动图层面板里面选择图层按“Delete”键删除,或者直接拖拽至浮动图层面板中的垃圾桶(删除图层)中即可删除,如图 4-9 所示。

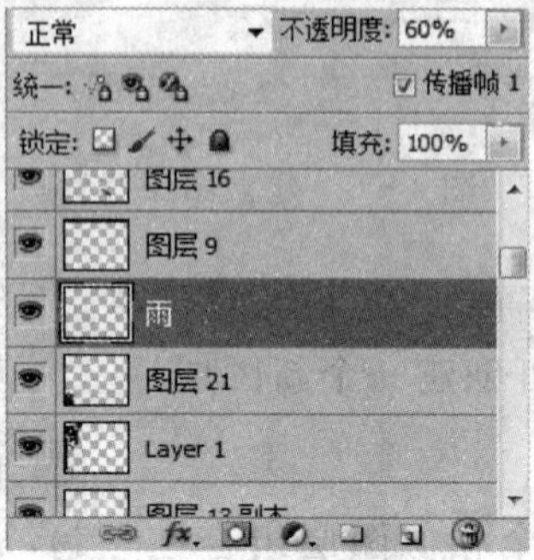

图 4-9 从垃圾桶中删除图层对话框

4.2.6 图层属性

执行“图层”→“图层属性”命令,弹出图层属性对话框,可以对当前选择的图层进行颜色指定,如图 4-10 所示。

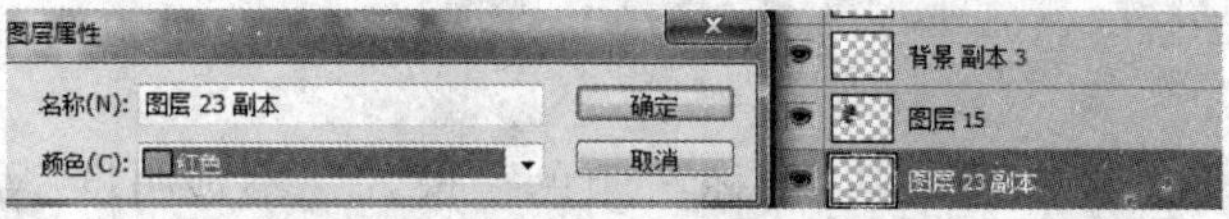

图 4-10 通过图层进行颜色指定

4.3 图层样式命令的运用

4.3.1 实例——使用图层样式命令制作百事可乐商标

使用“图层样式”中的特殊效果制作立体的文字效果,如图 4-11 所示。

图 4-11 百事可乐商标

(1)选择菜单栏,执行“文件”→“新建”命令,新建一背景页面,点击新建图层按钮,建立一个透明图层 1,如图 4-12 所示。

(2)选择工具箱文字工具,选择“黑体”,书写“百事可乐”,选择菜单栏“图层”→“文字”→“转换为形状”命令,将文字转换成矢量图形,使用“直接选择工具”,选择锚点进行编辑,如图 4-13所示。

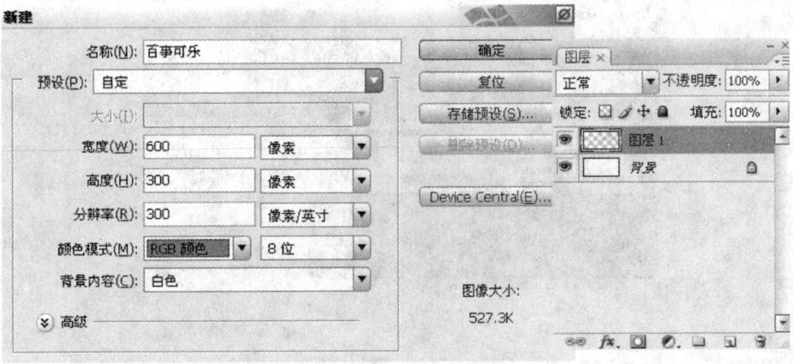

图 4－12　建立图层 1

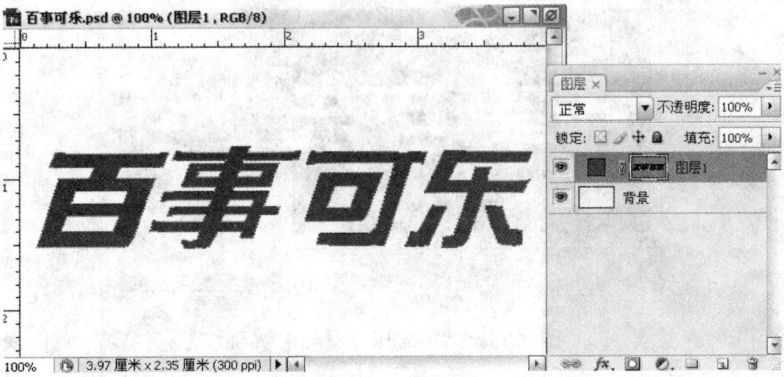

图 4－13　编辑文字

(3)选择背景图层，在工具箱中将前景色调整为蓝色，背景色调整为白色，执行“滤镜”→“渲染”→“分层云彩”命令(可以多次执行“分层云彩”命令得到一个适合的云彩效果)，如图 4－14所示。

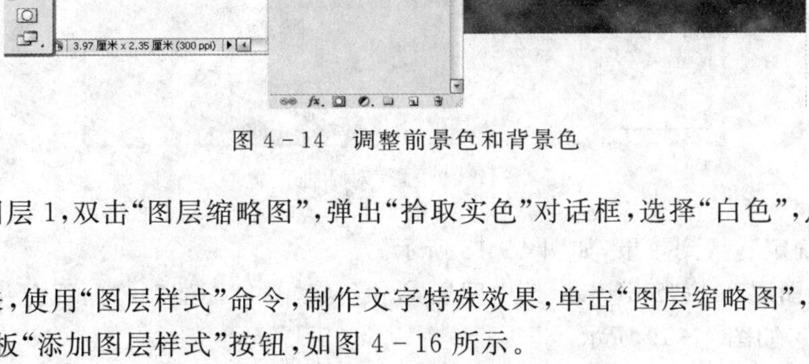

图 4－14　调整前景色和背景色

(4)选择图层 1，双击“图层缩略图”，弹出“拾取实色”对话框，选择“白色”，点击确定，如图 4－15 所示。

(5)接下来，使用“图层样式”命令，制作文字特殊效果，单击“图层缩略图”，选择图层 1，点击图层浮动面板“添加图层样式”按钮，如图 4－16 所示。

图 4-15 基本效果

图 4-16 “添加图层样式”界面

(6)在“添加图层样式”命令关联菜单中，选择“投影”设置对话框，如图 4-17 所示。

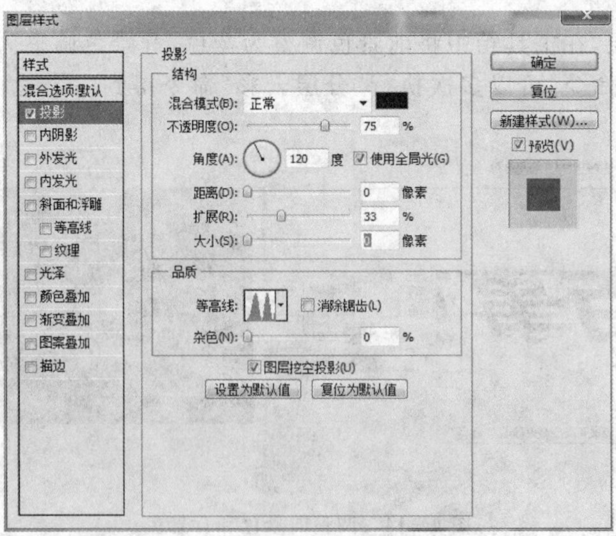

图 4-17 “投影”对话框设置

(7)点击“确定”，得到效果，如图 4-18 所示。

(8)新建立图层 2，按“Shift”键，选中图层 1，执行菜单栏“图层”→“向下合并”命令，将图层 1 变为普通图层，如图 4-19 所示。

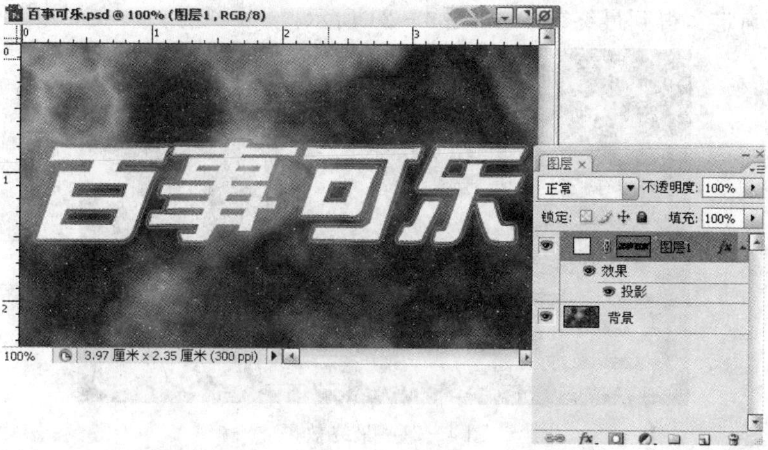

图 4-18 “投影”效果

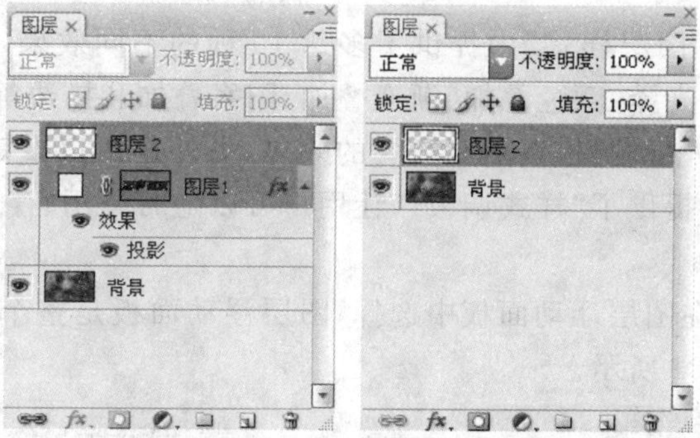

图 4-19 合并图层 1 与图层 2

(9)在“添加图层样式”命令关联菜单中选择“投影”设置对话框,如图 4-20 所示。

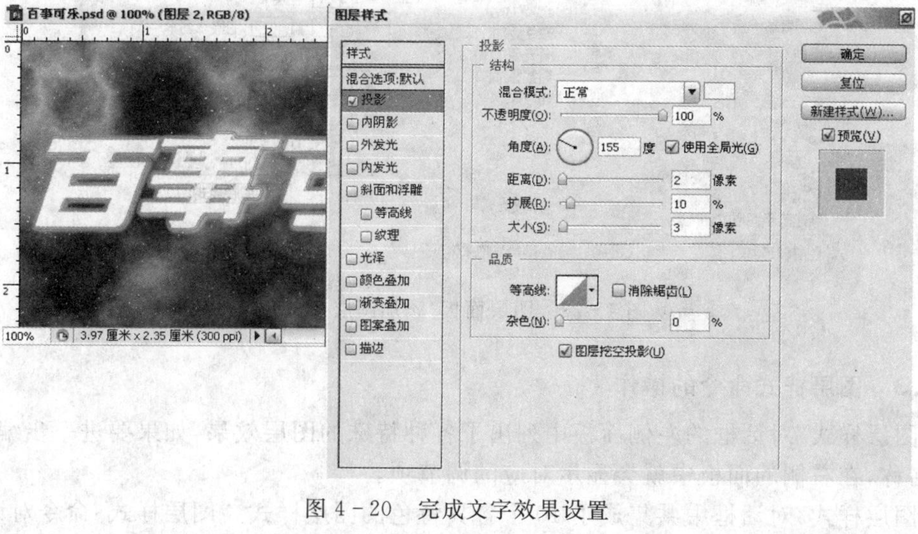

图 4-20 完成文字效果设置

(10)点击“确定”,得到最终效果,如图 4-21 所示。

图 4-21　最终效果

4.3.2　调用图层样式命令

在“图层”菜单下的“图层样式”中提供了多达 10 种的不同效果,包括投影、内阴影、外发光、内发光、斜面和浮雕、光泽、颜色叠加、渐变叠加、图案叠加和描边等效果。在“图层样式”对话框中可以对这些特效进行调整,以达到需要的效果,另外还可以设定“混合选项”,并且可以自定义一些图层样式,还提供了“样式调板”,让用户可以随时调用、存储、预览或删除任何一个样式。

图层样式同样可以在图层浮动面板中选择,图层浮动面板是整个图层命令的一个集中的快捷选择方式,如图 4-22 所示。

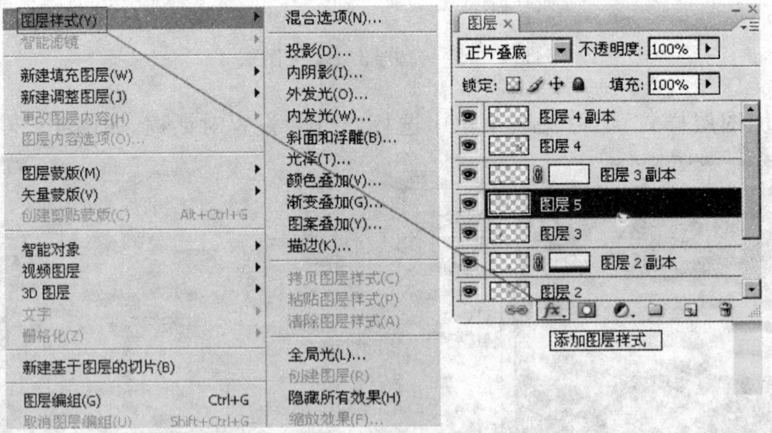

图 4-22　图层面板“添加图层样式”

4.3.3　图层样式命令的操作

在“图层样式”对话框的左侧面板中列出了各种特殊的图层效果,如果要进一步编辑效果,可单击名称,在右侧的面板中就会显示对应的调节项。

在“图层样式”对话框中共集成了 10 个各具特色的图层样式,“图层样式”命令对话框在结构上分为以下 3 个区域:①“样式列表区域”:在该区域中列出了所有的图层样式,如果要同时应用多个图层样式,只需要选中图层样式名称左侧的选框即可;如果要对某个图层样式的参数进行编辑,直接单击该图层样式的名称,即可在对话框中间的参数控制区域显示出其参数。②

“参数设置区域”：在选择不同图层样式的情况下，该区域会即时显示出与之对应的参数。③“预览区域”：该区域可以预览所设置的所有图层样式叠加在一起时的效果。删除某个图层样式只需要再次选取使□内的“√”去掉即可删除该图层样式，如图 4－23 所示。

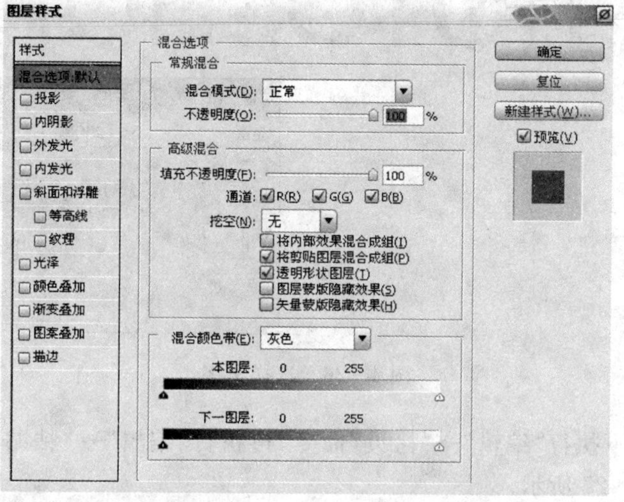

图 4－23 图层样式对话框

4.3.4 实例——使用投影图层样式命令制作阴影

选择图片中的文字，执行“图层”→“图层样式”→“投影”命令，添加一个背景投影，如图 4－24所示。

图 4－24 文字阴影

(1)启动 Photoshop CS5，执行“文件”→“打开”命令，弹出对话框，选择需要修改的文件，点击“确定”，打开图片，如图 2－25 所示。

图 4－25 打开需要修改的 PSD 文件

(2)选择“魔棒工具”,点击画面空白处,选择白色,再点击鼠标右键,在弹出的关联菜单中选择“选择反向”,即可将选择,如图 4-26 所示。

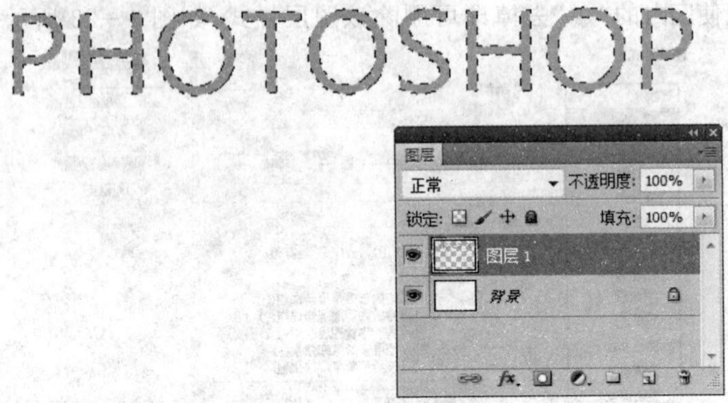

图 4-26　选择文字

(3)在选取状态下执行“编辑”→“拷贝”命令,再执行“编辑”→“粘贴”命令,创建一个单独的人物图层,如图 4-27 所示。

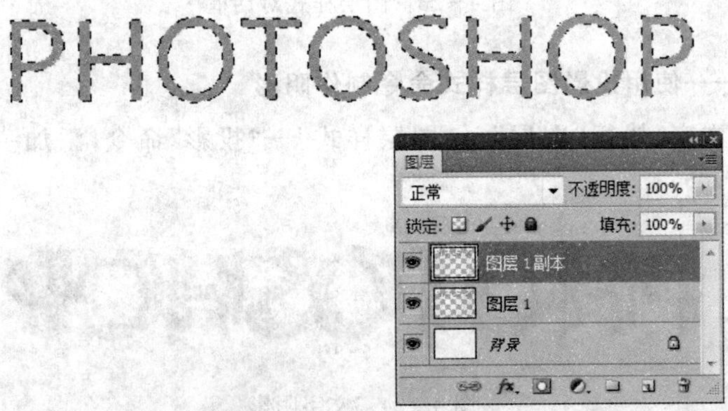

图 4-27　创建一个单独的文字图层

(4)选择图层 1,执行 “图层”→“图层样式”→“投影”命令,如图 4-28 所示。

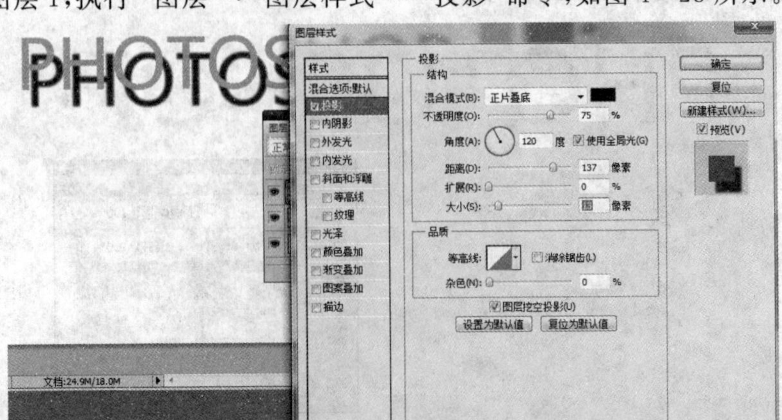

图 4-28　制作投影效果

4.3.5 投影图层样式命令

选择"图层"→"图层样式"→"投影"命令或者单击"图层"调板底部"添加图层样式"按钮，在弹出菜单中选择"投影"命令，弹出对话框，如图 4-29 所示。

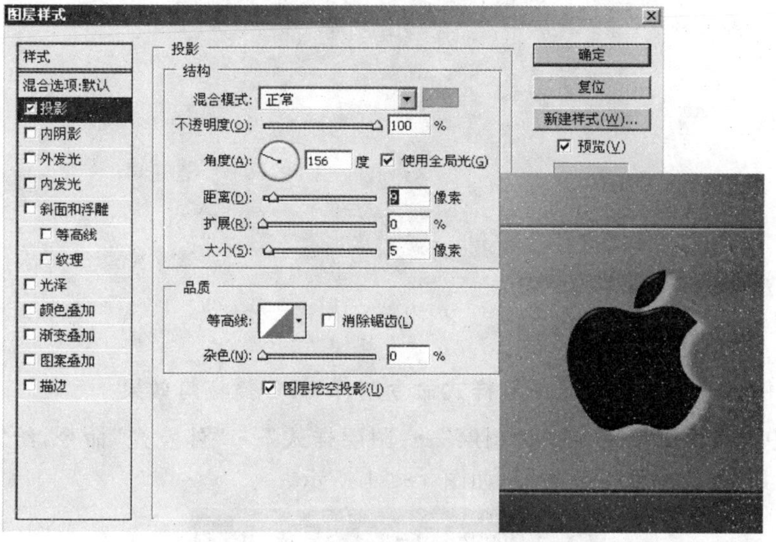

图 4-29 "投影"样式命令对话框

◆"混合模式"：在此下拉列表框中，可以为投影选择不同的混合模式，从而得到不同的投影效果。单击右侧颜色块，可以在弹出的"拾色器"命令对话框中为投影设置颜色。

◆"不透明度"：在此可以输入一个数值定义投影的不透明度。数值越大，则投影效果越清晰；反之越淡。

◆"角度"：在此拨动角度轮盘的指针或输入数值，可以定义投影的投射方向，如果"使用全局光"复选框被选中，则投影使用全局性设置；反之可以自定义角度。

◆"距离"：在此输入数值，可以定义投影的投射距离。数值越大，则投影的三维空间效果越确定；反之，投影越贴近投射投影的图像。

◆"扩展"：在此输入数值，可以增加投影的投射强度。数值越大，则投影的强度越大。

◆"大小"：此参数控制投影的柔化程度大小。数值越大，则投影的柔化效果越大；反之越清晰。

◆"等高线"：使用等高线可以定义图层样式效果的外观，其原理类似于"图像"→"调整"→"曲线"命令中曲线对图像的调整原理。单击此下拉列表框按钮，将弹出"等高线列表选择"调板，在调板中可以选择数种系统默认的等高线类型。选择不同的等高线会得到不同的阴影效果。

◆"消除锯齿"：选择此复选框，可以使应用等高线后的投影更细腻。

4.3.6 内投影图层样式命令

使用"内阴影"图层样式，可以为非背景图层添加位于图层不透明像素边缘内的投影，使图层呈凹陷的外观效果，如图 4-30 所示。

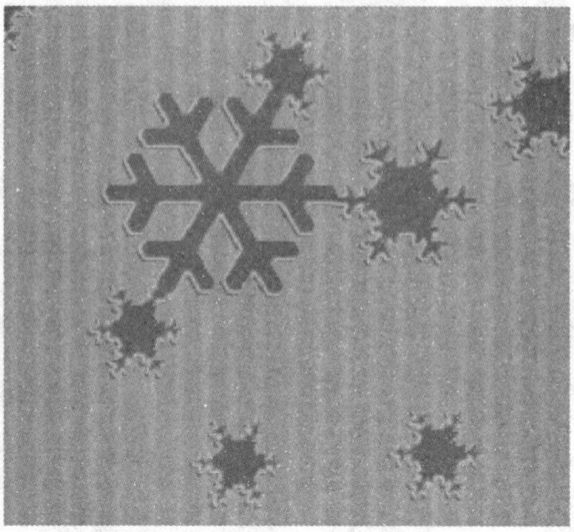

图 4-30 “内阴影”图层样式效果

4.3.7 实例——使用外发光图层样式命令制作 KFC 霓红灯效果

选择图片中的“KFC”文字，执行“图层”→“图层样式”→“外发光”命令，给“KFC”文字添加一个“外发光”命令制作霓红灯效果，如图 4-31 所示。

图 4-31 霓红灯效果

(1)启动 Photoshop CS5，执行“文件”→“打开”命令，弹出对话框，选择需要修改的文件，点击“确定”打开，如图 4-32 所示。

图 4-32 打开需要修改的 PSD 文件

(2)在图层面板中双击名为“背景”的图层，打开“新图层”对话框，再单击“确定”按钮，将背景图层转换为普通图层，如图 4-33 所示。

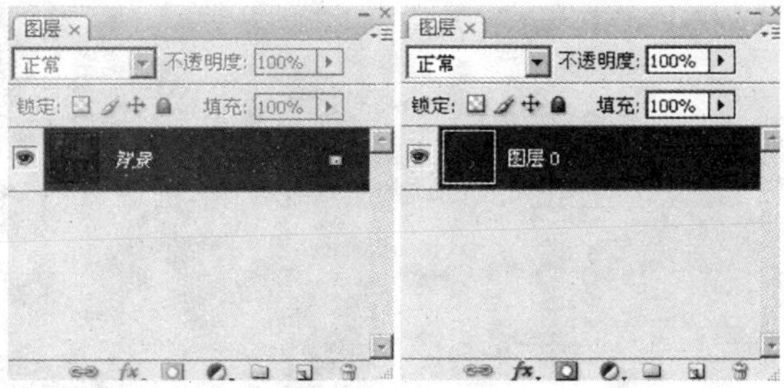

图 4 - 33　将背景图层转换为普通图层

(3)新建立图层，选择“钢笔工具”，在“钢笔工具”属性栏中将设置调整为“路径”，开始在“KFC”文字上绘制路径，如图 4 - 34 所示。

(4)选择“窗口”→“路径”命令，调出路径浮动面板，选择已经绘制好的“工作路径”，点击鼠标右键，在弹出的关联菜单中选择“描边路径”，如图 4 - 35 所示。

图 4 - 34　在 KFC 文字上绘制路径

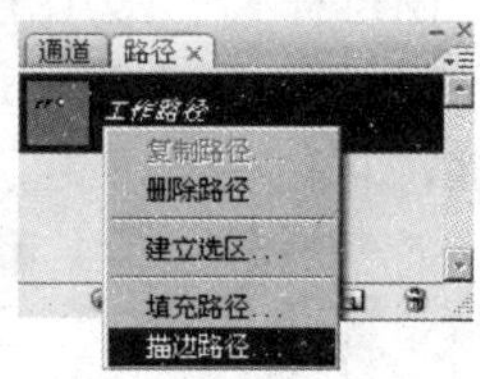

图 4 - 35　选择“描边路径”

(5)选择“描边路径”后弹出描边路径对话框，选择“画笔工具”，点击“确定”，如图 4 - 36 所示(注意设置画笔的大小及颜色，先前设置的画笔属性在这里会影响描边的效果)。

图 4 - 36　选择画笔

(6)得到描边效果，如图 4 - 37 所示。

图 4 - 37　文字描边效果

(7)选择“图层”→“图层样式”→“外发光”命令，设置“外发光”对话框数据，点击“确定”，如图 4 - 38 所示。

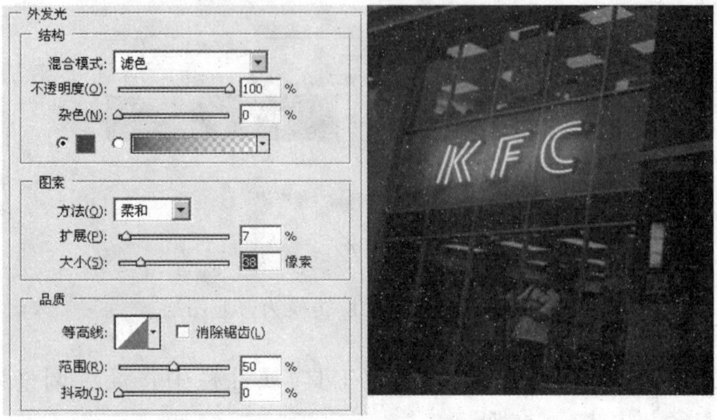

图 4－38　设置“外发光”对话框数据

4.3.8　外发光图层样式命令

使用“外发光”图层样式，可为图层增加外部发光效果，选择“图层”→“图层样式”→“外发光”命令或者单击“图层”调板底部“添加图层样式”按钮，在弹出菜单中选择“外发光”命令，弹出“外发光”对话框，如图 4－39 所示。

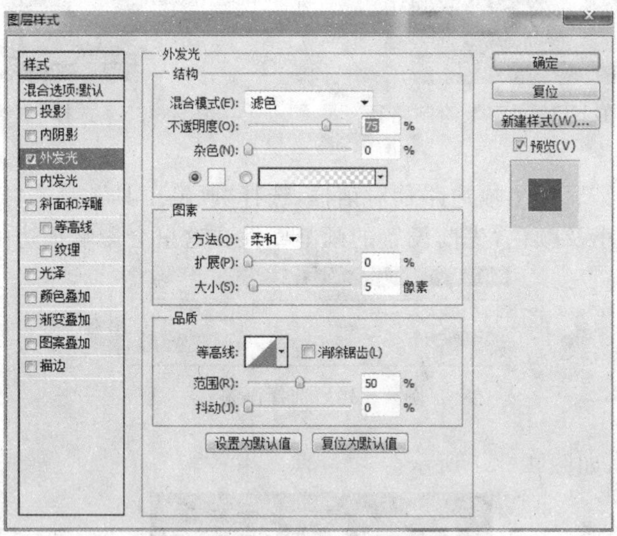

图 4－39　“外发光” 样式命令对话框

◆“发光方式”：此选项可以设置两种不同的发光方式，一种为纯色光，另一种为渐变式光。在默认情况下，发光效果为纯色，如果要得到渐变式发光效果，需要在对话框中选择渐变类型下拉列表框，并在弹出的渐变类型选择调板中选择一种渐变效果，如图 4－40 所示。

图 4－40　“外发光”效果

◆“方法”：在该下拉列表框中可以设置发光的方法。选择“柔和”所发出的光线边缘柔和；选择“精确”，光线按实际大小及扩展度表现。

◆“范围”：此数值控制发光中作为等高线目标的部分或范围。数值偏大或偏小都会使等高线对光线的控制程度不明显。

4.3.9 内发光图层样式命令

使用“内发光”图层样式，可以为图像增加内发光的效果，如图 4－41 所示。

图 4－41 “内发光”效果

4.3.10 实例——使用斜面与浮雕图层样式命令制作立体文字效果

选择图片输入文字，执行“图层”→“图层样式”→“斜面与浮雕”命令，制作“肯德基”标志效果，如图 4－42 所示。

(1)启动 Photoshop CS5，执行“文件”→“打开”弹出对话框，选择需要修改的文件，点击“确定”，打开图片，如图 4－43 所示。

图 4－42 “肯德基”标志效果

图 4－43 打开图片

(2)选择“横排文字工具”，在画面合适的位置点击，调整输入法书写“肯德基”文字，然后设置“文字工具”属性栏，字体为“黑体”，大小为 48，点击键盘“Eenter”键确定，如图 4－44 所示。

图 4－44 输入文字“肯德基”

(3)选择“窗口”→“字符”命令，调出“字符”浮动面板，选择“仿粗体”将文字变粗，如图 4－45所示。

图 4－45　选择“仿粗体”将文字变粗

(4)回到图层浮动面板，选择文字图层，点击鼠标右键，在弹出的关联菜单中选择“栅格化文字”，如图 4－46 所示。

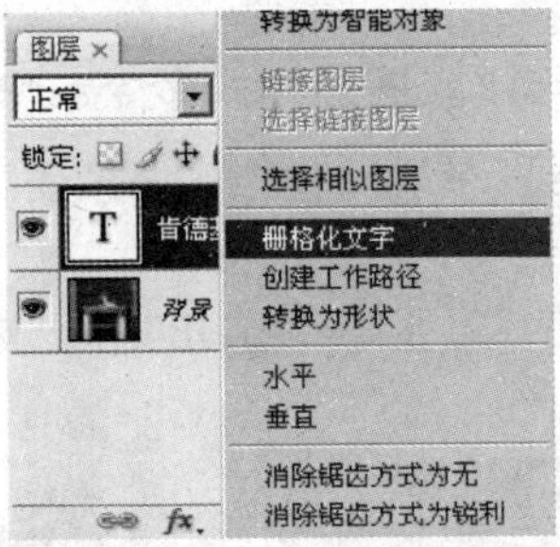

图 4－46　栅格化文字

(5)接着选择“图层”→“图层样式”→ “斜面与浮雕”命令，设置“斜面与浮雕”命令对话框数据，如图 4－47 所示。

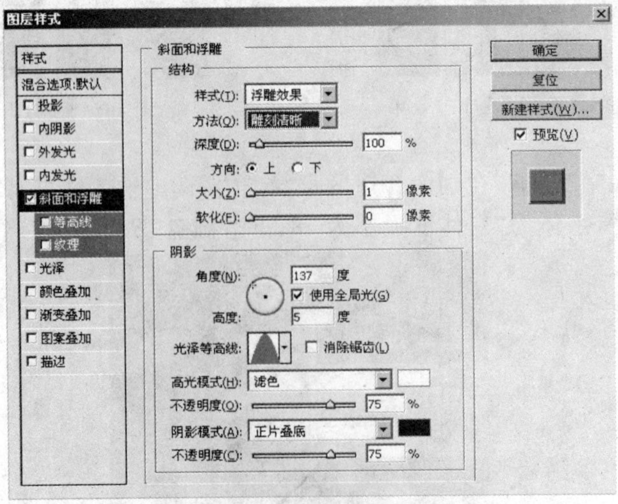

图 4－47　设置“斜面与浮雕”命令对话框数据

(6)点击“确定”，得到最终效果，如图 4－48 所示。

图 4－48 最终完成的效果

4.3.11 斜面与浮雕图层样式命令

“斜面与浮雕”样式命令，可以创建具有斜面或浮雕效果的图像，选择“图层”→“图层样式”→“斜面与浮雕”命令或者单击“图层”调板底部“添加图层样式”按钮，在弹出菜单中选择“斜面与浮雕”命令，弹出“斜面与浮雕”对话框，如图 4－49 所示。

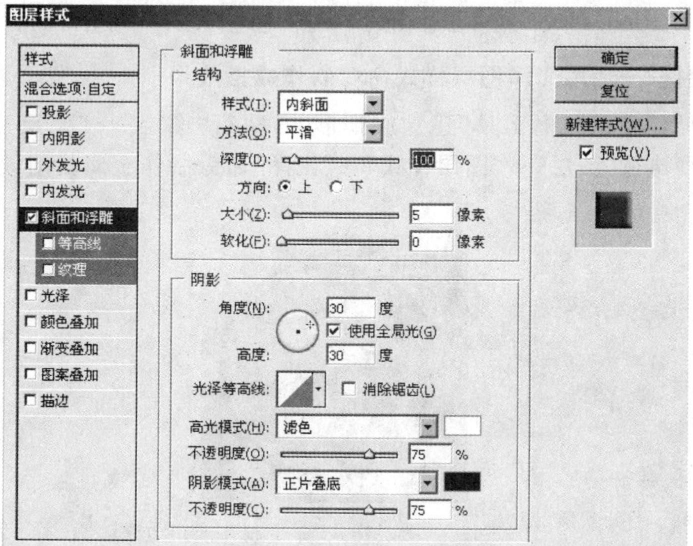

图 4－49 图层样式对话框

◆“样式”：可以设置各种不同的效果，分别为外斜面、内斜面、浮雕效果、枕状浮雕、描边浮雕 5 种效果。其中执行描边浮雕命令时，同时应选中“描边”图层样式选项。

◆“方法”：可选择“平滑”“雕刻清晰”“雕刻柔和”3 种创建“斜面和浮雕”效果的方式。

◆“深度”：此参数值控制斜面和浮雕效果的深度，数值越大深度越深，反之越小。

◆“方向”：在此可以选择斜面和浮雕效果的视觉方向。如果选择“上”选框，则在视觉上斜面和浮雕效果呈现凸起效果；选择“下”选框，则在视觉上斜面和浮雕效果呈现凹陷效果。图 4－50是分别选择这两个选项所得到的不同效果。

◆“软化”：此参数控制斜面和浮雕效果亮部区域与暗部区域的柔和程度。数值越大，则亮部区域与暗部区域越柔和。

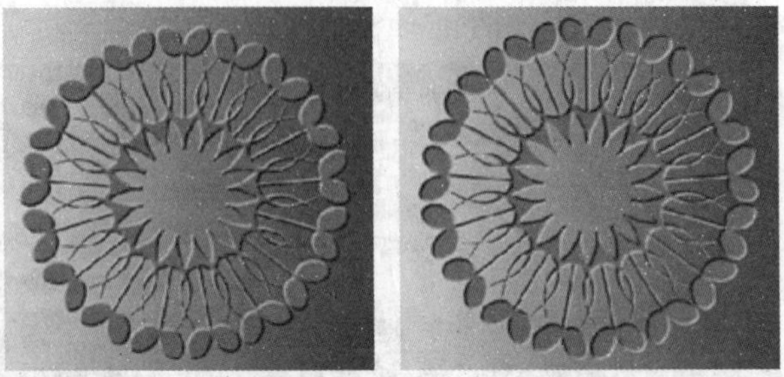

图 4 - 50 “斜面与浮雕”对话框中“方向”效果

◆“高光模式、阴影模式”:在两个下拉列表框中,可以为形成斜面或浮雕效果的高光与阴影部分选择不同的混合模式,从而得到不同的效果。如果分别点击右侧颜色块,还可以在弹出的拾色器中为高光与阴影部分选择不同的颜色,因为在某些情况下,高光部分并非完全为白色,可能会呈现某种色调;同样,阴影部分也并非完全为黑色。

◆“光泽等高线”:等高线是用于制作特效效果的一个关键性因素,Photoshop CS5 提供了很多预设的等高线,只需要选择不同的预设等高线,就可以得到非常丰富的效果。另外,也可以通过单击当前等高线的缩览图 光泽等高线: ,在弹出的对话框中进行编辑,直至得到满意的浮雕效果为止。

4.3.12 实例——使用光泽图层样式命令制作戒指效果

新建页面,使用“椭圆选框工具”建立戒指形状,执行“图层”→“图层样式”→ “斜面与浮雕”命令制作体积,执行“图层”→“图层样式”→“光泽”命令制作金属折射效果,最后制作细节,如图 4 - 51 所示。

图 4 - 51 “图层样式”命令制作戒指效果

(1)启动 Photoshop CS5,执行“文件”→“新建”命令,弹出对话框,设置数据,点击“确定”,如图 4 - 52 所示。

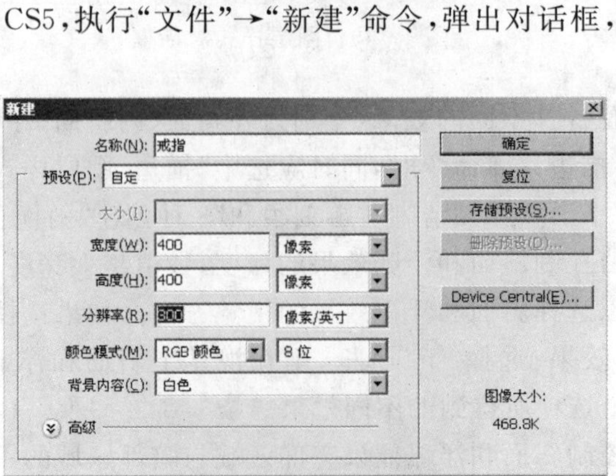

图 4 - 52 “新建”对话框

(2)选择“椭圆选框工具”设置属性栏，选择“从选区中减去”绘制环状选区，如图4－53所示。

(3)新建图层，选择选择“油漆桶工具”给环状选区填充黑色，如图 4－54 所示。

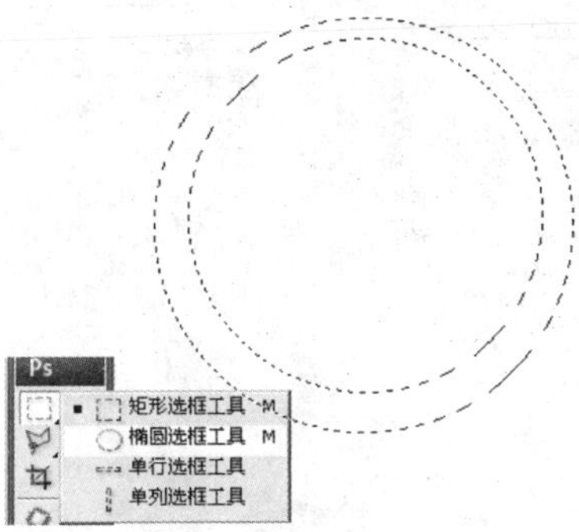

图 4－53 绘制环状选区

图4－54 给环状选区填充黑色

(4)选择“图层”→“图层样式”→ “斜面与浮雕”命令，设置“斜面与浮雕”命令对话框数据，如图 4－55 所示。

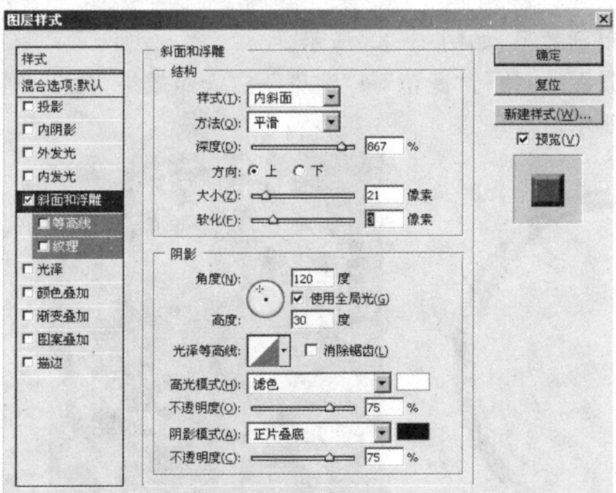

图 4－55 设置“斜面与浮雕”命令对话框数据

(5)点击“确定”，得到效果，如图 4－56 所示。

图 4－56 环状选区立体效果

(6)选择“图层”→“图层样式”→“光泽”命令，设置“光泽”命令对话框数据，如图4－57所示。

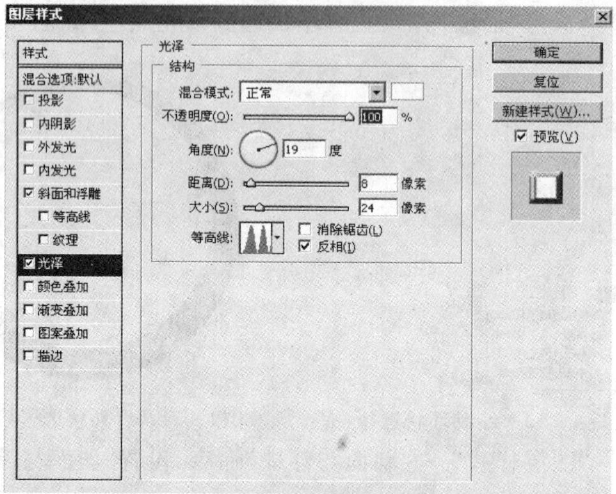

图 4－57　设置“光泽”命令对话框数据

(7)点击“确定”得到效果，如图 4－58 所示。

(8)最后选择背景图层，执行“滤镜”→“渲染”→“光照效果”命令，制作背景特效，衬托出戒指效果，如图 4－59 所示。

图 4－58　“光泽”效果

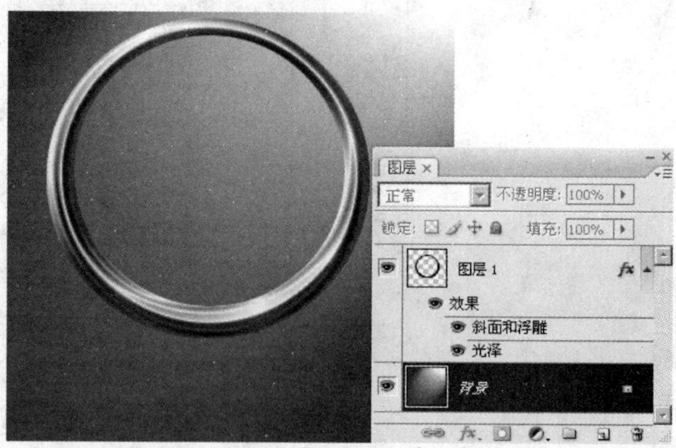

图 4－59　制作完成

4.3.13　光泽图层样式命令

使用“光泽”图层样式，可以在图层内部根据图层的形状应用投影，通常用于创建光滑的磨光、金属效果及提亮画面，选择“图层”→“图层样式”→“光泽”命令或者单击“图层”调板底部“添加图层样式”按钮，在弹出菜单中选择“光泽”命令，弹出“光泽”对话框，如图 4－60 所示。

◆“混合模式”：在此下拉列表框中，可以为投影选择不同的混合模式，从而得到不同的“光泽”叠加效果。单击右侧颜色块，可以在弹出的“拾色器”命令对话框中为投影设置颜色。

◆“不透明度”：在此可以输入一个数值定义“光泽”叠加的不透明度。数值越大，则“光泽”叠加效果越清晰；反之越淡。

◆“角度”：在此拨动角度轮盘的指针或输入数值，可以定义“光泽”叠加的投射方向。

◆“距离”：在此输入数值，可以定义“光泽”叠加的投射距离。

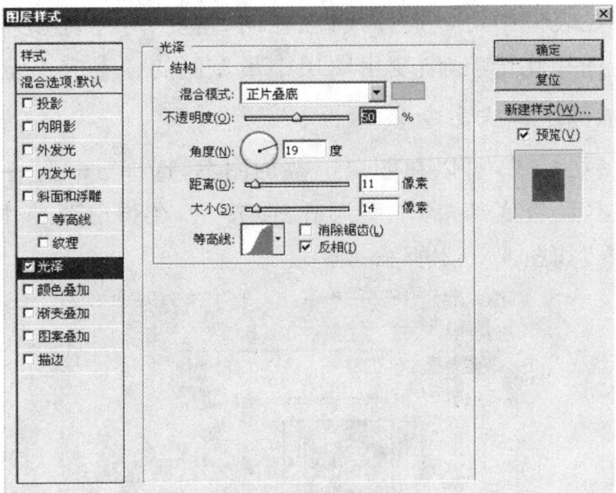

图 4－60 “光泽”样式命令对话框

◆“大小”:此参数控制“光泽”叠加的范围程度大小。数值越大,则“光泽”叠加的范围越大;反之越小。

◆“等高线”:使用等高线可以定义图层样式效果的外观,其原理类似于“图像”→“调整”→“曲线”命令中曲线对图像的调整原理。单击此下拉列表框按钮,将弹出“等高线列表选择”调板,在调板中可以选择数种系统默认的等高线类型。选择不同的等高线得到不同的“光泽”叠加效果。

◆“消除锯齿”:选择此复选框,可以使应用等高线后的“光泽”叠加效果更细腻。

4.3.14 颜色叠加图层样式命令

“颜色叠加”样式可以为图层叠加各种颜色,其操作为在样式调板中设置一种叠加色,并选择所需要的混合模式及不透明度即可。

4.3.15 渐变叠加图层样式命令

使用“渐变叠加”可以为图案叠加渐变效果,选择“图层”→“图层样式”→ “渐变叠加”命令或者单击“图层”调板底部“添加图层样式”按钮,在弹出菜单中选择“渐变叠加”命令,弹出“渐变叠加”对话框,如图 4－61 所示。

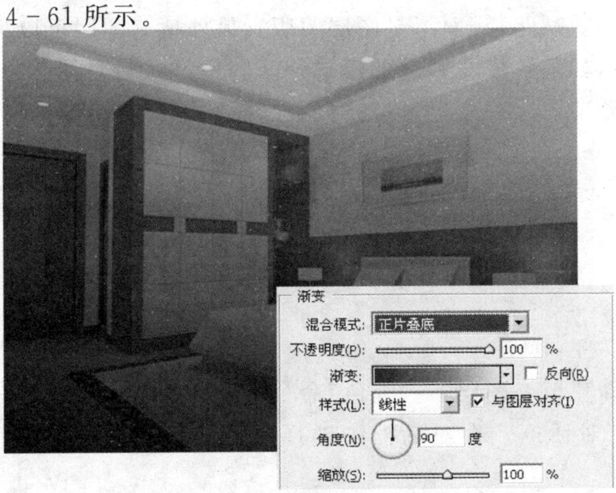

图 4－61 “渐变叠加”效果

◆"样式":在此下拉表框中可以选择线性、径向、角度、对称、菱形 5 种渐变方式。

◆"与图层对齐":选择此选项,渐变由图层中最左侧的像素应用至最右侧。

4.3.16 图案叠加图层样式命令

使用"图案叠加"图层样式,可以在图层上叠加图案,选择"图层"→"图层样式"→"图案叠加"命令或者单击"图层"调板底部"添加图层样式"按钮,在弹出菜单中选择"图案叠加"命令,弹出"图案叠加"对话框,如图 4-62 所示。

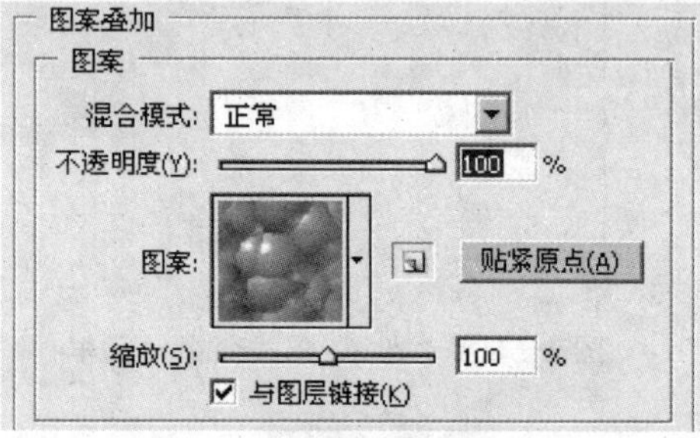

图 4-62 "图案叠加"对话框

◆"混合模式":在此下拉列表框中,可以选择不同的混合模式,从而得到不同的叠加效果。

◆"不透明度":在此可以输入一个数值,定义设定叠加的不透明度。数值越大,则叠加效果越清晰;反之越淡。

◆"图案":在此可以选择一个图案,进行图案叠加。

◆"缩放":在此可以对选择的图案进行放大或者缩小处理。

4.4 特殊图层操作与运用

4.4.1 填充图层介绍

填充图层可填充的内容包括纯色、渐变和图案。当设定新的填充图层时,Photoshop CS5 会自动随之生成一个图层蒙版(注:如果当前图像中有一个激活的路径,当生成新的填充图层时,就会同时生成图层剪贴路径,而不是图层蒙版),另外填充图层可以设定不同的透明度以及不同的图层混合模式,如溶解模式和叠加模式等。利用这些特性可使图像产生多种不同的特殊效果,填充图层和调节图层一样,可以随时删除,而并不影响图像本身的像素。

执行图层"图层"→"新建填充图层"命令,弹出关联菜单,如图 4-63 所示。

图 4-63 "新建填充图层"关联菜单

1. 纯色填充图层

选择"图层"→"新建填充图层"→"纯色"命令后会弹出"新建图层"对话框,单击"确定"按钮后弹出"拾取实色"对话框。在对话框中选择要作为填充图层所使用的颜色,如图 4-64 所示。

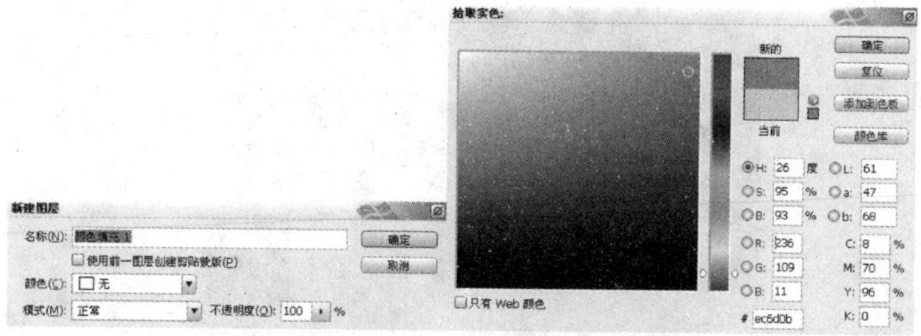

图 4-64 纯色填充

在“拾取实色”对话框中，选择填充颜色后单击“确定”按钮，在图层调板上会弹出新增的填充图层。在纯色填充图层旁边同时会出现图层剪贴路径图标。将填充图层的“混合模式”设定为“叠加”，得到的图像效果如图 4-65 所示。

图 4-65 “纯色填充图层”图像效果

2. *渐变填充图层*

执行“图层”→“新建填充图层”→“渐变”命令。选择“渐变”命令后会弹出“渐变填充”对话框。在该对话框中可以设置渐变的“样式”以及“缩放”等选项，如图 4-66 所示。

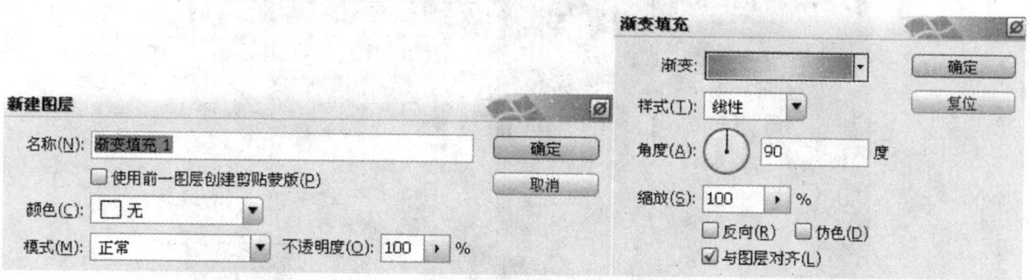

图 4-66 “渐变填充”对话框

◆“渐变”:选择要作为渐变填充使用的渐变颜色色标。

◆“样式”:选择渐变种类。

◆“缩放”:设定渐变的大小，使之符合图像的要求。

◆“反向”:选中此复选框可以使渐变的方向反转。

◆“仿色”:选中此复选框可以在渐变中增加杂点以得到较平滑的渐变效果。

◆“与图层对齐”:选中这个选项可以调整渐变的位置使之与其他图层对齐。

设定完成渐变选项后单击“确定”按钮，就可在图像中看到相应的效果，如图 4-67 所示。

图 4-67 “渐变填充图层”图像效果

3. 图案填充图层

执行“图层”→“新建填充图层”→“填充”命令。选择“填充”命令后会弹出“填充”对话框，如图 4-68 所示。

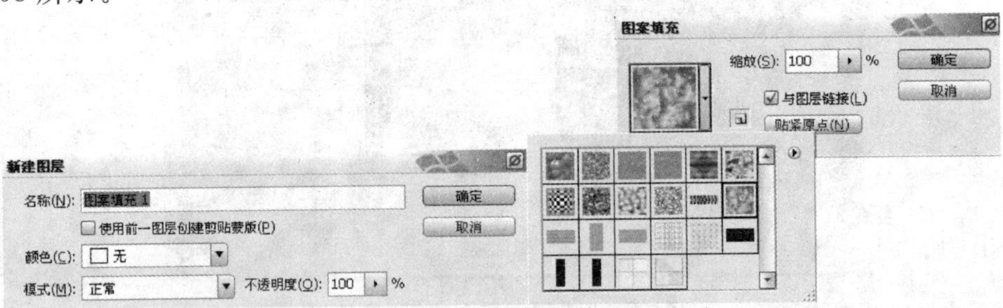

图 4-68 “填充”对话框

设定完成后单击“确定”按钮，在图案填充图层旁边会出现新增的填充图层蒙版，编辑蒙版就可以使图案填充图层产生局部透明的效果，如图 4-69 所示。

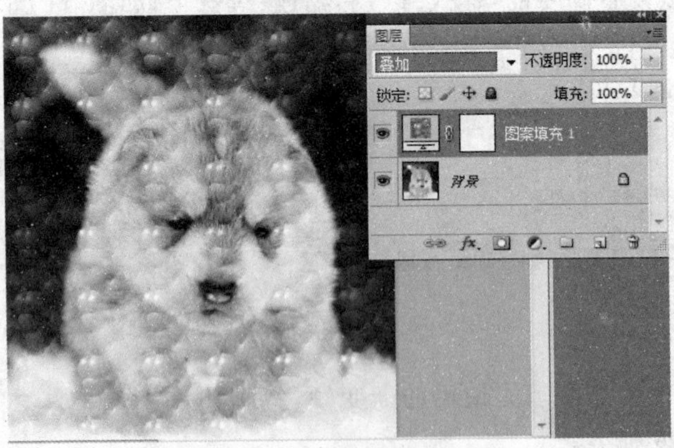

图 4-69 “图案填充图层”效果

4.4.2 新建调整图层介绍

调整图层对于图像的色彩调整非常有帮助。创建的调整图层中能进行各种色彩调整，效果与对图像执行色彩调整命令相同。并且在完成色彩调整后，还可以随时修改及调整，而不用担心会损坏原来的图像。默认情况下，调整图层的效果对所有调整图层下面的图像图层都起作用。调整图层除了可以用来调整色彩之外，还具有图层的很多功能，如调整不透明度、设定不同的混合模式并可通过修改图层蒙版达到特殊效果。

调整图层和前面讲到的填充图法非常相似，当建立新的调整图层时，在图层调板中，其右侧都会同时出现图层蒙版的图标，如果当前图像中有一个激活的路径，当生成新的调整图层时，就会同时生成图层剪贴路径，而不是图层蒙版。

执行“图层”→“新建调整图层”命令，如图 4－70 所示。

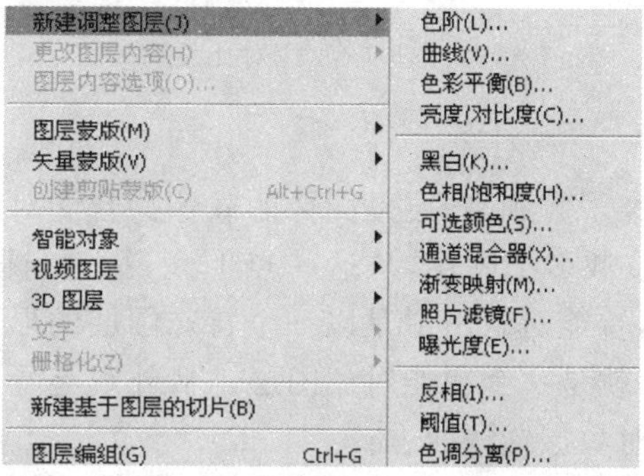

图 4－70 “新建调整图形”关联菜单

在菜单中选择“亮度/对比度”命令，弹出对话框，如图 4－71 左图所示。

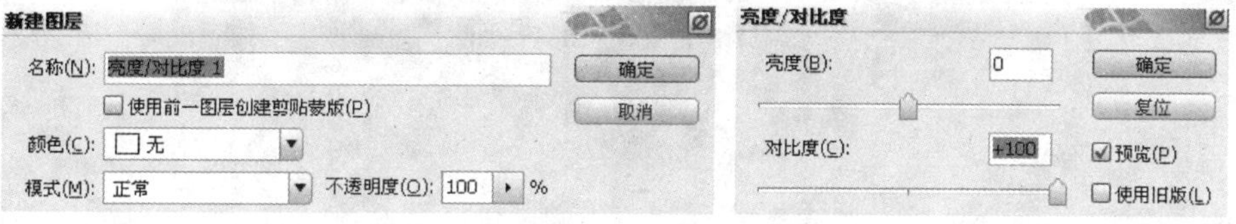

图 4－71 “新建图层”和“亮度/对比度”对话框

在“新建图层”对话框中，可以设定不透明度和模式，并设定调整图层和普通图层之间的裁切关系。

点击“确定”，会弹出“亮度/对比度”对话框，如图 4－72 右图所示。用鼠标拖动滑动三角可适当调整图像的色彩分布，如图 4－72 所示。

图 4－72 “亮度/对比度”调整后效果

若在以后的编辑中我们需要对该图层的“亮度/对比度”进行重新调整，可双击图层浮动调板中的调整图层，调出我们所执行的“亮度/对比度”命令，并可根据需要对其进行修改，如图 4－73所示。

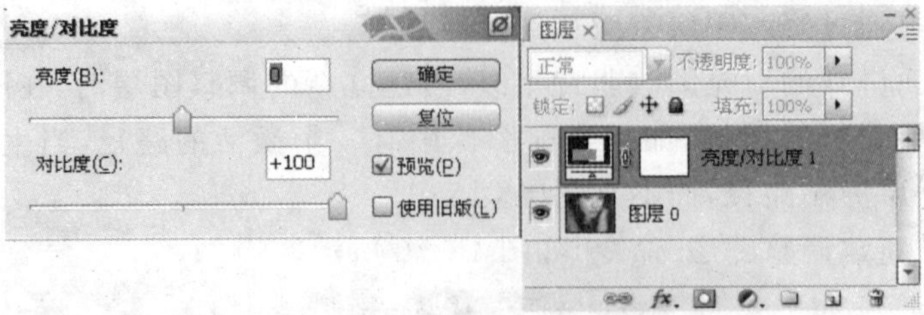

图 4－73　选取"亮度/对比度"命令

4.4.3　智能对象图层

在前面的讲解中我们已经了解到，图层是图像的载体。智能对象图层则不同，它可以像每个 PSD 格式图像文件一样，装载多个图层，从这一点上来说，它与图层组的功能有些相似，即都用于装载图层。不同的是，智能对象图层是以一个特殊图层的形式来装载这些图层的。

如图 4－74 所示，图层 0 就是一个智能对象图层。从外观上看，其最明显的特殊之处就是其图层缩览图右下角的智能对象激活标志。

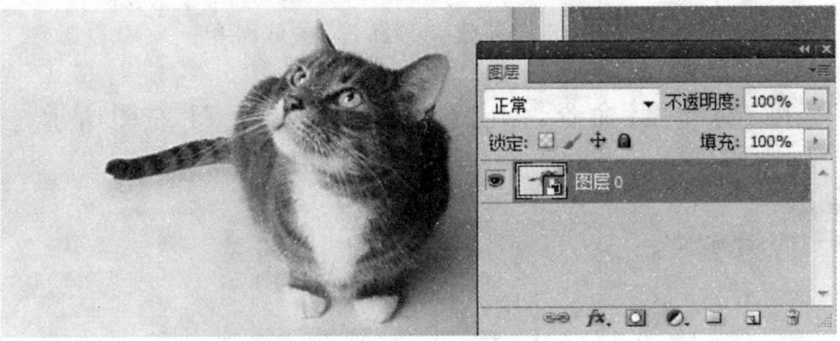

图 4－74　智能对象图层

在编辑智能对象图层的内容时，会将其中的内容显示于一个新的图像文件中，可以像编辑其他图像文件那样，在其中进行新建/删除图层、颜色调整、设置混合模式、添加图层样式、添加图层蒙版等操作(但某些选项不可用，如"透视"和"扭曲")。

(1)在 Adobe Illustrator 中设计一个福娃形象，选择需要导入到 Photoshop CS5 中的文件，使用"Ctrl＋C"复制，如图 4－75 所示。

图 4－75　Adobe Illustrator 中设计形象

(2)打开 Photoshop CS5，执行“文件”→“新建”命令点击“确定”。在弹出的页面执行键盘“Ctrl＋V”对话框，选择智能对象，如图 4－76 所示。

图 4－76 粘贴成为智能对象

图片从 Adobe Illustrator 拷贝并粘贴到 Photoshop CS5 文档中。为了在从 Illustrator 粘贴时获得最大的灵活性，请确保 PDF 和 AICB（不支持透明度）在 Adobe Illustrator 中的“文件处理”和“剪贴板”首选项中都处于启用状态。

(3)双击未标题页面，则福娃转换为“智能对象”图层，这样就可以在编辑中随时与 Adobe Illustrator 矢量文件保持更新一致，如图 4－77 所示。

图 4－77 “智能对象”图层

链接智能对象，以便在编辑某个版本时另一个版本也会更新。或者，也可以取消智能对象的链接，以使对一个智能对象所做的编辑不会影响另一个智能对象。可以连同智能对象的全部内容一起拷贝智能对象。可以将智能对象的新实例链接到原智能对象，也可以取消链接，具体情况取决于创建副本的方式。

4.5 图层调板功能与运用

图层的操作离不开图层调板，在“窗口”菜单下点击图层，就可显示图层调板，通常它是和通道及路径调板在一起的，也可将其从组合中拖出来，如图 4－78 所示。

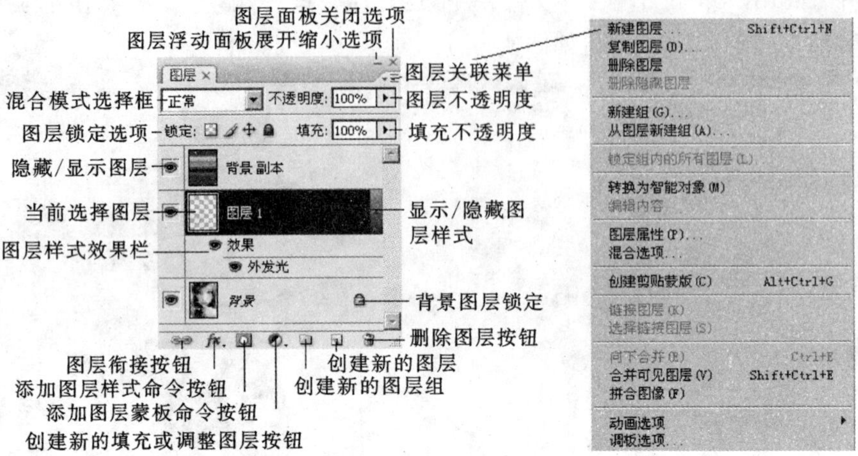

图 4－78　图层调板

图层调板中的眼睛表示此层是显示还是隐藏，用鼠标单击就可来回切换，但只能在当前选中的层上进行操作。

如图 4－79 所示，图层 1 是当前选中的层，在此层上可进行各种绘图操作。当选中某个图层时，图层调板中的“不透明度”和作用模式将变成可选的项目。

图 4－79　图层调板

在锁定选项中可以选择需要锁定的内容，选中“锁定透明像素”复选框时，在执行填充命令或用工具绘图时，就不会影响透明区域，而只作用于有像素的部分。当选中“锁定图像像素”复选框时，图层的编辑将被锁定，不管是透明或图像部分都不允许进行编辑。选中“锁定位置”复选框，图层上的图像将不允许被移动或进行各种变形编辑。选中“锁定全部”选项，图层上的图像将不允许进行各种编辑。

4.5.1　在图层调板中选择图层

要选择某图层或图层组，可以在“图层”调板中单击该图层或图层组的名称，使该图层或图层组的底色由灰色变为蓝色，当某图层处于被选择的状态时，图像窗口的标题栏将显示该图层名称，如图 4－80 所示。

使用“移动工具”在图像上单击右键时，在弹出的菜单中可以列出当前单击位置的图像所在的图层，如图 4－81 所示。

图4-80 在图层调板中选择图层

图 4-81 在图像上单击右键选择图层

4.5.2 在调板中选择多个图层

在最新的 Photoshop CS5 版本中，可以同时选择多个图层，其方法如下：如果要选择连续的多个图层，在选择一个图层后，按住“Shift”键，在“图层”调板中单击另一图层的图层名称，则两个图层间的所有图层都会被选中。如果要选择不连续的多个图层，在选择一个图层后，按住“Ctrl”键在“图层”调板中单击另一图层的图层名称。通过同时选择多个图层，可以一次性对这些被选中的多个图层进行复制、删除、变换等操作，如图 4-82 所示。

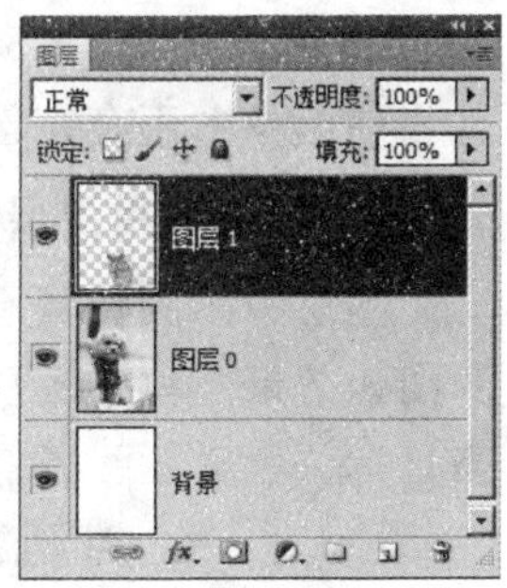

图 4-82 选择多个图层

4.5.3 显示与隐藏图层

在“图层”调板中单击图层左侧的眼睛图标，使该处的眼睛隐藏呈现为灰色，即可隐藏该图层，再次单击此处即可重新显示图层，如图 4-83 所示。

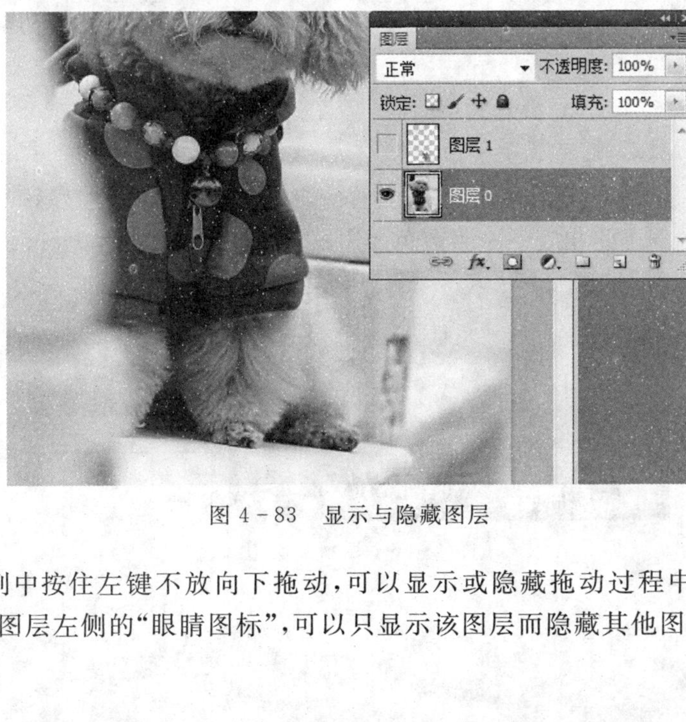

图 4-83 显示与隐藏图层

在眼睛图标列中按住左键不放向下拖动，可以显示或隐藏拖动过程中所有掠过的图层。按住“Alt”键单击图层左侧的“眼睛图标”，可以只显示该图层而隐藏其他图层；再次按住“Alt”

键单击该图层左侧的眼睛图标，即可恢复之前的图层显示状态。

在两次按住“Alt”键单击“眼睛图标”之间不可以有其他的显示或隐藏图层操作，否则恢复之前的图层显示状态将无法操作。另外，只有可见图层才可以被打印，所以如果要对当前图像进行打印时，必须保证要打印的图像所在的图层是处于显示状态。

4.5.4 删除图层

删除无用或临时图层有利于降低文件的大小，便于携带或网络传输。在“图层”调板中，可以根据需要删除任意一个图层，但至少要保留一个图层。要删除图层可以执行下面的操作：

(1)选择“图层”→“删除”→“图层”命令或单击“图层”调板底部的“删除图层”按钮，在弹出的提示框中单击“是”按钮即可删除所选图层。

(2)在“图层”调板中选中需要删除的图层，并将其拖至“图层”调板下方的“删除图层”按钮上即可。

(3)删除处于隐藏状态的图层，可以选择“图层”→“删除”→“隐藏图层”命令，在弹出的提示对话框中单击“是”命令按钮即可。

(4)Photoshop CS5 新增了一种快速删除图层的方法，就是在选择“移动工具”的情况下，且当前图像中不存在选区，按“Delete”键即可删除当前选中的图层。

4.5.5 利用图层浮动面板调整图层顺序

图层中的图像具有上层覆盖下层的特性，所以适当地调整图层顺序可以制作出更为丰富的图像效果。调整图层顺序的操作方法非常简单，只需要按住鼠标左键将图层拖至目标位置，当目标位置显示一条高光线时释放鼠标即可完成操作，如图 4-84 所示。

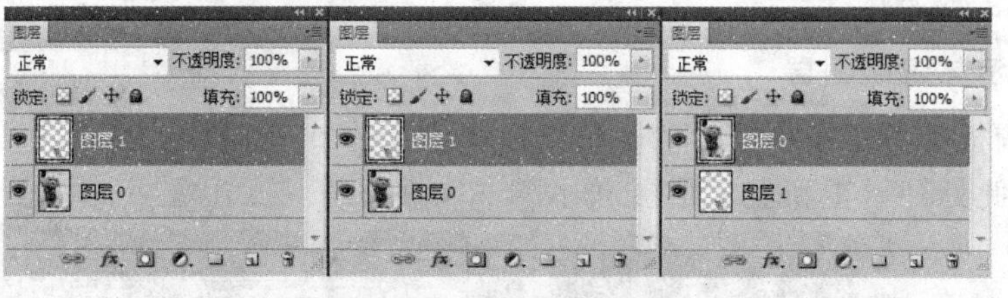

图 4-84 调整图层顺序

4.5.6 显示图层边缘

显示图层边缘是 Photoshop CS5 新增加的功能，使用“视图”→“显示”→“图层边缘”命令后，所选择的图层的周围将出现一个带蓝色的边框，如图 4-85 所示。

图 4-85 显示图层边缘

4.5.7 为图层分配颜色

如果作品使用到大量的图层，图层的查看与管理需要利用 Photoshop CS5 新增功能——“为图层分配颜色”来进行图层显示与管理，这样就可以方便地查看和管理这些图层了。

为图层设置颜色按照以下步骤操作：按“F7”键显示“图层”调板。选择需要设置颜色的图层，在当前图层的缩览图上单击鼠标右键，在弹出的菜单中选择“图层属性”命令，弹出“图层属性”对话框，在该对话框的“颜色”下拉列表中选择一种颜色，然后单击“确定”项，即可为当前图层设置颜色。或者在当前图层的“眼睛图标”上单击鼠标右键，在弹出的快捷菜单中选择适当的颜色选项，即可为当前图层设置颜色，如图 4－86 所示。

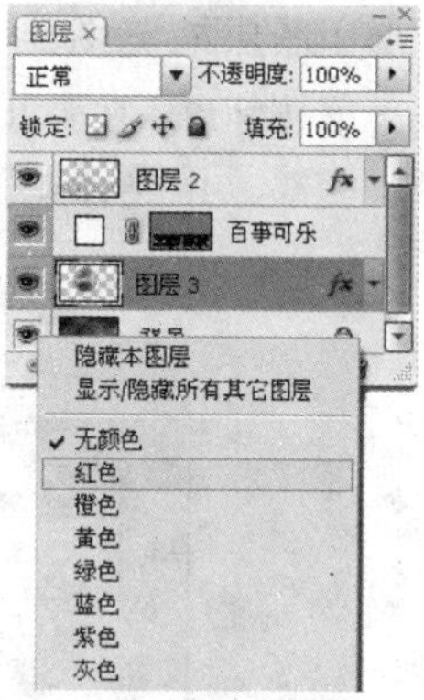

图 4－86 为图层分配颜色

4.5.8 在图层调板中复制图层

在“图层”调板中选择需要复制的图层。将图层拖动到“图层”调板底部的“创建新图层”命令按钮上，即可创建新图层。也可以选择”图层”→”复制图层”命令，或在“图层”调板弹出菜单中选择“复制图层”命令。若要对多个图层进行复制则可以按住“Ctrl”键选中想复制的图层，拖动到“创建新图层”按钮上；或按住“Ctrl”键选中想复制的图层，在选中的图层上单击右键选择“复制图层”。

4.5.9 运用图层浮动面板衔接图层

能够实现多个图层同时变换的效果，即对所有链接图层中的任意一个图层执行变换操作时，与之链接的图层均会被更改。链接图层，按“Ctrl”键单击图层名称将要链接的图层选中，单击“链接图层”命令按钮，当图层右侧显示标记时，则表示该图层与当前操作图层被链接起来了，再次将其选中并单击“链接图层”命令按钮即可解除链接，如图 4－87 所示。

4.5.10 在图层浮动面板中修改图层名称

在 Photoshop 中新建一个图层，系统会默认为图层生成一个图层名，新建的图层被命名为“图层 1”“图层 2”，以此类推。改变图层的默认名称，在“图层”调板中选择要重新命名的图层，并在该图层的缩览图上单击鼠标右键，在弹出的菜单中选择“图层属性”命令，弹出“图层属性”对话框，在对话框中输入新的图层名称后，单击“确定”按钮退出对话框即可；或者双击图层缩览图右侧的图层名称，此时该名称就变为可输入状态，输入新的图层名称后，单击图层缩览图或按“Enter”键确认即可，如图 4－88 所示。

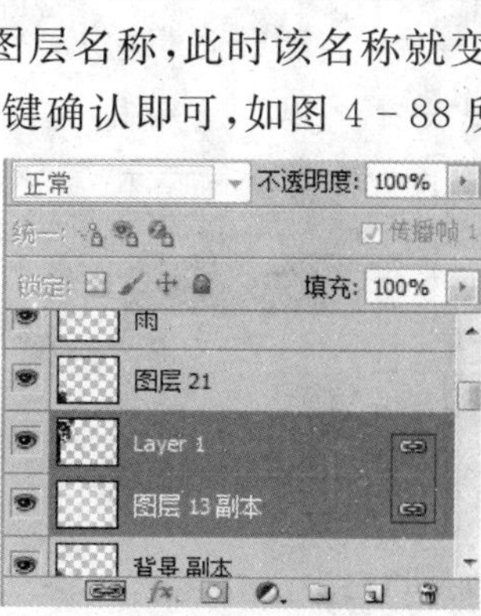

图 4－87 衔接图层

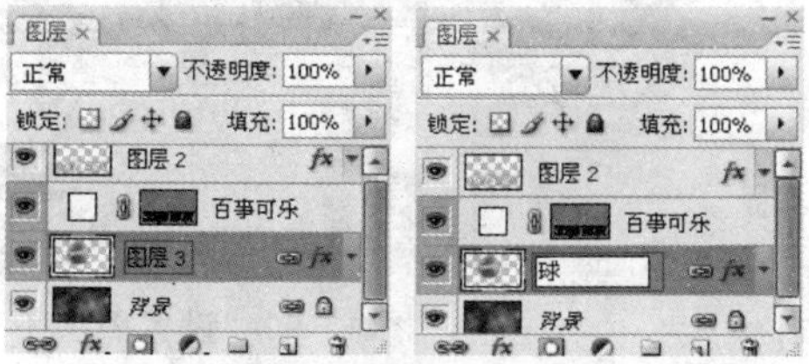

图 4－88 修改图层名称

4.5.11 修改图层预览图大小

"图层"调板中每一个图层都会显示一个小缩览图，由此小缩览图可以预览该图层中的图像，可以根据需要修改图层缩览图的大小以更加方便地选择图层。

改变图层缩览图显示状态的步骤如下：按"F7"键显示"图层"调板。单击"图层"调板右上方的三角按钮，在弹出的下拉菜单中选择"面板选项"命令，如图 4－89 所示。

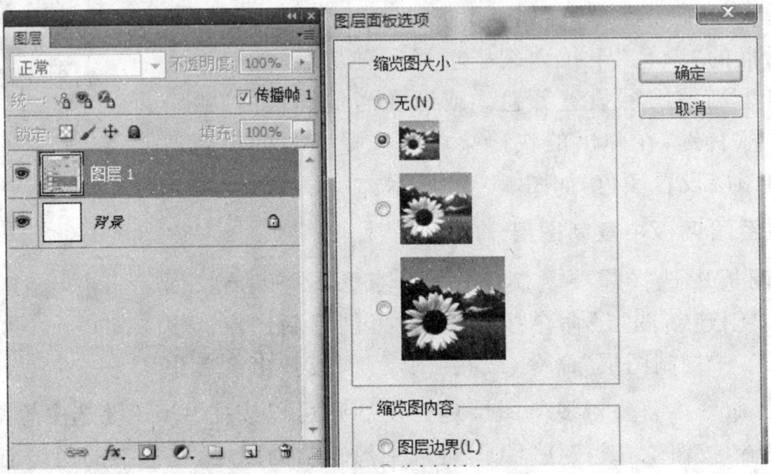

图 4－89 修改图层预览图大小

4.5.12 在图层调板中设置图层不透明度并填充

设置图层的不透明度值可以改变图层的透明度。当图层不透明度为 100%时，当前图层完全遮盖下方的图层；而当不透明度小于 100%时，可以隐约显示下方图层的图像。通过改变图层的不透明度，可以改变整体图层的效果。与图层的不透明度不同，图层的"填充"透明度仅改变在当前图层上使用绘图类工具绘制得到的图像的不透明度，不会影响图层样式的透明效果。当图层透明度降低时，图层的整体效果变透明，但在填充透明度降低时，仅有图像效果发生变化，图层所具有图层样式效果未发生变化，如图 4－90 所示。

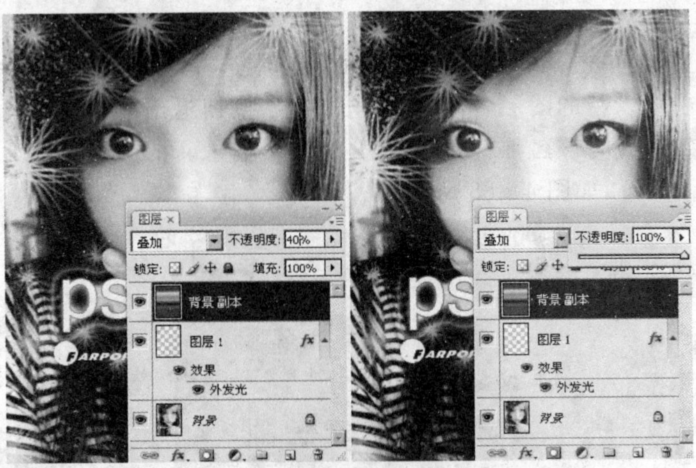

图 4－90 设置图层不透明度并填充

4.6 综合实例讲解

4.6.1 实例 1——制作狂派标志效果

本实例制作黄金字效果，主要运用钢笔工具、添加图层样式命令。通过钢笔工具制作造型，再使用添加图层样式命令增加文字效果，达到我们需要设计的效果。实例效果如图 4－91 所示。

图 4－91 实例效果

1. 知识难点

(1)钢笔工具的运用；

(2)图层样式命令的运用。

2. 操作步骤

(1)启动 Photoshop CS5 中文版，选择“文件”→“新建”命令，新建背景页面，将名称改为“变形金刚标志”，点击新建图层按钮，建立一个透明图层 1，如图 4－92 所示。

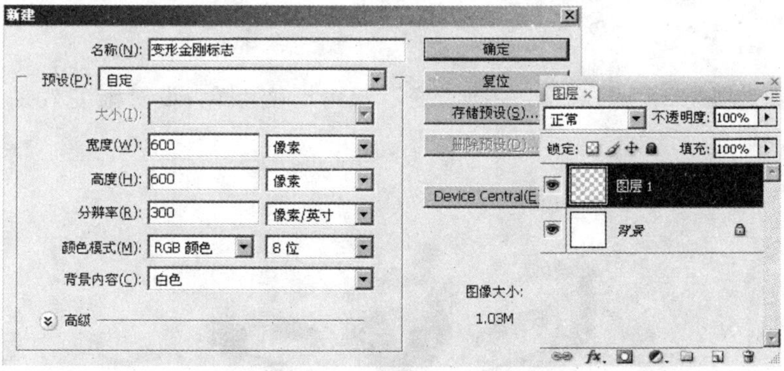

图 4－92 新建背景页面和图层

(2)选择“钢笔工具”，在钢笔工具属性栏中设置为“路径”，直接在画面绘制狂派标志，如图 4－93所示。

(3)选择“路径浮动面板”，点击“将路径作为选区载入”按钮，如图 4－94 所示。

图 4-93 用钢笔工具绘制狂派标志

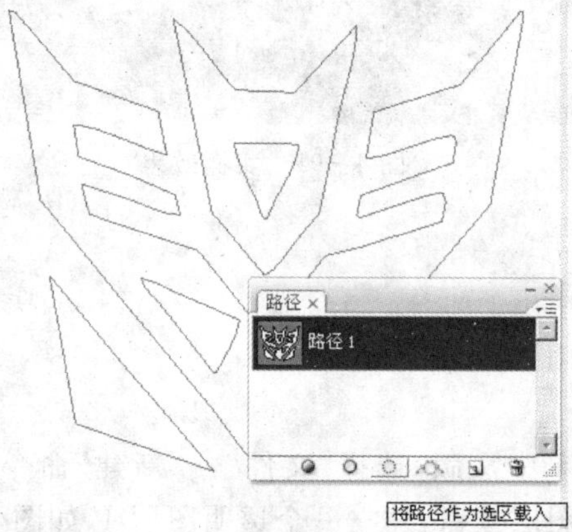

图 4-94 将路径作为选区载入

(4)选择“渐变填充工具”,选择“径向渐变”,双击渐变颜色,设置渐变效果,然后在路径选区中拖拽,如图 4-95 所示。

图 4-95 设置渐变效果

(5)复制图层 1,得到图层 1 副本,如图 4－96 所示。

图 4－96　复制图层 1

(6)选择图层 1 副本,执行“图层”→“图层样式”→ “斜面与浮雕”命令,设置“斜面与浮雕”命令对话框数据,如图 4－97 所示。

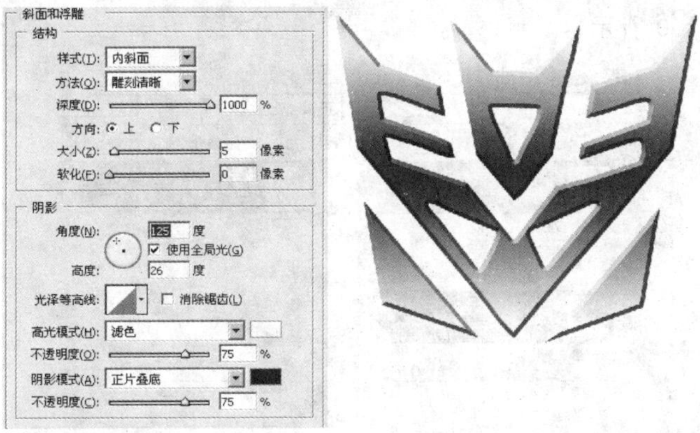

图 4－97　设置“斜面与浮雕”效果

(7)继续选择图层 1 副本,执行“图层”→“图层样式”→“光泽”命令,设置“光泽”命令对话框数据,如图 4－98 所示。

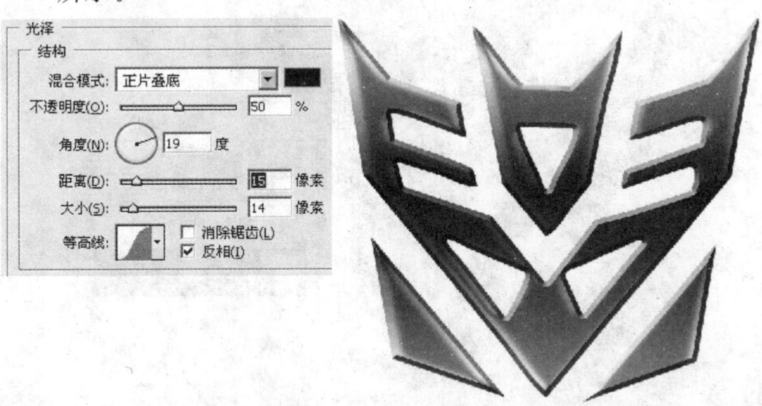

图 4－98　设置“光泽”效果

(8)回到浮动图层面板，选择图层 1，执行“图层”→“图层样式”→“斜面和浮雕”命令，设置“斜面和浮雕”命令对话框数据，如图 4－99 所示。

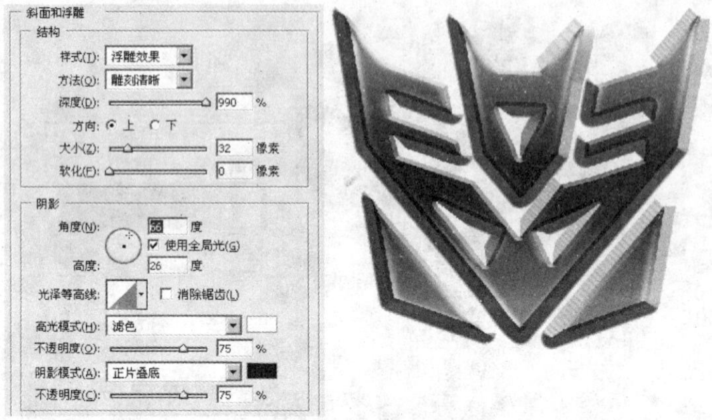

图 4－99 继续设置“斜面和浮雕”效果

(9)回到浮动图层面板，按住键盘“Shift”键选择图层 1 与图层 1 副本，执行“图层”→“合并图层”命令，如图 4－100 所示。

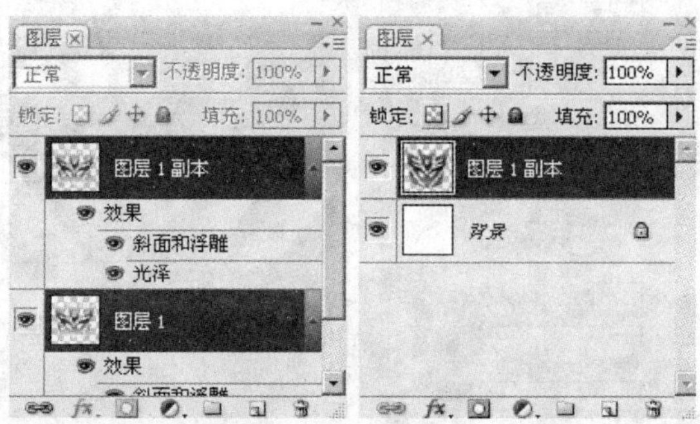

图 4－100 合并图层

(10)选择背景图层，双击背景的图层，打开“新图层”对话框，再单击“确定”按钮，将背景图层转换为普通图层，然后使用“油漆桶工具”填充灰色，如图 4－101 所示。

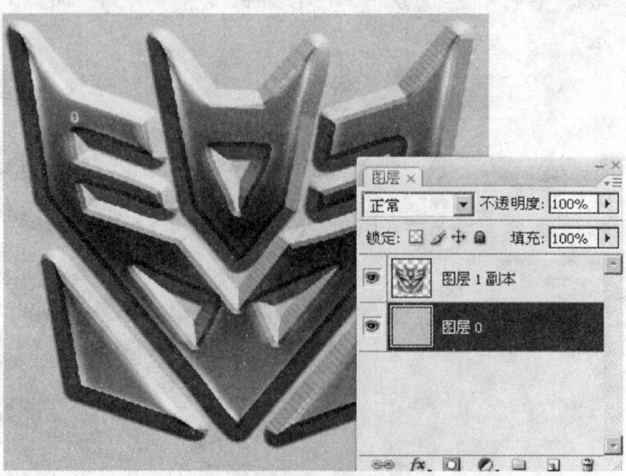

图 4－101 解锁背景图层并填充灰色

(11)选择背景图层,先执行“滤镜”→“杂色”→“添加杂色”命令,再执行“滤镜”→“模糊”→“动感模糊”命令,如图 4-102 所示。

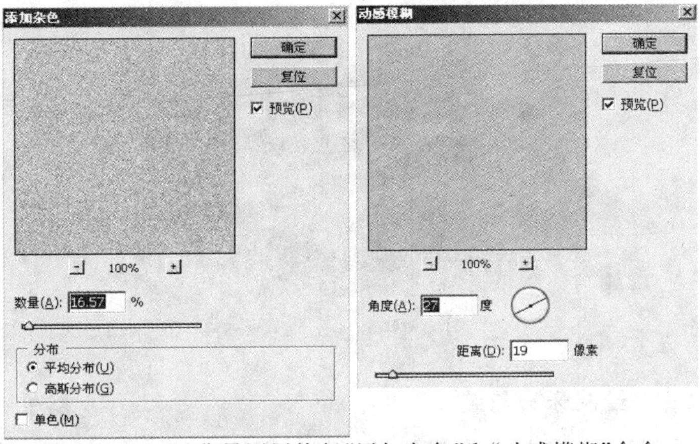

图 4-102 对背景图层执行“添加杂色”和“动感模糊”命令

(12)回到浮动图层面板,选择“图层 1”,执行“编辑”→“变换”→“扭曲”命令,设置“扭曲”角度,如图 4-103 所示。

图 4-103 对图层 1 进行扭曲变形

(13)细节刻画,选择“图像”→“调整”→“曲线”命令,设置如下数据,提高画面的对比度,点击“确定”,如图 4-104 所示。

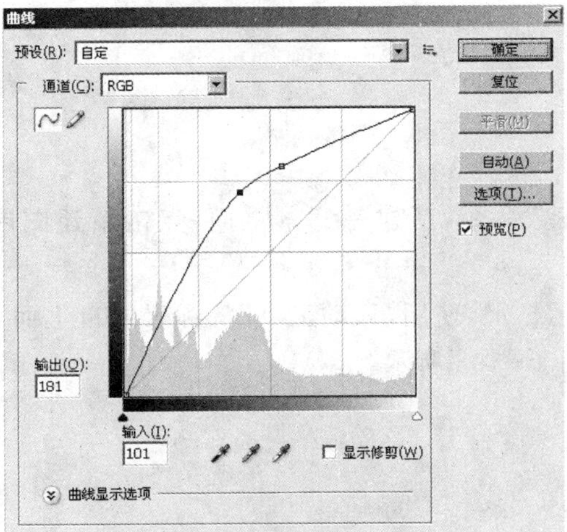

图 4-104 提高图形对比度

(14)执行“图层”→“图层样式”→“投影”命令，制作模糊效果，完成后的最终效果如图4-105所示。

图4-105 完成效果

4.6.2 实例2——绘制牙膏包装

本实例制作包装封面，主要运用渐变工具、蒙版、钢笔工具、文字工具、添加图层样式命令。通过运用钢笔工具绘制形状，然后添加文字，最后使用添加图层样式命令增加文字效果，达到我们需要设计的效果。实例效果如图4-106所示。

图4-106 包装实例效果

1. 知识难点

(1)钢笔工具的运用；

(2)渐变工具的运用；

(3)图层样式命令的运用。

2. 操作步骤

(1)选择“文件”→“新建”命令，新建一背景页面，点击新建图层按钮，建立一个透明图层1”，如图4-107所示。

(2)按“Ctrl+R”键显示标尺，使用“移动工具”从标尺处自上而下拖拽3条辅助线，再自左而右拖拽2条辅助线，如图4-108所示。

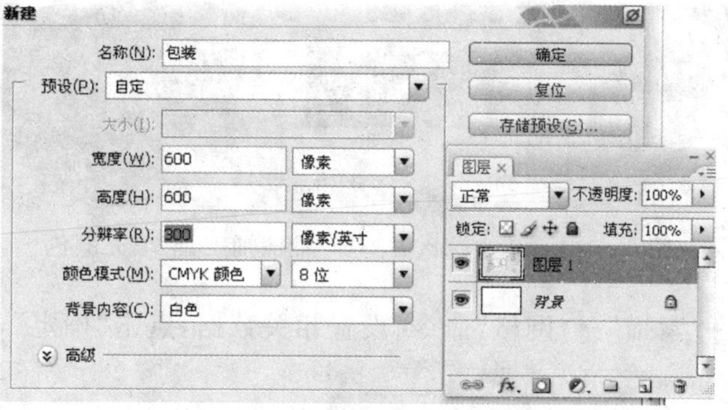

图 4 - 107　新建页面和图层

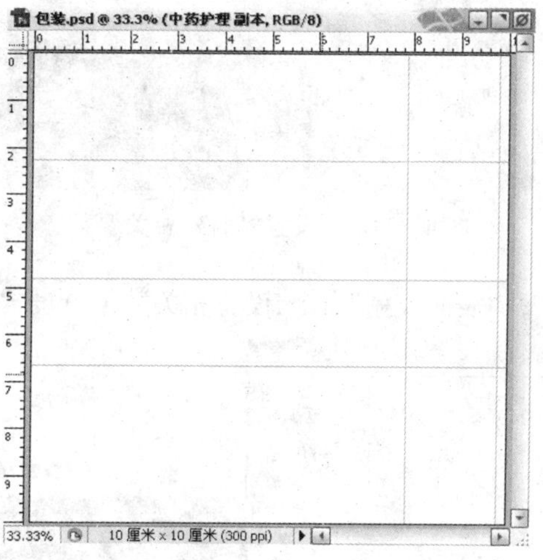

图 4 - 108　建立辅助线

(3)执行“视图”→“对齐到”→“参考线”命令，选择“矩形选框工具”，建立选区，使用色板浮动调板选择适当的颜色填充，如图 4 - 109 所示。

图 4 - 109　建立选区并填充颜色

(4)选择图层浮动调板，点击新建图层按钮，建立一个透明图层 2，选择路径浮动调板，点击创建新路径按钮，建立路径 1，选择“钢笔工具”，设置属性栏，如图 4 - 110 所示。

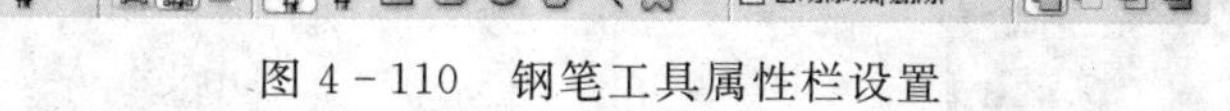

图 4 - 110　钢笔工具属性栏设置

开始绘制树叶外形，点击路径浮动调板将路径作为选区载入按钮，建立选区，选择“油漆桶工具”填充颜色，如图 4 - 111 所示。

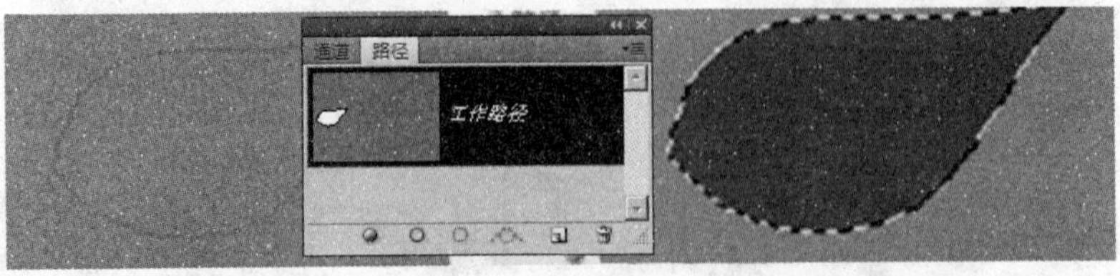

图 4-111　建立选区并选择“油漆桶工具”填充颜色

(5)选择“滤镜”→“素描”→“网格”命令,设置相关数据,点击“确定”,如图 4-112 所示。

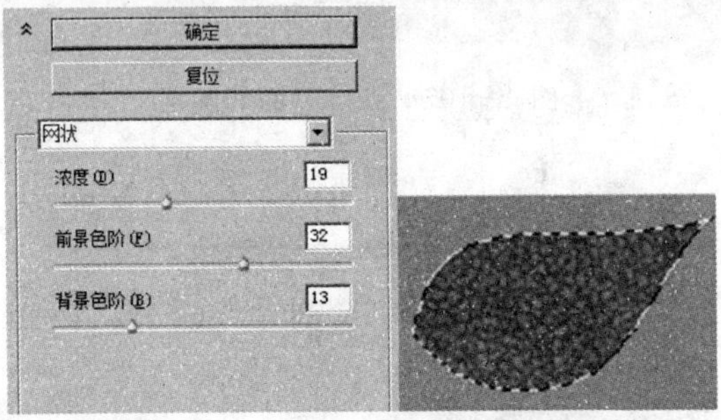

图 4-112　设置“网格”相关参数

(6)选择“滤镜”→“模糊”→“表面模糊”命令,设置相关数据,点击“确定”,如图 4-113 所示。

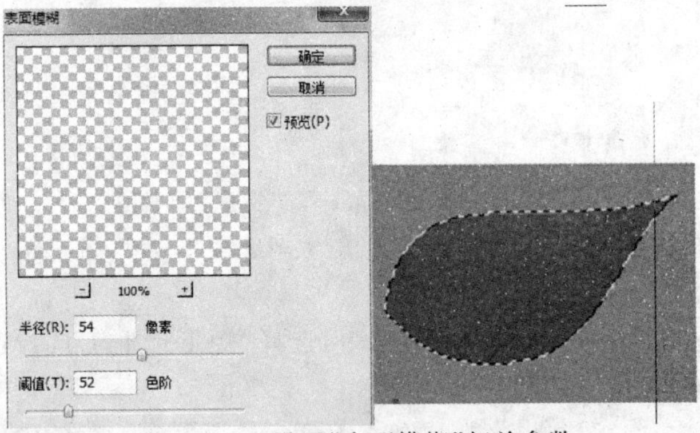

图 4-113　设置“表面模糊”相关参数

(7)选择图层浮动调板,将不透明度设置为 70%,选择添加图层蒙版,使用渐变工具拖拽制作树叶的透光效果。选择路径 1,点击路径浮动调板将路径作为选区载入按钮,建立选区,选择图层缩略图,执行“编辑”→“描边”命令,如图 4-114 所示。

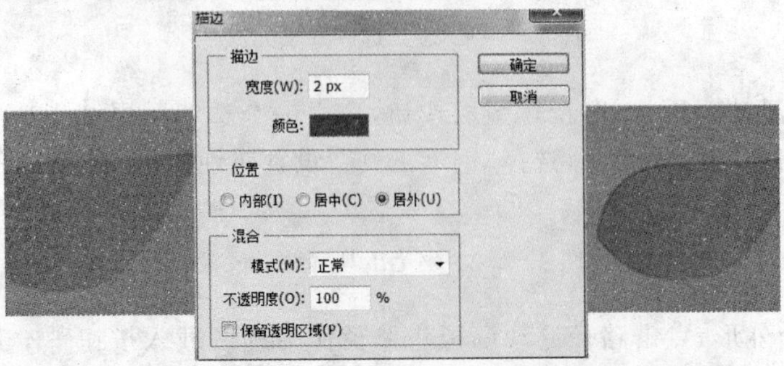

图 4-114　设置“描边”相关参数

(8)选择“画笔工具”,将画笔的主直径设置为3。颜色选择深绿色,再次选择图层浮动调板。选择路径浮动调板,点击创建新路径按钮,建立路径2,选择“钢笔工具”,设置属性栏,如图4-115所示。

图4-115 选择钢笔工具并设置属性栏

开始绘制叶脉,选择路径2点击鼠标右键“弹出菜单”,选择“描边路径”,在弹出的对话框中勾选“模拟压力”,点击“确定”(若画笔描边效果不明显可以多做几次),如图4-116所示。

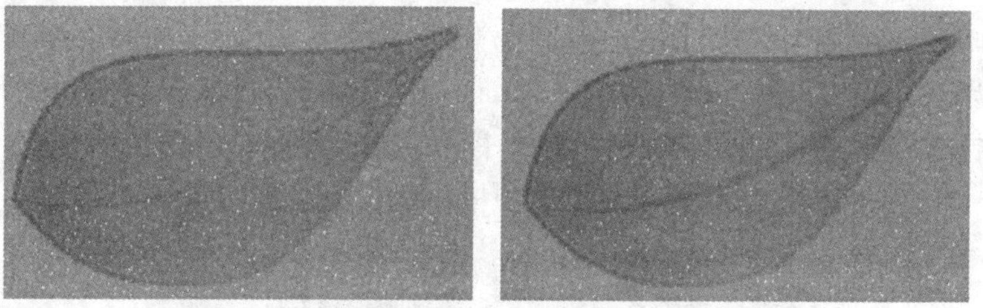

图4-116 绘制叶脉

(9)将画笔的主直径设置为1,按照上述操作继续绘制细节,建立路径3,选择“钢笔工具”绘制细小的叶脉。选择路径3,点击鼠标右键,弹出菜单,选择“描边路径”,在弹出的对话框中不勾选“模拟压力”,点击“确定”,如图4-117所示。

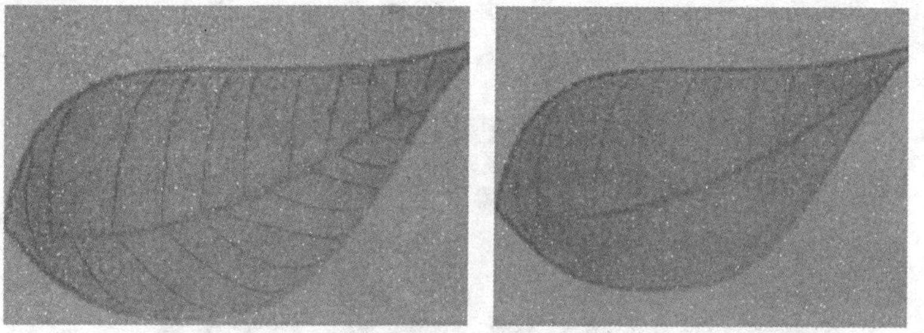

图4-117 用钢笔工具绘制细小的叶脉

(10)复制图层2,将树叶调停到画面合适的位置,如图4-118所示。

图4-118 将树叶调停到画面合适的位置

(11)选择“画笔工具”,打开画笔工具浮动调板,选择合适的画笔笔触,调整属性,如图4-119左图所示,绘制,如图4-119右图所示。

(12)选择图层浮动调板,点击新建图层按钮,建立一个透明图层4,制作水滴效果。选择路径浮动调板,点击创建新路径按钮,建立路径4,选择“钢笔工具”,开始绘制水滴外形,点击路径浮动调板将路径作为选区载入按钮,建立选区,填充一个中间色,使用减淡加深工具

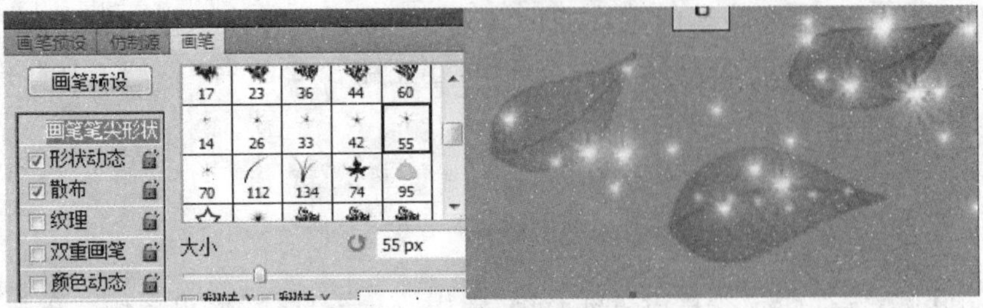

图 4-119 选择合适的画笔笔触

绘制出亮部和暗部。使用“钢笔工具”绘制亮部和暗部选区并填充合适颜色(配合使用图层蒙版实现过度效果)。执行“滤镜”→“模糊”→“表面模糊”命令,调整数据。选择图层浮动面板,点击添加图层样式命令,执行外发光命令,如图 4-120 所示。

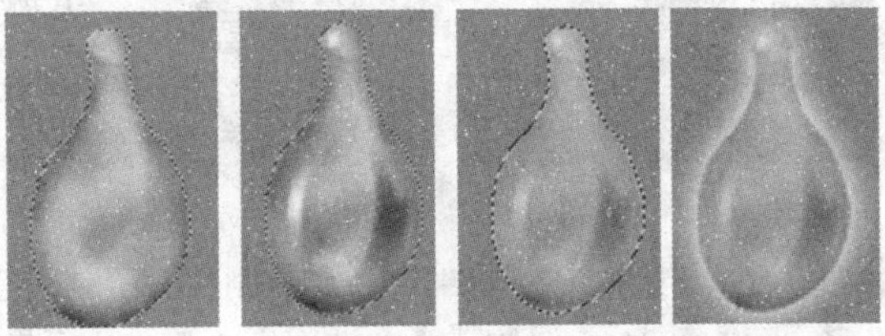

图 4-120 绘制水滴

(13)复制图层 4,调整各个图层的不透明度,将水滴调停到画面合适的位置,如图 4-121 所示。

图 4-121 将水滴调停到画面合适的位置

(14)新建图层 5,选择路径浮动调板,点击创建新路径按钮,建立路径 5,选择“钢笔工具”,开始绘制曲线外形,点击路径浮动调板,将路径作为选区载入按钮,建立选区,填充颜色,如图 4-122 所示。

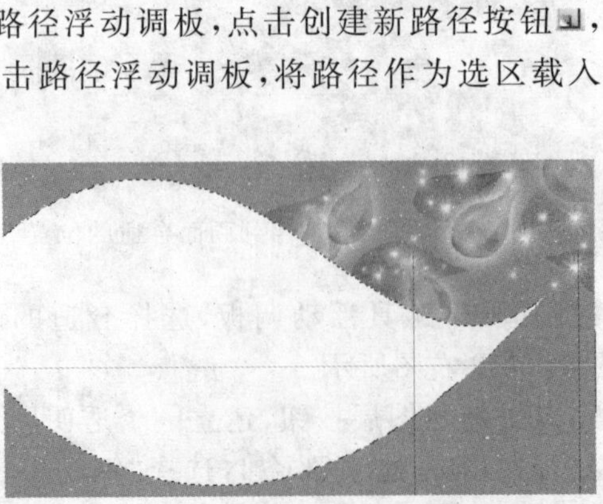

图 4-122 钢笔工具绘制曲线外形

(15)选择路径 5,使用“直接选择工具”和“转换点工具”对矢量线条进行编辑,并点击将路径作为选区载入按钮◌,建立选区,填充颜色,如图 4-123 所示。

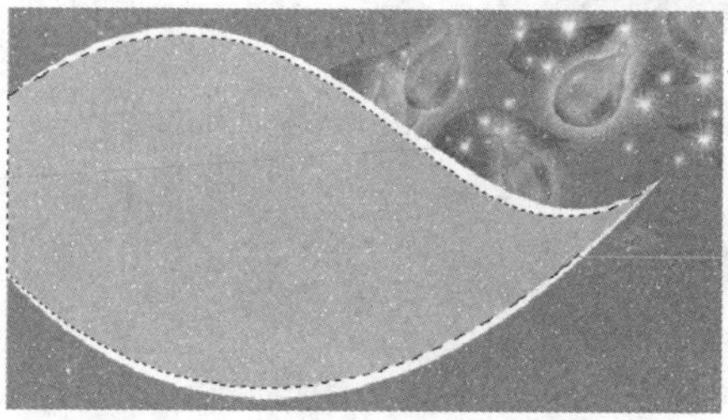

图 4-123 建立选区,填充颜色

(16)继续以上步骤,得到如图 4-124 所示效果。

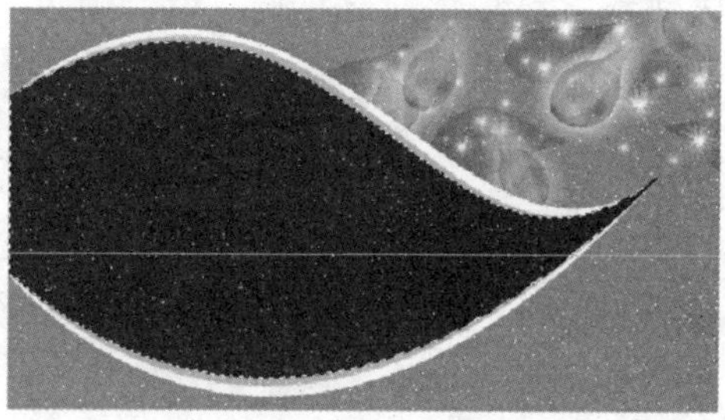

图 4-124 继续填充颜色

(17)选择“文字工具”,制作文字效果。文字属性栏进行设置,如图 4-125 所示。

图 4-125 文字工具属性栏设置

点击画面合适位置,写入文字,设置字符属性,如图 4-126 所示。

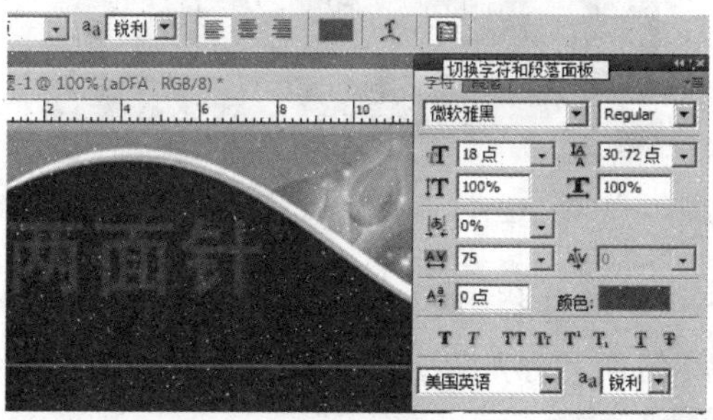

图 4-126 写入文字

(18)选择文字图层,点击“添加图层样式”按钮,执行“渐变叠加”命令,如图 4-127 所示。

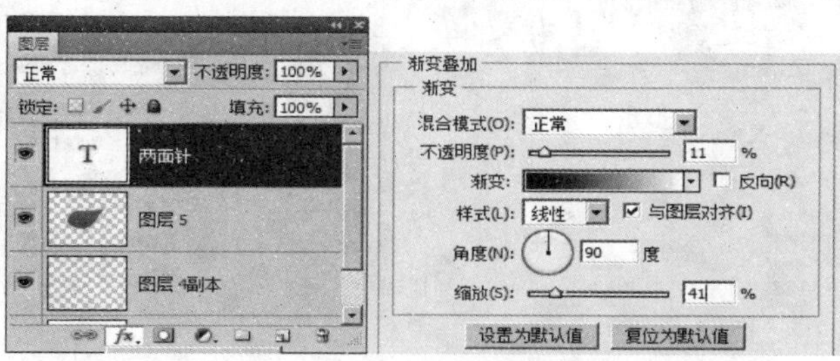

图 4-127 执行“渐变叠加”命令

(19)得到效果,如图 4-128 所示。

图 4-128 文字效果

(20)继续点击"添加图层样式"按钮,选择"描边",点击"确定",如图 4-129 所示。

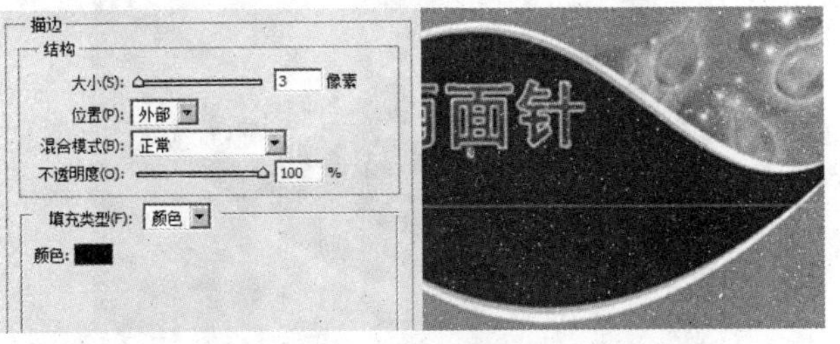

图 4-129 描边

(21)选择"文字工具",选择"面针"两个字,将颜色换成绿色,如图 4-130 所示。

图 4-130 选择"面针"两个字,将颜色换成绿色

(22)新建图层 6,按"Shift"键选择"两面针图层",执行"合并图层"命令(Ctrl+E),点击"添加图层样式"按钮,选择"斜面和浮雕",点击"确定",如图 4-131 所示。

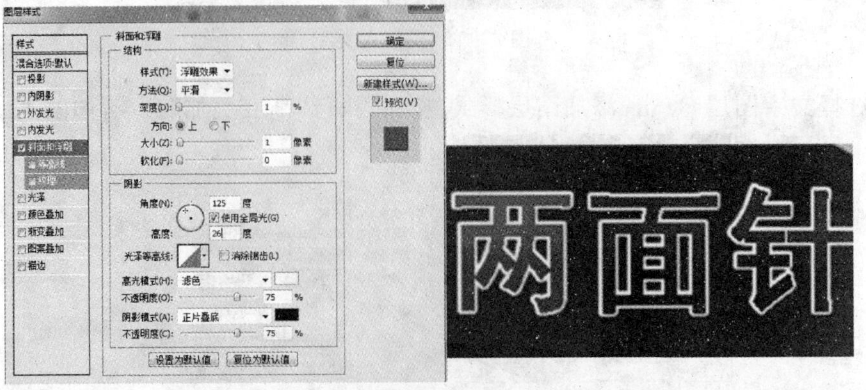

图 4-131 合并图层并添加斜面和浮雕图层样式

(23)点击“添加图层样式”按钮,选择“外发光”,点击“确定”,如图 4-132 所示。

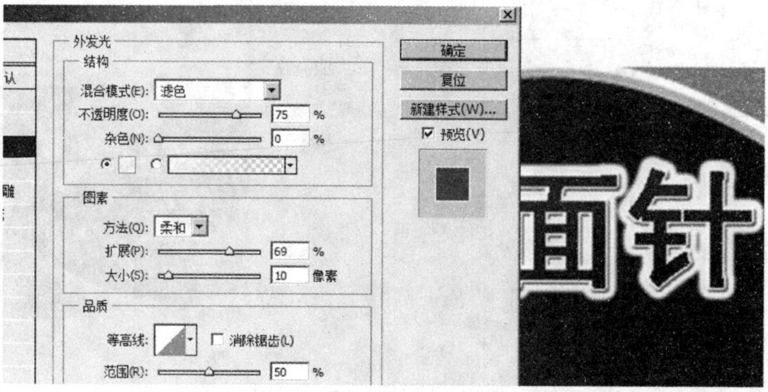

图 4-132 设置外发光

(24)选择菜单栏“编辑”→“自由变换”命令,调整文字大小及合适的位置。再选择菜单栏“编辑”→“变换”→“扭曲”命令将文字变形,如图 4-133 所示。

图 4-133 调整文字大小及位置并扭曲变形

(25)继续使用“文字工具”和“添加图层样式”命令制作文字效果,如图 4-134 所示。

图 4-134 制作其他文字效果

(26)调整细节,选择图层 5,点击“添加图层样式”按钮,选择“外发光”命令,进行设置,如图 4-135 左图所示,点击“确定”,效果如图 4-135 右图所示。

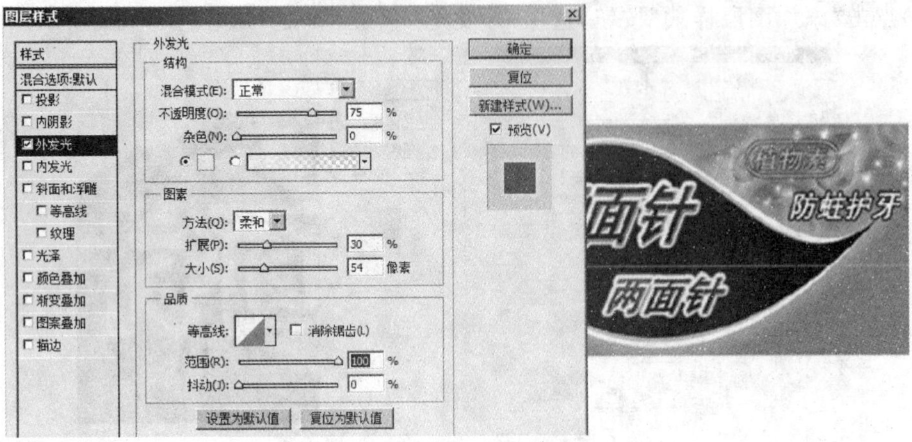

图 4 - 135　设置外发光及其效果

(27)调整细节,选择图层 5,选择“画笔工具”调整属性栏,如图 4 - 136 所示。

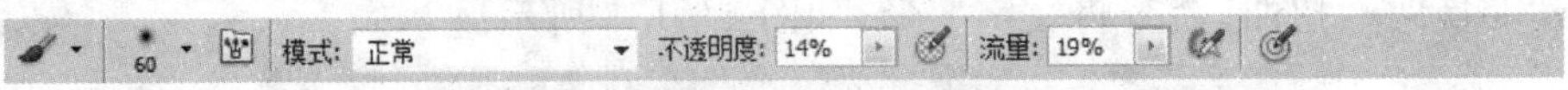

图 4 - 136　画笔工具属性栏

绘制文字背景的过渡部分,如图 4 - 137 所示。

图 4 - 137　绘制文字背景的过渡部分

(28)调整完成,最终效果如图 4 - 138 所示。

图 4 - 138　调整完成的效果

第 5 章　Photoshop CS5 图像的编辑与调整实例

5.1　图像的编辑

“编辑”通常用于设定软件的基本属性以及对图像文件的复制或移动变形的基本命令。其中的“还原”命令可以使用户上一次的动作变成无效。“编辑”菜单命令中有“还原”“剪切”“拷贝”“粘贴”“自由变换”“填充”“描边”“定义图案”等。让我们来看一下完整的“编辑”菜单界面，如图 5－1 所示。

图 5－1　“编辑”菜单界面

5.1.1　实例——使用基础图像编辑命令制作笔记本海报效果

制作一个关于笔记本电脑的简易海报，练习移动、复制、变换和删除图像等操作，如图 5－2 所示。

图 5－2　笔记本海报

(1)启动 Photoshop CS5,执行"文件"→"打开"命令,弹出对话框,选择需要的图片,点击"确定",如图 5-3 所示。

图 5-3 打开需要的图片

(2)将背景图层转换为普通图层。打开 JPG、GIF、BMP 等格式的图像文件时,在图层面板中都只有一个背景图层,由于无法对背景图层进行移动和变换等编辑操作,需要将其转换为普通图层。要将背景图层转换为可编辑的普通图层,只需在图层面板中双击名为"背景"的图层,打开"新图层"对话框,再单"确定"按钮,即可将背景图层转换为普通图层,如图 5-4 所示。

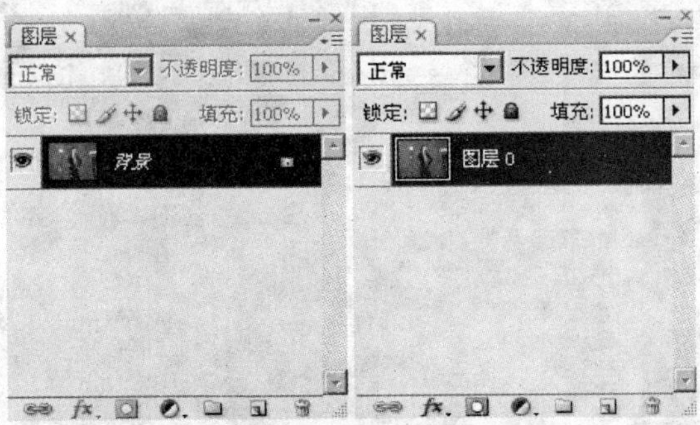

图 5-4 将背景图层转换为普通图层

(3)选择"移动工具",直接将"蓝绿色图片"拖拽到设计图层上,如图 5-5 所示。

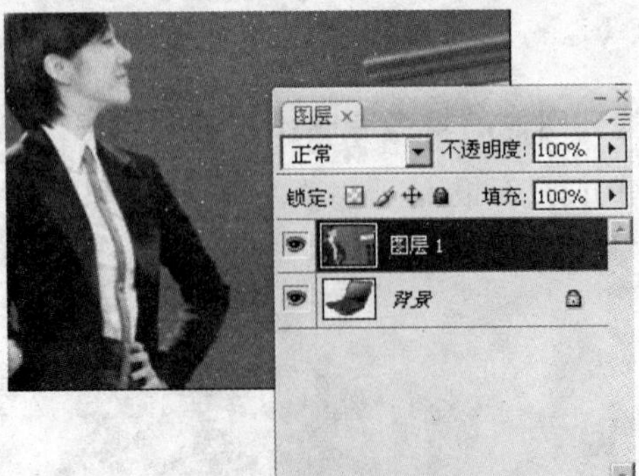

图 5-5 用"移动工具"拖拽图片

(4)观察图片,发现图层 1 过大,需要对图层 1 进行缩放,选择"编辑"→"变换"→"缩放"命令,弹出"缩放"对话框,将"W"数值改为 30,"H"数值改为 30,如图 5-6 所示(W 表示水平缩放比例，H 表示垂直缩放比例)。

图 5－6 设置缩放比例

(5)得到效果，如图 5－7 所示。点击“Enter”键确定。

图 5－7 缩放效果

(6)接着需要调整图层 1 的透视角度，选择“编辑”→“变换”→“扭曲”，弹出“扭曲”对话框，直接使用鼠标点击节点拖拽到合适的位置，如图 5－8 所示。

图 5－8 用扭曲命令调整图形透视关系

(7)按住“Shift”键，选择背景图层及图层 1，使用“移动工具”直接将两个图片拖曳到新背景图层上，然后选择“魔棒工具”，选择白色区域，按“Delete”键删除白色区域，如图 5－9 所示。

图 5－9 删除白色区域

(8)最后选择图层浮动面板，选择“添加图层样式命令”→“外发光”，得到完成效果，如图

5－10所示。

图5－10 完成效果

5.1.2 前进一步、后退一步

在进行图像处理的过程中，难免会进行一些误操作，或在操作后才发现操作不得当，这时可以通过“还原”“前进一步”“后退一步”命令和“历史记录”面板来撤销或还原一些操作。撤销与还原操作可以通过如下几种方法进行：

(1)选择“编辑”→“还原”命令可以撤销最近一次进行的操作；撤销后选择“编辑”→“重做”命令又可恢复该步操作；每选择一次“编辑”→“返回”命令可以向前撤销一步操作；每选择一次“编辑”→“向前”命令可以向后重做一步操作。

(2)按“Ctrl＋Z”组合键可以撤销最近一次进行的操作，再次按“Ctrl＋Z”组合键又可以重做被撤销的操作；每按一次“Alt＋Ctrl＋Z”组合键可以向前撤销一步操作；每按一次“Shift＋Ctrl＋Z”组合键可以向后重做一步操作。

(3)历史记录面板中记录了用户对图像进行的多次编辑操作，在其中单击某步操作，可以撤销该步操作以后的所有操作，单击被撤销的某步操作，又可使该步操作之前所有被撤销的记录恢复。

5.1.3 剪切、拷贝、粘贴

可以运用剪切、拷贝、粘贴等多种方式对选区内的图像进行编辑。

(1)剪切：在图像中选择一块区域，执行“编辑”→“剪切”命令可将所选区域剪切掉，并将其存入剪贴板中，剪切后的区域，系统自动显示背景色。

(2)复制：选择一块区域后，执行“编辑”→“拷贝”命令可以将所选区域复制并存入剪贴板中，而原选择区域中的图像不作任何修改。

合并复制：当图片有多个图层时，执行“编辑”→“合并拷贝”命令可以把选择区域中各图层所有的内容复制并存入剪贴板中。

(3)粘贴：执行“编辑”→“粘贴”命令可以将剪贴板中的内容粘贴到当前图形文件的一个新层中。

5.1.4 实例——使用“自由变换”和“变换”命令制作效果图

现在来创建一个使用“自由变换”和“变换”命令进行图片配置的展示效果图，如图 5－11 所示。

图 5－11 展示效果图

(1)启动 Photoshop CS5，执行“文件”→“新建”命令，弹出对话框，进行设置，如图 5－12 所示。

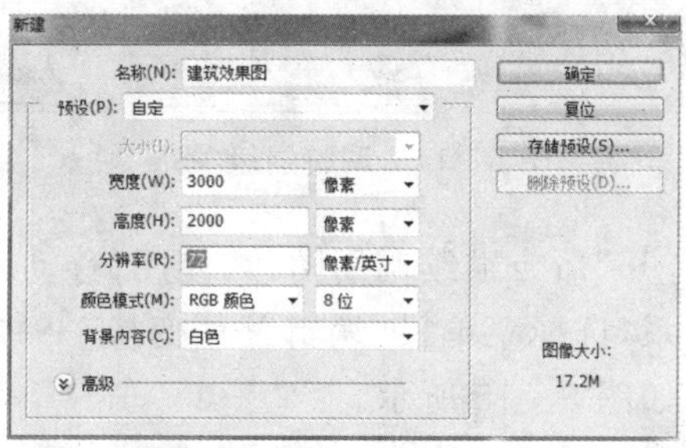

图 5－12 新建文件

(2)使用“文件”→“打开”命令调用图片，将打开的图片使用“移动工具”拖曳到新建图层上，注意近景、中景、远景的搭配，如图 5－13 所示。

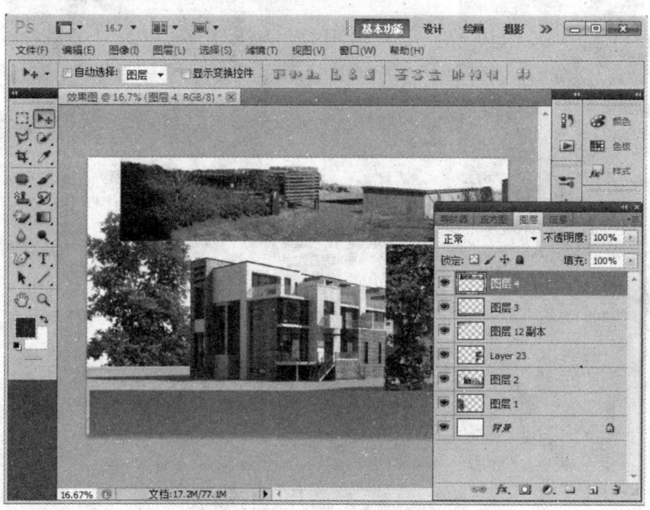

图 5－13 调用图片

(3)调整图层前后关系,使用“移动工具”将天空图片拖曳到图层上然后调整图层之间的层级关系,如图 5－14 所示。

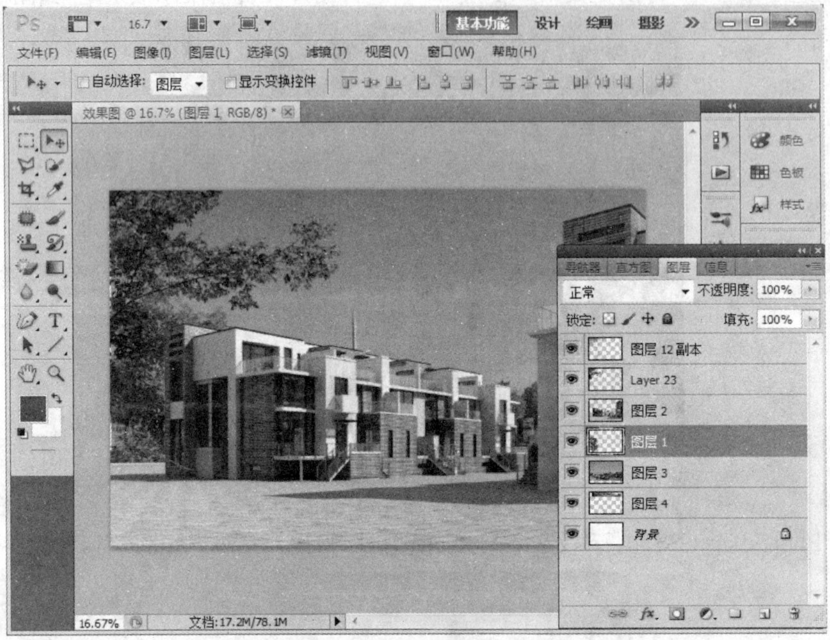

图 5－14 调整层级关系

(4)接着使用“文件”→“打开”命令继续调用图片,使用“移动工具”将打开的图片拖曳到新建图层上,并调整图层前后关系,选择菜单栏“编辑”→“变换”→“缩放”,按住“Shift”键等比例缩放,对图层进行调整,继续,如图 5－15 所示。

图 5－15 对图片进行缩放

(5)最后使用“文件”→“打开”命令继续调用地砖图片，使用“移动工具”将打开的图片拖曳到新建图层上，选择菜单栏“编辑”→“变换”→“扭曲”，对图层进行调整，如图 5－16 所示。

图 5－16 图片缩放调整

5.1.5 自由变换和变换

使用该命令可以对调用的图片进行放大、缩小及形状变形的操作，如图 5－17 所示。

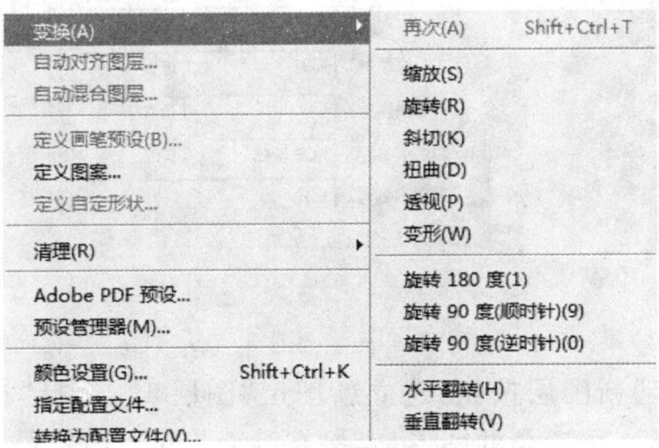

图 5－17 自由变换和变换命令

◆“自由变换”：执行“编辑”→“自由变换”命令后，在选择边框上出现八个小方块，将鼠标移入方块中，指针样式变为，此时拖曳方块可改变选定区域的大小，当鼠标在方块外时，将变为旋转样式指针，拖动鼠标可带动选定区域在任意方向上旋转。当鼠标在选定区域内时，将变成移动式指针，拖动鼠标会将选定区域拖到预定位置处。操作完毕后，点击“Enter”确定。

◆“变换”：变换菜单下的命令主要应用于图像中的选择区域或层中的图像。

◆“缩放”：用于将图像或选择区域作挤压变形，可在长、宽方向作任意变形。按住“Shift”键再拖动，可按照长、宽选择比例进行挤压变形。

◆“旋转”:执行旋转命令后,用鼠标拖动八个相应的处理点即可旋转图像或选择区域。若按住“Shilt”键,则可以每格 15°来旋转图像。

◆“斜切”:执行“斜切”命令后,用鼠标拖动八个相应的处理点即可将图像或选择区域作拉伸变形。此命令可对一个选区进行精确的数字变形,改变选区的位置,按比例缩放选区,使它旋转或倾斜,或者进行这四个选项的任意组合的变形方式等。

◆“扭曲”:执行扭曲命令后用鼠标拖动八个相应的处理点,即可将图像或选择区域作扭曲变形。若按住“Shift”键再拖动,则可起到拉伸的效果。

◆“透视”:执行透视命令后,用鼠标拖动八个相应的处理点,即可将图像或选择区域作一种透视变形。

此外,还有“旋转 180 度”“旋转 90 度”“水平翻转”“垂直翻转” 等命令,其用法与“图像”→“变换”相关命令相似。

◆“变形”:执行“变形”命令后,可以对形状物体的某一局部进行变化,类似于在局部进行涂抹工具的挤压或者是缩放操作。

5.1.6 实例——制作可爱书签效果

制作一个可爱的书签,最终效果,如图 5-18 所示。

(1)启动 Photoshop CS5,执行“文件”→“新建”,弹出对话框,进行相关设置,点击“确定”,如图 5-19所示。

图 5-18 书签效果

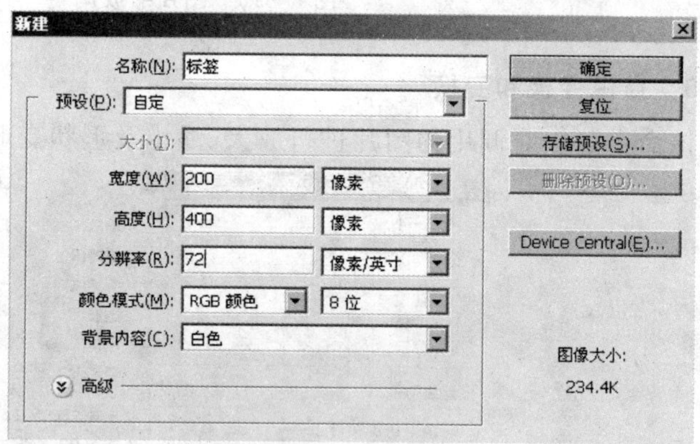

图 5-19 “新建”页面

(2)点击图层面板创建新图层按钮,建立新图层“图层 1”,选择“自定形状工具”,弹出“自定形状工具”属性栏,选择一个适合的图形,直接在画面拖曳,如图 5-20 所示。

(3)选择“窗口”→“路径”命令,调出路径浮动面板,点击“将路径作为选区载入”按钮,形成选区,如图 5-21 所示。

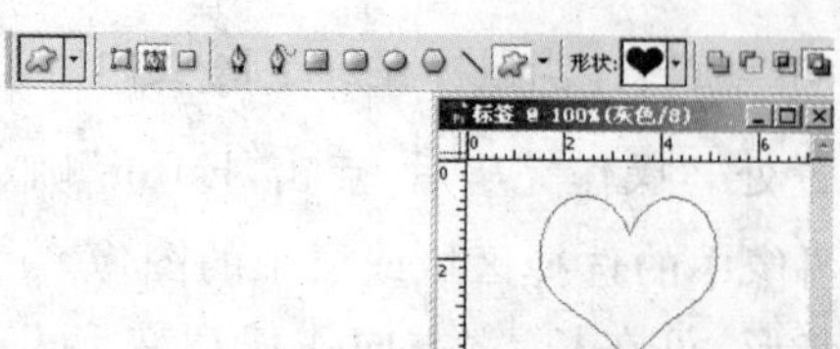

图 5-20 选择图形并拖曳

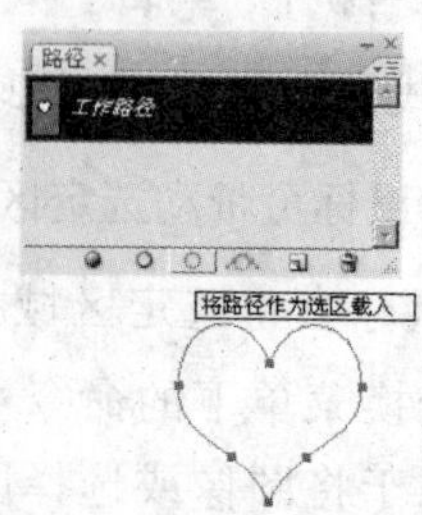

图 5-21 将路径作为选区载入

(4)选择“油漆桶工具”，在工具箱前景色中选择一个适合的颜色，点击选区，填充颜色，如图 5-22 所示。

(5)选择“编辑”→“描边”命令，弹出“描边”对话框，设置“描边”粗细及颜色，点击“确定”，如图 5-23 所示。

图 5-22 填充颜色

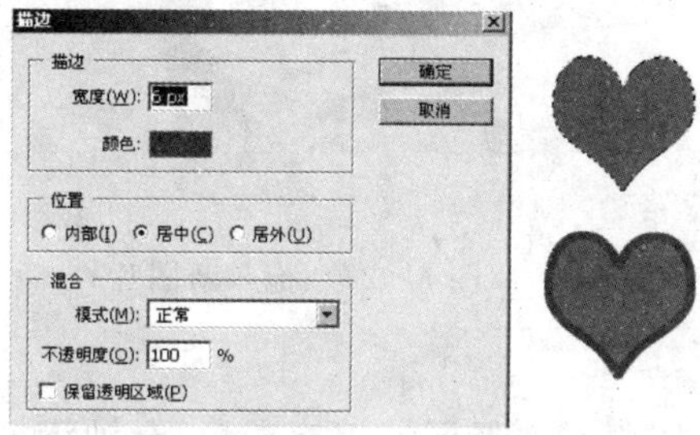

图 5-23 描边

(6)接着选择“编辑”→“定义画笔预设”命令，弹出对话框，点击“确定”，如图5-24所示。

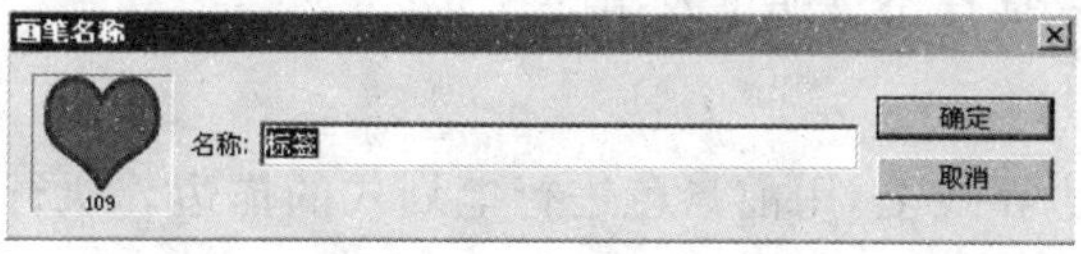

图 5-24 定义画笔预设

(7)选择“画笔工具”，在画笔工具属性栏中选择“画笔”类型，如图 5-25 所示。

(8)直接在新建页面上使用“画笔工具”涂抹，注意使用键盘“[”和“]”调整画笔笔触大小，如图 5-26 所示。

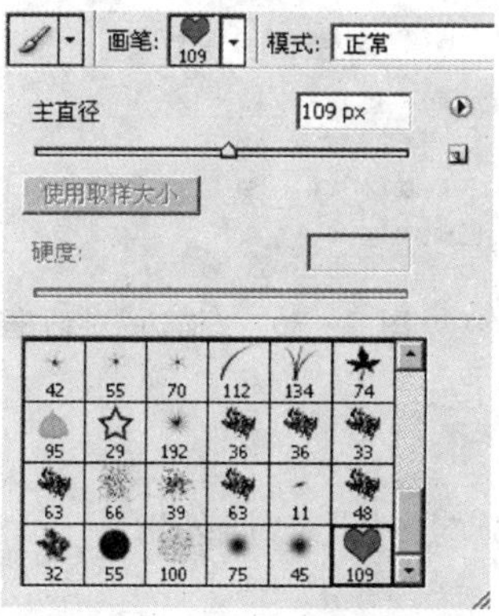

图 5-25 选择已定义“画笔”类型

图 5-26 用画笔工具涂抹

(9)接着选择一张卡通图片，使用“移动工具”拖曳到画面合适的位置，如图 5-27 所示。

(10)最后选择“编辑”→“变换”→“缩放”，调整卡通图片大小，最终完成效果如图 5-28 所示。

图 5-27 拖入新图片

图 5-28 完成效果

5.1.7 填充

该命令用于对选择区域填充着色，与油漆桶工具的使用功能相似。在“填充”对话框的“使用”中可选择填充形式，如前景色、背景色、图案、历史记录、黑色、50%灰色及白色，如图 5-29 所示。在“混合”项中可以选择不透明度及填充模式。

5.1.8 描边

在用户选定的区域边界线上，用前景色进行笔划式的描边。执行“编辑”→“描边”命令，弹出“描边”对话框，如图 5-30 所示。

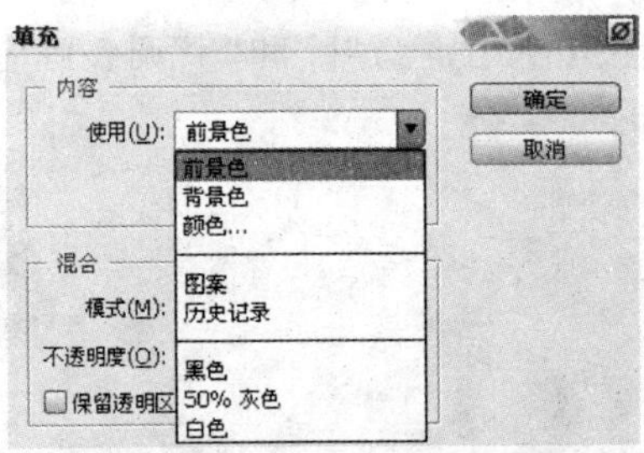

图 5-29 “填充”命令对话框

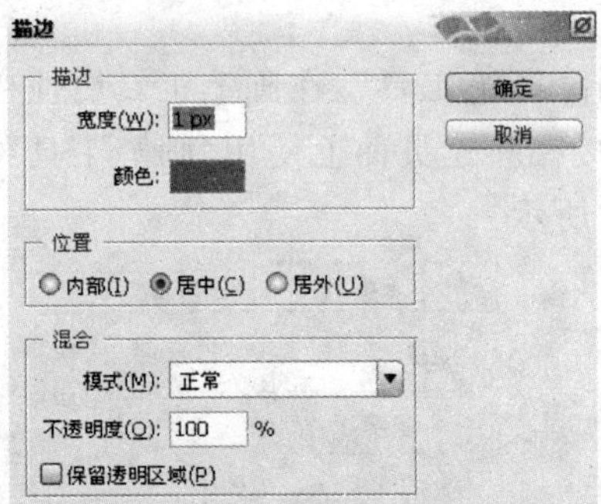

图 5-30 “描边”对话框

◆“宽度”：可以设定描边的宽度，以像素点为单位。

◆“颜色”：用于设置描边颜色。

◆“位置”：可以选择描边的位置在边界线“内部”“居中”或“居外”。

◆“混合”：可在此设定不透明度及描边模式。

5.1.9 定义画笔预设

可以将当前图像中绘画工具绘制的图像作为画笔笔触保存。选择“编辑”→“定义画笔预设”命令，在弹出的对话框中输入画笔的名称，然后单击“确定”命令按钮。需要调用时，选择工具箱画笔，在“画笔”属性栏中可以选择应用新定义的画笔，如图 5-31 所示。

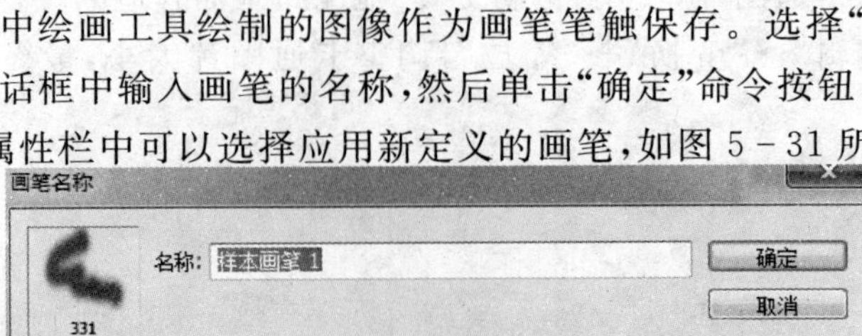

图 5-31 “定义画笔预设”对话框

5.1.10 定义图案

可以将选择区域设置为操作图案。选择“编辑”→“定义图案”命令，在弹出的对话框中输入图案的名称，然后单击“确定”。需要调用时，选择油漆桶工具，在油漆桶工具属性栏“图案”调板中可以选择应用新定义的图案，如图 5－32 所示。

5.1.11 定义自定形状

可以通过形状工具(钢笔、自定形状工具)绘制矢量图形并保存。编辑形状，选择“编辑”→“定义自定形状”命令，在弹出的对话框中输入形状名称，然后单击“确定”。需要调用时，选择自定义形状工具，在“形状”调板中可以查看应用新定义的形状，如图 5－33 所示。

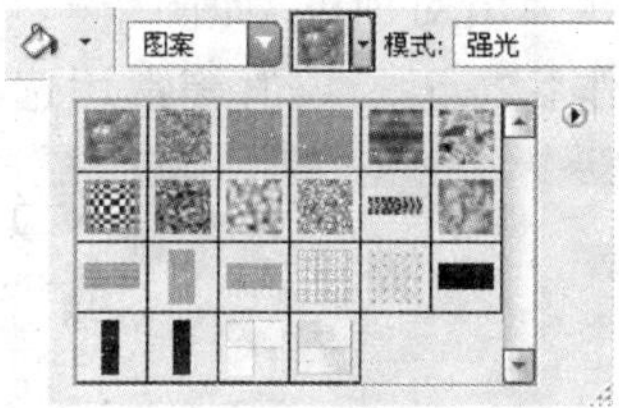

图 5－32 “定义图案”的界面

图 5－33 “定义自定形状”界面

5.1.12 清理

在 Photoshop CS5 中，用户定义的图案、剪贴板中的图像等会占用一定的内存。执行“编辑”→“清理”命令可清除暂存在内存中的数据。

◆“还原”:此选项用于释放 Undo 命令中占用的内存。

◆“剪贴板”:此选项用于释放剪贴板中的内容占用的内存。

◆“历史记录”:此选项用于释放历史记录所占用的内存。

◆“全部”:此选项用于释放上述所有选项所占用的内存。

5.1.13 预设管理器

执行“编辑”→“预设管理器”命令，弹出“预设管理器”对话框，如图 5－34 所示。

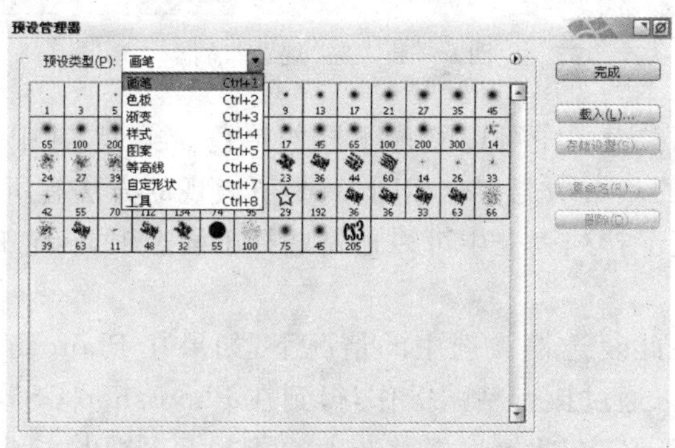

图 5－34 “预设管理器”对话框

使用预设管理器可以管理预设画笔、色板、渐变、样式、图案、等高线和自定形状的库。这使用户可以很容易重复使用或共享预设库文件。每种类型的库均有自己的文件扩展名和默认文件夹。默认预设是可以恢复的。注意，不能使用预设管理器创建新的预设，因为每个预设都是在各自类型的编辑器内创建的。预设管理器可以创建由多个单个类型的预设组成的库。

任何新的预设画笔以及色板等都自动显示在预设管理器中。在将其存储到预设库之前，先将新画笔以及色板等存储在预置文件中，以便能在编辑过程中继续使用。若要将新项目永久存储为预设，则需要将其存储在创建它的编辑器中。否则，如果创建了新库，或替换了(而不是追加)一个同类型的新库，该项目将会丢失。

5.1.14 首选项

通常情况下，在进行图像处理及合成时，都是使用 Photoshop CS5 默认的工作环境设置，但为了满足不同用户对于软件工作环境的不同需求，Photoshop CS5 开放了对于软件工作环境的设计功能，从而提高了在工作过程中的方便程度及工作效率。

(1)“常规”：选择“编辑”→“首选项”→“常规”命令，弹出对话框，如图 5-35 所示。在对话框中可以设置“拾色器”的类型、“历史记录”调板的操作状态记录数值等常用选项。

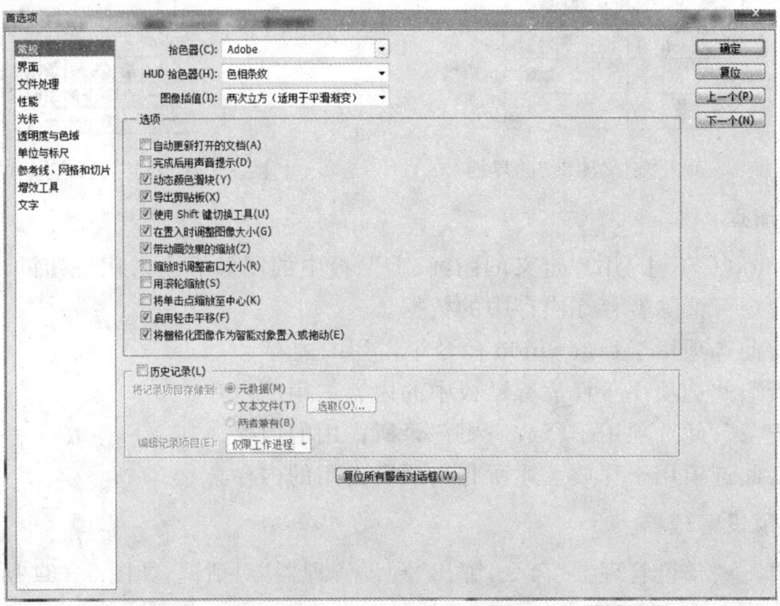

图 5-35 “常规”对话框

◆“拾色器”：在此下拉菜单中可以选择不同的拾色器类型，其中包括 Windows 和 Adobe 两种。两种类型拾色器的基本功能完全相同，只是所表现的方法有所不同。

◆“图像插值”：在此下拉列表框中可以通过选择不同选项，确定 Photoshop CS5 在进行插值时所使用的方法。

◆“导出剪贴板”：在此复选框被选中的情况下，如果在 Photoshop CS5 执行“拷贝”操作后，切换至其他程序，可以通过执行粘贴操作，得到在 Photoshop CS5 中所拷贝的图像。

◆“完成后用声音提示”：在此复选框被选中的情况下，当 Photoshop CS5 完成一项操作任务后短鸣，以提示用户操作完成。

◆“使用 Shift 键切换工具”：在此复选项框被选中的情况下，要在同一组中以快捷键切换不同的工具必须按“Shift”键。例如，按“L”键可以切换至套索工具，如果要切换为多边形套索工具，必须按“Shift+L”键。

◆“缩放时调整窗口大小”：选中此复选项，则在缩放图像显示大小时，图像的窗口随之一起进行缩放，反之则不行。

例如：在 Photoshop CS5 中任意打开一文件，如图 5 - 36 所示。

图 5 - 36 打开图片

按“Ctrl＋A”键执行“全选”操作，按“Ctrl＋C”键执行“拷贝”操作，关闭 Photoshop CS5 中打开的文件。打开软件“Word”，按“Ctrl＋V”键执行“粘贴”操作，如图 5 - 37 所示。

图 5 - 37 粘贴到 Word 文挡

双击“Microsft Word”里的图像，图像就会切换到“Adobe Photoshop CS5”中，选择“图像”→“图像大小”命令改变图像大小(或者执行其他 Photoshop CS5 中的命令)，如图 5 - 38 所示。关闭文件，“Microsoft Word”里的图像大小也就随之改变，如图 5 - 39 所示。

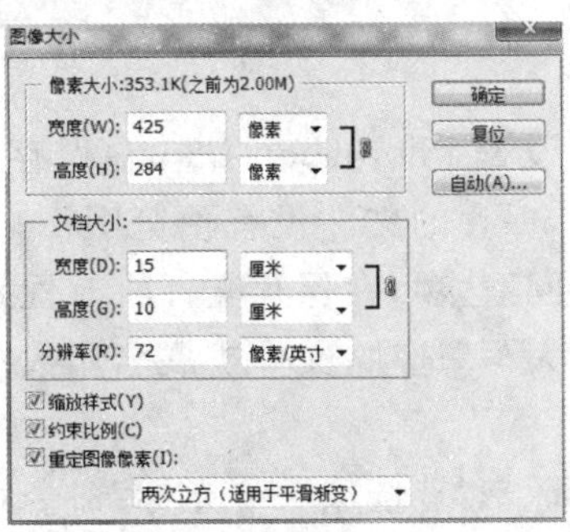

图 5 - 38 执行“图像大小”命令

图 5-39　图像大小改变

(2)“文件处理”:选择“编辑”→“首选项”→“文件处理”命令,弹出对话框,如图 5-40 所示。

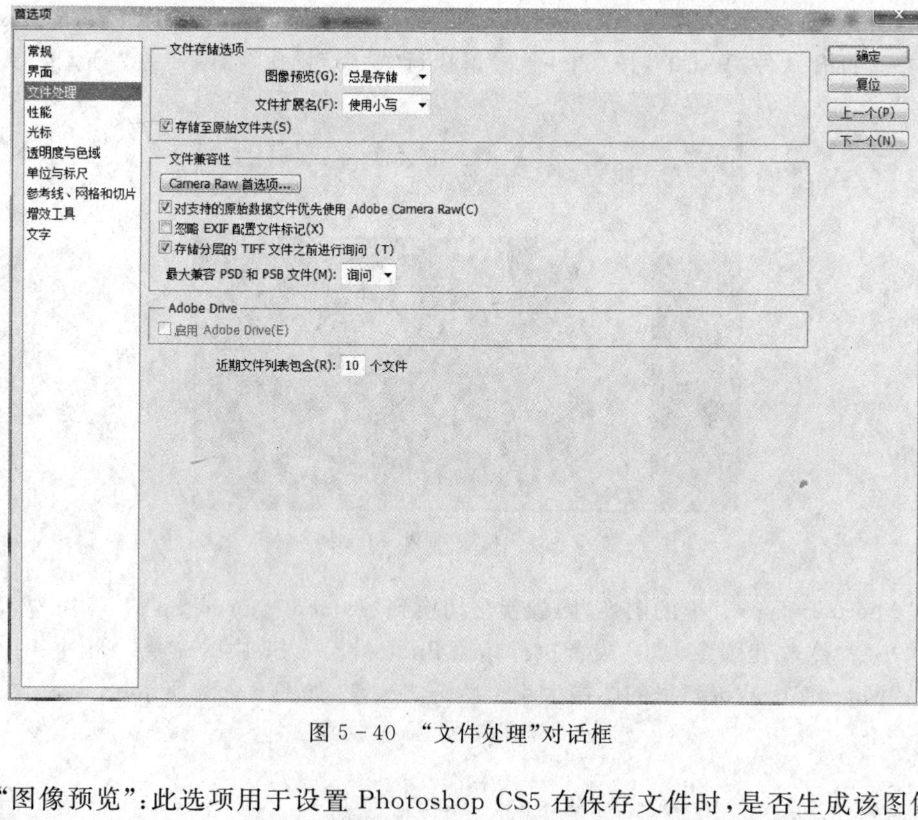

图 5-40　“文件处理”对话框

◆“图像预览”:此选项用于设置 Photoshop CS5 在保存文件时,是否生成该图像的缩微预览图像。选择“总不存储”选项,保存的文件没有预览图像;选择“总是存储”选项,则保存文件都有预览图像;选择“存储时提问”选项,在保存文件将有提示框出现。

◆“文件扩展名”:选择“使用大写”选项,文件扩展名用大写字符;选择“使用小写”选项,文件扩展名用小写字符。

(3)“显示与光标”:选择“编辑”→“首选项”→“光标”命令,弹出对话框,如图 5-41 所示。

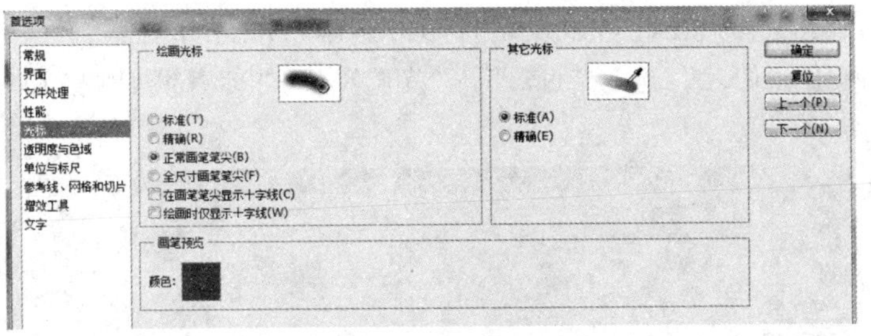

图 5-41　“光标”对话框

◆“绘画光标”:在此可以选择使用各工具在工作时的显示光标。

◆“在画笔笔尖显示十字线”:当选择“正常画笔笔尖”或“全尺寸画笔笔尖”时,此选框才可以被激活,画笔的中心位置显示一个十字线,如图 5-42 所示。

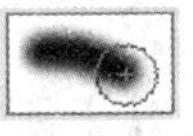

图 5-42　“全尺寸画笔笔尖”显示十字线

(4)“透明度与色域”:选择“编辑”→“首选项”→“透明度与色域”命令,弹出对话框,如图 5-43所示。

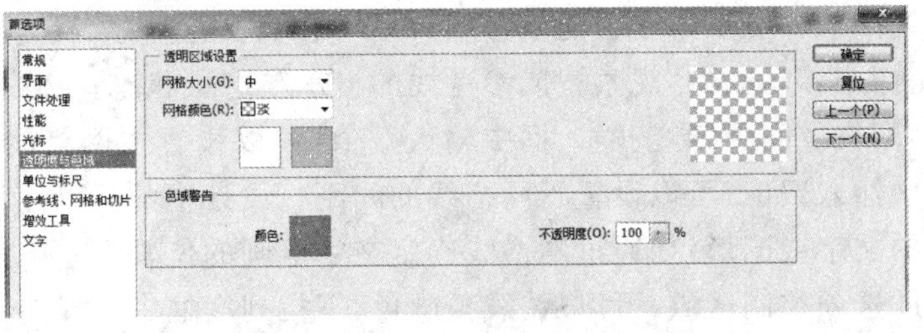

图 5-43　“透明度与色域”对话框

◆“网格大小”:此下拉列表菜单中的选项,用于设定透明区域网格大小。

◆“网格颜色”:此下拉列表菜单中的选项,用于设定透明区域网格颜色。

◆“色域警告”:用于设定色域警告的颜色和不透明度。

(5)“单位与标尺”:选择“编辑”→“首选项”→“单位与标尺”命令,弹出对话框,如图 5-44 所示。

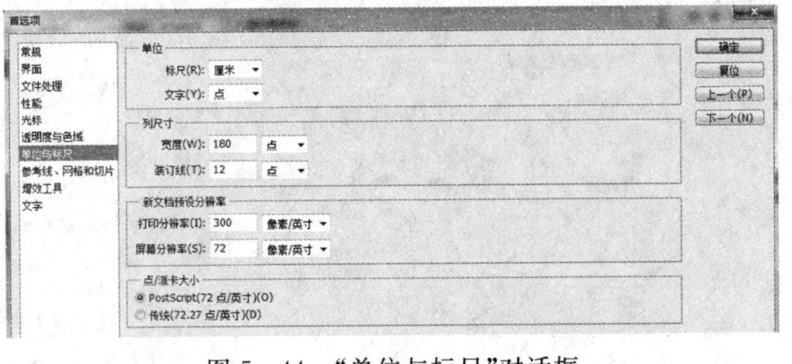

图 5-44　“单位与标尺”对话框

◆“标尺”:可以设定标尺的单位。

◆“文字”:可以设定文字的度量单位。

◆“新文档预设分辨率”：在此可以设定打印分辨率及屏幕分辨率。

(6)“参考线、网格和切片”：选择“编辑”→“首选项”→“参考线、网格和切片”命令，弹出对话框，如图 5-45 所示。

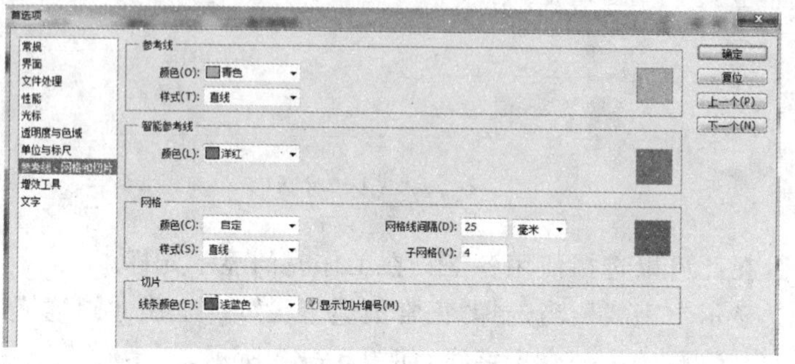

图 5-45 “参考线、网格和切片”对话框

◆“参考线”：在“颜色”下拉列表框中可以选择预设的几种参考线颜色；在“样式”下拉列表框中可以定义参考线的类型。

◆“智能参考线”：在“颜色”下拉列表框中可以选择智能参考线在显示时的颜色。智能参考线是 Photoshop CS5 新增的功能。这种参考线在操作时根据当前操作的状态自动显示或隐藏参考线。选择“视图”→“显示”→“智能参考线”命令，启动智能参考线，然后在一个有文字图层或其他图层的图像中移动图像，观察智能参考线的显示与隐藏状态。

◆“网格”：在“网格线间隔”数值输入框中输入数值，可以设置主网格线间的距离。在“子网格”数值输入框中输入数值，可以设置子网格线的间距。设计中常可以在网格线显示的情况下，制作较为规则的文字或图形，如通过网格线确定文字笔画的位置。

◆“切片”：在此选项控制区域，可以从“线条颜色”下拉列表框中选择一种颜色以定义切片的线条颜色。

◆“显示切片编号”：选中此选项可以在切片上显示其排列序号，否则不显示其排列序号。

(7)“性能”：选择“编辑”→“首选项”→“性能”命令，弹出对话框，如图 5-46 所示。

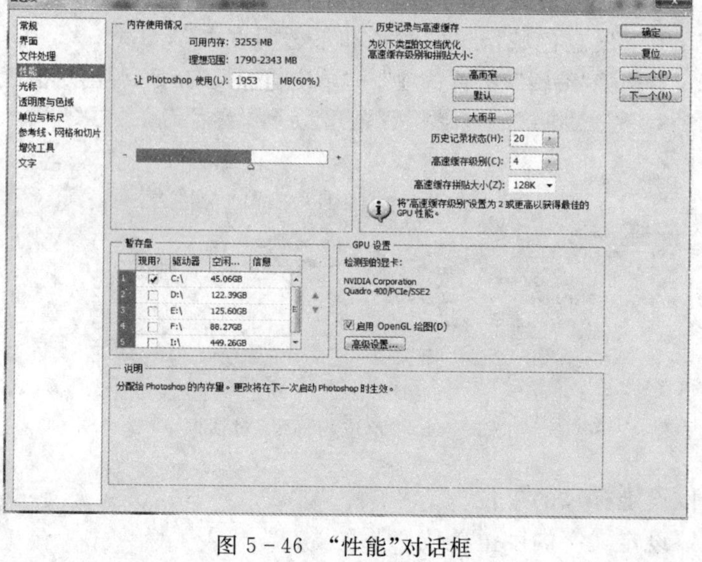

图 5-46 “性能”对话框

◆"内存使用情况"：此参数用于设定图像显示的速度。数值越大，速度越快。

◆"让 Photoshop 使用"：在此数值输入框中输入数值，可以为 Photoshop 设定在运行时可用的物理内存量，其范围在 8%～100%。如果要同时运行几个大型程序，此数值不宜设置得过高。

(8)"文字"：选择"编辑"→"首选项"→"文字"命令，弹出对话框，如图 5-47 所示。

图 5-47　"文字"对话框

◆"以英文显示字体名称"：在此复选项框被选中的情况下，在工具选项条及文字控制调板的字体下拉列表框中以英文名称显示中文字体名称。

◆"字体预览大小"：此处的选项用于设置预览字体的大小。文字的预览功能是 Photoshop CS5 版中新增加的功能。

5.2　图像的调整

Photoshop CS5 图像调整的命令集中在"图像"菜单中，"图像"菜单中的命令可以将 RGB 文件格式转换成 CMYK、Lab 或 Index Color 模式等。如果用户要为网上或多媒体程序制作图像，将会用到这个菜单。"图像"菜单还可以将图像转换成灰度图，然后再从灰度图转换成黑白图，使用"图像"菜单中的其他命令可以调整文件和画布的大小，并分析和校正图像的色彩。例如，可以调整色彩平衡、亮度、对比度、高亮度、中间色调和阴影区。"复制""应用图像""计算"命令可以用于产生特效。"图像"菜单内的下拉菜单，如图 5-48 所示。

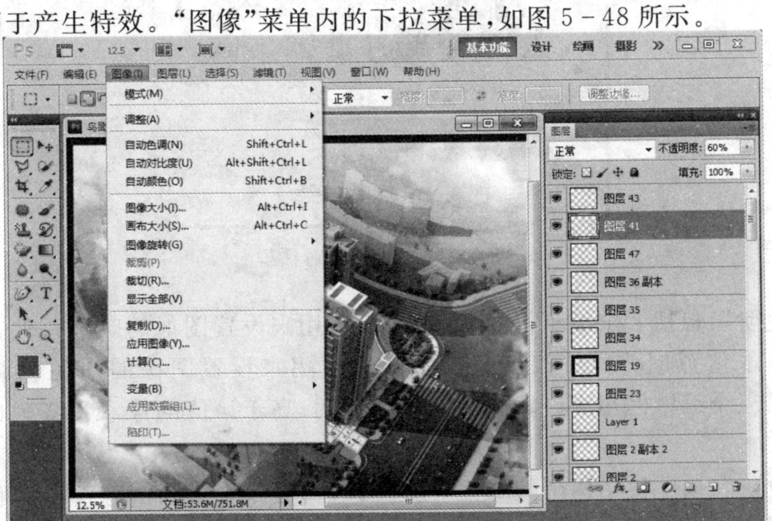

图 5-48　"图像"菜单界面

图像的色调、色彩等因素将直接影响一幅图像的最终效果，合理地对图像进行光和色的调整，会使其更加完美。Photoshop CS5 提供了非常齐全的控制与修正工具，能对图片进行色调、色彩的校正，还能灵活方便地纠正图片扫描后的原始图像品质等问题，如图 5－49 所示。

图 5－49 “调整”选项界面

5.2.1 色阶

使用“色阶”命令可以调整图像的明暗程度。执行“图像”→“调整”→“色阶”命令，将弹“色阶”对话框，如图 5－50 所示。

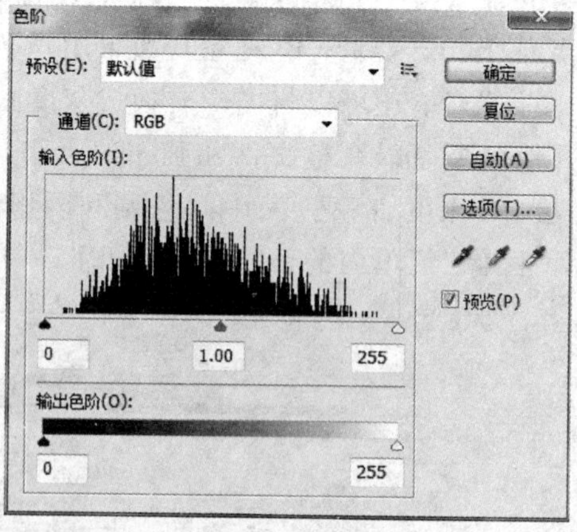

图 5－50 “色阶”对话框

◆“输入色阶”：包括 3 个编辑框，第一个编辑框用来设置图像的暗部色调，低于该值的像素将变为黑色，取值范围为 0～253；第二个编辑框用来设置图像的中间色调，取值范围为 0.10～9.99；第三个编辑框用来设置图像的亮部色调，高于该值的像素将变为白色，取值范围为1～255。

◆“输出色阶”：该项包括两个编辑框，左边的编辑框用来提高图像的暗部色调，取值范围为 0～255；右边的编辑框用来降低亮部的亮度，取值范围为 0～155。下面的两个小滑块对应输出色阶的两个编辑框，拖动滑块可以调整两个编辑框内的值。

◆“自动”：单击该按钮，Photoshop CS5 将以 0.5%的比例来调整图像，把最亮的 0.5%像素调整为白色，而把最暗的 0.5%像素调整为黑色。

◆“预览”：选中该选项，在图像窗口中可预览图像效果。

◆“黑色吸管”：用该吸管单击图像，图像上所有像素的亮度值都会减去该选取色的亮度值，使图像变暗。

◆“灰色吸管”：用该吸管单击图像，Photoshop CS5 将用吸管单击处的像素亮度来调整图像所有像素的亮度。

◆“白色吸管”：用该吸管单击图像，图像上所有像素的亮度值都会加上该选取色的亮度值，使图像变亮。

双击黑色吸管、灰色吸管和白色吸管中的某一吸管可以打开拾色器，并在拾色框输入分配亮光、中间调和暗调的值。

选择“窗口”→“直方图”命令，弹出“直方图”对话框，可以与“输入色阶”对话框相互比较一下，如图 5-51 所示。

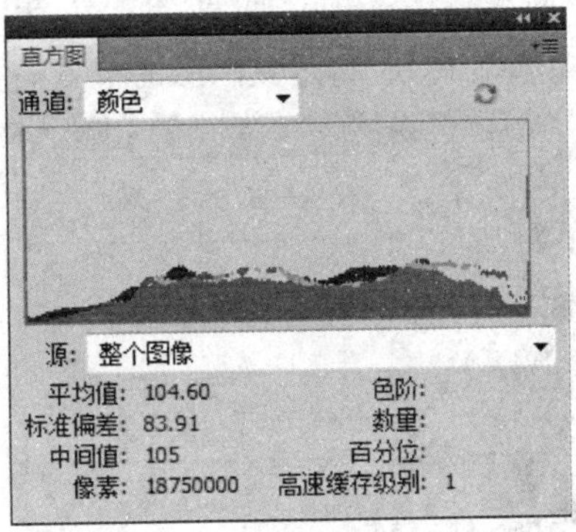

图 5-51 “直方图”对话框

直方图以 256 条垂直线来显示图像的色调范围，这些线从左到右延伸分别代表最暗到最亮的每一个色调，每条线的高度指示图像中该特殊色调有多少像素。通过观察图像的直方图，可以了解图像每个亮度色阶处像素的数量及各种像素在图像中的分布情况，从而识别图像的色调类型并确定调整图像时的方式、方法。有关当前图像的像素亮度值的统计信息出现在“直方图”调板的下方，其中各选项的具体含义如下：

◆“平均值”：表示平均亮度值。

◆“标准偏差”：表示亮度值的变化范围。

◆“中间值”：显示亮度值范围内的中间值。

◆“像素”：表示用于计算直方图的像素总数。

◆“色阶”：显示光标下面区域的亮度级别。

◆“数量”：表示相当于光标下面亮度级别的像素总数。

◆“百分位”：显示光标所指的级别或该级别以下的像素累计数值表示为图像中所有像素的百分数，从最左侧的 0%到最右侧的 100%。

◆“高速缓存级别”：显示图像高速缓存的设置。

5.2.2 实例——使用“曲线”命令调整图像亮度

使用“图像”→“调整”→“曲线”命令，可以快速地对图片需要修改的颜色进行明暗调整，如图 5－52 所示。

(1)启动 Photoshop CS5，选择“文件”→“打开”，打开图片。确定需要调整的区域，在此图像中需要将暗部区域适当加亮，如图 5－53 所示。

图 5－52　用“曲线”命令调整亮度

图 5－53　打开图片

(2)选择“图像”→“调整”→“曲线”命令，显示“曲线”命令对话框。由于本例需要调整整幅的暗部，因此在“通道”下拉列表菜单中选择 RGB，将定义阴影的节点向上移动一些，如图5－54所示。

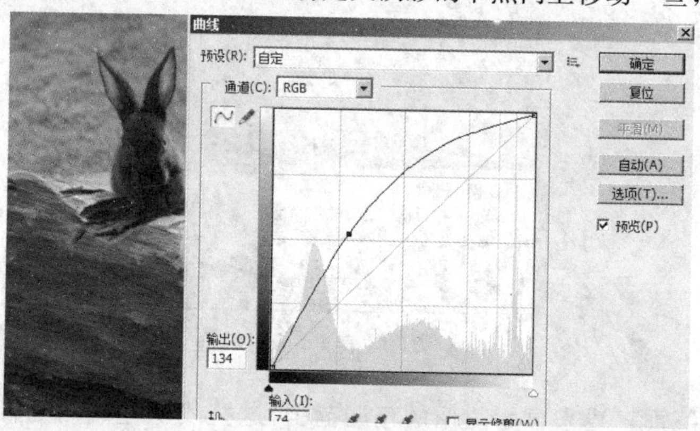

图 5－54　“曲线”调整

(3)此时整个图像都变亮了，想将图像的部分元素变暗可以通过点击图像上想要变暗的部分，此时，曲线上会显示相应的坐标位置，选择此坐标显示，往上图像变亮，往下变暗。此图后面天空过于亮，点击绿地，在曲线上会显示相应的坐标位置，将此位置向下拖动，如图 5－55 所示。

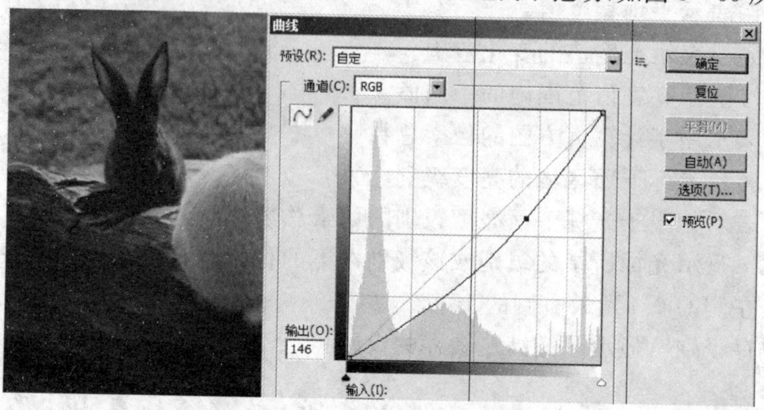

图 5－55　完成效果

5.2.3 曲线

"曲线"与"色阶"调整方法一样，使用"曲线"可以调整图像的色调与明暗度。与"色阶"命令不同的是，"曲线"命令可以精确调整高光、阴影和中间调区域中任意色调与明暗。选择"图像"→"调整"→"曲线"命令，显示"曲线"调整对话框，如图 5-56 所示。

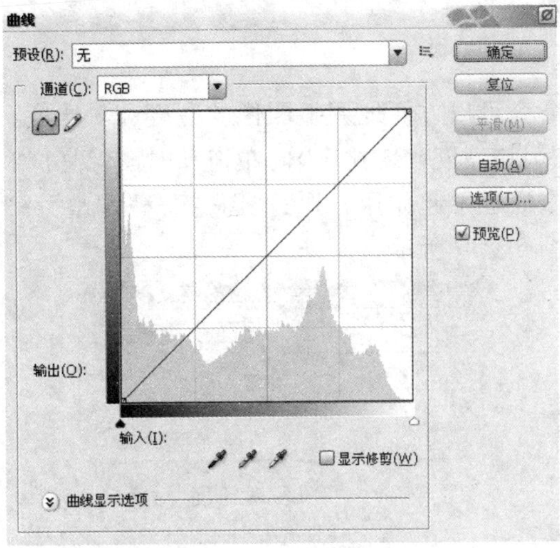

图 5-56 "曲线"调整对话框

在此对话框中最重要的工作是调整曲线，曲线的水平轴表示像素原来的色值，即输入色阶，垂直轴表示调整后的色值，即输出色阶。对于 RGB 图像，对话框显示的是从 0～255 间的亮度值，其中阴影(数值为 0)位于左边；而对于 CMYK 图像，对话框显示的是 0～100 间的百分数，高光(数值为 0)在左边，点按曲线下面的双箭头，可以反转亮部与暗部的分布顺序。

5.2.4 色彩平衡

"色彩平衡"命令用于调整照片色彩平衡，它只作用于复合颜色通道，可在彩色图像中改变颜色的混合。若图像有明显的偏色，用户可以用该命令来纠正。执行"图像"→"调整"→"色彩平衡"命令，显示"色彩平衡"对话框，如图 5-57 所示。

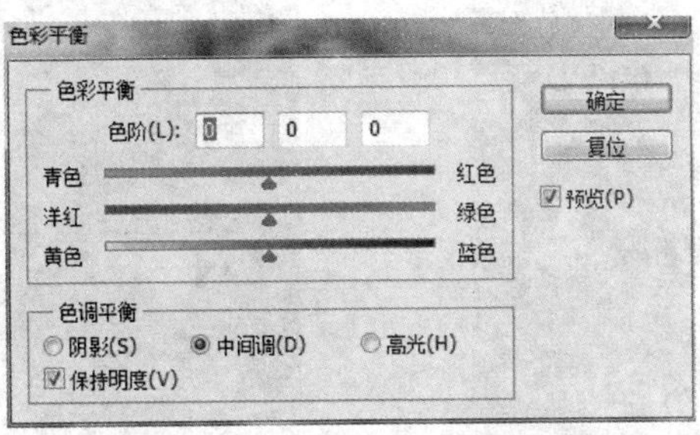

图 5-57 "色彩平衡"对话框

◆"色阶"：分别用来显示三个滑杆的滑块值，也可直接在编辑框中输入相应的值来调整颜色均衡。

◆"青色"：该滑块用来调整从青色到红色的颜色均衡。

◆"洋红"：该滑块用来调整从洋红色到绿色的颜色均衡。

◆“黄色”:该滑块用来调整从黄色到蓝色的颜色均衡。

◆“阴影、中间调、高光”:选中对应的按钮,然后拖动滑块可以调整图像中这些区域的颜色值。

◆“保持明度”:选中“保持明度”选择框,可以保持图像的亮度。即在操作时只有颜色值可被改变,像素的亮度值不可改变。

5.2.5 亮度/对比度

利用“亮度/对比度”命令可以方便地调整图像的亮度和对比度,该命令一次性调整图像中的所有色调。拖动滑杆可调整亮度和对比度,向左拖动时图像亮度和对比度降低,向右拖动时亮度和对比度加强,对单个通道不起作用。执行“图像”→“调整”→“亮度/对比度”命令,弹出“亮度对比度”对话框,如图5-58所示。

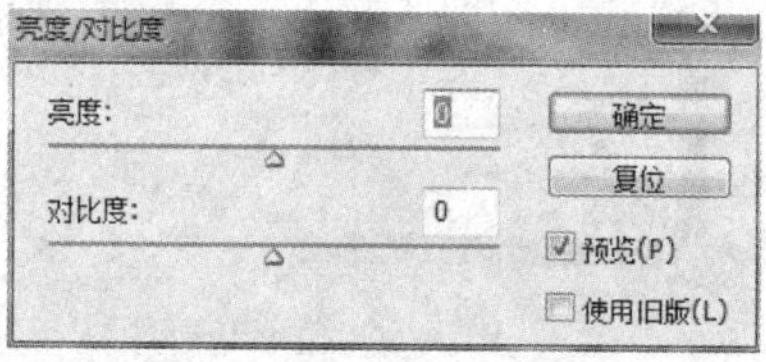

图5-58 “亮度/对比度”对话框

◆“亮度”:该滑杆用来调节图像的亮度,右侧的编辑框可以显示亮度值,也可在其中输入亮度值。

◆“对比度”:该滑杆通过减少细节,拉大色差来调节图像的对比度。

5.2.6 实例——使用“色相/饱和度”命令调整图像颜色

选择“菜单”栏,执行“图像”→“调整”→“色相/饱和度”命令,使用“色相/饱和度”命令调整图像颜色,如图5-59所示。

(1)双击 Photoshop CS5 工作区域,选择需要调整的图片,如图5-60所示。

图5-59 效果图片

图5-60 选择需要调整的图片

(2)对皮卡丘的颜色进行调整,在黄色通道下,选蓝色通过调节滑竿,调整成为想要的颜色,如图5-62所示。

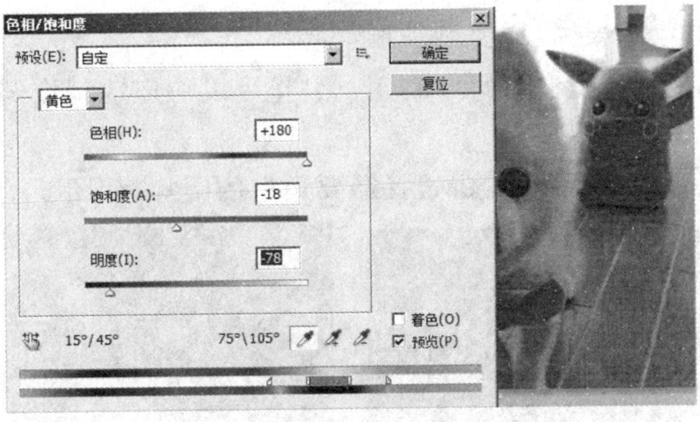

图 5-62 颜色调整

5.2.7 色相/饱和度

使用“色相/饱和度”命令可以调整图像或选择区的色相、饱和度以及明度，此命令的特点在于可以根据需要，调整某一个色调范围内的颜色。选择“图像”→“调整”→“色相/饱和度”命令，弹出“色相/饱和度”命令对话框，如图 5-63 所示。

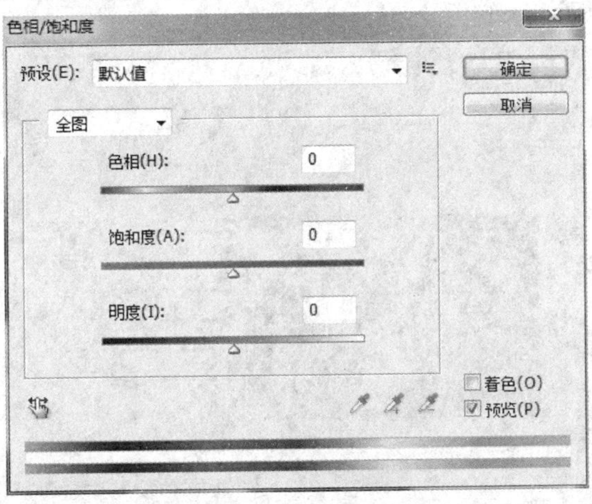

图 5-63 “色相/饱和度”命令对话框

◆“编辑区”：在对话框的弹出菜单中选择“全图”，可以同时调整图像中的所有颜色，或者选择某一颜色成分，单独调整。选择部分通道时则可使用位于“色相/饱和度”命令对话框中的吸管工具，在图像上吸取颜色并修改颜色范围，使用吸管加工具可以扩大范围，使用吸管减工具可以减小范围。

◆“色相”：使用“色相”调整滑块，可以调整图像的色调，拖动滑块即可得到一个新的色相。

◆“饱和度”：使用“饱和度”调整滑块，可以调整图像的饱和度。向右拖动增加饱和度，向左拖动减少饱和度。

◆“明度”：使用“明度”调整滑块，可以调整像素的亮度，向右拖动增加亮度，向左拖动减少亮度。

◆“颜色条”：在对话框的底部显示有两个颜色条，代表颜色在颜色轮中的次序及选择范围。上面的颜色条显示调整前的颜色，下面的颜色条显示调整后的颜色。

◆“着色”：用于将当前图像转换成某一种色调的单色调图像。

5.2.8 实例——使用“黑白”命令制作偏色照片

选择“图像”→“调整”→“黑白”命令，利用“黑白”可以快速地制作偏色照片，类似于摄影中的黑白照片彩洗，如图 5-64 所示。

(1)双击 Photoshop CS5 工作区域，选择需要调整的图片，如图 5-65 所示。

图 5-64 用“黑白”命令制作偏色照片

图 5-65 选择图片

(2)选择“图像”→“调整”→“黑白”命令，在弹出的对话框中勾选“色调”后，设置偏色，产生黑白偏色照片的效果，如图 5-66 所示。

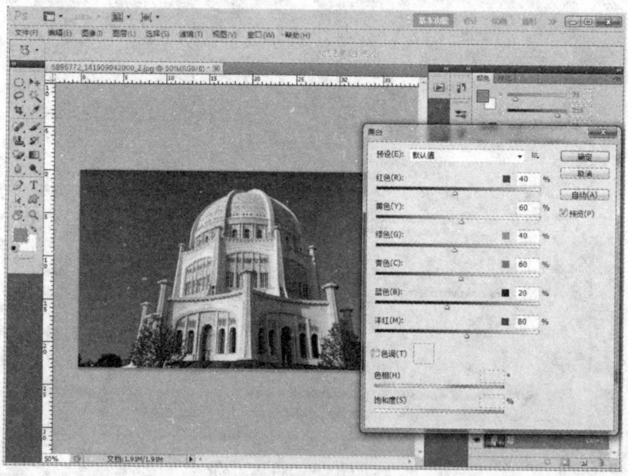

图 5-66 完成效果

5.2.9 黑白

“黑白”命令可以将彩色图片转换为灰度图像，但图像中的颜色模式保持不变，可以快速地使用“黑白”命令制作各种偏色照片，类似于摄影中的黑白照片彩洗。选择“图像”→“调整”→“黑白”命令，弹出对话框，如图 5-67 所示。

◆“预设”：提供了多种色调模式，根据需要可以选择不同的色调模式，也可以通过手动拖曳色块调整图像中的颜色通道。

◆“预览”：选中“预览”复选框，能够随时观察调整的图像。

◆“色调”：勾选“色调”后，可以方便地设置偏色，产生黑白偏色照片的效果。

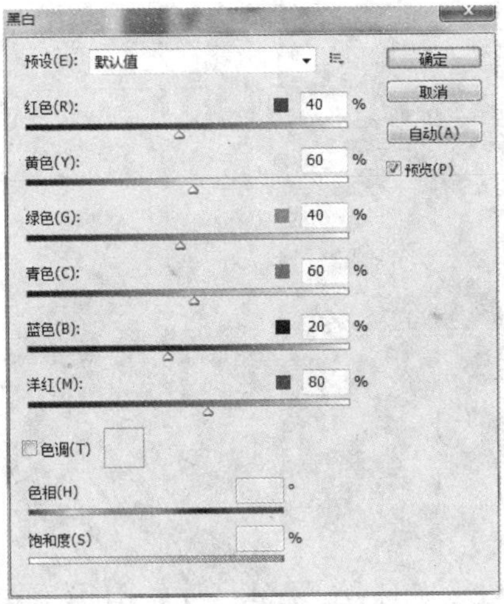

图 5-67 “黑白”对话框

5.2.10 实例——使用“匹配颜色”命令调整图片色调

选择“图像”→“调整”→“匹配颜色”命令，可以使一幅(目标图像)具有另外一幅(源图像)的色调，如图 5-68 所示。

图 5-68 使用“匹配颜色”命令调整图片色调

(1)双击 Photoshop CS5 工作区域，选择需要调整的图片，如图 5-69 所示。

可以看出，右图中的图像整个具有暖色调感觉，此时就可以利用左图中的图像为右侧图像添加冷色调感觉。

(2)确定目标图像为当前操作的图像文件，选择“图像”→“调整”→“匹配颜色”命令，在弹出的对话框底部的“源”下拉菜单中选择源图像的名称，在“匹配颜色”命令对话框中拖动各个参数的滑块，或在对应的数值输入框中输入数值，此时的“匹配颜色”命令对话框如图 5-70 所示。

图 5-69　选择图片

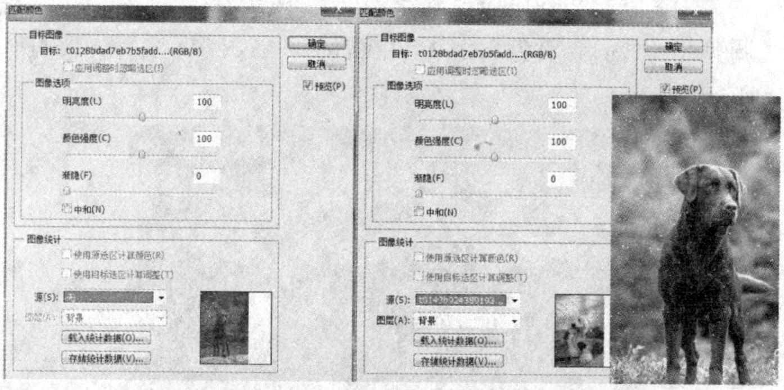

图 5-70　“匹配颜色”后的效果

5.2.11　匹配颜色

“匹配颜色”命令是一个具有较高智能化的命令。此命令可以在相同或者不同的图像之间进行颜色自动匹配，即使一幅(目标图像)具有另外一幅(源图像)的色调。选择“图像”→“调整”→“匹配颜色”命令，弹出对话框，如图 5-71 所示。

◆“目标”：在该项后面显示了当前操作的图像文件的名称、图层名称及颜色模式。

◆“明亮度”：此参数调整得到的图像的亮度。数值越大，则得到的图像亮度也越高，反之则越低。

◆“颜色强度”：此参数调整得到的图像的颜色饱和度。数值越大，则得到的图像所匹配的颜色的饱和度越大，反之则越低。

◆“渐隐”：此参数控制了得到的图像颜色与图像的原色相近的程度。数值越大，则得到的图像越接近于颜色匹配前的效果，反之，匹配的效果越明显。

◆“中和”：选择该选项可自动去除目标图像中的色痕。

◆“应用调整时忽略选区”：如果目标图像中存在选区，则此选项将被激活，选择此选项可以忽略选区对于操作的影响。

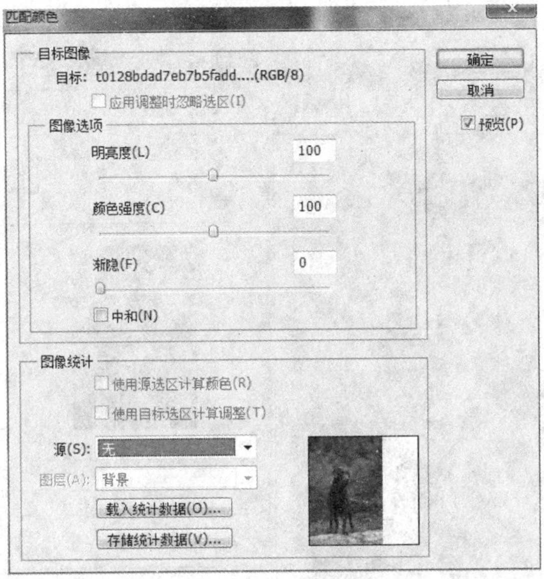

图 5-71 “匹配颜色”对话框

◆“使用源选区计算颜色”:选择此选项,在匹配颜色时仅计算源文件选区中的图像,选区外图像的颜色不计算入内。

◆“使用目标选区计算调整”:选择此选项,在匹配颜色时仅计算目标文件选区中的图像,选区外图像的颜色不计算入内。

◆“源”:在该下拉菜单中可以选择源图像文件的名称。如果选择“无”选项则目标图像与源图像相同。

◆“图层”:在该下拉菜单中将显示源图像文件中所具有的图层。如果选择“合并的”选项,则将源图像文件中的所有图层合并起来,再进行匹配颜色。

5.2.12 实例——使用“替换颜色”命令调整图片背景颜色

选择“图像”→“调整”→“替换颜色”命令,在图像中基于特定颜色创建暂时的选区,调整该选区的色相、饱和度和明度,从而将需要的颜色替换图像中需要改变的颜色,如图 5-72 所示。

图 5-72 使用“替换颜色”命令调整图片背景颜色

(1)打开图片,选择“图像”→“调整”→“替换颜色”命令,弹出对话框,如图 5-73 所示。

图 5-73 “替换颜色”对话框

(2)选择所要调整的图片,若想将原图片中黄色花朵变成紫色,其过程如下:在对话框中使用吸管工具,单击需要调整的区域,同时调整颜色容差,达到选取合适颜色范围的目的,调动“色相”“饱和度”“明度”参数,得到如下参数及效果,如图 5-74 所示。

图 5-74 完成效果

(3)“可选颜色”:除三原色外的其他颜色都是由两种或几种颜色混合而成的,例如橙色就可以用纯黄色和少量的红色混合得到,如果需要将这个橙色中的红色完全去掉,可以利用“可选颜色”命令来完成,同时又不会影响其他颜色中混合的红色。

利用该命令进行色彩校正,也是高端扫描仪和分色程序使用的一项技术,它通过在图像中每个加色和减色的原色分量中增加和减少印刷色用量来改变图像,但保证在调整的同时不会影响到任何其他颜色,选择“图像”→“调整”→“可选颜色”命令,则弹出对话框,如图 5 - 75 所示。

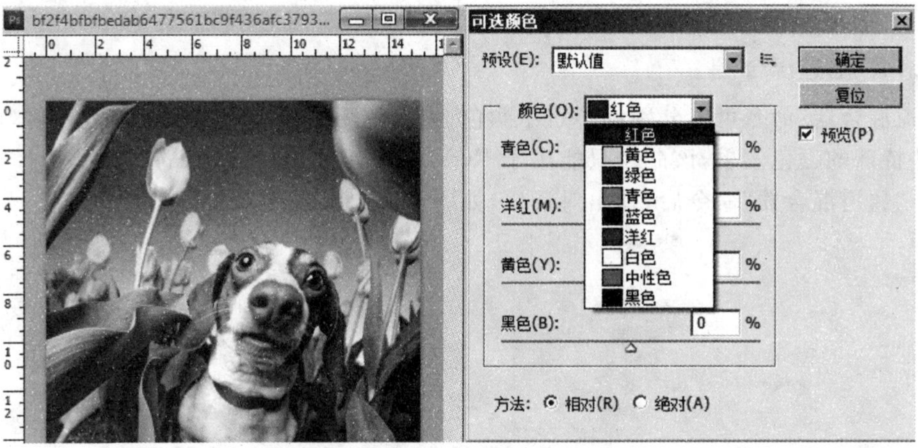

图 5 - 75　“可选颜色”对话框

对选择的黄色进行调整得到效果,如图 5 - 76 所示。

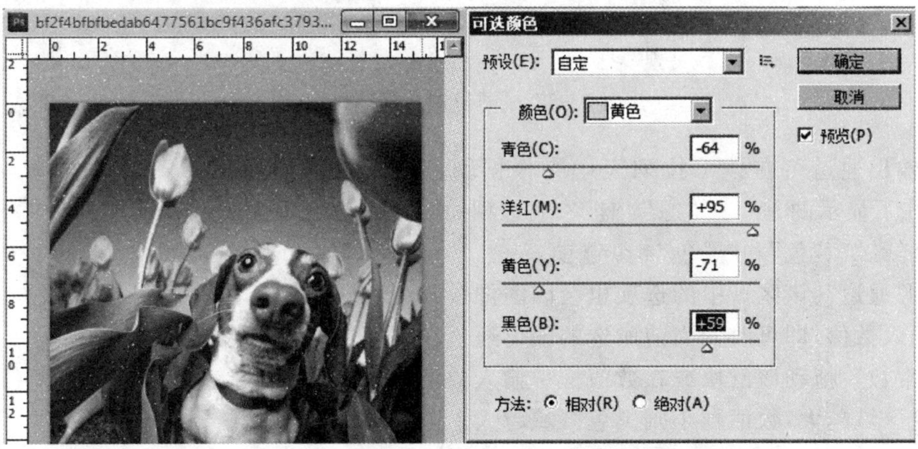

图 5 - 76　调整效果

5.2.13　替换颜色

“替换颜色”命令可以在图像中基于特定颜色创建暂时的选区,来调整该选区的色相、饱和度和明度,从而可以以需要的颜色替换图像中需要改变的颜色。

◆“颜色”:在该下拉菜单中可以选择要调整的颜色:青色、洋红、黄色、黑色,分别拖动各自的滑块或在其对应的数值输入框中输入数值,就可以增加或减少它们在图像中的占有量。

◆“相对”:选择该选项后,所作的调整是按照总量的百分比来更改颜色的。例如,将 30%

的红色减少20%，则红色的总量减少为30%×20%=6%，结果就是红色的像素总量变为24%。

◆“绝对”：选择该选项后，所作的调整是按照相加或相减的方式进行累积的。例如，将30%的红色减少20%，结果就是红色的像素总量变为10%。

◆“存储”：单击该命令按钮，在弹出的对话框中可以将当前设置存储为一个“＊.AXT”格式的文件。

◆“载入”：单击该命令按钮，在弹出的对话框中可以载入一个以前存储的设置文件，从而提高工作效率。

5.2.14 通道混合器

“通道混合器”命令可以分别调整每个颜色通道，从而制作出高品质的灰度图像，还可以制作出一些特殊的颜色效果，该命令只能用于RGB和CMYK颜色模式的图像。选择“图像”→“调整”→“通道混合器”命令后，弹出对话框，如图5-77所示。

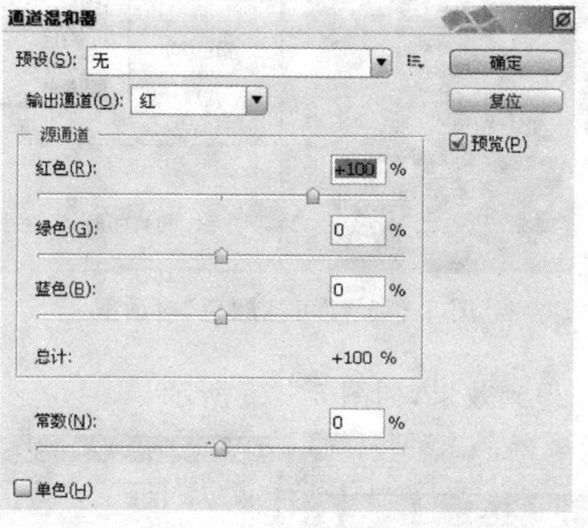

图5-77 “通道混合器”对话框

◆“输出通道”：在该下拉列表中会根据颜色模式的不同而显示不同的选项。例如，在RGB模式下显示的是“红”“绿”“蓝”3个选项；而在CMYK模式下，该下拉列表中显示的是“青色”“洋红”“黄色”和“黑色”4个选项。

◆“源通道”：该区域中的选项也会因图像模式的不同而改变，拖动各个滑块或在后面的数值框中输入数值，即可改变当前所选的输出通道在图像中所占的像素量。

◆“常数”：拖动该滑块或在数值框中输入数值，可以调整图像输出通道的灰度值，数值越大则白色区域越大，数值越小则黑色区域越大。

◆“单色”：选中该选项后，在“输出通道”下拉列表中就只有一个“灰度”选项可选，并且取消该选项的选中状态后，仍会保持之前对图像进行的灰度调整，但可以再次选择各个输出通道，为图像着色。

◆“存储预设”：单击此选项，在弹出的对话框中可以将当前设置存储为一个“＊.CHA”格式的文件。

◆“载入预设”：单击该选项，在弹出的对话框中可以载入一个以前存储的设置文件，从而提高工作效率。

5.2.14 实例——使用“照片滤镜”命令制作风格照片

“照片滤镜”通过模拟传统光学的滤镜特效，调整图像的色调，使其具有暖色调或冷色调的倾向，也可以根据实际情况自定义其他的色调，如图 5-78 所示。

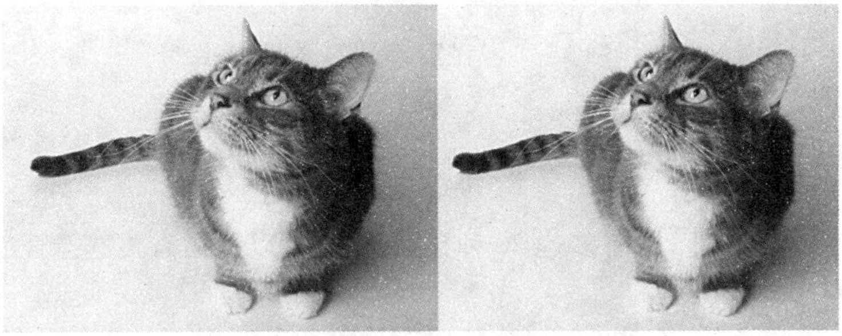

图 5-78 用“照片滤镜”命令制作风格照片

(1)双击软件工作窗口，打开所要编辑的图片，如图 5-79 所示。

图 5-79 打开图片

(2)选择“图像”→“调整”→“照片滤镜”命令，在弹出的“照片滤镜”命令对话框中执行下列操作之一：选择“加温滤镜”，可以将图像调整为暖色调，如图 5-80 左图所示；选择“蓝色滤镜”，可以将图像调整为冷色调，如图 5-80 右图所示。

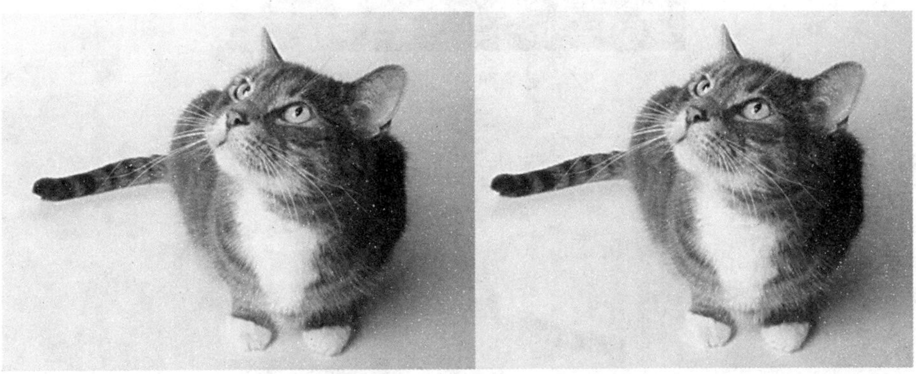

图 5-80 “照片滤镜”命令效果

5.2.16 照片滤镜

“照片滤镜”可以模拟传统光学的滤镜特效，调整图像的色调，选择“图像”→“调整”→“照片滤镜”命令，则弹出对话框，如图 5-81 所示。

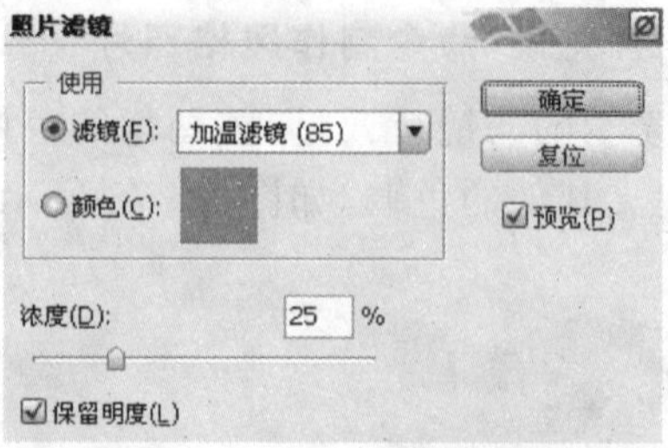

图 5-81 “照片滤镜”对话框

◆“滤镜”:在该下拉菜单中有多达 20 种预设选项,可以根据需要选择合适的选项,以对图像进行调整。

◆“颜色”:单击该色块,在弹出的“拾色器”对话框中可以自定义一种颜色,作为图像的色调。

◆“浓度”:拖动滑块条以便调整应用于图像的颜色数量,该数值越大,应用的颜色调整越大。

◆“保留明度”:在调整颜色的同时保持原图像的亮度。

5.2.17 实例——使用“渐变映射”赋予照片自定过度色彩效果

选择“图像”→“调整”→“渐变映射”命令,设置一个渐变效果,然后将渐变作用于图像,如图 5-82 所示。

图 5-82 赋予照片自定过度色彩效果

(1)打开需要编辑的图片,如图 5-83 所示。

图 5-83 打开图片

(2)选择“图像”→“调整”→“渐变映射”命令,在弹出的“渐变映射”对话框中单击对话框中的渐变选择框,在弹出的“渐变编辑器”对话框中自定义渐变的类型。根据需要选择“仿色”“反向”选项后,单击“确定”命令按钮退出对话框即可,如图 5-84 所示。

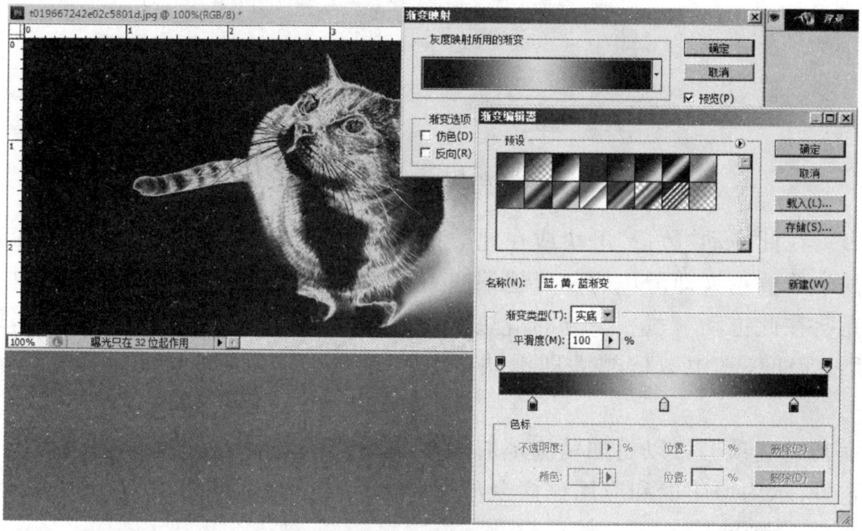

图 5-84 完成效果

5.2.18 渐变映射

“渐变映射”命令的主要功能是将渐变作用于图像,此命令将图像的灰度范围映射到指定的渐变填充色。例如,如果指定了一个双色渐变,则图像中的阴影映射到渐变填充的一个端点颜色,高光映射到另一个端点颜色,中间调映射到两个端点间的层次。选择“图像”→“调整”→“渐变映射”命令,则弹出“渐变映射”对话框,如图 5-85 所示。

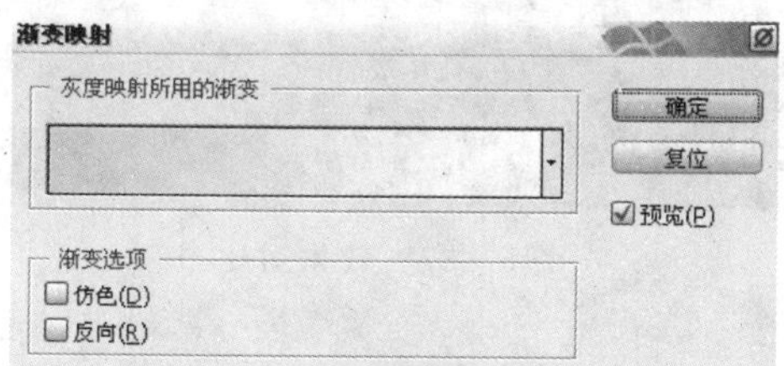

图 5-85 “渐变映射”对话框

◆“灰度映射所用的渐变”:在该区域中单击渐变选择框即可弹出“渐变编辑器”命令对话框,然后自定义要应用的渐变类型。也可以单击右侧的按钮▾,在弹出的渐变预设框中选择一个预设的渐变。

◆“仿色”:选择该选项后,添加随机杂色以平滑渐变填充的外观并减少宽带效果。

◆“反向”:选择该选项后,会按反方向映射渐变。

5.2.19 阴影/高光

“阴影/高光”命令用于处理在摄影中由于用光不当而使拍摄出来的照片局部过亮或过暗的照片。选择“图像”→“调整”→“阴影/高光”命令,弹出的“阴影/高光”命令对话框,如图 5-86所示。

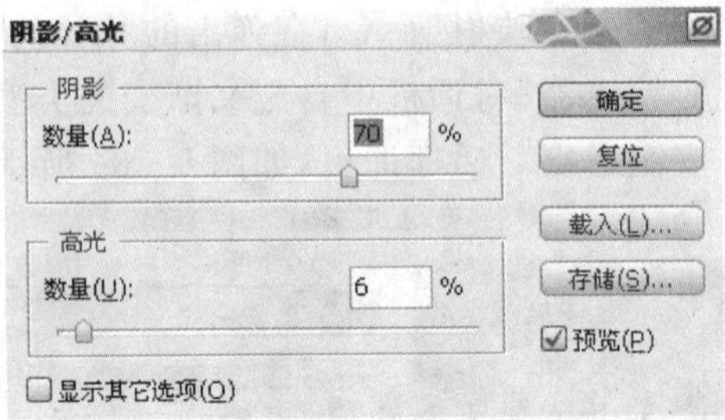

图 5－86 “阴影/高光”对话框

◆“阴影”：在此拖动“数量”滑块或在此数值输入框中输入相应的数值，可改变暗部区域的明亮程度，其中数值越大即滑块的位置越偏向右侧，则调整后的图像的暗部区域也相应越亮。

◆“高光”：在此拖动“数量”下方的滑块或在此数值输入框中输入相应的数值，即可改变高亮区域的明亮程度，其中数值越大即滑块的位置越偏向右侧，则调整后高亮区域也会相应变暗。

◆“显示其它选项”：可以更加精细地对图片的高光和暗部进行调整。

图 5－87 所示为原图像和应用该命令显示阴影区域图像后的效果。

图 5－87 效果对比

5.2.20 曝光度

“曝光度”用于控制画面主体物体与背景之间的关系，可以根据画面要求对背景与画面物体进行加大对比的操作，是一种局部调光法。选择“图像”→“调整”→“曝光度”命令，则弹出对话框，如图 5－88 所示。

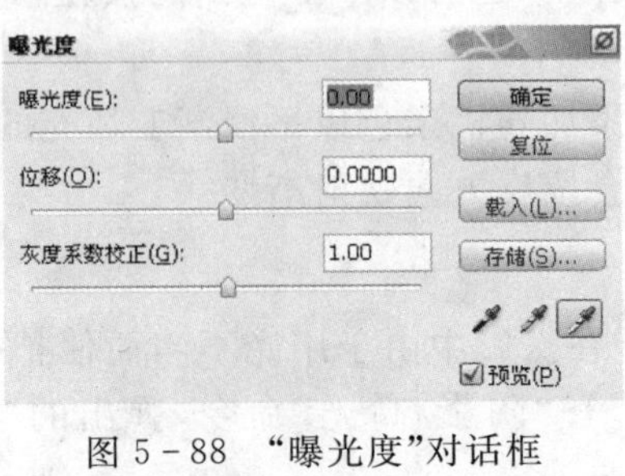

图 5－88 “曝光度”对话框

◆“曝光度”:以图片中心为标准点,提高中心图像的亮度,同时也可以使用吸管工具,对选择区域进行补光或者减光。

◆“位移”:控制曝光的范围。

◆“灰度系数校正”:增加或者减少曝光范围中画面的细节程度。

5.2.21 反相

应用“图像”→“调整”→“反相”命令,可以反向图片。对于黑白图像可以制作出负片效果;对于彩色图片可以使图像中的各部分颜色转换为补色,如图 5-89 所示。

图 5-89 “反相”命令效果

5.2.22 色调均化

“色调均化”命令可用于调整颜色,它能重新分配图像中各要素的亮度值,其中最暗值为黑色,最亮值为白色,中间像素则均匀分布。

5.2.23 阈值

使用“图像”→“调整”→“阈值”命令,可以将彩色图像转换为一幅黑白图像。此命令允许用户指定阈值,在转换过程中被操作图像中比此阈值高的像素将会被转换为白色,所有比此阈值低的像素将会被转换为黑色。此命令有点类似将灰度模式的图像转换为位图模式的效果,好处是更加灵活、实用。

5.2.24 色调分离

使用“色调分离”命令,可以减少彩色或灰阶图像中色调等级的数目。可以在“色调分离”命令对话框中设定色调数目,定义图像的显示颜色。

如果将彩色图像的色调等级制定为 6 级,Photoshop 可以在图像中找出 6 种基本色,并将图像中所有颜色强制与这 6 种颜色匹配,如图 5-90 右图所示。

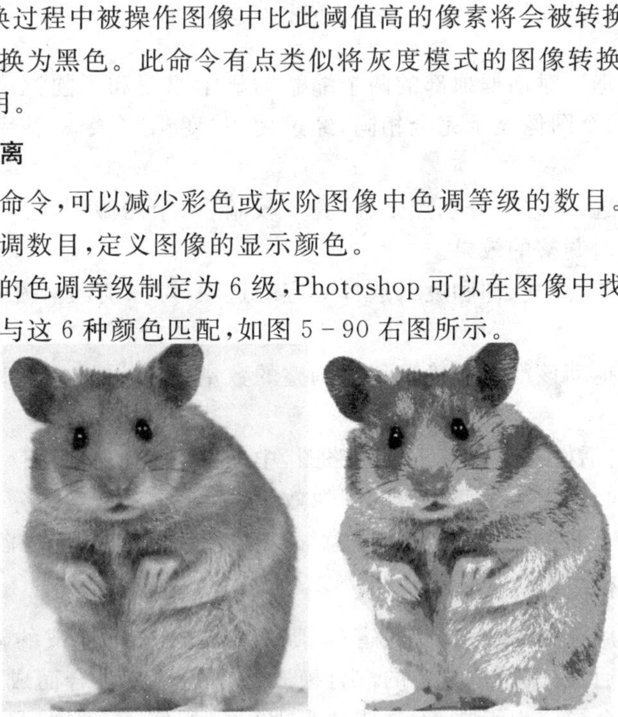

图 5-90 “色调分离”使用效果

在“色调分离”命令对话框中，可以使用上下方向键来快速试用不同的色调等级。色调等级越多，画面越细腻，此命令适合用于在照片中制作面积较大的单色区域。

5.2.25 变化

“变化”命令允许使用者可视地调整图像或选区的色彩平衡、对比度、饱和度，直观但不精确。选择“图像”→“调整”→“变化”命令，弹出“变化”命令对话框，如图 5－91 所示。

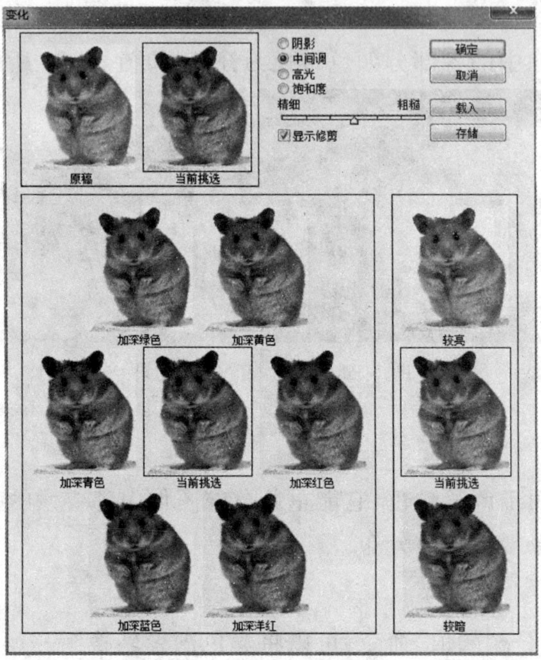

图 5－91 “变化”命令对话框

◆“原稿、当前挑选”：对话框顶部的两个缩微图显示原图和当前挑选状态，在第一次打开该对话框的时候，这两个图像显示完全相同，经过使用“变化”命令调整后，当前挑选中的图像显示为调整后的状态。

◆“较亮、当前挑选、较暗”：分别点击“较亮”“较暗”两个缩微图，可以增亮或加暗图像，当前挑选缩微图显示当前调整的效果。

◆“阴影、中间色调、高光、饱和度”：选择对应的选项，可分别调整图像中该区域的色相、亮度与饱和度。

◆“精细/粗糙”：拖动该滑块可确定每次调整的数量，将滑块向右侧移动 1 格，可使调整度双倍增加。

◆“调整色相”：对话框左下方有 7 个缩略图，中间的“当前挑选”缩略图与上方的“当前挑选”缩略图的作用相同，用于显示调整后的图像效果；另外 6 个缩略图分别可以用来改变图像的 RGB 和 CMYK 等 6 种颜色，单击其中任意缩略图，均可增加与该缩略图对应的颜色。

5.2.27 应用图像

“应用图像”命令用于为当前图层/通道/蒙版生成新的图像，生成的新图像是另一图层/通道/蒙版与当前图层/通道/蒙版按设定的混合模式和不透明度混合而成。它要求二者的大小和分辨率相同。当混合模式为正常、不透明度为 100％时，实际上是将另一图层/通道/蒙版粘贴到当前图层/通道/蒙版。当勾选上蒙版，则在混合时又加上了一个蒙版的作用，尽管该蒙版在图层调板上并不可见。采用的是哪个蒙版，可在应用图像对话框中选定，若勾选上“反相”，则用反相的蒙版图像产生作用。

5.2.28 实例——使用“计算”局部调整照片对比度

利用“计算”命令来产生大面积阴影的选区，然后用“曲线”命令来调亮，如图 5-92 所示。

图 5-92 局部调整照片对比度

(1)双击软件工作窗口，打开所要编辑的图片。然后复制原图层得到背景副本，如图5-93所示。

图 5-93 复制原图层得

(2)选择“图像”→“计算”命令，进行相关设置，如图 5-94 所示。

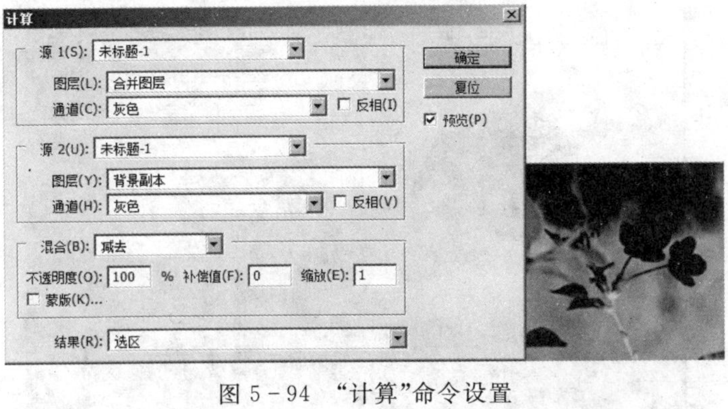

图 5-94 “计算”命令设置

(3)选择“图像”→“调整”→“曲线”命令，进行设置，完成效果如图 5-95 所示。

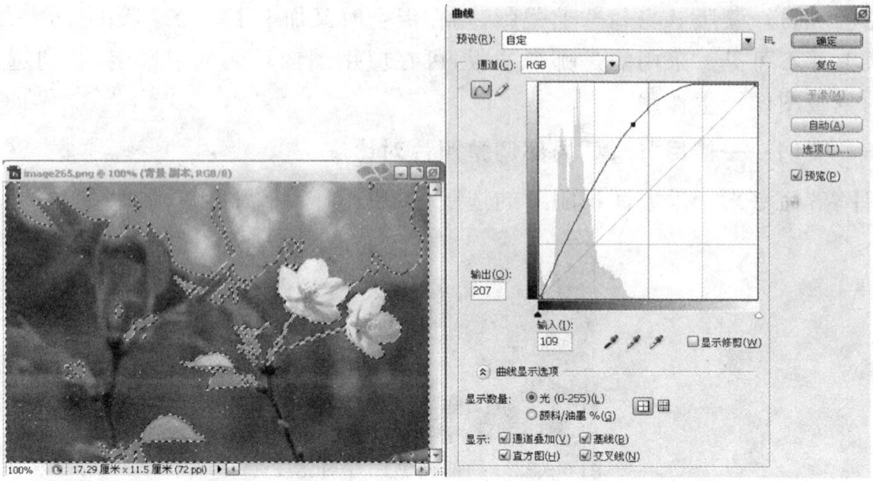

图 5－95　完成后的效果

5.2.28　实例——使用"计算"抠图成为选区

下面的例子就是利用"计算"命令抠图成为选区，然后粘贴到白色背景上，如图5－96所示。

图 5－96　抠出马

(1)双击软件工作窗口，打开所要编辑的图片。然后复制原图层得到背景副本，如图5－97所示。

图 5－97　复制原图层

(2)执行“图像”→“计算”命令，选用反差最大的蓝色通道，如图 5-98 所示。

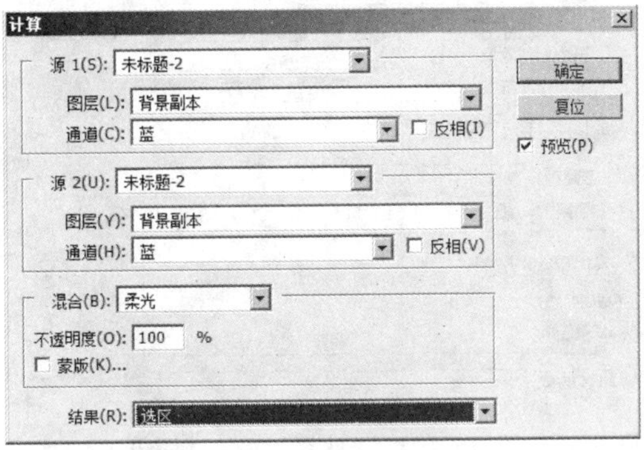

图 5-98 应用“计算”命令

(3)点击“确定”，按住“Shift”键，使用“多边形套索工具”将需要选上的也加到选区中，如图 5-99 所示。

图 5-99 选取整个马

(4)粘贴到任意背景上，完成，如图 5-100 所示。

图 5-100 选取出马

5.2.29 计算

“计算”命令类似于“应用图像”命令，可用于混合两个通道(不同文件/图层/通道)，生成新的文件/通道/选区，实现通道混合模式。设置也类似于“应用图像”命令，它也要求二者的大小和分辨率相同。选择“图像”→“计算”命令，弹出对话框，如图 5-101 所示。

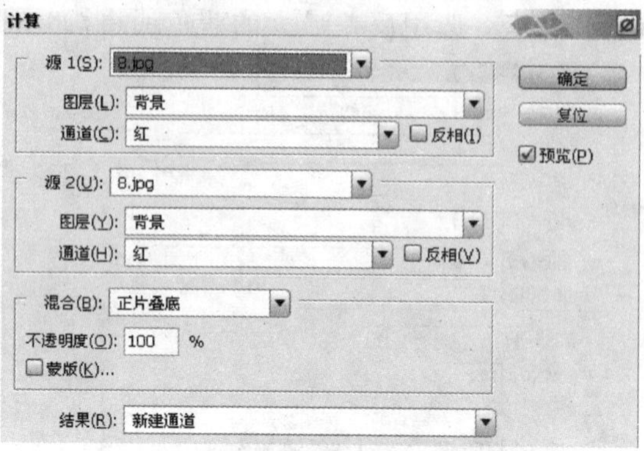

图 5-101 “计算”命令对话框

5.3 综合实例讲解

5.3.1 实例——老照片上色

本实例将老照片上色，主要运用滤镜命令、图层模式、画笔工具等。通过运用钢笔工具绘制形状，然后添加文字，最后使用“锐化”加强画面的对比度，达到我们需要设计的效果。实例效果，如图 5-102 所示。

图 5-102 老照片上色效果对比

1. **知识难点**

(1)画笔工具的运用；

(2)图层模式的运用；

(3)滤镜命令的运用。

2. **操作步骤**

(1)双击图标，启动 Photoshop CS5，选择“文件”→“打开”命令，打开需要编辑的图片，如图 5-103 所示。

(2)首先要对图片的躁点进行处理，如图 5-104 所示。

图 5-103　打开需要编辑的图片

图 5-104　图片躁点

(3)选择该图层,执行“滤镜”→“杂色”→“减少杂色”命令,弹出对话框,设置“强度”为 6,“减少杂色”数值为 100,其他为 0,勾选“移去 JPEG 不自然感”,点击“确定”,如图 5-105 所示。

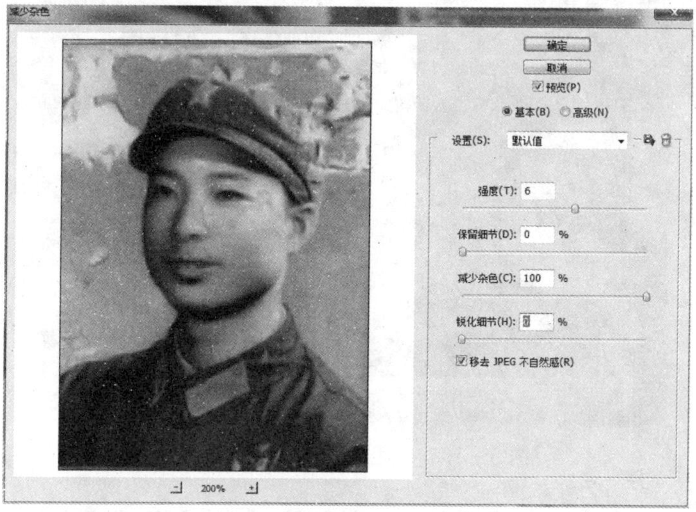

图 5-105　减少杂色

(4)得到基本的减躁效果,如图 5-106 所示。

图 5-106　基本的减躁效果

(5)接着点击浮动图层面板的创建新图层按钮,建立一个透明新图层“图层 1”,并将图层的颜色模式改为“柔光”,如图 5-107 所示。

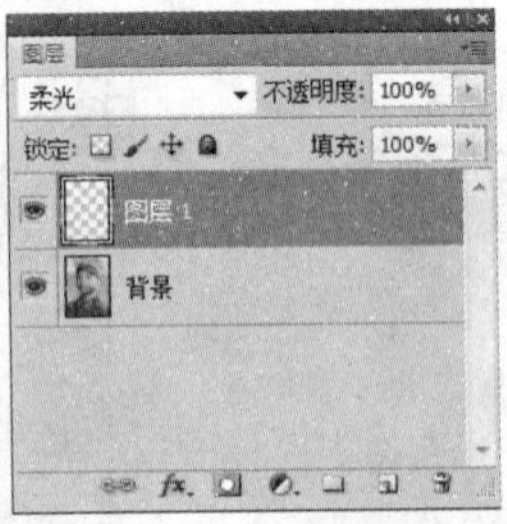

图 5-107 建立新图层并将颜色模式改为“柔光”

(6)选择“画笔工具”,选择一个带毛边画笔样式的画笔,在颜色调板中选择一个合适的颜色,直接在图层 1 上平涂。注意在画的过程中,需将输入法切换成英语模式,再使用键盘“[”“]”调整笔触大小,如图 5-108 所示。

图 5-108 “柔光”模式下平涂上色

(7)选择图层 1,执行“图像”→“调整”→“亮度/对比度”命令,设置“亮度”为“3”,“对比度”为−14,点击“确定”,如图 5-109 所示。

图 5-109 设置“亮度/对比度”

(8)最后，选择“图层”→“合并可见图层”，将图层 1 与背景图层合并，如图 5-110 所示。

(9)执行“滤镜”→“锐化”→“USM 锐化”命令，弹出对话框，设置“数量”为 76，“半径”为 4.6，“阈值”为 12，如图 5-111 所示。

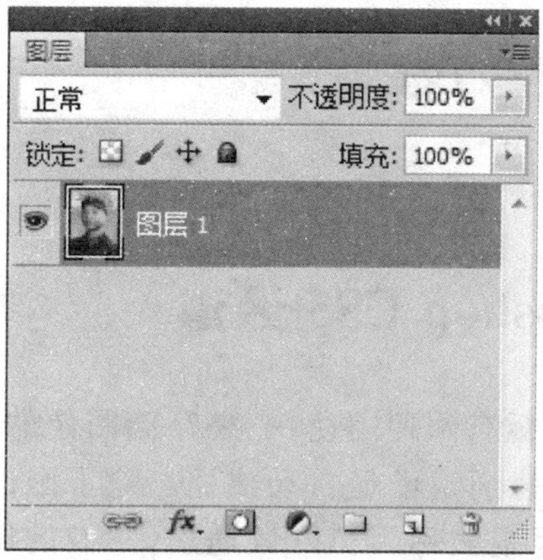

图 5-110 合并可见图层

图 5-111 USM 锐化

(10)点击“确定”，如图 5-112 所示。

图 5-112 完成效果

第 6 章　Photoshop CS5 通道、蒙版、路径运用实例

6.1　初识 Photoshop CS5 通道

“通道调板”在 Adobe Photoshop 中，通道调板有两种用途：一是存储图像的颜色信息，二是将选区存储为通道。当建立新文件时，颜色信息通道已经自动建立。除了图像内定的颜色信息通道以外，还可以另外建立新的通道，这些通道被称为 Alpha 通道，它们的用途是用来建立或存储选区，相当于蒙版的概念，并可使用计算命令来形成新的图像。

选择“窗口”→“通道”命令打开通道调板，调板最下方有 4 个图标，分别表示不同的操作，如图 6－1 所示。

◆ ：“将通道作为选区载入”，单击此按钮可以将当前选择的通道所保存的选区调出。

◆ ：“将选区存储为通道”，在选区处于激活状态下，单击此按钮可以将当前选区保存为 Alpha 通道。

◆ ：“创建新通道”，单击此按钮可以按默认设置新建一个 Alpha 通道。

◆ ：“删除当前通道”，单击此按钮可以删除当前选择的通道。

在 Photoshop 中，通道的一个主要功能是保存图像的颜色信息。例如，一个 RGB 模式的图像，它的每一个像素的颜色数据是由红(R)、绿(G)、蓝(B)这三个通道来记录的，而这三个色彩通道组合定义后合成了一个 RGB 主通道，如图 6－2 所示。

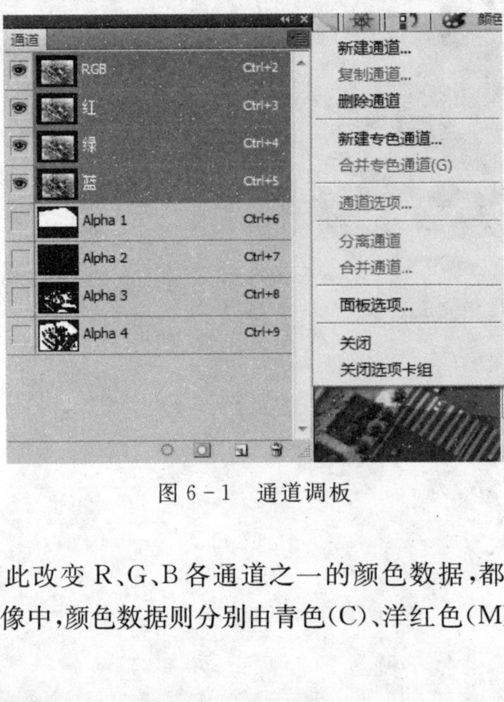

图 6－1　通道调板

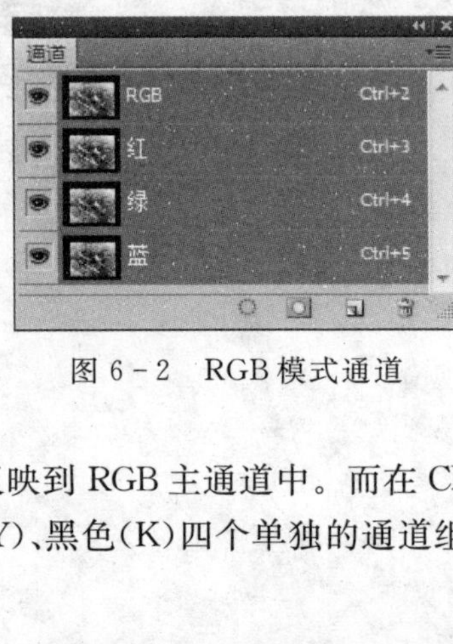

图 6－2　RGB 模式通道

因此改变 R、G、B 各通道之一的颜色数据，都会马上反映到 RGB 主通道中。而在 CMYK 模式的图像中，颜色数据则分别由青色(C)、洋红色(M)、黄色(Y)、黑色(K)四个单独的通道组合成一

个 CMYK 的主通道，如图 6－3 所示。而这四个通道也就相当于四色印刷中的四色胶片，即 CMYK 图像在彩色输出时可进行分色打印，将 CMYK 四原色的数据分别输出成为青色、洋红色、黄色和黑色四张胶片，在印刷时这四张胶片叠合即可印刷出色彩缤纷的彩色图像。

通道的另外一个十分重要且常用的功能就是用来存放和编辑选区，也就是所谓的 Alpha 通道的功能。在 Photoshop 中，当选区范围被保存后，就会自动成为一个蒙版保存在一个新增的通道中，该通道会自动被命名为 Alpha，最终完成的效果如图 6－4 所示。在 Alpha 通道上可以应用各种绘图工具和滤镜对选区作进一步的编辑和调整，从而创建更为复杂和精确的选区。

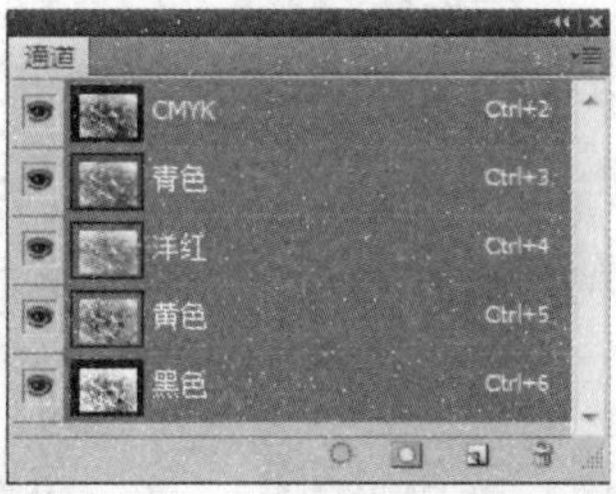

图 6－3 CMYK 模式通道

图 6－4 Alpha 通道

6.1.1 观察通道

每一个通道左边都有一个“眼睛”图标，用于代表该通道是否可见。同样，如果此处未显示眼睛图标，则该通道处于隐藏状态。利用这一功能，可以控制同时显示的通道的数量，图 6－5所示为原图像及相应的通道调板。

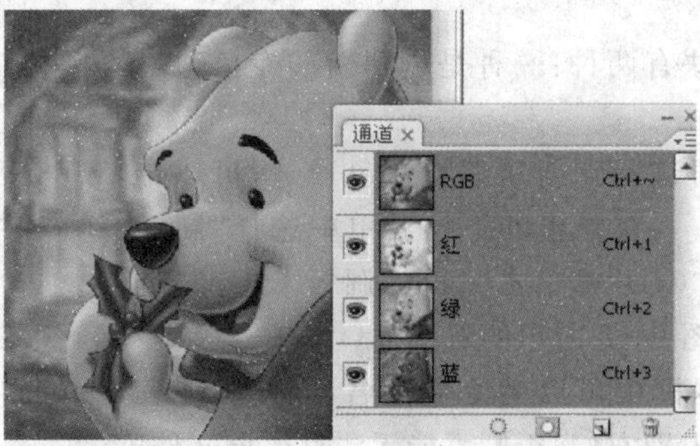

图 6－5 原图像及通道调板

仅显示“红”通道和“绿”通道时的图像状态，如图 6－6 所示。

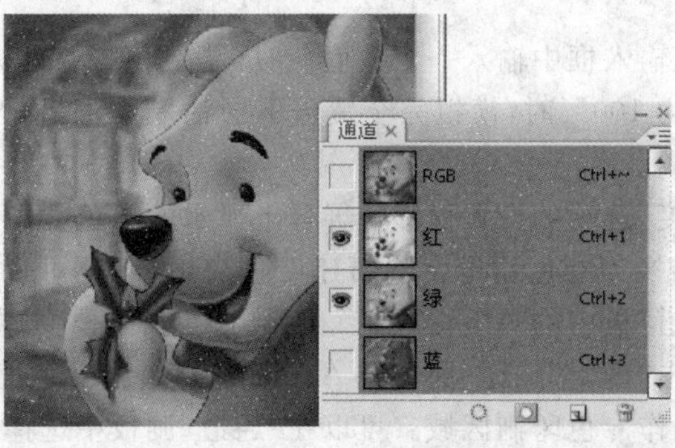

图 6－6 仅显示“红”通道和“绿”通道时的图像状态

6.1.2 选择通道

要对通道进行操作,通过点击该通道的名称即可将该通道选中,若按住“Ctrl”键点选通道,则可将相关颜色的路径选中,按“Shift”键点选通道则可将其他颜色通道选中,如图6-7所示。

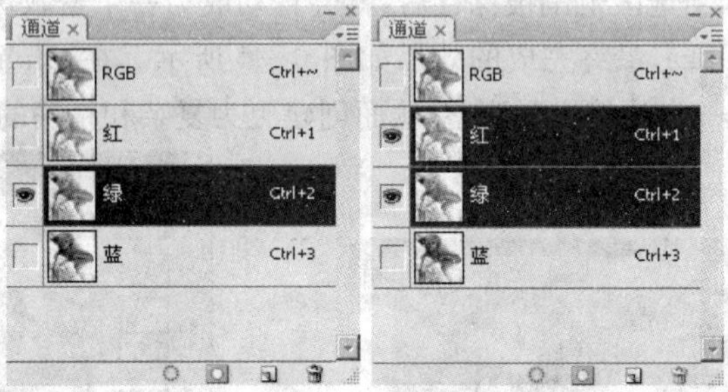

图6-7 选择通道

6.1.3 专色通道

由于在印刷中存在技术上的限制,使通过印刷得到的图像效果比显示在屏幕上的图像视觉效果差,为了弥补这种缺陷,产生了各种各样的技术,而“专色”即其中之一。“专色”是一种特殊的预混油墨,用来替代或补充印刷色(CMYK)油墨。使用专色的好处在于,可以获得通过使用CMYK四色油墨无法合成的颜色效果,如金色与银色。此外,可以降低印刷成本,每种专色在付印时要求使用专用印版。在Photoshop CS5中获得专用的印版,可以通过创建专色通道的方法得到。

增加专色通道的方法有两种:一种是创建新的专色通道,另一种是将现有Alpha通道转换为专色通道。

(1)创建新的专色通道。要创建新的专色通道,可以单击“通道”调板右侧按钮,在弹出的下拉菜单中选择“新建专色通道”命令,或按住“Ctrl”键单击“通道”调板下方的“创建新通道”按钮,弹出如图6-8所示的对话框。

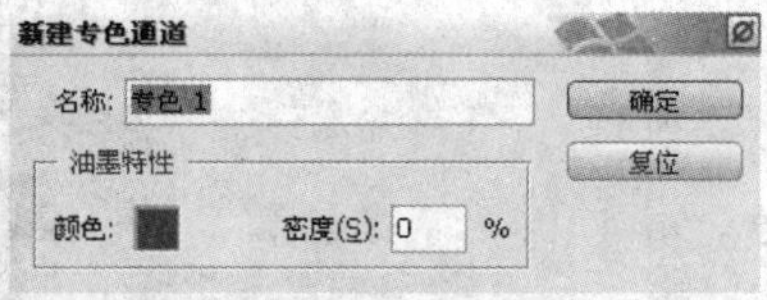

图6-8 创建新的专色通道

◆“名称”:在该文本框中可以为专色命名,以便其他读取文件的应用程序能够识别它们,否则可能无法打印该文件。

◆“颜色”:单击“油墨特性”选项区域下的颜色块,在弹出的“拾色器”中指定一种颜色为专色。

◆“密度”:在该数值输入框中输入一个数值,在屏幕上模拟打印专色的密度,数值范围为0~100%之间。当数值为100%时,模拟完全覆盖下层油墨的油墨;当数值为0时,模拟完全显示下层油墨的透明油墨。

注意:“颜色”与“密度”选项的设置仅影响屏幕上显示的颜色,不会影响输出的效果。

(2)将Alpha通道转换为专色通道。除新建专色通道外,还可以将已有的Alpha通道转换为专色通道,双击“通道”板中的Alpha通道,在弹出的对话框中选择“专色”选项。设置“颜色”及“密度”选项后,单击“确定”按钮,即可将Alpha通道转为专色通道。

(3)在专色通道中制作专色印刷区域。可以在“通道”调板中选择专色通道,然后使用绘画或编辑工具在图像中绘画从而制作出要进行专色印刷的区域。

◆作图时如果使用黑色，可添加不透明度为 100%的专色；如果使用灰色，可以添加不透明度较低的专色；如果使用白色，可减少不透明度为 100%的专色。

◆在“通道”调板中激活专色通道，单击调板右侧三角按钮，在下拉菜单中选择“合并专色通道”命令，专色即转换为原色通道并与其合并。

◆在具有多个相互重叠的“专色通道”的情况下，如果要防止专色压印或需要挖空处于下层的专色，可以在重叠处删除一种专色，其操作方法为：按住“Ctrl”键单击一种“专色通道”，载入该专色通道的选区。如果要挖空下层专色，选择“选择”→“修改”→“扩展”或“收缩”命令。该命令的选择取决于重叠专色比其下面的专色更深还是更浅。在“通道”调板中，选择包含要挖空区域的下层专色通道，按“Delete”键删除。

◆通道中的专色与其他多种专色重叠，可对包含要删除区域的每个通道重复执行选择、删除等操作过程。

6.1.4 Alpha 通道

在 Photoshop CS5 中，通道除了可以保存颜色信息外，还可以保存选择区域的信息，此类通道被称为 Alpha 通道。

在将选择区域保存为 Alpha 通道时，选择区域被保存为白色，而非选择区域被保存为黑色，如果选择区域具有不为 0 的羽化数值，则此类选择区域被保存为具有灰色柔和边缘的通道，这就是选区与 Alpha 通道之间的关系。原图像中的选区状态，如图 6-9 所示。

将其保存至通道后的图像状态，可以看出，原来选区所选择的区域，与通道中白色区域的形状完全相同，如图 6-10 所示。

图 6-9 原图像中的选区状态

图 6-10 保存至 Alpha 通道后的图像状态

使用 Alpha 通道保存选区的优点在于：可以用作图的方式对通道进行编辑，从而获得使用其他方法无法获得的选区，而且可以长久地保存选区，便于进行设计。

(1)创建 Alpha 通道。Photoshop CS5 提供了多种多样的创建 Alpha 通道的操作方法，如“直接创建 Alpha 通道”法：单击“通道”调板底部的“将选区存储为通道”按钮◙，就可以将选取创建为保存当前路径的 Alpha 通道。

(2)编辑 Alpha 通道。当 Alpha 通道被创建后，可以用绘图的方式对其进行编辑。例如使用画笔绘图，使用选择工具创建选择区域，然后填充白色或黑色；还可以用形状工具在 A1pha 通道中绘制标准的几何形状。总之，所有在图层上可以应用的作图手段在此都同样可用。

上面所举的实例虽然略有复杂，但究其本质不难看出，最终目的是在通道中编辑出与人物头像相对应的选区，那么就需要将头像区域处理成白色，这个过程就是增加选区的过程；而头像以外的区域是多余的，那么就需要将其处理成黑色，这个过程则是减少选区的过程。

在掌握编辑通道的原则后，可以使用更多、更灵活的命令与操作方法对通道进行操作。例如：可以在 Alpha 通道应用颜色调整命令，改变黑白区域的比例，从而改变选择区域的大小；也可以在 Alpha 通道中应用各种滤镜命令，从而得到形状特殊的选择区域；还可以通过变换 Alpha 通道来改变选择区域的大小。

6.2 Photoshop CS5 蒙版

6.2.1 实例——使用“图层蒙版”制作遮挡效果

选择“图层”→“图层蒙版”命令，然后建立一定区域填充白色或者黑色，与背景形成一种遮挡与被遮挡的效果。制作的最终遮挡效果如图 6－11 所示。

(1)启动 Photoshop CS5，执行“文件”→“打开”命令，弹出对话框，选择需要的图片，点击“确定”打开需要编辑的图片，如图 6－12 所示。

图 6－11 制作的最终遮挡效果

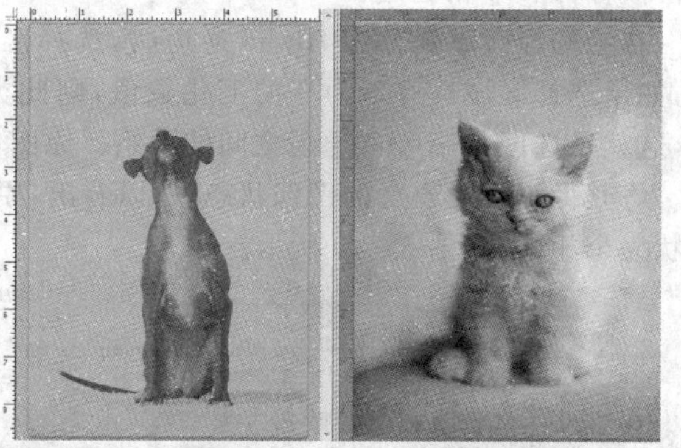

图 6－12 打开图片

(2)选择“图层”→“图层蒙版”命令，若选择“显示全部”命令，生成的就是白色的蒙版；若选择“隐藏全部”命令，生成的就是黑色的蒙版。当在图层中有选择范围时，可将“显示选区”和“隐藏选区”两项命令激活，如图 6－13 所示。

图 6－13 使用“图层蒙版”

(3)在图层 1 添加一个隐藏全部的黑色蒙版，隐藏全部图层内容，只显示图层 0 内容，使用选区工具，单击“图层蒙版”绘制一长方形，并填充黑色，即隐藏此黑色选区下的内容，如图 6－14 所示。

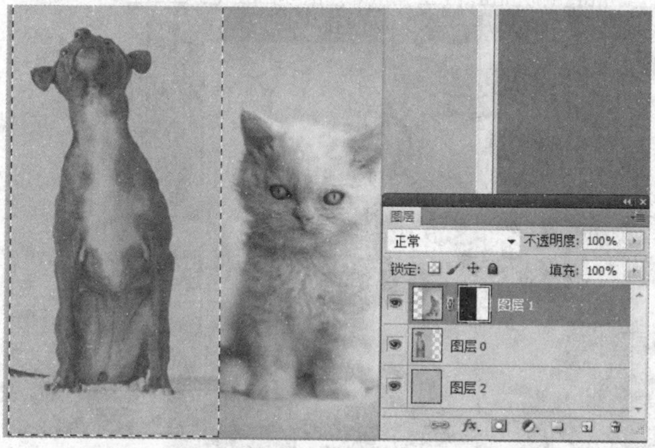

图 6－14　完成后的效果

6.2.2　实例——使用“图层蒙版”制作图像混合效果

选择“图层”→“图层蒙版”命令，然后建立一定区域填充过渡色，形成一种灰度百分比的关系，用来控制图层的透明程度，最终形成图片与图片之间的过渡效果，如图 6－15 所示。

图 6－15　最终的图像混合效果

(1)启动 Photoshop CS5，执行“文件”→“打开”命令，弹出对话框，选择需要的图片，点击“确定”打开需要编辑的图片，如图 6－16 所示。

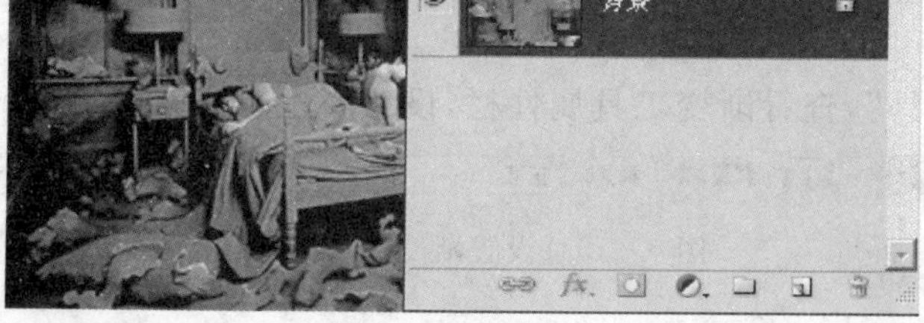

图 6－16　打开图片

(2)继续选择“文件”→“打开”命令，选择一张适合的图片，使用“移动工具”将图片拖曳到背景图层上，如图 6－17 所示。

图 6－17　将图片拖曳到背景图层上

(3)选择图层 1，选择“图层”→“图层蒙版”→“显示全部”命令，给图层 1 添加一个“图层蒙版”，如图 6－18 所示。

图 6－18　给图层 1 添加“图层蒙版”

(4)选择“渐变工具”，查看渐变工具属性栏，设置属性，如图 6－19 所示。

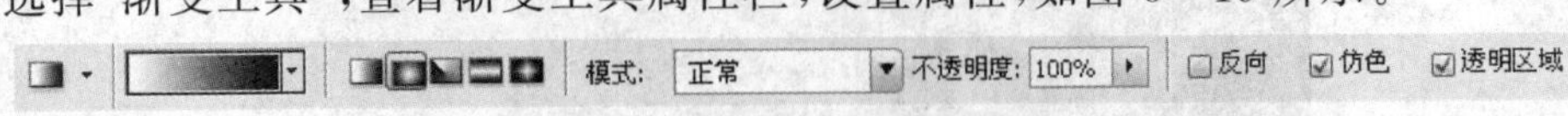

图 6－19　设置渐变工具属性栏

(5)选择渐变工具属性栏“径向渐变”，渐变颜色由白到黑(白色显示内容，黑色隐藏内容)，在图层 1 中拖曳，如图 6－20 所示。

图 6-20 选择“径向渐变”在图层 1 中拖曳

(6)按照前面的方式继续打开图片，拖拽到背景图层上，使用“渐变工具”拖曳，如图 6-21 所示。

图 6-21 修改新图片

(7)继续打开图片，拖曳到背景图层上，添加“图层蒙版”执行渐变，如图 6-22 所示。

图 6-22 完成后的效果

6.2.3 图层蒙版

图层上的蒙版相当于一个 8 位灰阶的 Alpha 通道。在蒙版中，黑色表示全部蒙住，图层中的图像不显示；白色表示图像全部显示；不同程度的灰色蒙版表示图像以不同程度的透明度进行显示。Alpha 通道用于保存和编辑选定范围，也可以用作图像的蒙版。在图层中设定了蒙版后，会发现在通道调板中有一个临时 Alpha 通道，可以使用画笔或其他编辑工具来编辑Alpha 通道。

◆默认情况下图层与图层蒙版之间是被链接在一起的，在图层调板中它们的链接图标表示两者有链接关系，因此图层与图层蒙版可以同时移动或变形。单击链接图标，可以解除图层与图层蒙版之间的链接关系，这样就可以分别对图层和蒙版进行编辑。要恢复两者的链接关系，再单击图层与图层蒙版之间的位置，则链接图标会再次出现。

◆当创建一个图层蒙版时，它是自动和图层中的图像链接在一起的，在图层调板中图层和蒙版之间有链接符号，此时若用移动工具移动图像，则图层中的图像和蒙版将同时移动。用鼠标单击链接符号，符号就会消失，此时可分别选中图层图像和蒙版进行移动。

◆如果对所作的蒙版不满意，可将其删除，在"图层"菜单中选择"移去图层蒙版"命令。

◆如果需要将图层调板中的蒙版暂时关掉，可以在按住"Shift"键的同时用鼠标单击图层调板中的蒙版，或选中图层中的蒙版后，在"图层"菜单下选择"停用图层蒙版"命令，在图层调板中就会看到蒙版图标上有一个红色的×，表示图层蒙版停用，如图 6－23 所示。

图 6－23 图层蒙版停用

同时，图层蒙版是制作图像混合效果时最常用的手段。使用图层蒙版混合图像的好处在于，可以在不改变图层中图像像素的情况下，实验多种混合图像的方案，并进行反复更改，最终得到需要的效果。要正确、灵活地使用图层蒙版，必须了解图层蒙版的原理。其原理为：蒙版是将不同灰度色值转化为不同的透明度，并作用到它所在的图层，使图层不同部位透明度产生相应的变化。黑色为完全透明，白色为完全不透明。修改方便，不会因为使用橡皮擦或剪切删除而造成不可返回的遗憾；可运用不同滤镜，以产生一些意想不到的特效；任何一张灰度图都可用来用为蒙版。图层蒙版可以使图层之间的图像互相融合或形成羽化效果等。

6.2.4 实例——使用"矢量蒙版"制作图像遮挡效果

矢量蒙版是另一个用来控制显示或隐藏图层图像的方法，使用矢量蒙版可以创建具有锐利边缘的蒙版效果。由于在矢量蒙版中所绘制的图形实际上是一条或若干条路径，因此根据需要使用路径工具编辑矢量蒙版中的路径。路径编辑完毕后点击"矢量蒙版缩略图"以隐藏路径，如图 6－24 所示。

图 6-24 矢量蒙版效果

(1)启动 Photoshop CS5,执行"文件"→"打开"命令,弹出对话框,选择需要的图片,点击"确定"打开需要编辑的图片,如图 6-25 所示。

图 6-25 打开图片

(2)继续选择"文件"→"打开"命令,选择一张合适的图片,使用"移动工具"将图片拖曳到背景图层上,如图 6-26 所示。

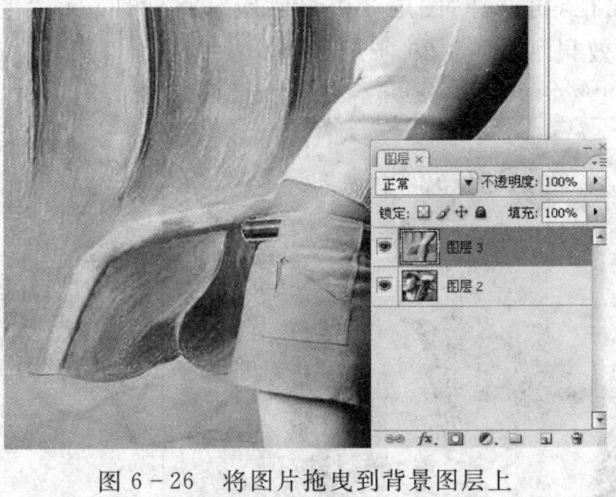

图 6-26 将图片拖曳到背景图层上

(3)选择图层 3,打开路径面板,使用"钢笔工具"绘制路径线条,如图 6-27 所示。

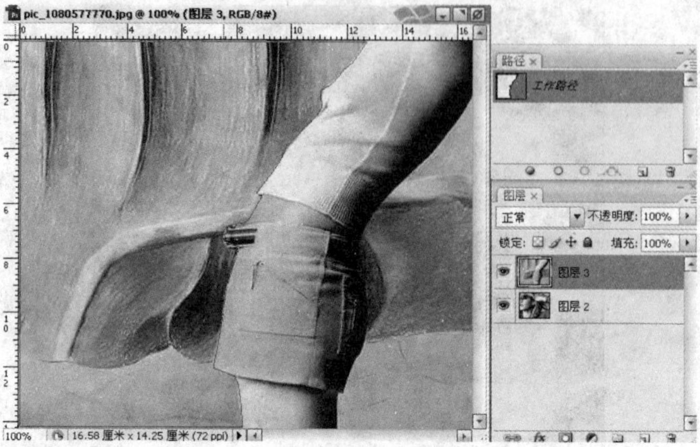

图 6-27　用钢笔工具绘制路径

(4)继续选择图层 3,选择“图层”→“矢量蒙版”→“显示全部”命令,给图层 3 添加一个“矢量蒙版”,如图 6-28 所示。

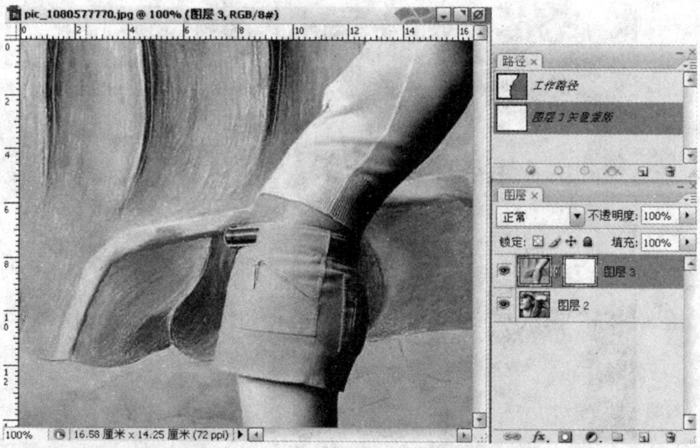

图 6-28　给图层 3 添加“矢量蒙版”

(5)打开路径面板,选择“工作路径”,使用工具箱“路径选择工具”选择“工作路径”,使用键盘“Ctrl+X”键剪切出路径,再选择“图层 3 矢量蒙版”,将剪切出的“工作路径”贴入到“图层 3 矢量蒙版”中,完成后的效果如图 6-29 所示。

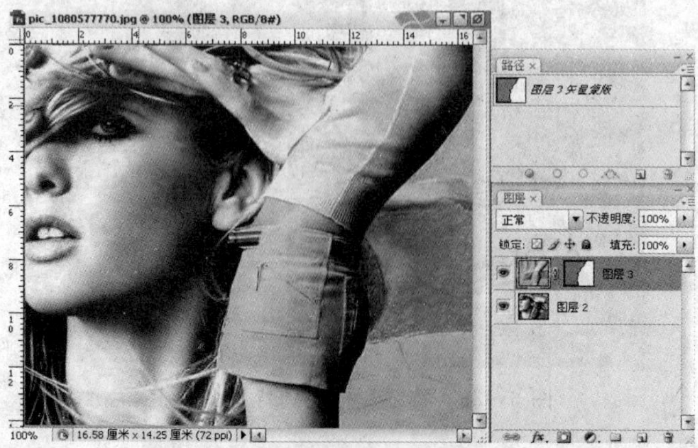

图 6-29　完成后的效果

6.2.5 矢量蒙版

使用图形或钢笔工具创建图形图层,可以这样理解,图形图层就是具有矢量蒙版的填充图层,填充图层是用来定义图形的颜色,而矢量蒙版定义图形的几何形状。可以通过编辑填充图层和执行图层样式来改变图层的颜色及其他特性,通过编辑它的矢量蒙版来改变图形的形状。在选择当前图层后,执行"图层"→"矢量蒙版"命令,可以在当前图层上加上矢量蒙版,如图 6-30 所示。

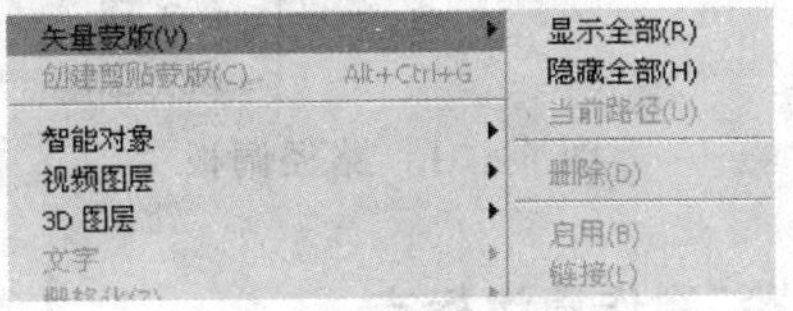

图 6-30 "矢量蒙版"关联菜单

◆"显示全部":默认情况下选择此命令生成的是白色的路径蒙版,这样图层中的图像就会全部显示出来。

◆"隐藏全部":默认情况下选择此命令生成的是灰色的路径蒙版,图层中的图像就会全部遮挡住。

◆"当前路径":先绘制一个路径,然后将此路径转化为图层。

◆"删除":指删除当前矢量蒙版。

◆"在矢量蒙版中绘制路径":无论为图层添加的是显示全部图像的矢量蒙版,还是隐藏全部图像的矢量蒙版,都需要在矢量蒙版中绘制路径,从而得到矢量蒙版所特有的效果。

◆使用"钢笔工具"或者"形状工具"在矢量蒙版中绘制路径,需要在工具选项条中单击形状运算按钮,以决定当前路径的绘制模式。

◆"编辑矢量蒙版":在矢量蒙版中所绘制的图形实际上是一条或若干条路径,因此可以根据需要,使用"路径选择工具"、"添加锚点工具"等工具编辑矢量蒙版中的路径。在图层矢量蒙版中的路径处于显示状态时,无法通过按"Ctrl+T"键对图像进行变换操作,此操作将对矢量蒙版中的路径进行变换。

◆"删除矢量蒙版":要删除矢量蒙版,可以选择"图层"→"矢量蒙版"→"删除"命令,选中矢量蒙版后直接按"Delete"键也可将其删除;如果要删除矢量蒙版中的某一条或某几条路径可以使用路径选择工具将路径选中,然后按"Delete"键。

◆"将矢量蒙版转换为图层蒙版":由于矢量蒙版具有矢量特性,因此在矢量蒙版中大部分用于处理位图的命令与工具都无法使用。例如,无法在矢量蒙版中增加渐变效果,无法用"滤镜"菜单中的命令处理矢量蒙版。要使用这些基于位图的命令与工具,必须使用"图层"→"栅格化"→"矢量蒙版"命令,将矢量蒙版转换为图层蒙版。

6.3 Photoshop CS5 路径

使用路径可以制作精确的选择区域,并且能够绘制复杂的矢量图形,通过钢笔工具与路径调板配合可以很方便地制作复杂插画。选择"窗口"→"路径"命令调出"路径调板","路径调板"用于保存、删除、复制路径,如图 6-31 所示。

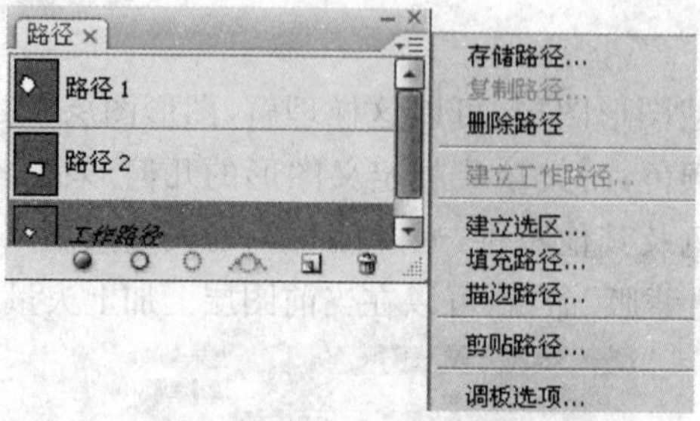

图 6-31 路径调板

6.3.1 实例——使用“路径”制作奥运标志

单击“钢笔工具”绘制路径，使用“直接选择工具”调整路径，配合“转换点工具”绘制出形状，最后通过“路径面板”将路径转换为“选区”并填充颜色。制作的最终效果如图 6-32 所示。

图 6-32 最终制作的奥运标志

(1)选择菜单栏，执行“文件”→“新建”命令，新建一背景页面“奥运标志”，点击新建图层按钮，建立一个透明“图层 1”，如图 6-33 所示。

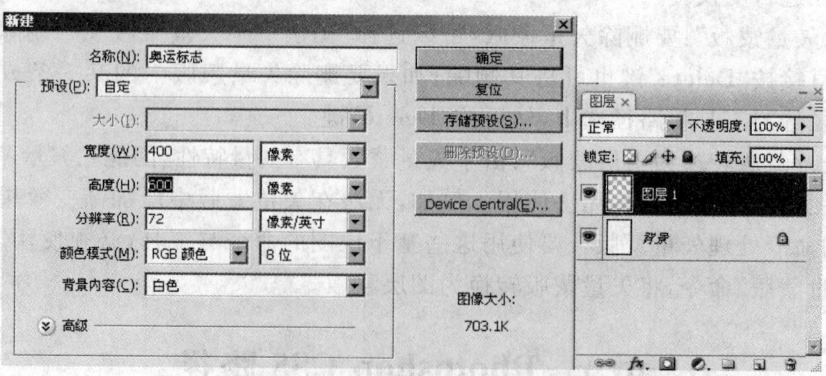

图 6-33 新建背景页面和图层

(2)选择“钢笔工具”，直接在页面点击“确定”锚点，继续，如图 6-34 所示。(先抓住物体的转折点，使用长的线条，这样比较好把握形体的准确性)

(3)使用“直接选择工具”配合“转换点工具”对各个节点进行调整，“直接选择工具”调整节点的位置，“转换点工具”调整曲线段的曲度，如图 6-35 所示。

图 6-34 锚点

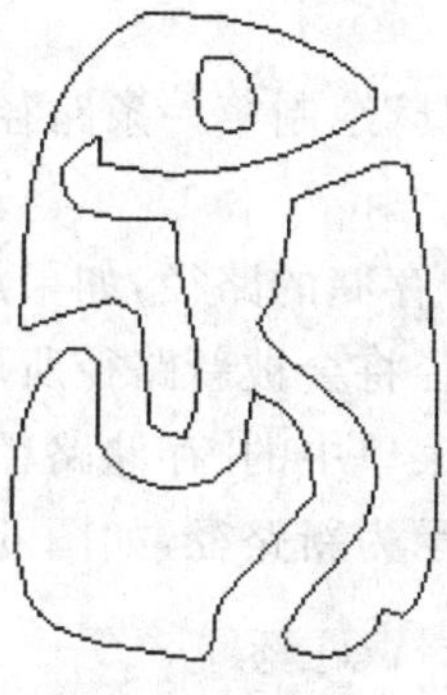

图 6-35 调整形态

(4)点击路径面板下方的"将路径作为选区载入"按钮，建立选区，如图 6-36 所示。

(5)选择"油漆桶工具"，在工具箱前景色中选择一个红色，点击图层 1 中的选区，即可将颜色填充，如图 6-37 所示。

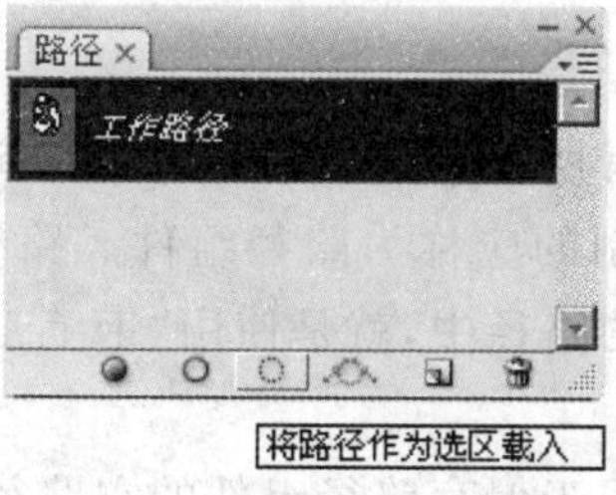

图 6-36 将路径作为选区载入

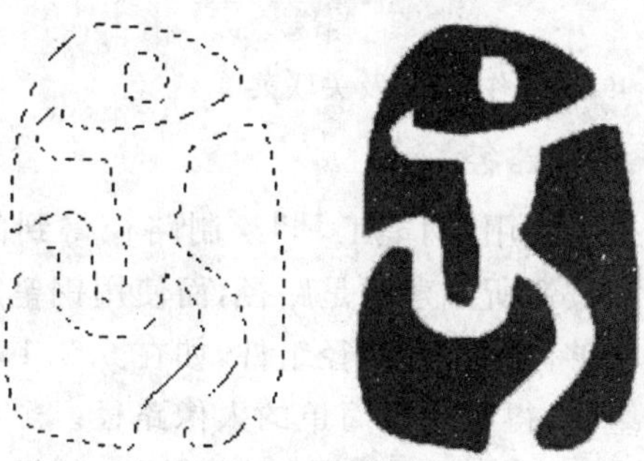

图 6-37 为选区填充颜色

6.3.2 认识路径

在 Photoshop 中路径有两种作用，即制作选择区域与绘图。使用路径制作选择区域具有以下优点：

(1)路径以矢量形式存在，因此不受图像分辨率的影响。

(2)路径具有很灵活的可调性，更容易被调整与编辑。

(3)使用路径能够制作出很精确的选择区域。

(4)路径是基于"贝塞尔"曲线建立的矢量图形，所有使用矢量绘图软件或矢量绘图工具制作的线条，原则上都可以称为路径。图 6-38 所示为一段典型的路径线。

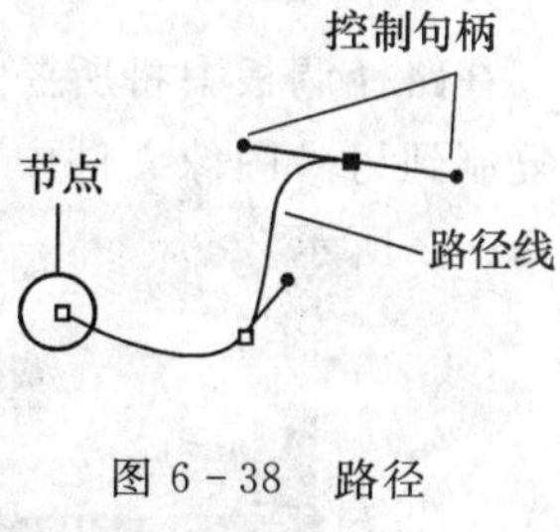

图 6-38 路径

(5)路径可能表现为一个点、一条直线或是一条曲线，除了点外的其他路径均由节点、节点间的线段构成。如果节点间的线段曲率不为零，节点的两侧还有控制句柄。节点与节点之间的相对位置关系，决定了这两个节点之间路径线的位置，节点两侧的控制句柄控制该节点两侧路径线的曲率。

6.3.3 工作路径

通常在使用“钢笔工具”绘制第一条路径时，该路径在路径调板中被保存为“工作路径”，如图 6－39 所示。

“工作路径”只是暂时存储的路径，如果放弃此路径的绘制状态后，再次选择“钢笔工具”在图像中绘制路径时，则路径将会被新路径所取代。若想保留当前“工作路径”，可以点击路径调板中的按扭，选择弹出菜单中的“存储路径”命令，在弹出的对话框中设置路径的名称，单击“确定”按钮，此时调板显示为新路径，如图 6－40 所示。

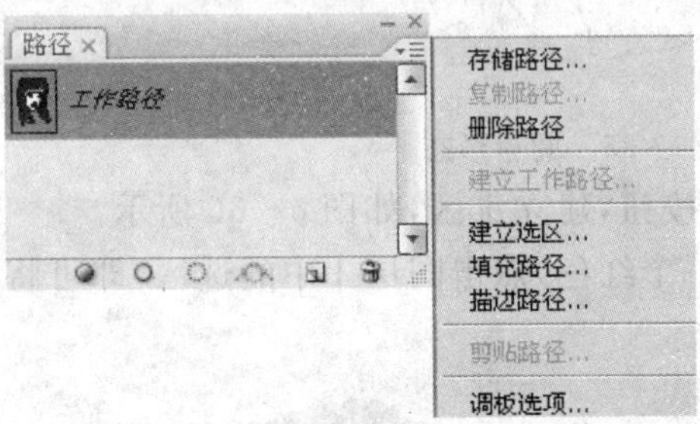

图 6－39 “工作路径”及关联菜单

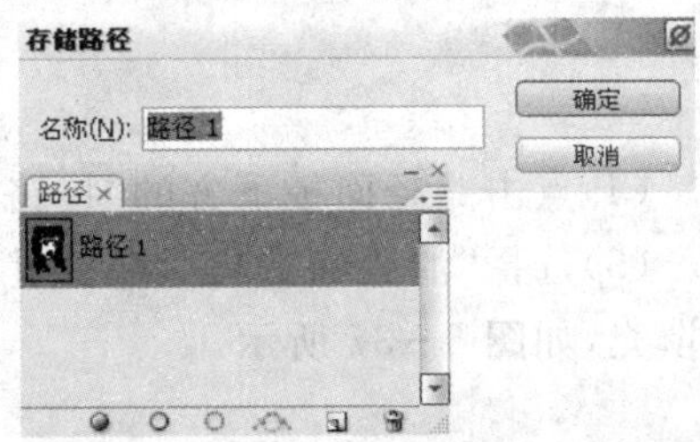

图 6－40 将“工作路径”转换为路径

6.3.4 新建路径

新建路径与使用“钢笔工具”绘制路径得到的新路径有所不同。在路径调板中通过单击“创建新路径”按钮所创建的是路径，而使用钢笔工具所绘制的应称为路径组件。路径调板中的一条路径能够保存多个路径组件，如在 6.3.1 小节保存的路径中，就是使用“钢笔工具”绘制了很多路径组件，得到一个简单的人像路径。

在路径调板中单击“创建新路径”按钮，能够创建一条用于保存路径组件的空路径，其名称由 Photoshop 按默认规则命名为“路径 1”。此时再绘制路径组件都会被保存在“路径 1”中，直至放弃对“路径 1”的选中状态。

6.3.5 隐藏路径线

在默认状态下，路径以黑色线显示于当前图像中，这种状态在某些情况下，将影响用户所做的其他大多数操作。要隐藏路径线，可以在“路径选择工具”直接选择工具”“钢笔工具”中任意一种工具被选中的情况下，按“Esc”键，还可以单击“路径”调板的空白处，如图 6－41 所示。

6.3.6 复制路径

在路径调板中将所要复制的路径拖至“创建新路径”按钮即可复制路径。如果要将一条路径复制到另一图像文件中，可用“直接选择工具”选择该路径直接拖至另一图像文件中即可，如图 6－42 所示。

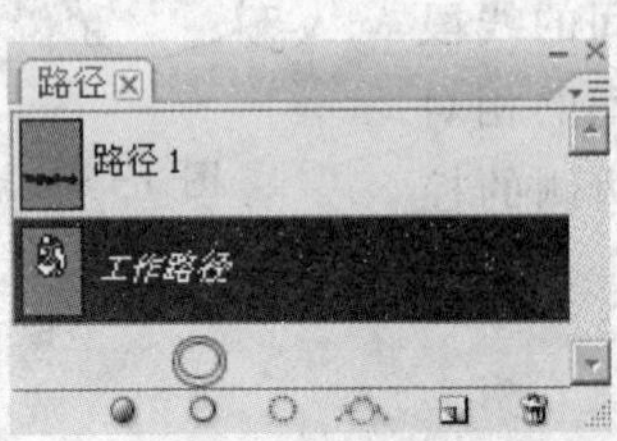

图 6－41 单击路径调板空白处隐藏路径线

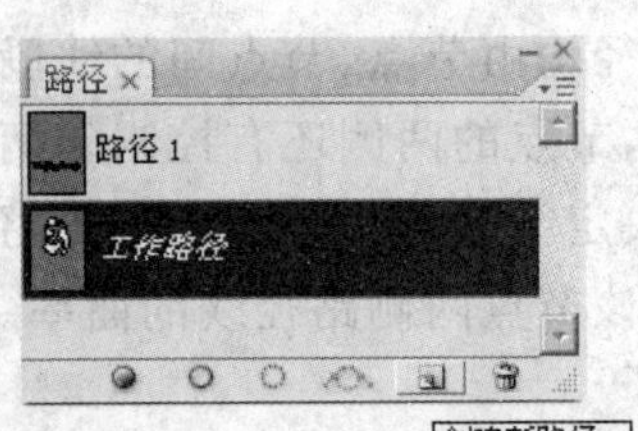

图 6－42 复制路径

6.3.7 保存暂存路径

"路径"调板中除了保存绘制路径外，还可以保存使用形状工具绘制形状时得到的形状图层矢量蒙版路径，如图 6－43 左图所示。此路径属于暂存路径，当切换至其他图层时，此类路径消失。若要保存此路径，可以通过双击该"暂存路径"得到"路径"，或者通过点击路径调板中的按钮。弹出菜单，选择"存储路径"命令即可。此时得到"路径"，但同时形状图层的矢量蒙版路径仍存在，如图 6－43 右图所示。

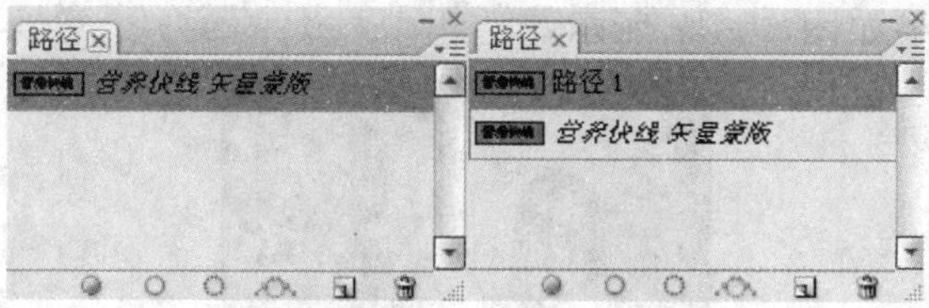

图 6－43 保存暂存路径

6.3.8 选区转为路径、路径转为选区

路径与选区之间能够相互转换，因此可以通过绘制精确的路径，从而得到精确的选区，也可以通过选择选区得到使用钢笔工具不易得到的路径。

(1)将选区转为路径。选择需要编辑的选区，单击"路径调板"底部的"从选区生成工作路径"按钮，或者选择"路径调板"弹出菜单中的"建立工作路径"命令，即可得到如图 6－44 所示的路径，之后就可以使用路径修改编辑工具对该路径进行编辑调整。

(2)将路径转为选区。在路径调板中选择需要转换成选区的路径，然后单击"将路径作为选区载入"按钮，或按"Ctrl＋Enter"键即可，如图 6－45 所示。

图 6－44 将选区转为路径

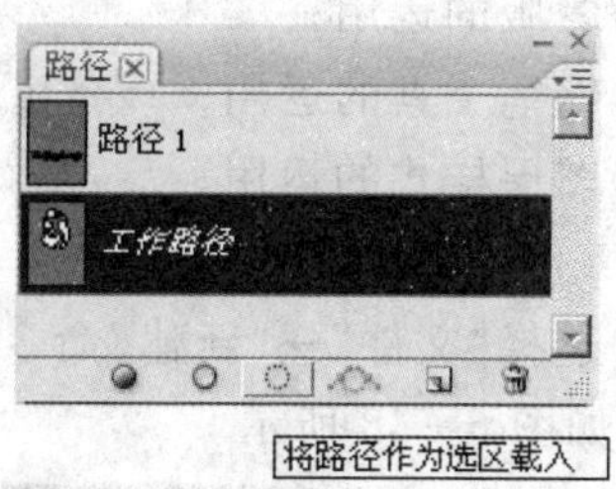

图 6－45 将路径转为选区

(3)对于不需要的路径可以将其删除，利用路径选择工具，选择要删除的路径，按"Delete"键即可。全部路径删除可以在路径调板中将该路径拖到"删除路径"按钮中即可，如图 6－57 所示。

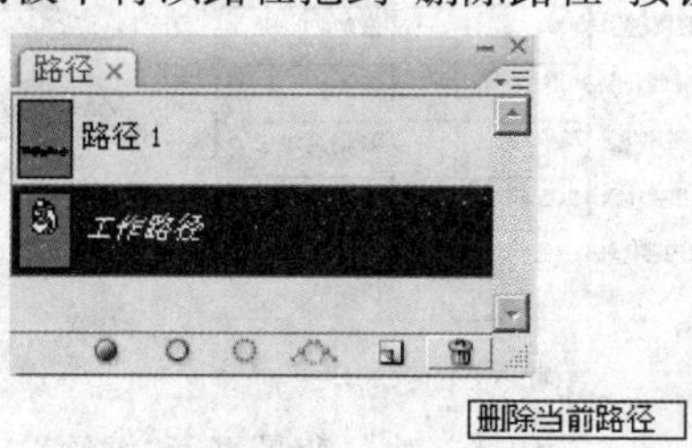

图 6－46 将路径删除

6.4 综合实例讲解

6.4.1 实例1——绘制浪漫婚纱效果

本实例绘制浪漫婚纱效果，主要运用蒙版、钢笔工具、图层样式命令。首先将人物图片抠出，再运用钢笔工具绘制形状，然后给形状添加渐变，最后使用蒙版工具增加效果，达到我们需要设计的效果。实例效果如图 6 - 47 所示。

图 6 - 47 实例效果

1. 知识难点

(1)通道的运用；

(2)蒙版的运用；

(3)钢笔工具的运用；

(4)图层样式的运用。

2. 操作步骤

(1)选择“文件”→“新建”命令，新建一背景页面“婚纱”，点击新建图层按钮，建立一个透明图层 1，如图 6 - 48 所示。

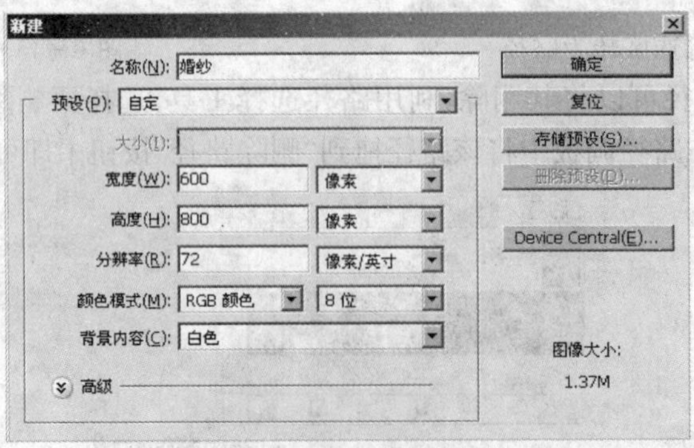

图 6 - 48 新建一背景页面“婚纱”

(2)选择“油漆桶工具”，选择一个前景色，对图层 1 填充颜色，如图 6 - 49 所示。

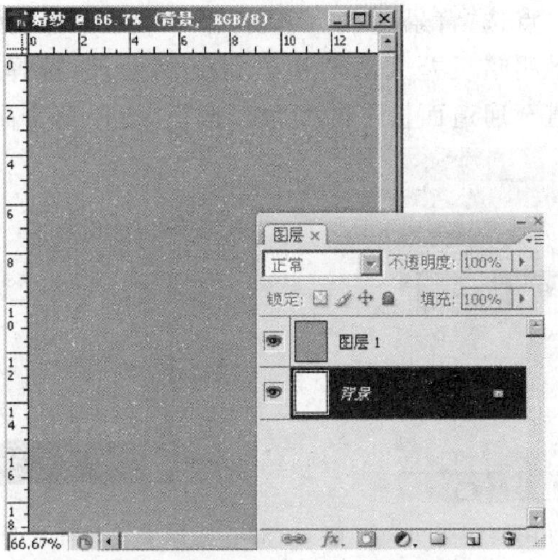

图 6-49 为图层 1 填充颜色

(3)选择"文件"→"打开"命令,打开婚纱照片,抠取人物,将图片中人物的主体轮廓勾出。注意:碎发部分不要勾在里面,因为在后面将对其进行专门处理,如图 6-50 所示。

图 6-50 将图片中人物的主体轮廓勾出

(4)选择"窗口"→"路径"命令,打开路径面板,这时会发现路径面板中多了一个"工作路径",单击"将路径作为选区载入"按钮,将封闭的路径转化为选区,如图 6-51 所示。

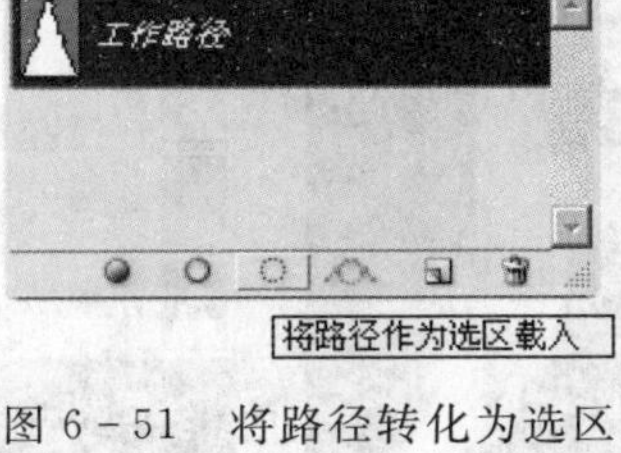

图 6-51 将路径转化为选区

(5)选择"窗口"→"图层"命令,打开图层面板,点选"背景"层,点右键,单击"复制图层"命令，新建一个“背景副本”。点选“背景副本”，单击“添加图层蒙版”按钮，如图 6-52 所示。

(6)对选择头发与背景明暗反差大的通道进行复制处理，选择“窗口”→“通道”命令打开“通道”面板，拖动“蓝”通道至通道面板下的“新建”按钮，复制一个副本，如图 6-53 所示。

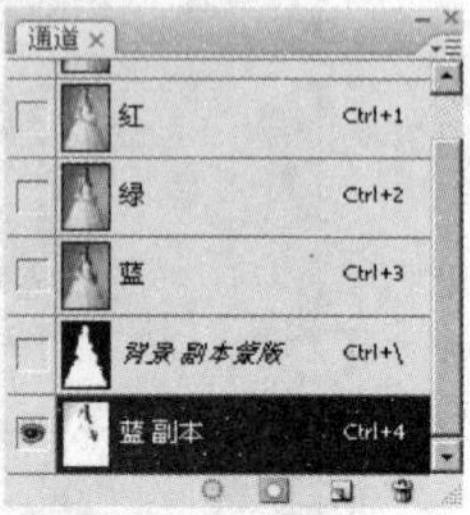

图 6-52 添加图层蒙版　　图 6-53 选择头发与背景明暗反差大的通道

(7)点选“蓝副本”，选择“图像”→“调整”→“色阶调整”命令，将左侧的黑色滑块向右拉动，将右侧的白色滑块向左拉动，这样减小中间调部分，加大暗调和高光，使头发和背景很好地分开，如图 6-54 所示。

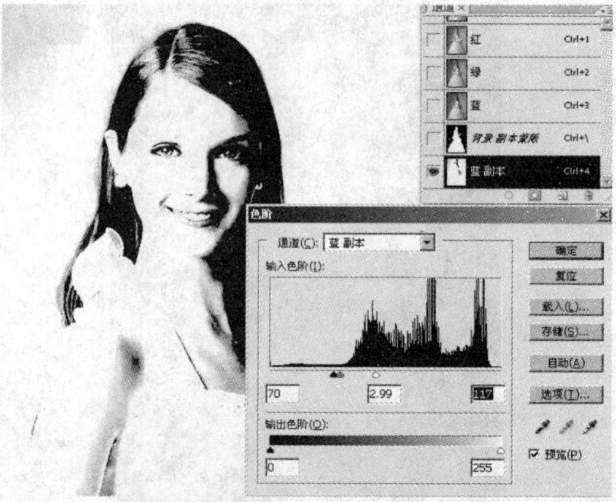

图 6-54 拉开头发与背景对比度

(8)选择“蓝副本”通道，执行“图像”→“调整”→“反相”命令，点选“画笔工具”，用黑色画笔将头发以外(也就是不需要选择的地方)涂黑，然后用白色画笔把头发里需要的地方涂白，如图 6-55 所示。

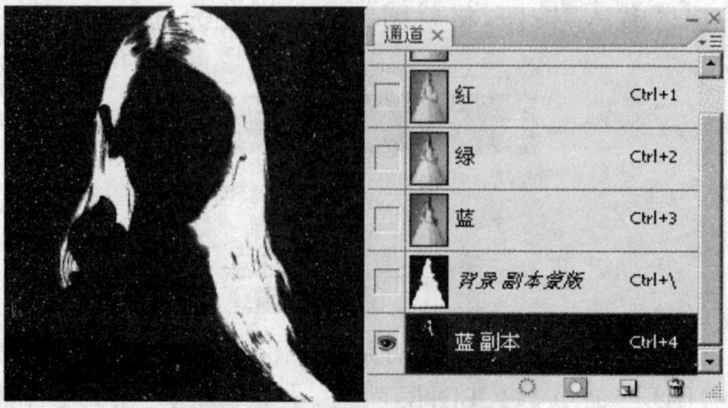

图 6-55 建立通道选区

(9)单击通道面板上的“将通道作为选区载入”按钮得到“蓝副本”的选区，如图6-56所示。

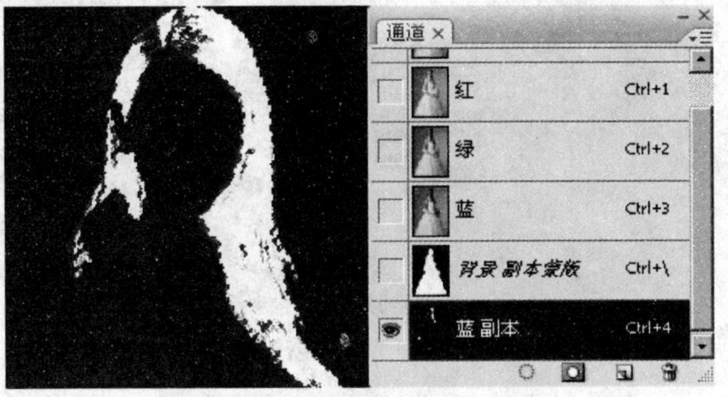

图6-56 将通道作为选区载入

(10)回到图层面板，继续复制“背景”图层得到“背景副本2”，关闭“背景”图层，如图6-57所示。

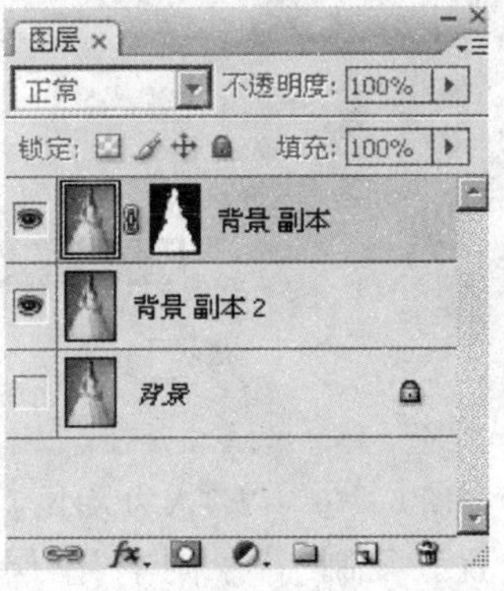

图6-57 得到“背景副本2”

(11)单击“添加图层蒙版”按扭，为“背景副本2”添加图层蒙版，如图6-58所示。

图6-58 抠图

(12)拼合图层，使用“移动工具”将人物拖曳到新建立的“婚纱”窗口图像上，如图6-59所示。

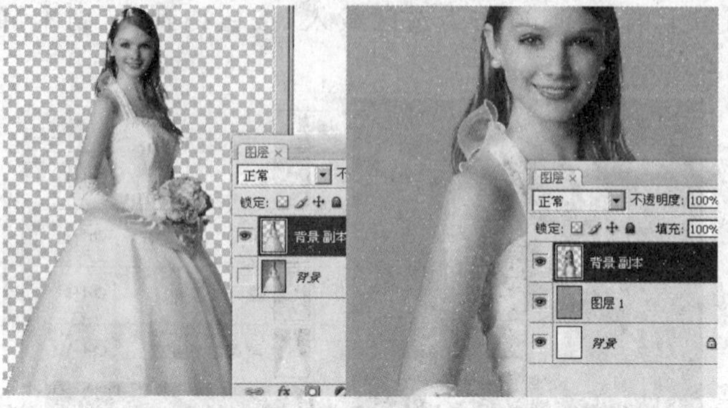

图 6 - 59　建立新图像

(13)选择“编辑”→“变换”→“缩放”命令对拖曳的人物大小进行调整,如图 6 - 60 所示。

图 6 - 60　调整人物大小

(14)镜像人物,调整大小和位置。复制“背景副本”图层,执行“编辑”→“变换”→“水平翻转”命令,再使用“移动工具”调整位置,如图 6 - 61 所示。

图 6 - 61　镜像人物并调整大小和位置

(15)选择图层 1,执行“图层”→“图层蒙版”→“显示全部”命令,然后使用“渐变工具”拖曳出渐变效果,如图 6 - 62 所示。

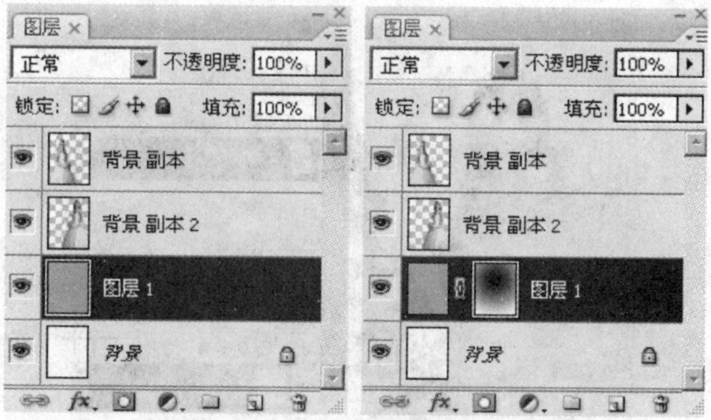

图 6-62 制作渐变过渡效果

(16)新建图层 2,如图 6-63 所示。

图 6-63 新建图层 2

(17)选择“画笔工具”,打开画笔设置窗口,设定画笔“笔触”形态,将画笔“笔触”大小设定为 5,如图 6-64 所示。

(18)选择“钢笔工具”绘制型状,如图 6-65 所示。

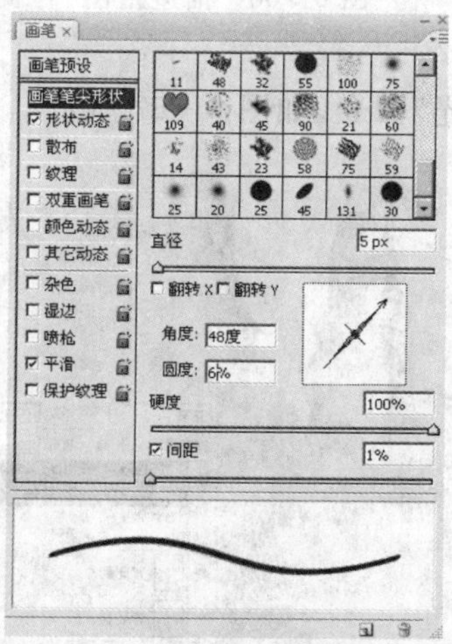

图 6-64 设定画笔“笔触”形态

图 6－65　绘制型状

(19)打开路径面板，选择“路径”，点击右键，执行“描边路径”命令，将刚才设定好的画笔附加上去，取消路径线，如图 6－66 所示。

图 6－66　描边路径

(20)选择图层 2，执行“外发光”命令，如图 6－67 所示。

图 6－67　外发光

(21)复制图层 2，移动位置，然后使用适合的画笔提出亮光，如图 6－68 所示。

图 6－68　提出亮光

(22)新建图层 3 并选择软角画笔和适合的颜色，将图层模式改为“线性加深”，围绕边框外边涂抹，如图 6－69 所示。

图 6－69　绕边框外边涂抹

6.4.2　实例 2——绘制插画设计

本实例绘制插画，主要运用渐变工具、蒙版、钢笔工具命令。通过运用钢笔工具绘制形状，然后给形状添加渐变，最后使用使用蒙版工具增加效果，达到我们需要设计的效果。实例效果如图 6－70 所示。

图 6－70　实例效果

1. **知识难点**

(1)钢笔工具的运用;

(2)渐变工具的运用;

(3)蒙版的运用。

2. **操作步骤**

(1)选择"文件"→"新建"命令,新建一背景页面,点击新建图层按钮,建立一个透明图层1,如图6-71所示。

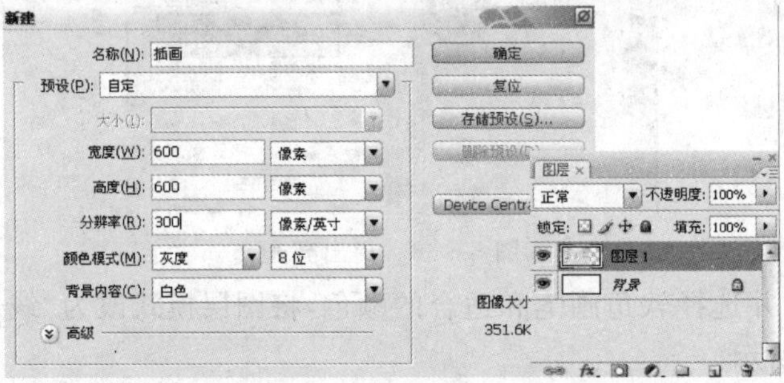

图6-71 新建背景和图层

(2)选择"渐变填充工具",选择渐变类型为"线性渐变",设置属性栏,如图6-72所示。

图6-72 设置渐变填充工具属性栏

点击"可编辑渐变",弹出"渐变编辑器"对话框。设置如下:点击"确定",在图层1中拖曳,填充渐变颜色,如图6-73所示。

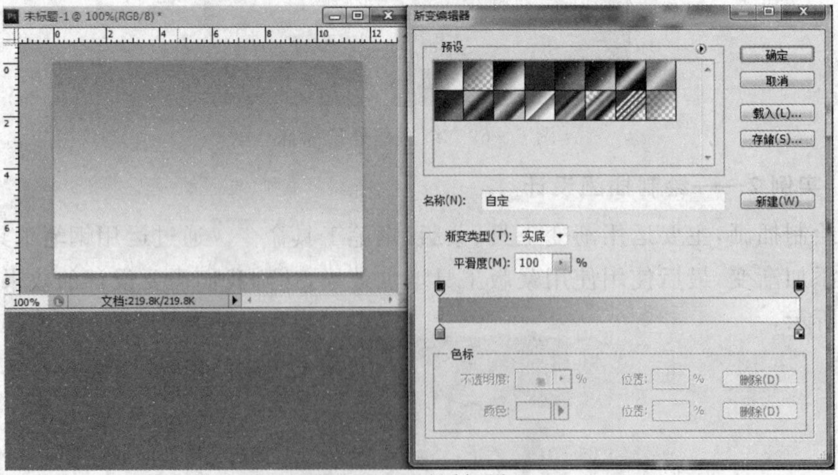

图6-73 对话框设置

(3)点击新建图层按钮,建立透明图层2。选择窗口路径,弹出路径调板,点击"创建新路径"按钮,建立路径1,选择"钢笔工具",设置属性栏,如图6-74所示。

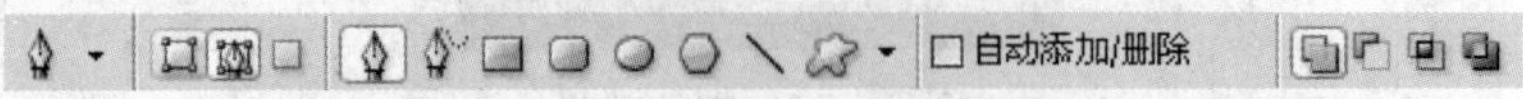

图6-74 设置钢笔工具属性栏

开始绘制曲线线条，点击路径调板中“将路径作为选区载入”按钮，建立选区，填充白色，如图 6－75 所示。

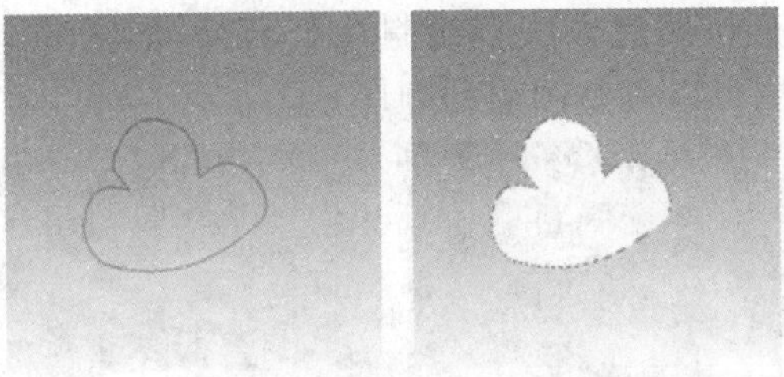

图 6－75 绘制曲线线条

(4)点击新建图层按钮，建立透明图层 3。点击路径调板中“创建新路径”按钮，建立“路径 2”，选择“钢笔工具”，开始绘制曲线线条。点击路径调板中“将路径作为选区载入”按钮，建立选区，使用“吸管工具”吸取“图层 1”并用蓝色填充，如图 6－76 所示。

图 6－76 建立路径并填充颜色

(5)选择菜单栏“选择”→“羽化”命令，弹出对话框，羽化半径设置为 15，点击“确定”。选择菜单栏“选择”→“反相”命令，选择羽化部分，按键盘“Delete”键删除羽化部分(连续按“Delete”键 2～3 次)。按“Ctrl＋D”键清除选区，如图 6－77 所示。

图 6－77 羽化

(6)按“Shift”键选择“图层 2”和“图层 3”，执行菜单栏“图层”→“合并图层”命令(Ctrl＋E)，合并“图层 2”和“图层 3”，如图 6－78 所示。

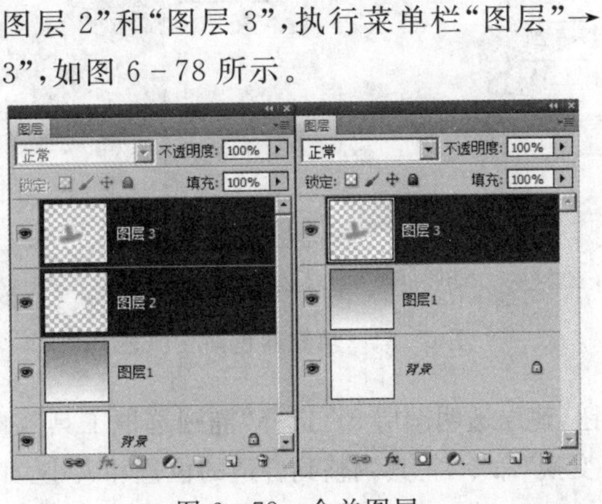

图 6－78 合并图层

(7)将图层 3 拖曳至图层面板创建新图层按钮上,复制图层 3,得到图层 3 副本新图层。选择图层 3 副本,选择菜单栏“编辑”→“自由变换”命令,将其调整到合适的位置和大小,如图 6-79 左图所示。同样,我们按照此方法多绘制几个云朵,如图 6-79 右图所示。(通过选择目标图层并拖曳到另外图层可以调整图层的顺序)

图 6-79 复制图层

(8)点击新建图层按钮,建立透明图层 4。选择“窗口”→“路径”命令,弹出路径调板,点击“创建新路径”按钮,建立“路径 3”,选择“钢笔工具”,开始绘制曲线线条,如图 6-80 所示。点击路径调板”中“将路径作为选区载入”按钮,建立选区。

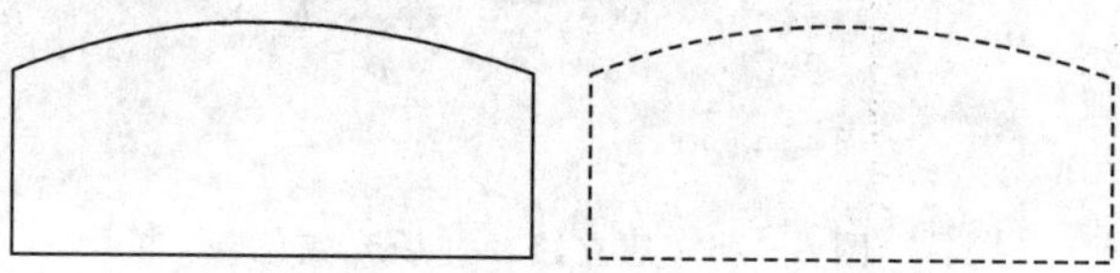

图 6-80 绘制曲线线条

(8)再次选择“渐变填充工具”选择渐变类型为“线性渐变”,点击“可编辑渐变”,弹出对话框。设置如下:点击“确定”,在“图层 2”选区内拖曳,填充渐变颜色,如图 6-81 所示。

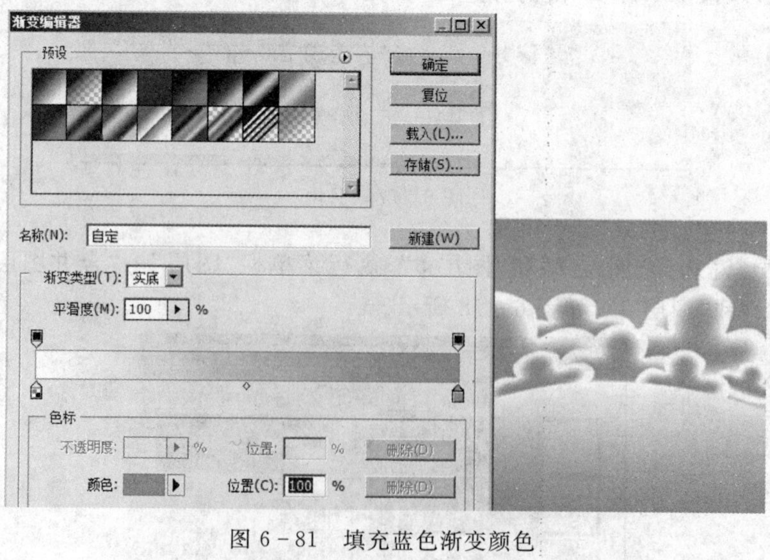

图 6-81 填充蓝色渐变颜色

(10)点击新建图层按钮,建立透明图层 5。选择“椭圆选框工具”,画出人物头部,并填充颜色。选择菜单栏“编辑”→“自由变换”命令,将其调整到合适的位置和大小,如图 6-82 所示。

图 6－82　画出人物头部

(11)点击新建图层按钮。建立透明图层 6 选择窗口路径弹出“路径浮动调板”，点击创建新路径按钮，建立路径 4。选择钢笔工具，开始绘制头发如图中图和右图。点击“路径浮动调板”将路径作为选取载入按钮，建立选区，填充颜色，如图 6－83 中图和右图所示。

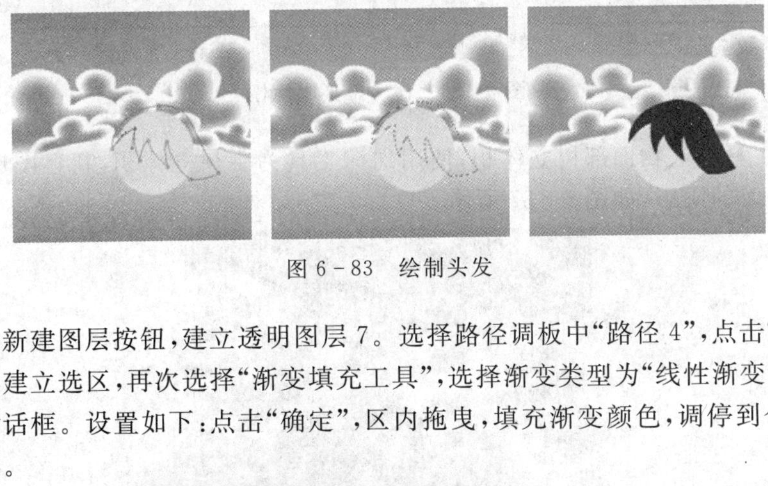

图 6－83　绘制头发

(12)点击新建图层按钮，建立透明图层 7。选择路径调板中“路径 4”，点击“将路径作为选区载入”按钮，建立选区，再次选择“渐变填充工具”，选择渐变类型为“线性渐变”，点按“可编辑渐变”，弹出对话框。设置如下：点击“确定”，区内拖曳，填充渐变颜色，调停到合适的位置，如图 6－84 所示。

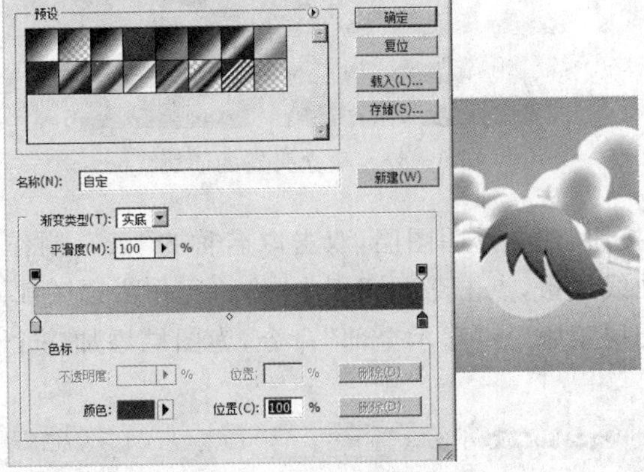

图 6－84　填充土黄渐变颜色

(13)接着按照上述方法绘制眼睛、嘴巴和手,如图 6-85 所示。

图 6-85 绘制眼睛、嘴巴和手

(14)调整人物的细节,选择“移动工具”,调整属性栏如图 6-86,勾选“自动选择图层”,便于修改调整。

图 6-86 移动工具属性栏

使用渐变工具为人物面部树立体积,使用加深工具为手树立体积,新建图层,调用路径 4 并调整,建立头发的阴影,如图 6-87 所示。

图 6-87 建立头发的阴影

(15)点击新建图层按钮,建立透明图层,双击取名称为“云”,制作人物前面的云朵。选择“钢笔工具”,开始绘制曲线线条,点击路径调板中“将路径作为选区载入按钮”,建立选区,填充白色。选择“图层”→“图层蒙版”→“显示全部”命令,为图层添加一个蒙版,选择“渐变工具”,如图 6-88 所示。

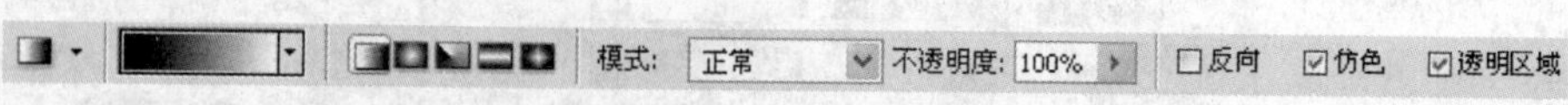

图 6-88 设置渐变类型

人物前面的云朵在“图层蒙版”中拖动之前绘制的云朵得到，如图 6－89 所示。

图 6－89 “图层蒙版”应用

(16)复制图层“云”，调整图层前后顺序，自由变换调整图像大小得到如图 6－101 左图所示效果，最后为背景增加效果，如图 6－90 右图所示。

图 6－90 调整图层顺序

(17)新建图层，双击取名“星”，使用“画笔工具”绘制星星，调整属性栏，选择菜单栏“图层”→“新建填充图层”→“渐变”命令，绘制，如图 6－91 所示。

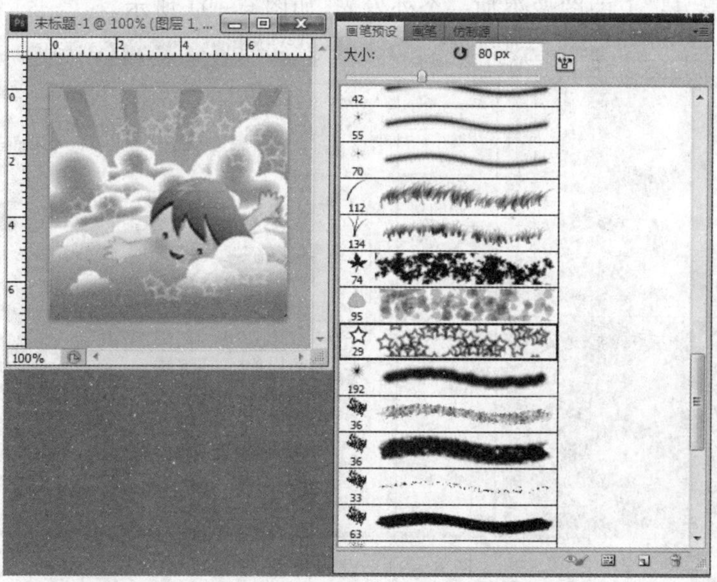

图 6－91 用画笔工具绘制星星

(18)选择菜单栏"图层"→"新建"命令，勾选"使用前一图层创建剪贴蒙版"，点击"确定"，如图 6－92 所示。

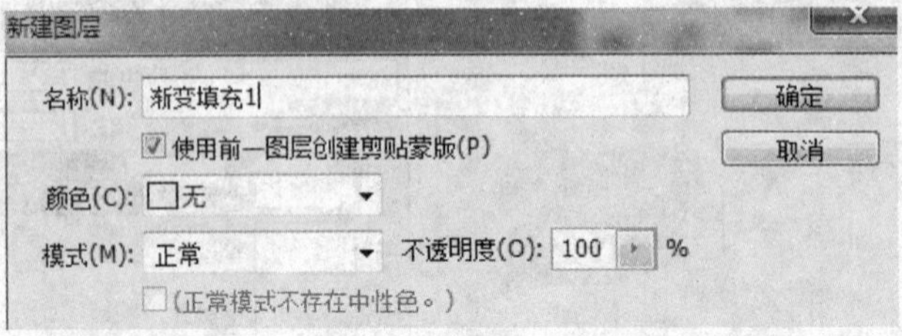

图 6－92　渐变样式

(19)整个插图效果，如图 6－93 所示。

图 6－93　整个插图效果

(20)整个插图效果颜色对比还不够强烈，再回到图层"星"，点击图层调板下的"添加图层样式"按钮，为图层"星"上的图像添加一个外发光，如图 6－94 所示。

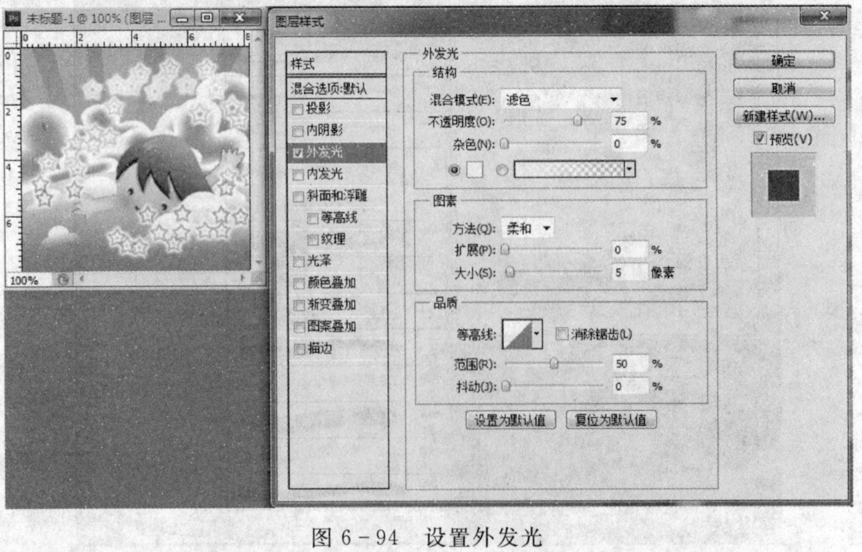

图 6－94　设置外发光

第 7 章 Photoshop CS5 滤镜运用实例

7.1 Photoshop CS5 滤镜介绍

摄影师在照像机镜头前往往放置一个滤镜来产生特殊效果。Photoshop CS5 的“滤镜”菜单提供了各种各样的滤镜，其作用类似于摄像师的滤镜所产生的特效。通过使用 Photoshop CS5 的滤镜子菜单中的滤镜命令，可以对一幅图像或图像的一部分进行模糊、扭曲、风格化、增加光照效果和增加杂色的处理。Photoshop CS5 包括 70 多种不同的滤镜，这是 Photoshop CS5 的特点。滤镜界面如图 7－1 所示。

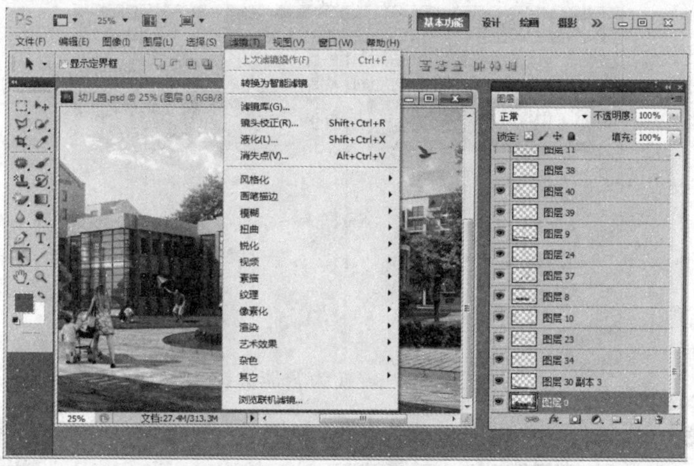

图 7－1　滤镜菜单

7.1.1 实例——使用“转换为智能滤镜”光感照片效果

本实例主要运用滤镜命令，制作一个照片产生怀旧光照效果，如图 7－2 所示。

（1）启动 Photoshop CS5，执行“文件”→“打开”命令，弹出对话框，选择需要的图片，点击“确定”打开，如图 7－3 所示。

图 7－2　示例效果

图 7－3　打开图片

(2)将背景图层转换为普通图层。在图层面板中双击名为"背景"的图层,打开"新图层"对话框,再单击"确定"按钮,即可将背景图层转换为普通图层,如图 7-4 所示。

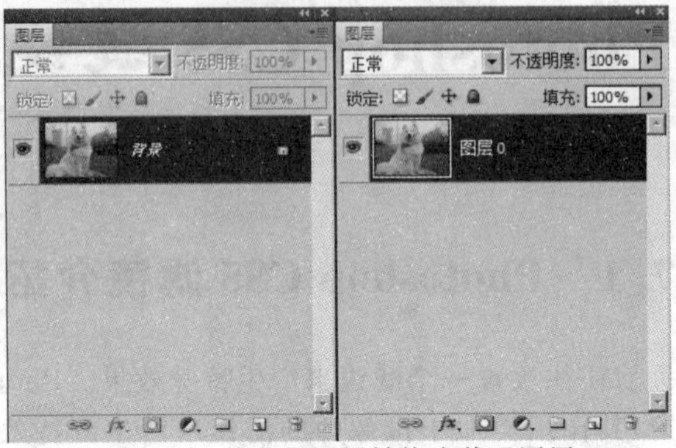

图 7-4　将背景图层转换为普通图层

(3)执行"滤镜"→"转换为智能滤镜"命令,将图片转换为"智能化滤镜"图层,这样可以随时删除、关闭或者修改滤镜效果,如图 7-5 所示。

图 7-5　转换为智能滤镜

(4)执行"滤镜"→"渲染"→"光照效果"命令,如图 7-6 所示。

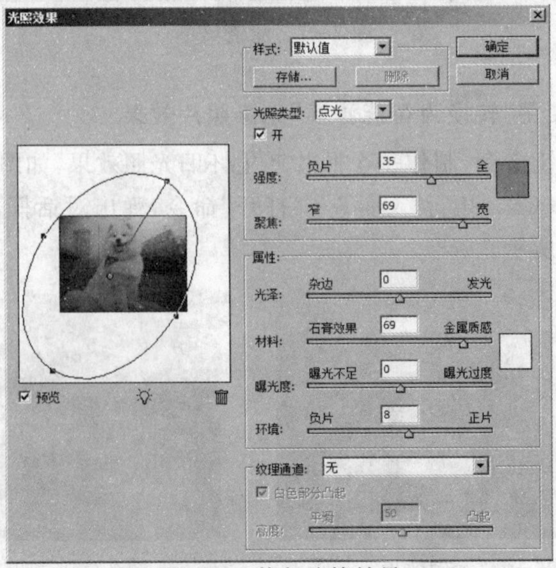

图 7-6　执行滤镜效果

(5)得到如图 7-7 所示的效果。(可以随时关闭眼睛图标,关闭效果,或者是双击调出已经执行的滤镜命令,调整滤镜效果)

图 7-7 "智能滤镜"下的效果

(6)执行"滤镜"→"纹理"→"颗粒"命令,如图 7-8 所示。(可以看到图层面板又记录一个滤镜效果,此操作类似于图层样式命令)

图 7-8 完成后的效果

7.1.2 智能化的滤镜

可以将滤镜转换为智能化的滤镜,随时对滤镜效果进行删除、添加,使图片更有创意。

7.1.3 滤镜库

滤镜库的最大特点在于,此命令提供了累积应用滤镜命令的功能,即在此对话框中,可以对当前操作的图像应用多个相同或不同的滤镜命令,并将这些滤镜命令得到的效果叠加起来,以得到更加丰富的效果。

(1)滤镜效果在 Photoshop CS5 中也可以像图层操作一样,对执行滤镜命令的图像可以执行滤镜效果,可以新建一图层再执行滤镜效果,依次类推,图层与图层之间的效果是叠在一起的,如图 7-9 所示。

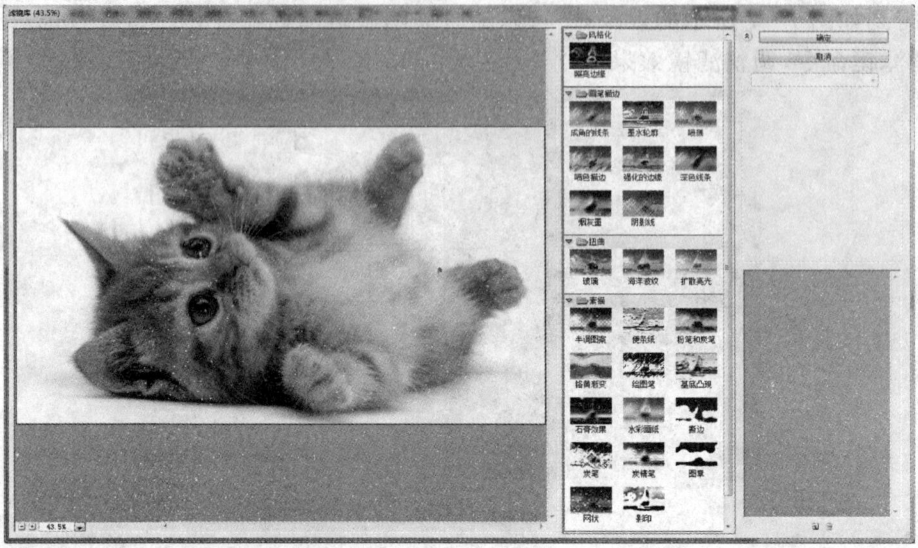

图 7－9 滤镜库

(2)如果需要叠加不同的滤镜命令，可以选择该新增的滤镜效果图层，在命令选择区域中选择新的滤镜命令，参数调整则区域中的参数将同时发生变化，调整这些参数，即可得到满意的效果，如图 7－10 所示。

图 7－10 叠加不同的滤镜命令

如果使用两个滤镜效果图层，仍然无法得到满意的效果，可以按同样的方法再新增滤镜效果图层并修改命令或参数，以累积使用相同的滤镜命令，直至得到满意的效果。

7.2 Photoshop CS5 特殊功能滤镜

7.2.1 实例——使用“消失点”滤镜进行图片修复

选择“滤镜”→“消失点”命令，使用该命令可以在保持图像透视角度不变的情况下，对图像进行复制、修复及变换等操作。最终修复效果如图 7－11 所示。

(1)打开需要编辑的图片，如图 7－12 所示。本例中需要对图片进行编辑，利用“消失点”滤镜命令去除地面上的文字。

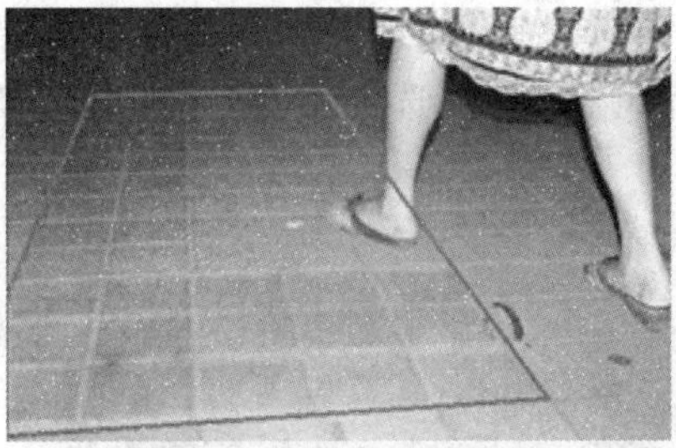

图 7-11　图片最终修复效果

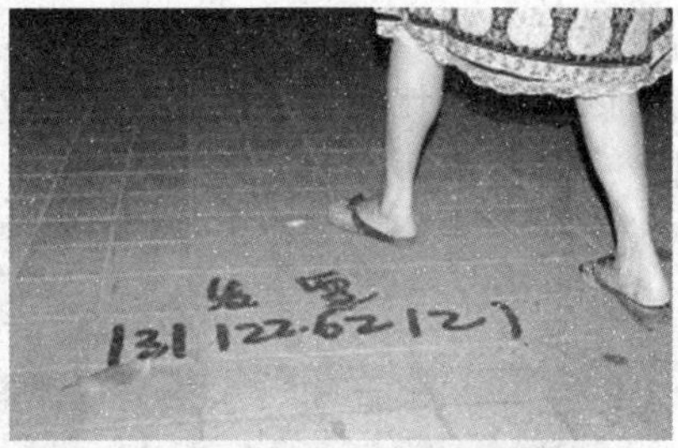

图 7-12　打开图片

(2)选择“滤镜”→“消失点”命令,弹出“消失点”对话框。使用“创建平面工具”,根据透视点的方向,在地面上绘制一个透视网格,如图 7-13 所示。

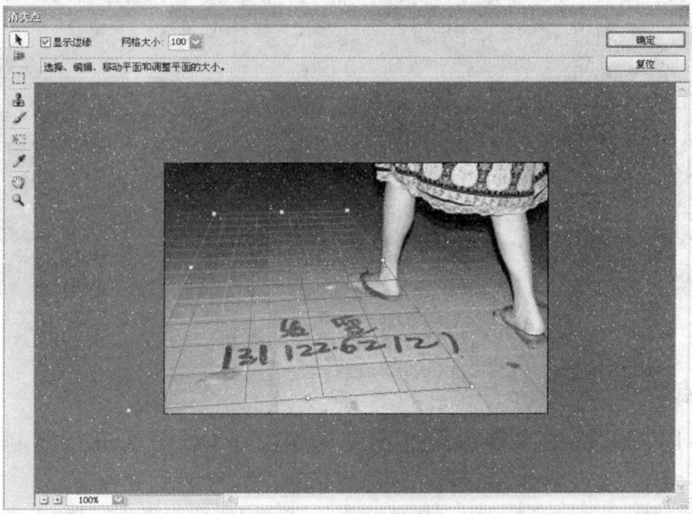

图 7-13　绘制一个透视网格

(3)使用“选框工具”在透视网格内绘制选区。此选区作为源选区,将要对画面文字处的选区进行“置换”,因此选择的范围要仔细,如图 7-14 所示。

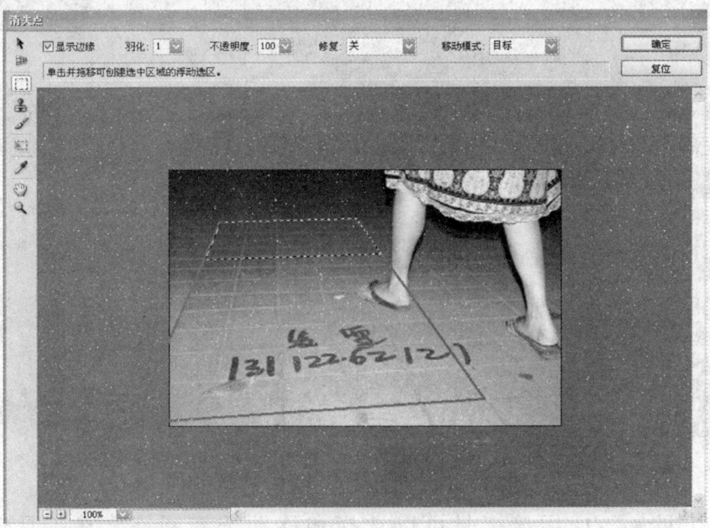

图 7-14　在透视网格内绘制选区

(4)将鼠标光标移动到该选区内,按住鼠标和“Alt”键,将选区中的图像拖至要去除掉文字处,因为所选的区域颜色比较暗,因此在替换文字时需要把“选框工具”中的“修复”下拉菜单选择“开”,如图 7-15 所示。

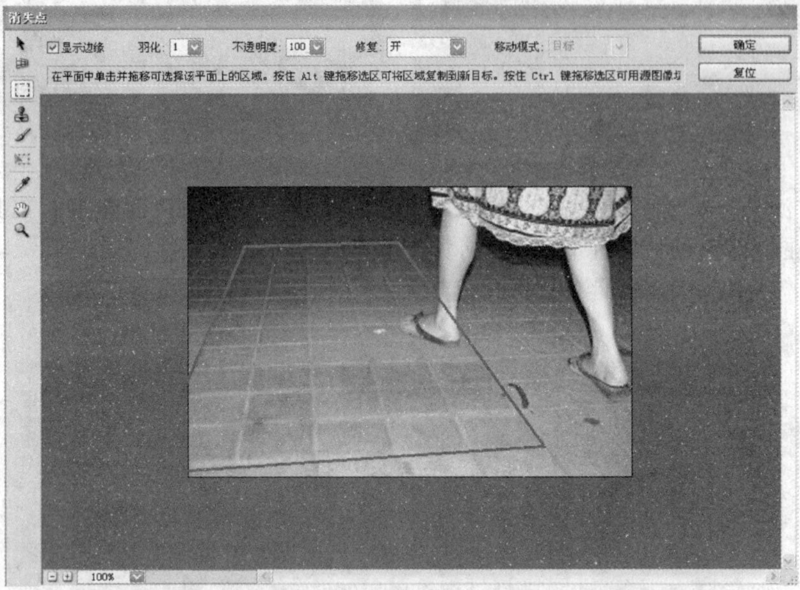

图 7-15 完成后的效果

7.2.2 消失点滤镜

使用该命令可以在保持图像透视角度不变的情况下,对图像进行复制、修复及变换等操作。选择“滤镜”→“消失点”命令,即可调出其对话框,如图 7-16 所示。

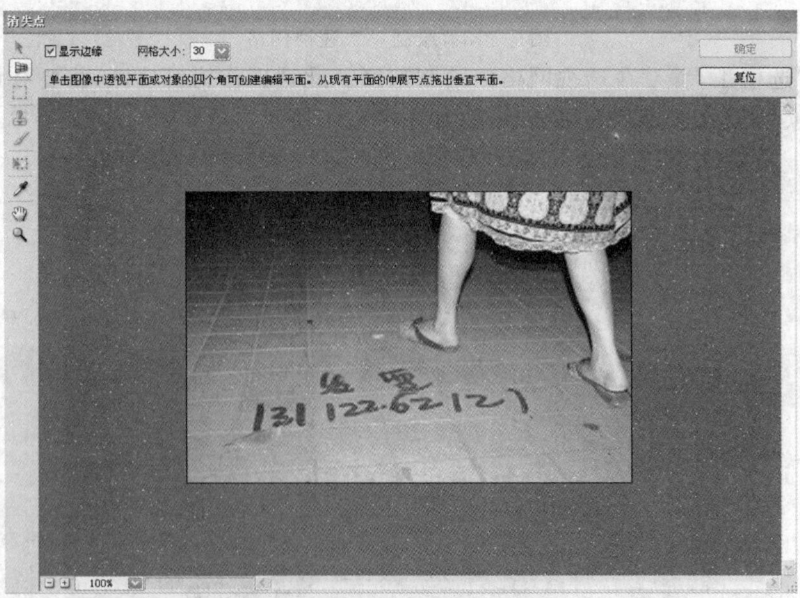

图 7-16 “消失点”滤镜对话框

◆“编辑平面工具”:使用该工具可以选择和移动透视网格。在工具选项区中选择“显示”→“边缘”选项,会显示出透视网格及选区的边缘,否则将隐藏其边缘。

◆“创建平面工具”:使用该工具可以绘制透视网格来确定图像的透视角度。在工具选项区中的“网格大小”输入框中,可以设置每个网格的大小。

◆“选框工具”:使用该工具可以在透视网格内绘制选区,以选中要复制的图像,而且所绘制的选区与透视网格的透视角度是相同的。选择此工具时,在工具选项区域中的“羽化”和“不透明度”输入框中输入数值,可以设置选区的羽化和透明属性;在“修复”下拉菜单中选择“关”选项,则可以直接复制图像;选择“亮度”选项,则按照目标位置的亮度对图像进行调整;选择“开”选项,则根据目标位置的状态自动对图像进行调整;在“移动模式”下拉菜单中选择“目标”选项,则将选区中的图像复制到目标位置;选择“源”选项则将目标位置的图像复制到当前选区中。当没有任何网格时则无法绘制选区。

◆“图章工具”:使用该工具按住“Alt”键可以在透视网格内定义一个源图像,然后在需要的地方进行涂抹即可。在其工具选项区域中可以设置仿制图像时的“直径”“硬度”“不透明度”“修复”选项等参数。

◆“画笔工具”:使用该工具可以在透视网格内进行绘图。在其工具选项区域中可以设置画笔绘图时的“直径”“硬度”“不透明度”“修复”选项等参数,单击“画笔颜色”右侧的色块,在弹出的“拾色器”对话框中还可以设置画笔绘图时的颜色。

◆“变换工具”:由于复制图像时,图像的大小是自动变化的,当对图像大小不满意时,即可使用此工具对图像进行放大或缩小操作。选择其工具选项区域中的“水平翻转”和“垂直翻转”选项后,则图像会被执行水平和垂直方向上的翻转操作。

◆“吸管工具”:使用该工具,可以在图像中单击以吸取画笔绘图时所用的颜色。

◆“抓手工具”:使用该工具在图像中拖动,可以查看未完全显示出来的图像。

◆“缩放工具”:使用该工具在图像中单击,可以放大图像的显示比例;按住“Alt”键在图像中单击即可缩小图像显示比例。

7.2.3 实例——使用“液化”滤镜制作大眼睛效果

选择“液化滤镜”命令,运用“膨胀工具”使眼睛图像背离操作中心点,从而产生膨胀效果。最终效果如图7-17所示。

(1)打开需要编辑的图片,如图7-18所示。

图7-17 最终完成的效果

图7-18 打开图片

(2)选择“滤镜”→“液化”命令,弹出“液化”滤镜对话框,如图7-19所示。利用“膨胀工具”滤镜命令将眼睛变大。

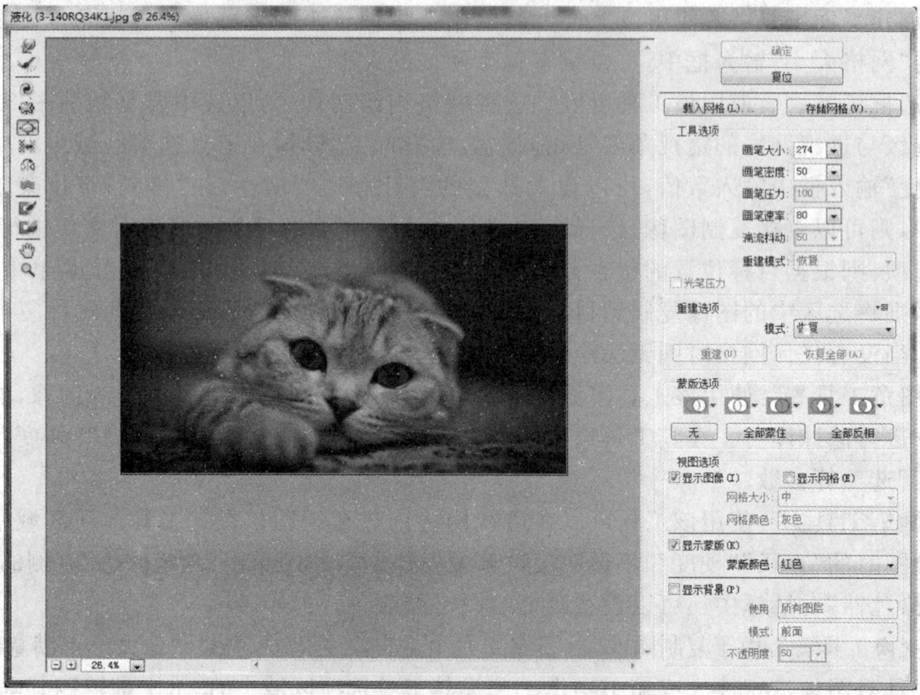

图 7-19　打开"液化"滤镜对话框

(3)使用"膨胀工具",使图像背离操作中心点,从而产生膨胀效果。同时用键盘上的"["和"]"来调整笔触的范围。调整效果如图 7-20 所示。

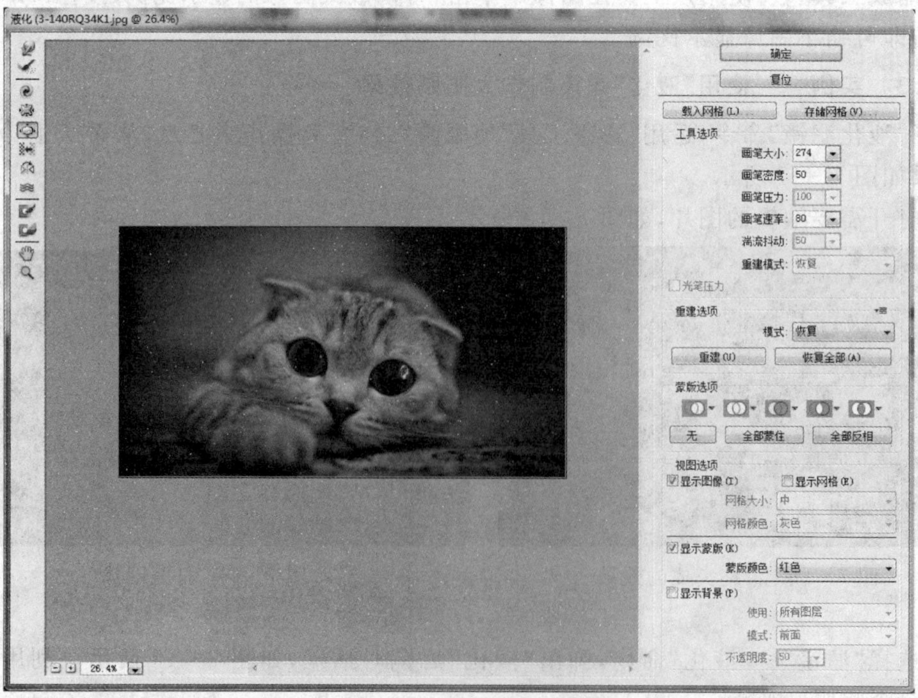

图 7-20　调整效果

7.2.4 液化滤镜

“液化”此滤镜命令用于使图像产生变形效果，选择“滤镜”→“液化”命令，弹出“液化”滤镜对话框，如图 7-21 所示。

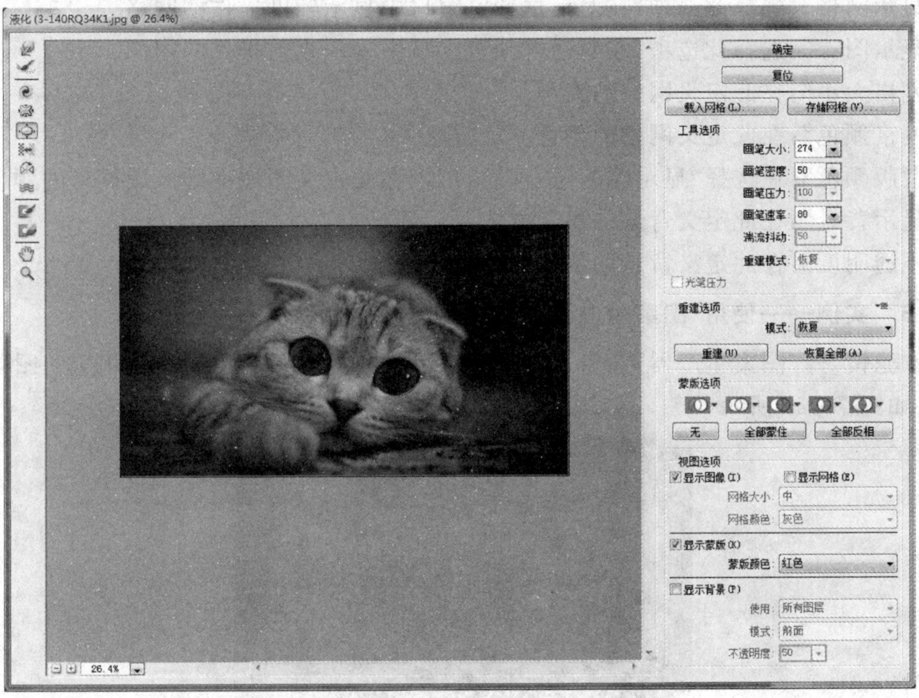

图 7-21 执行“液化”滤镜命令

◆“向前变形工具”：在图像上拖动，可以使图像的像素随着涂抹产生变形。

◆“重建工具”：扭曲预览图像之后，使用重建工具可以完全或部分地恢复更改。

◆“顺时针旋转扭曲工具”：使图像产生顺时针旋转效果。

◆“褶皱工具”：使图像向操作中心点收缩，从而产生挤压效果。

◆“膨胀工具”：使图像背离操作中心点，从而产生膨胀效果。

◆“左推工具”：移动与描边方向垂直的像素。直接拖曳使像素向左移；按住“Alt”键拖曳将使像素向右移。

◆“镜像工具”：将像素拷贝至画笔区域。

◆“湍流工具”：能平滑地拼凑像素，适合于创建火焰、云彩、波浪等效果。

◆“冻结蒙版工具”：用此工具拖过的范围被保护，以免被进一步编辑。

◆“解冻蒙版工具”：解除使用冻结蒙版工具所冻结的区域，使其还原为可编辑状态。

◆“抓手工具”：通过拖动可以显示出未在预视窗口中显示出来的图像。

◆“缩放工具”：在预览图像中点按或拖曳，可以放大预览图；按住“Alt”键，在预览图像中点按或拖曳，将缩小预览图。

◆“画笔大小”：设置使用上述各工具操作时，图像受影响区域的大小。

◆“画笔压力”:设置使用上述各工具操作时,一次操作影响图像的程度大小。

◆“湍流抖动”:控制湍流工具拼凑像素的紧密程度。

◆“光笔压力”:使用光笔绘图板中的压力读数。

◆“显示网格”:选择此选项,在对话框预览窗口中显示辅助操作的网格。

◆“显示图像”:选择此选项,在对话框预览窗口中显示当前操作的图像。

◆“网格大小”:在此定义网格的大小。

◆“网格颜色”:在此定义网格的颜色。

◆“蒙版颜色”:在选择“显示蒙版”选项后,可以在此定义图像冻结区域显示的颜色。

◆“显示背景”:在此定义背景的显示方式。

◆“不透明度”:在此定义背景的不透明度显示。

7.2.5 实例——使用“图案生成器”制作连续背景效果

选择“滤镜”→“图案生产器”命令,用此滤镜提取图像的某一区域,创建相应的图像。最终示例效果如图 7-22 所示。

图 7-22 示例效果

(1)打开图片,使用“矩形选框工具”,在图像中拖动,得到一个矩形选择区域,所示区域将被定义为样本图像,如图 7-23 所示。

图 7-23 定义样本图像

(2)设置拼贴块的“宽度”与“高度”,单击“生成”按钮,生成一图案,此时“拼贴历史记录”区域的预览框中将显示该图像。而在对话框中央的预览窗口则显示由此图案拼贴生成的图像。可以连续单击“再次生成”按钮生成下一个图案,通过观察,直至得到满意的效果,如图 7 - 24 所示。

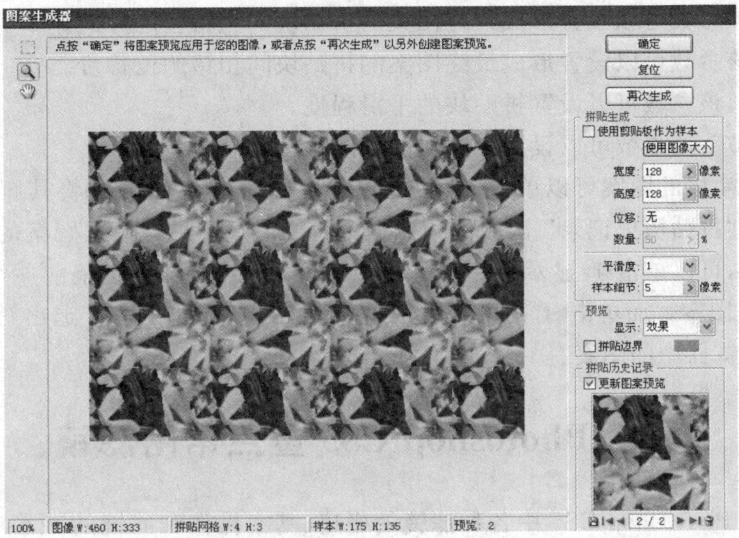

图 7 - 24 完成后的效果

7.2.6 图案生成器滤镜

图案生成器滤镜提取图像的某一区域,可创建相应的图像,如图 7 - 25 所示。

图 7 - 25 “图案生成器”滤镜界面

◆“矩形选框工具”:使用该工具在图像中拖动,可以得到一个矩形选择区域。

◆“缩放工具”:使用该工具单击一次,图像就会放大到下一个预定的百分比。

◆“抓手工具”:通过拖动该工具,可以显示未显示出来的图像。

◆“使用剪贴板作为样本”:选中该复选项,可以用存在于系统剪贴板中的图像或文字内容作为样本生成图案。

◆"宽度":该参数可以设置形成最终图案的拼贴块宽度。

◆"高度":该参数可以设置形成最终图案的拼贴块高度。

◆"位移":该参数可以设置形成最终图案的拼贴块间相错位的方向。

◆"数量":该参数可以设置形成最终图案的拼贴块间相错的位移量。

◆"平滑度":该参数可以设置拼贴块的平滑程度。

◆"样本细节":该参数可以设置拼贴块的细腻程度。

如果不满意生成的图案可以单击"从历史记录中删除拼贴"图标将其删除。在单击"再次生成"按钮时,"拼贴历史记录"区域的预览框中将始终显示最近一次图案的效果,若想观察以往图案的效果,可以单击◀,显示前一个图案。而单击|◀,则可以跳至前一个图案。同理单击▶,显示后一个图案。而单击▶|,则可以跳至后一个图案。单击"确定"退出对话框,将得到最后一次显示在预览器中的图案。

7.3 Photoshop CS5 重点常用滤镜

主要讲述了 Photoshop CS5 中各种滤镜的概述、基本操作和滤镜的基本功能、使用方法,滤镜菜单简介是本节重点,应重点学习风格化滤镜中的风效果、浮雕效果、拼贴、凸出,模糊效果滤镜中的动感模糊、高斯模糊、径向模糊,扭曲滤镜中的波纹、波浪、极坐标、挤压、球面化等效果。

7.3.1 实例——使用"表面模糊"制作光滑皮肤效果

本实例主要运用"滤镜"→"模糊"→"表面模糊"命令,将粗糙的皮肤细腻化,最终效果如图 7-26 所示。

(1)启动 Photoshop CS5,执行"文件"→"打开"命令,弹出对话框,选择需要的图片,点击"确定"打开,如图 7-27 所示。

图 7-26 制作光滑皮肤效果

图 7-27 选择需要的图片

(2)将背景图层转换为普通图层。在图层面板中双击名为"背景"的图层,打开"新图层"对话框,再单击"确定"按钮,即可将背景图层转换为普通图层,如图 7-28 所示。

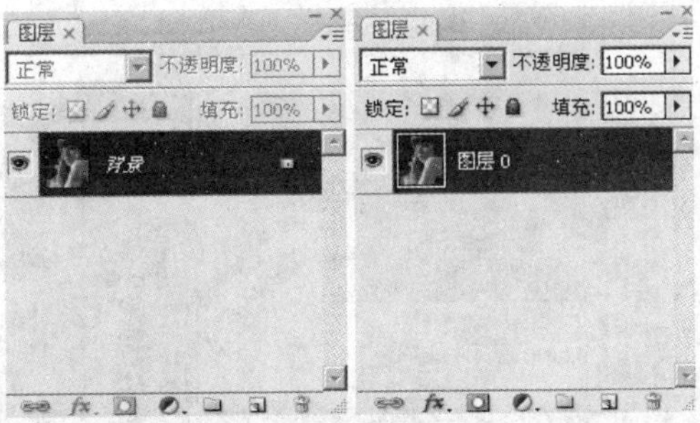

图 7-28　将背景图层转换为普通图层

(3)执行“滤镜”→“转换为智能滤镜”命令,再执行“滤镜”→“模糊”→“表面模糊”命令,如图 7-29 所示。

图 7-29　表面模糊处理

7.3.2　模糊滤镜组

执行“滤镜”→“模糊”命令,弹出对话框,如图 7-30 所示。下面将重点介绍 3 种模糊类滤镜的基本属性及特点。

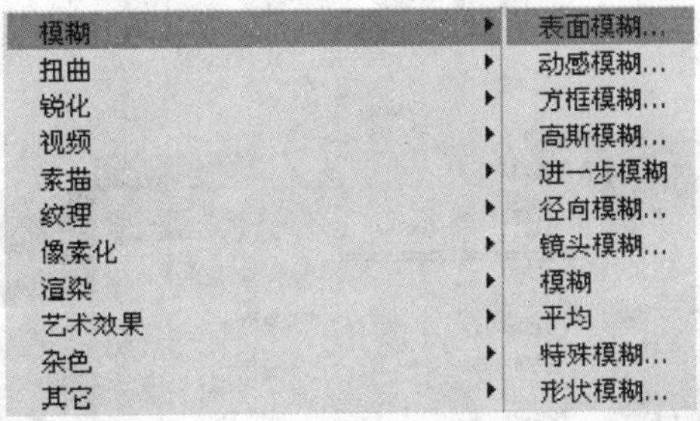

图 7-30　模糊滤镜关联菜单

(1)“高斯模糊”。“高斯模糊” 滤镜可以对图像进行模糊处理,而且模糊的程度可以进行精确的控制,如图 7-31 所示。

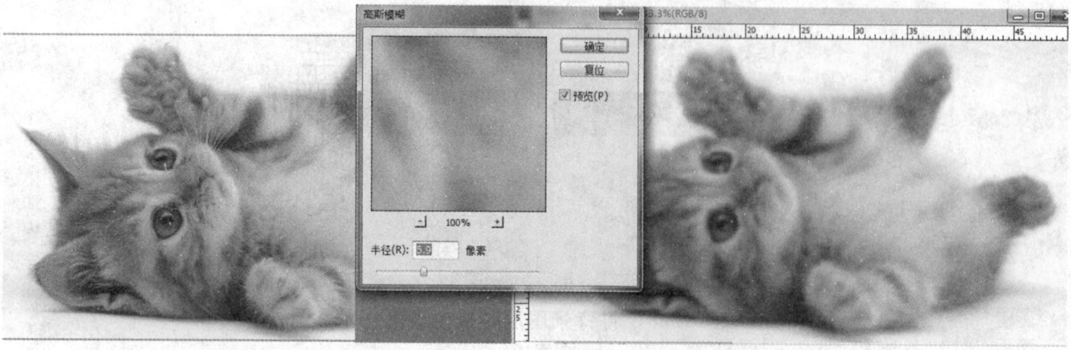

图 7 - 31 “高斯模糊”滤镜产生模糊效果

◆“半径”:此参数用于控制图像的模糊程度。数值越大,则模糊程度越大。

(2)“动感模糊”。“动感模糊”滤镜可以产生运动模糊效果,常用来模拟运动物体的对象在视觉上留下来的拖尾效果,如图 7 - 32 所示。

图 7 - 32 “动感模糊”滤镜产生运动模糊效果

◆“角度”:用于控制运动模糊的方向。

◆“距离”:用于设定被模糊图像的拖尾长度。

(3)“径向模糊”。此滤镜可以将图像旋转成圆形或以从中心向外的方式辐射模糊图像,如图 7 - 33 所示。

图 7 - 33 “径向模糊”滤镜产生聚焦效果

◆“数量”:此参数用于控制当前处理的图像产生模糊效果的强度。数值越大,则模糊的效果越明显,但计算机运算时间也越长。

◆“模糊方法”:在此可以选择两种模糊类型,选择“旋转”类型可以使图像具有旋转模糊效果,选择“缩放”类型可以得到放射状模糊效果。

◆“品质”:在此可以选择模糊的质量,其中有“草图”“好”“最好”3个选项可选。选“草图”执行速度最快,效果最差:选择“最好”得到的质量最好,但速度最慢。

7.3.3 实例——使用“置换”命令制作衣服花纹效果

先将图片模糊化处理,再使用“滤镜”→“扭曲”→“置换” 命令置入图片,这时图片自动紧贴衣服的纹理,形成一种独特的“扭曲”效果,如图7-34所示。

(1)启动 Photoshop CS5,执行“文件”→“打开”命令,弹出对话框,选择需要的图片,点击“确定”打开,如图7-35所示。

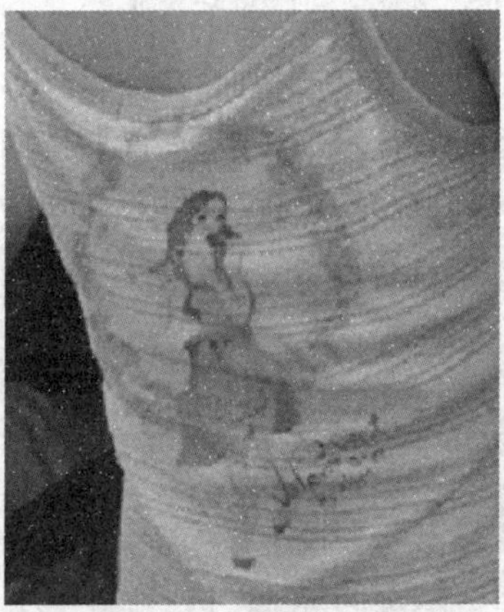

图7-34　衣服花纹效果

图7-35　选择需要的图片

(2)执行“滤镜”→“模糊”→“高斯模糊”命令,如图7-36所示。

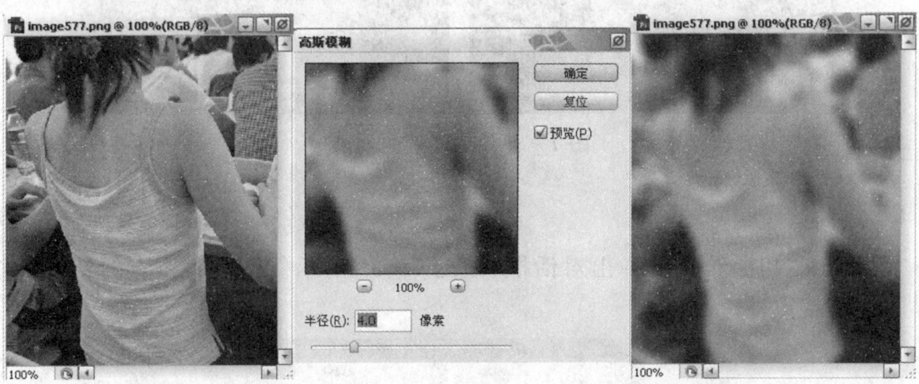

图7-36　对图片进行高斯模糊处理

(3)改变名称保存为PSD格式,用于下一步“滤镜”→“置换”操作使用。再次打开原始图片,寻找一个合适的花纹纹样用于置换操作,如图7-37所示。

图 7-37　打开新图形

(4)使用变形工具调整图层 1 到合适的位置,执行“滤镜”→“扭曲”命令,弹出对话框,设置合适的参数,点击“确定”,在弹出的对话框中选择刚才执行“滤镜”→“模糊”→“高斯模糊”特效的图像,最后在浮动图层面板上将图层 1 模式改为“正片叠底”得到完成效果,如图 7-38 所示。

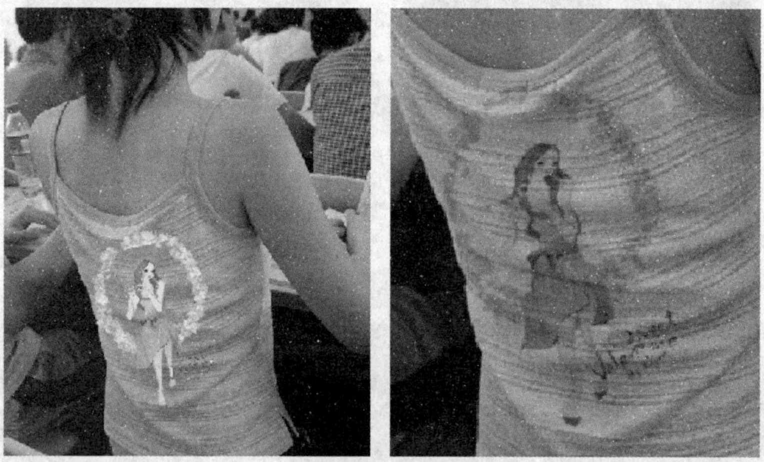

图 7-38　完成后的效果

7.3.4　扭曲滤镜组

执行“滤镜”→“扭曲”命令,弹出对话框,如图 7-39 所示。下面将重点介绍 5 种扭曲类滤镜的基本属性及特点。

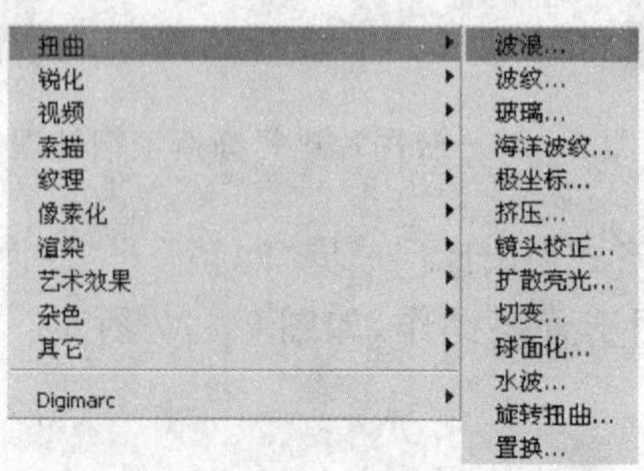

图 7-39　“扭曲”滤镜关联菜单

(1)“置换”。“置换”滤镜可以根据变形位移图的状态，对当前操作的图像进行变形。选择“滤镜”→“置换”命令，弹出对话框，如图 7-40 所示。

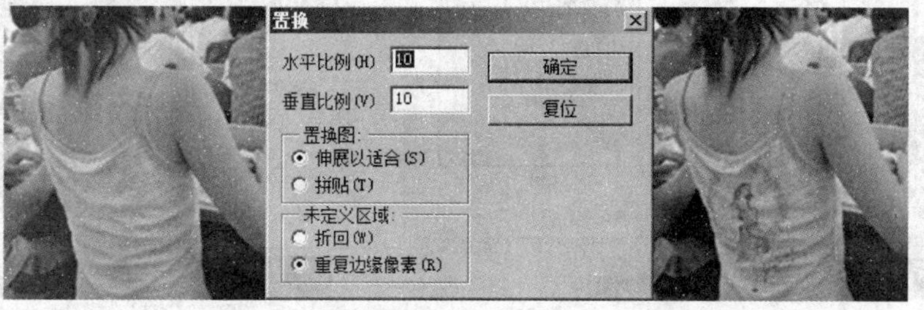

图 7-40 “置换”滤镜效果

◆“水平比例、垂直比例”：此参数用于控制水平/垂直方向的缩放比例。

◆“置换图”：此参数用于设置置换图的属性。

◆“未定义区域”：此参数用于设置未定义区域的属性。“折回”选项将图像四周进行延伸；“重复边缘像素”将重复边界像素，将图像边界处不完整的图像用覆盖图像像素来修补。

(2)“玻璃”。“玻璃”滤镜可以对图像进行处理，产生一种透过玻璃看图像的效果，如图 7-41所示。

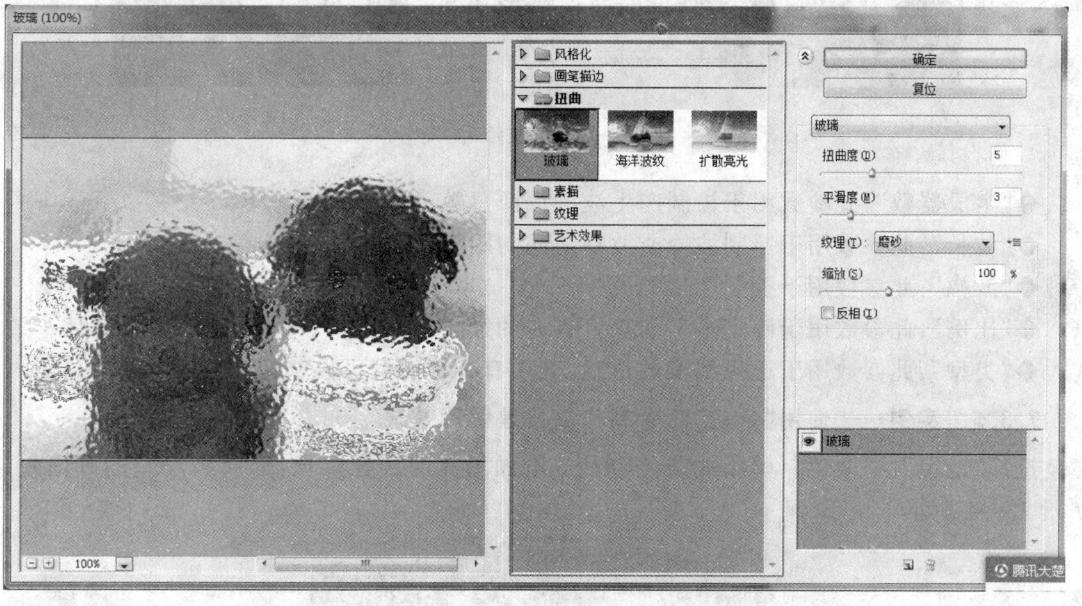

图 7-41 “玻璃”滤镜效果

◆“纹理”：可以选择“块状”“画布”“磨砂”“小镜头”。如果选择“载入纹理”命令，可以在弹出的对话框中选择自定义的材质纹理。

◆“缩放”：用于调节纹理的缩放比例。

(3)“旋转扭曲”。“旋转扭曲”能够创造出一种螺旋形的效果，在图像中央出现最大的扭曲，逐渐向边界方向递减，如图 7-42 所示。

图 7 - 42 “旋转扭曲”滤镜效果

(4)“波浪”。“波浪”滤镜的控制参数比较复杂，包括“生成器数”“波长”“波幅”“类型”等。用户可以选择多种随机的波浪形状，使图像产生歪曲摇晃的效果，如图 7 - 43 所示。

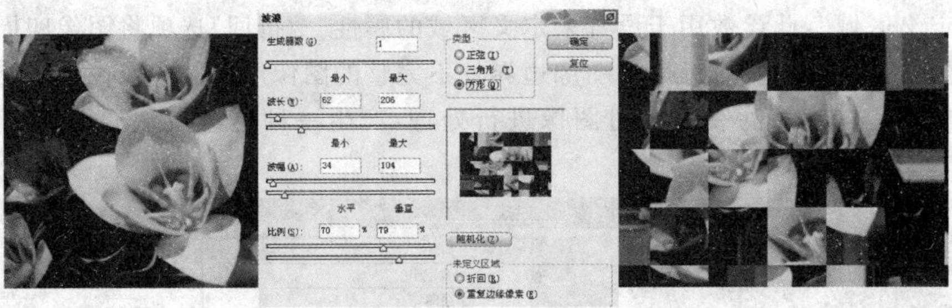

图 7 - 43 “波浪”滤镜

◆“生成器数”：此参数用于控制产生波的振源总数。

◆“波长”：此参数用于控制波峰或波谷之间的距离。

◆“波幅”：此参数用于控制产生的波幅。

◆“比例”：此参数用于确定水平和垂直方向的缩放比例。

◆“类型”：此参数用于选择波浪的形状，其中有 3 种类型可供选择。

7.3.5 实例——使用“杂色”命令制作高反差照片效果

选择“滤镜”→“杂色”→“添加杂色”命令，增加图片的颗粒感觉，形成高反差的画面效果，如图 7 - 44 所示。

图 7 - 44 高反差照片效果

(1)启动 Photoshop CS5，执行“文件”→“打开”命令，弹出对话框，选择需要的图片，点击

"确定"打开，如图 7－45 所示。

图 7－45　选择需要的图片

（2）执行"滤镜"→"杂色"→"添加杂色"命令，如图 7－46 所示。

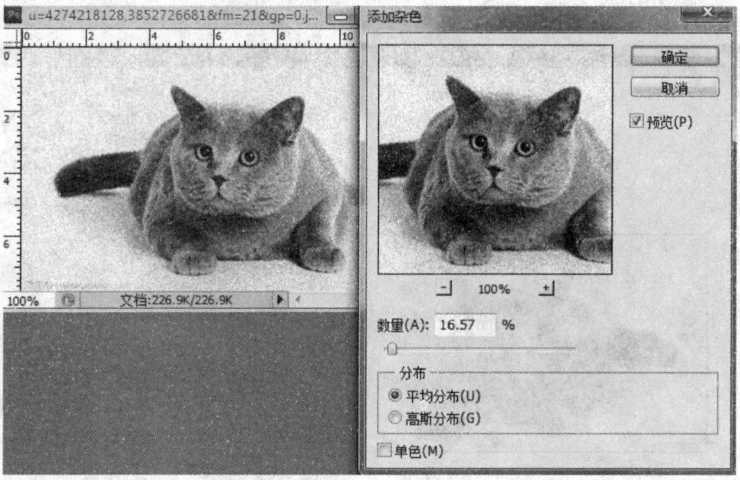

图 7－46　添加杂色

（3）执行"图像"→"调整"→"黑白"命令，制作高反差黑白相片，如图 7－47 所示。

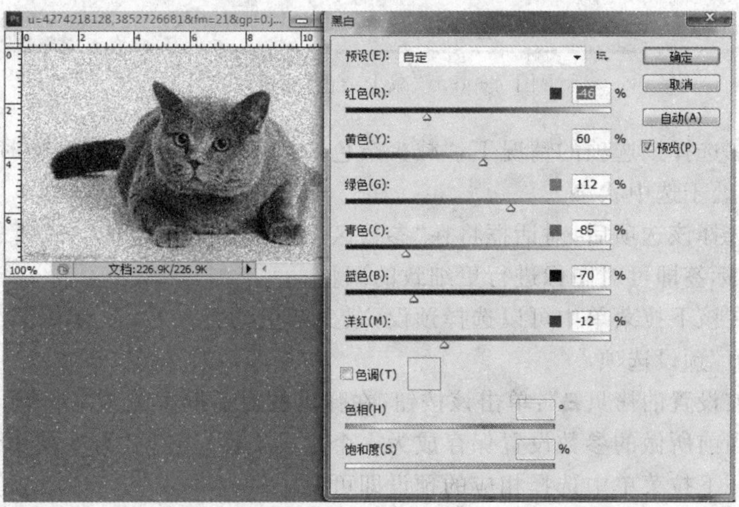

图 7－47　完成后的效果

7.3.6 杂色滤镜组

执行"滤镜"→"杂色"命令，弹出对话框，如图 7-48 所示。下面将重点介绍 3 种杂色类滤镜的基本属性及特点。

图 7-48 "杂色"滤镜关联菜单

"减少杂色"命令可以用于修改减少照片及图片中的杂点，此命令的对话框，如图 7-49 所示。

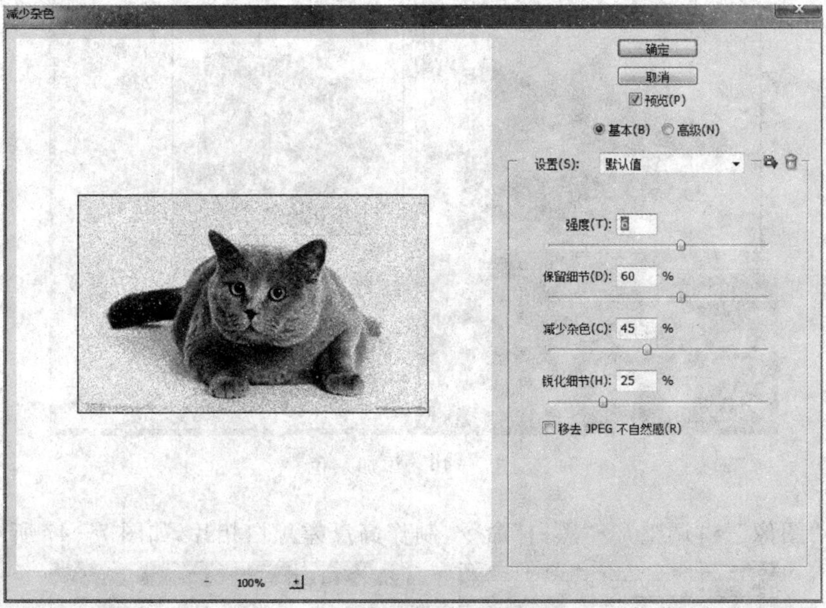

图 7-49 "减少杂色"滤镜效果

◆"基本"：在选择该选项的情况下，"减少杂色"对话框将列出常规调整时所用的参数，默认情况下该选项处于选中状态。

◆"高级"：选择该选项后，对话框将在"参数区"顶部显示出"整体"和"每通道"两个标签，分别选择不同的标签即可对图像进行更细致的调整。

◆"设置"：在该下拉菜单中可以选择预设，减少杂色调整参数，默认情况下该下拉菜单中只有一个"默认值"预设选项。

◆"存储当前设置的拷贝"：单击该按钮，在弹出的对话框中输入一个预设名称，单击"确定"按钮即可将当前所做的参数设置保存成为一个预设文件；当需要再次使用该参数进行调整时，只需在"设置"下拉菜单中选择相应的预设即可。

◆"删除当前设置"：单击该按钮，在弹出的对话框中单击"是"，即可删除当前所选中的预设。

◆"强度"：在此输入数值，可以设置减少图像中杂点的数量。

◆“保留细节”：在此输入数值，可以设置减少杂色后要保留的原图像细节。

◆“减少杂色”：在此输入数值，可以设置减少图像中杂色的数量。

◆“锐化细节”：由于去除杂色后容易造成图像的模糊，在此输入数值即可对图像进行适当的锐化，以尽量显示出被模糊的细节。

◆“移去 JPEG 不自然感”：当存储 JPEG 格式的图像时，如果保存图像的质量过低，图像中就会出现一些杂色色块，选择该选项后可以去除这些色块。

◆“通道”：在此下拉菜单中可以选择要进行调整的通道。

◆“缩览图”：在此可以查看所选通道中的图像状态及调整图像后的效果。

7.3.7　实例——使用“渲染”命令制作云层效果

选择“滤镜”→“渲染”→“分层云彩”命令，利用前景色与背景色的关系，制作云彩，如图 7－50所示。

图 7－50　制作云层效果

(1)打开需要编辑的图像，调整画布大小，新建图层 1，如图 7－51 所示。

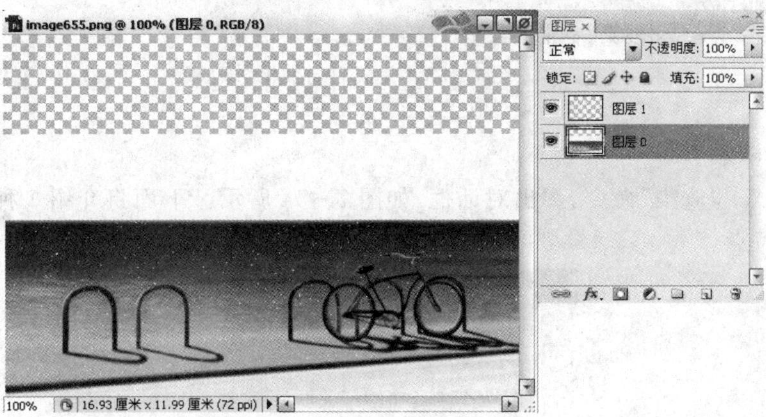

图 7－51　打开图像并新建图层 1

(2)将前景色设置为蓝色，背景色设置为白色，在图层 1 上执行“滤镜”→“渲染”→“云彩”命令(可以多次执行“云彩”命令得到适合的云彩)，得到效果，如图 7－51 所示。

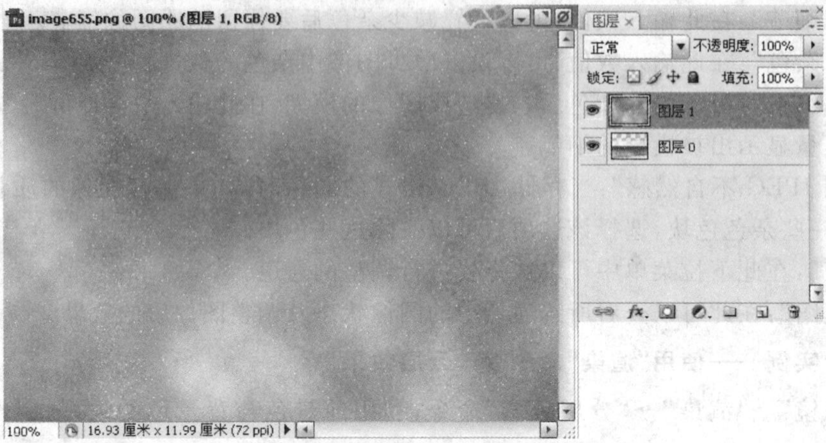

图 7-52 云彩效果

(3)在图层调板中将图层模式调整为"正片叠底",即得到如下最终效果,如图 7-53 所示。

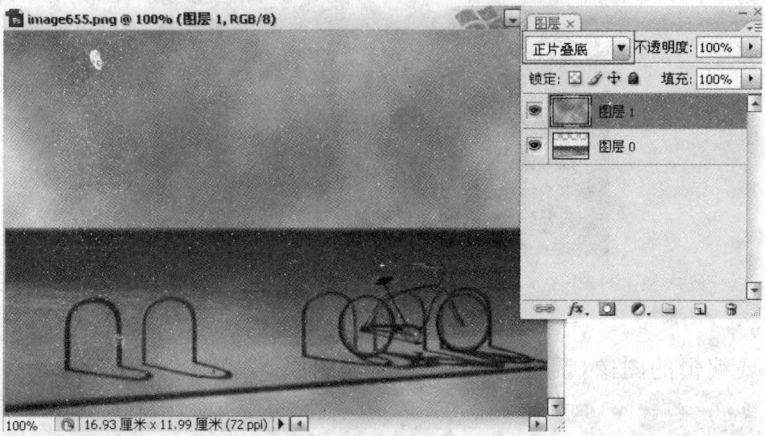

图 7-53 完成后的效果

7.3.8 渲染滤镜组

执行"滤镜"→"渲染"命令,弹出对话框,如图 7-54 所示。下面将介绍 3 种"渲染"类滤镜的基本属性及特点。

图 7-54 "渲染"关联菜单

(1)"云彩"。"云彩"滤镜利用选区在前景色和背景色之间的随机像素值,在图像上产生云彩状的效果,如图 7-55 所示。"滤镜"→"渲染"→"云彩"命令做的是随机运算,每次产生的云彩不尽相同。云彩的颜色与工具箱中前景色、背景色的设置有关联。

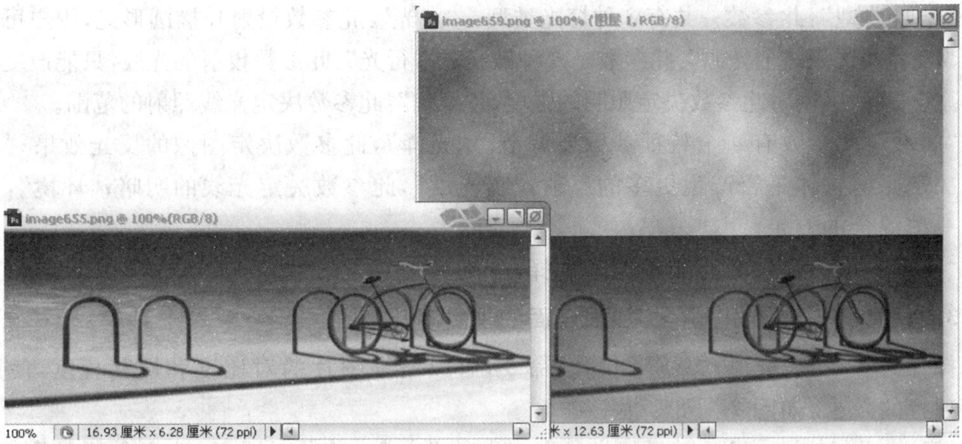

图 7-55 “云彩”滤镜

(2)“镜头光晕”。“镜头光晕”滤镜模拟光线照射在镜头上的效果，产生折射效果，如同真实的摄像机效果，如图 7-56 所示。该滤镜常用来制作建筑室外光。

图 7-56 “镜头光晕”滤镜效果

◆“亮度”：此参数用于控制产生亮斑的大小，范围值为 10%～300%。

◆“光晕中心”：拖动十字光标可改变点光的位置。

◆“镜头类型”：在此可以选择透镜的焦距，其中有“35 毫米聚焦”“50～300 毫米变焦”“105 毫米聚焦”“电影镜头”4 种。

(3)“光照效果”。“光照效果”滤镜是较复杂的一种滤镜，只能应用于 RGB 模式图像，该滤镜能够生成多种光照效果。滤镜共提供了 17 种样式、3 种光照类型和 4 种属性，将这些参数组合起来可以得到千变万化的光照效果，如图 7-57 所示。

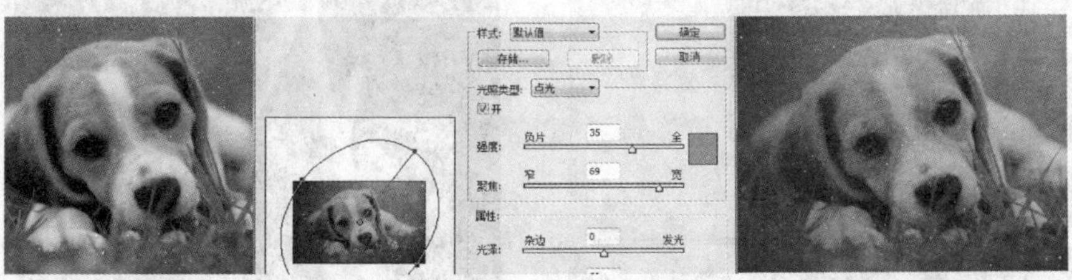

图 7-57 “光照效果”滤镜

◆“样式”：此参数一共有 17 种光源，默认值代表中等强度的聚光源。

◆“光照类型”：此参数一共有 3 种灯光类型。“点光”：此参数投射长椭圆形光，用户可以在预览窗口改变照明区域；“全光源”：此参数是一种散光；“平行光”：此参数投射的光线，只能改变光线方向和光源位置。“强度”：此参数决定照明的强度。“聚焦”：此参数决定光线照射的范围。

◆“属性”：此参数有 4 个特征参数要调节。“光泽”，此参数决定图像的反光效果；“材料”，此参数决定照射物体是否产生更多的反射；“曝光度”，此参数决定光线的明暗；“环境”，此参数可产生一种混合的效果。

◆“纹理通道”：此参数有 4 种通道选择，分别为“无”“红”“绿”“蓝”。

7.3.9 实例——使用“锐化”加强画面的视觉对比度

选择“滤镜”→“锐化”→“USM 锐化”命令，可以增强图片的对比度和犀利程度，使画面呈现一种独特的效果，如图 7-58 所示。

(1)启动 Photoshop CS5，执行“文件”→“打开”命令，弹出对话框，选择需要的图片，点击“确定”打开，如图 7-59 所示。

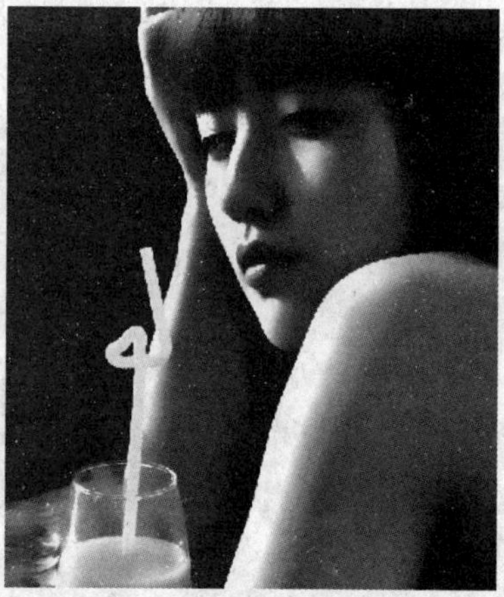

图 7-58 加强画面的视觉对比度度效果

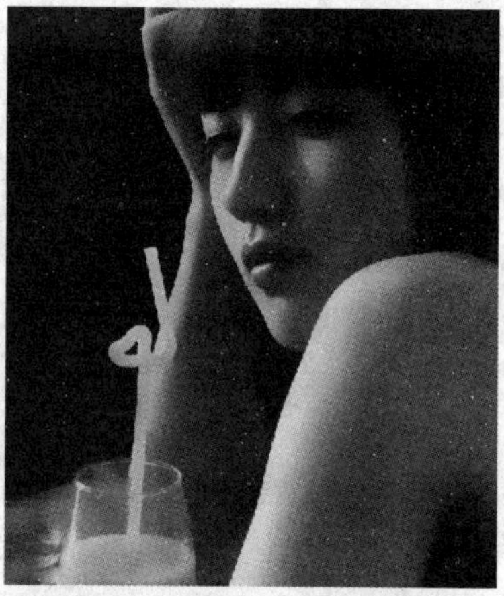

图 7-59 选择需要的图片

(2)执行“滤镜”→“锐化”→“USM 锐化”命令，如图 7-60 所示。

(3)点击“确定”，最终效果如图 7-61 所示。

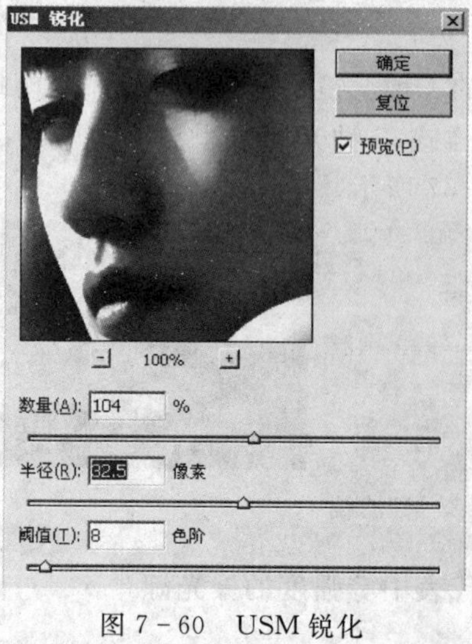

图 7-60 USM 锐化

图 7-61 完成后的效果

7.3.10 锐化滤镜组

执行“滤镜”→“锐化”命令，弹出对话框如图 7-62 所示。下面将介绍两种锐化类滤镜的基本属性及特点。

图 7-62 “锐化”滤镜关联菜单

(1)“USM 锐化”。“USM 锐化”滤镜用于对图像进行锐化，是照片修饰与处理中经常采用的命令，可以使图片的细节加强，如图 7-63 所示。

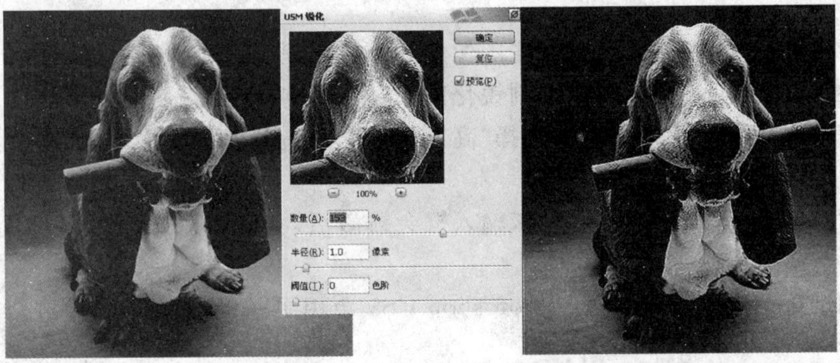

图 7-63 “USM 锐化”滤镜效果

◆“数量”:用于控制锐化的强度。

◆“半径”:用于决定锐化边缘的大小。

◆“阈值”:用于确定参与运算的像素之间的最低差值。

(2)“智能锐化”。使用该命令可以对图像表面的模糊效果、动态模糊效果及景深模糊效果等进行调整，还可以根据实际情况，分别对图像的暗部与亮部进行锐化调整，如图 7-64 所示。

图 7-64 “智能锐化”滤镜效果

◆“基本”:在选择该选项的情况下,“智能锐化”对话框将列出常规调整时所用的参数,默认情况下该选项处于选中状态。

◆“高级”:选择该选项后,对话框将在“参数区”顶部显示出“锐化”“阴影”“高光”3个标签。分别选择不同的标签即可对图像进行更细致的调整。

◆“设置”:在该下拉菜单中可以选择预设的智能锐化调整参数,默认情况下该下拉菜单中只有一个“默认值”预设选项。

◆“存储当前设置的拷贝”:单击该按钮,在弹出的对话框中输入一个预设名称,单击“确定”按钮即可将当前所做的参数设置保存成为一个预设文件;当需要再次使用该参数进行调整时,只需在“设置”下拉菜单中选择相应的预设即可。

◆“删除当前设置钮:单击该按钮,在弹出的对话框中单击“是”即可删除当前所选择的预设。

◆“数量”:在此输入数值,可以设置图像整体的锐化程度。

◆“半径”:在此输入数值,可以控制锐化图像时受影响的范围。

◆“移去”:在该下拉菜单中可以选择“高斯模糊”“镜头模糊”“动感模糊”选项,根据图像的模糊类型可以在此选择相应的选项。

◆“角度”:当选择“动感模糊”时,该输入框会被激活,在此输入数值可以设置动感模糊的方向。

◆“更加准确”:选择该选项后,Photoshop CS5 会用更长的时间对图像进行更为细致的处理。

◆“渐隐量”:在此输入数值,可以设置减少对图像阴影部分的锐化百分比。

◆“色调宽度”:在此输入数值,可以设置修改图像色调的范围。

◆“半径”:在此输入数值,可以设置锐化阴影的范围。

“提示”:在参数区域中选择“高光”标签的情况下,其中的参数与选择“阴影”标签时的参数相同。

原图像和锐化后的效果,如图 7-65 所示。

图 7-65 原图像和锐化后的效果对比

7.3.11 实例——使用“素描”滤镜制作绚丽背景效果

先执行“镜头光晕”滤镜效果,建立虚化的图像,然后执行“铬黄”滤镜效果,形成水的感觉,最后进行扭曲化处理,并进行图层叠加形成绚丽背景效果,如图 7-66 所示。

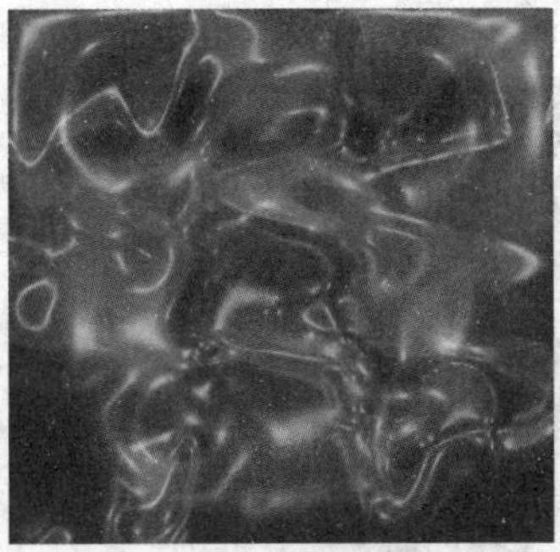

图 7－66　绚丽背景效果

(1)新建图像,尺寸为 300×300 的方形,将背景填充黑色,如图 7－67 所示。

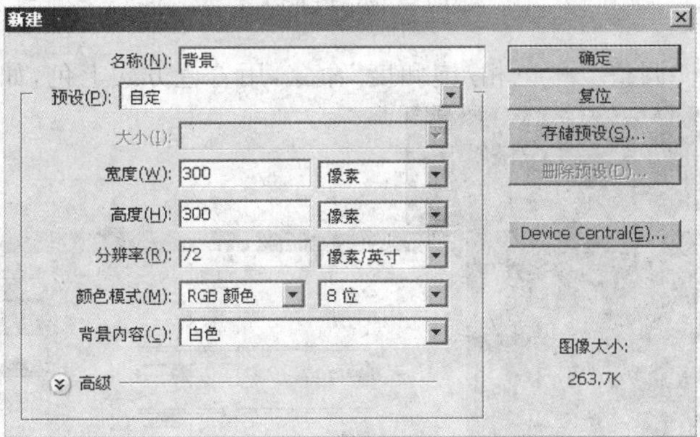

图 7－67　新建图像

(2)多次执行“滤镜”→“渲染”→“镜头光晕”命令,形成多个不同位置的光晕效果,如图 7－68所示。

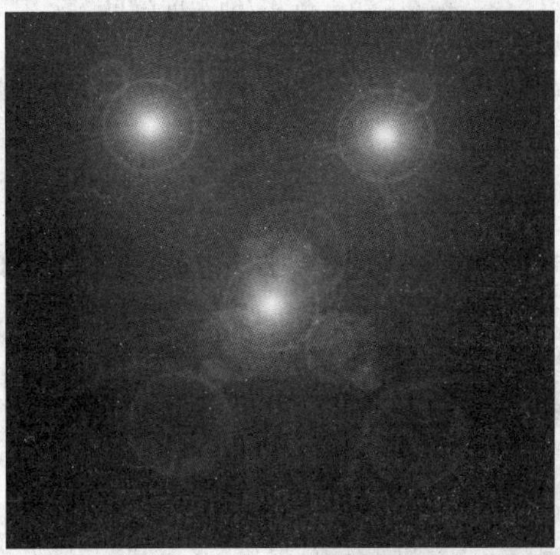

图 7－68　镜头光晕

(3)执行“滤镜”→“素描”→“铬黄”命令,设置适当的数值,如图 7-69 所示。

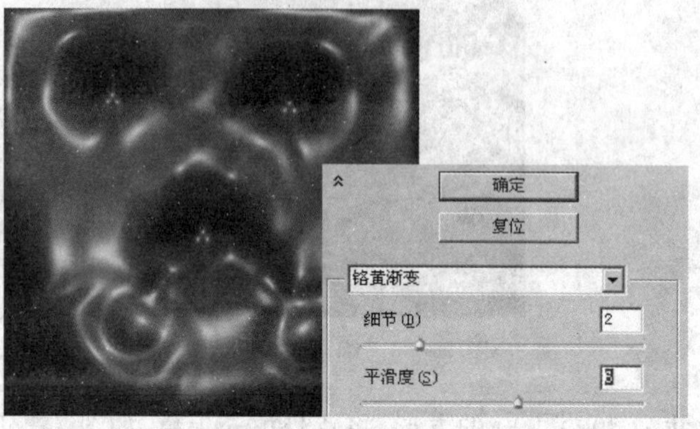

图 7-69 铬黄效果

(4)执行“图像”→“调整”→“色相/饱和度”命令,用着色方式上色,如图 7-70 所示。

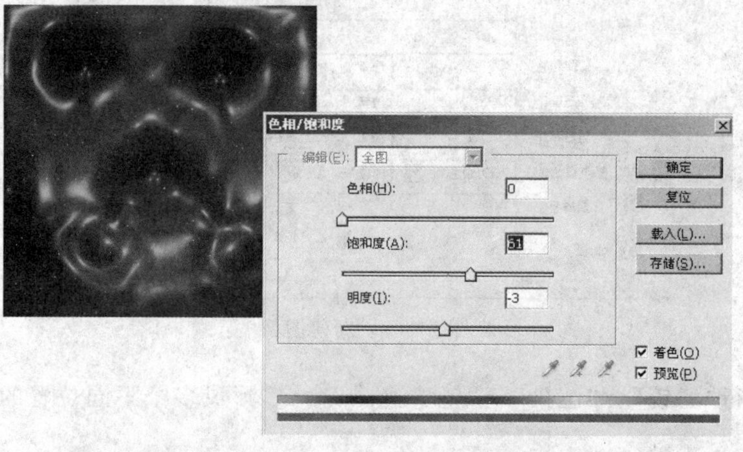

图 7-70 色相/饱和度效果

(5)将图层复制一层,将其混合模式改为“滤色”,然后使用“滤镜”→“扭曲”→“波浪”命令,如图 7-71 所示。

7.3.12 素描滤镜组

执行“滤镜”→“素描”命令,弹出对话框,如图 7-72 所示。下面将介绍 3 种“素描”类滤镜的基本属性及特点。

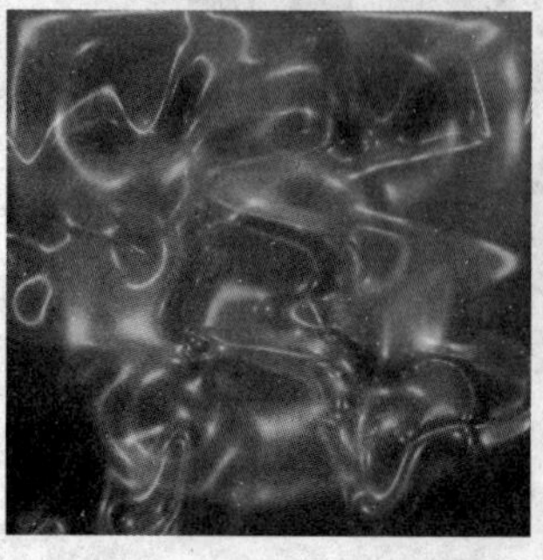

图 7-71 完成后的效果

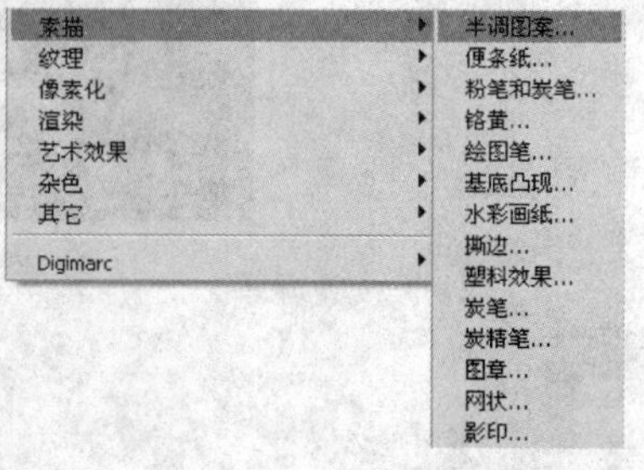

图 7-72 “素描”滤镜关联菜单

(1)"铬黄"。"铬黄"滤镜产生一种液态的金属效果,通常用于制作金属纹理,如图 7-73 所示。

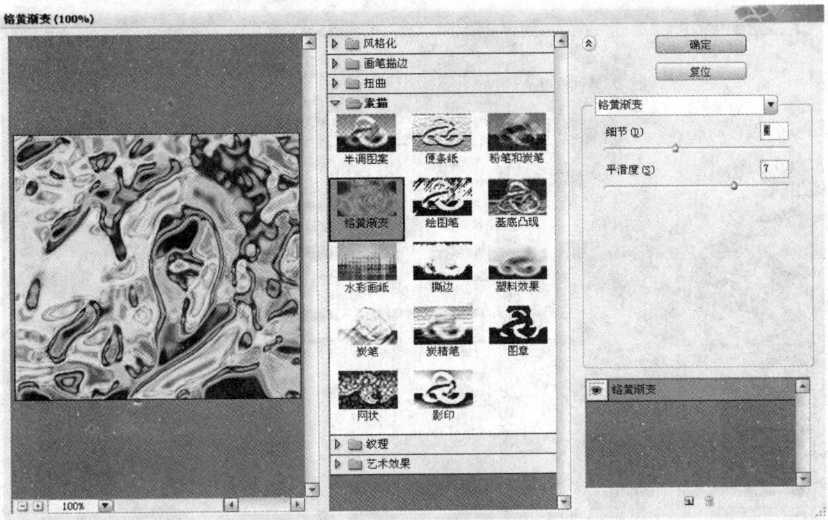

图 7-73 "铬黄"滤镜效果

◆"细节":用于调节细节程度。

◆"平滑度":用于控制画面细节的曲度。

(2)"半调图案"。"半调图案"滤镜产生网格状的效果,如图 7-74 所示。

图 7-74 "半调图案"滤镜效果

◆"大小":用于控制调整网格点的大小。

◆"对比度":用于加强整幅画面的对比强度。

图 7-75 所示为使用"半调图案"滤镜后的效果。

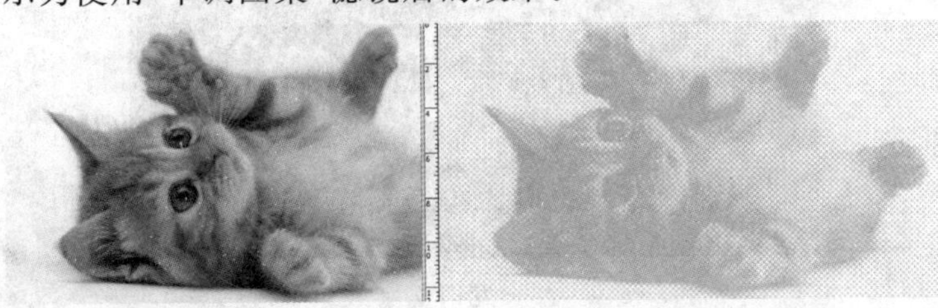

图 7-75 使用"半调图案"滤镜后的效果

(3)“绘图笔”。“绘图笔”滤镜产生模拟钢笔画画的效果，如图7-76所示。

图7-76 “绘图笔”滤镜效果

◆“描边长度”：模拟钢笔描绘的线条的长度。

◆“明/暗平衡”：用于表现画面的细节程度，以及画面风格效果。

◆“描边方向”：用于控制钢笔绘制线条的方向。

图7-77所示为使用“绘图笔”滤镜后的效果。

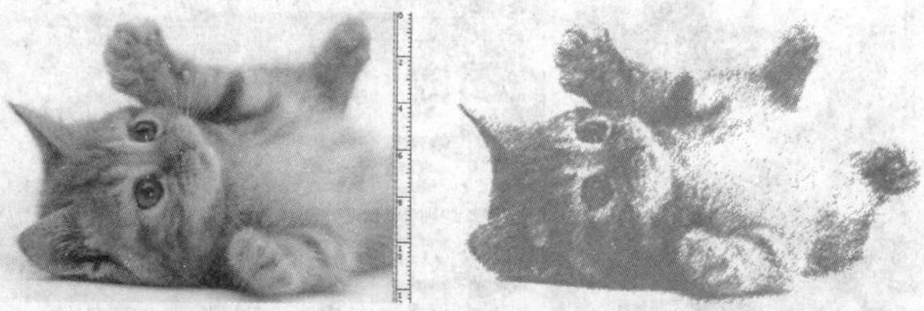

图7-77 使用“绘图笔”滤镜后的效果

7.3.13 实例——使用“风格化”滤镜制作发射文字效果

通过输入文字，执行“极坐标”命令将文字拆开，执行“风”滤镜，再还原文字制作线性发射状的文字效果，如图7-78所示。

图7-78 发射文字效果

(1)启动 Photoshop CS5,执行“文件”→“新建”命令,弹出对话框,建立一页面,如图 7-79 所示。

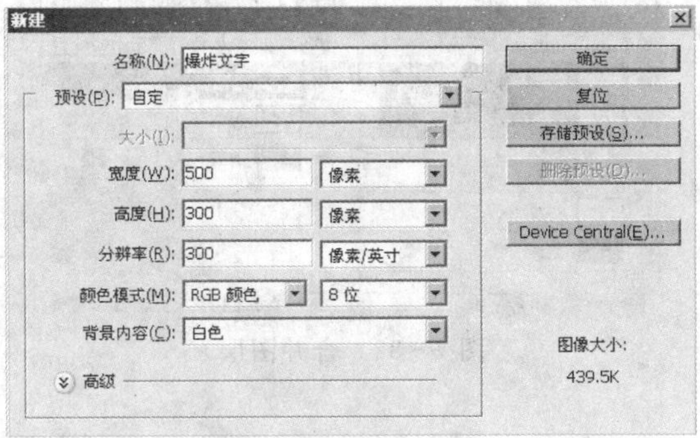

图 7-79 建立新文件

(2)将背景填充黑色,然后输入文字,如图 7-80 所示。

图 7-80 输入文字

(3)将文字图层复制一层,将文字变为黑色,然后隐藏原先的文字层。选择“图层样式”→“外发光”命令,如图 7-85 所示。

图 7-81 外发光

(4)新建一个空白图层,将其与“外发光”图层一起选择。然后使用“Ctrl+E”合并两个图层,如图 7-82 所示。

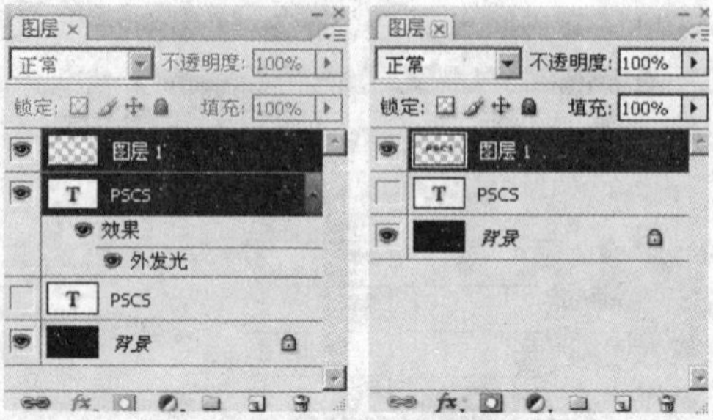

图 7－82 合并图层

(5)接着执行“滤镜”→“扭曲”→“极坐标”命令，方式为“极坐标到平面坐标”，如图 7－83 所示。

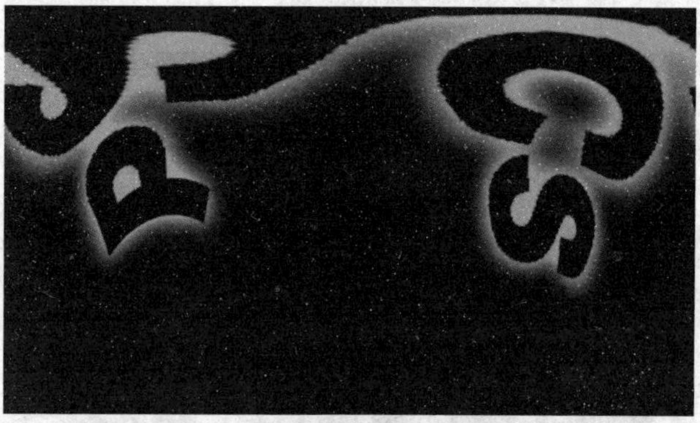

图 7－83 极坐标到平面坐标

(6)然后执行“图像”→“旋转画布”→“90 度顺时针”命令，再执行“滤镜”→“风格化”→“风”命令，可用“Ctrl＋F”重复“风”滤镜一到两次。接下来执行“图像”→“旋转画布 →“90 度(逆时针)”命令，如图 7－84 所示。

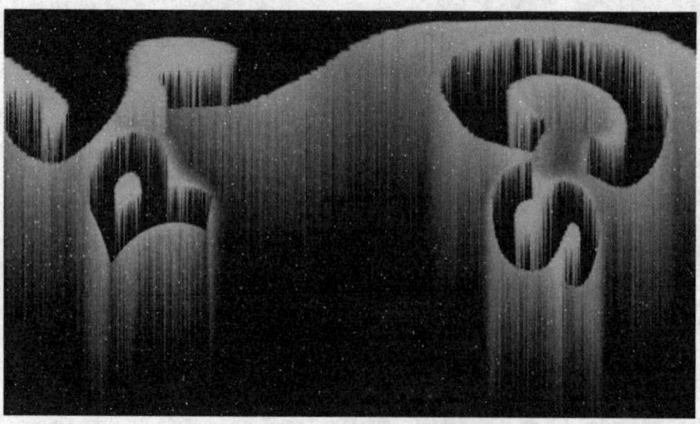

图 7－84 “风”命令效果

(7)执行“滤镜”→“扭曲”→“极坐标”命令，这次方式为“平面坐标到极坐标”恢复还原，如图 7－85 所示。

图 7－85 “极坐标”命令效果

(8)选择“图像”→“调整”→“渐变映射”命令，给光线赋予颜色，如图 7－86 所示。

图 7－86 完成后的效果

7.3.14 风格化滤镜组

执行“滤镜”→“风格化”命令，弹出对话框，如图 7－87 所示。下面将介绍 3 种“风格化”类滤镜的基本属性及特点。

图 7－87 “风格化”滤镜关联菜单

(1)“浮雕效果”。“浮雕效果”滤镜通过勾画图像或选区的轮廓和降低周围的色值来产生不同程度的凸起和凹陷效果，如图 7－88 所示。

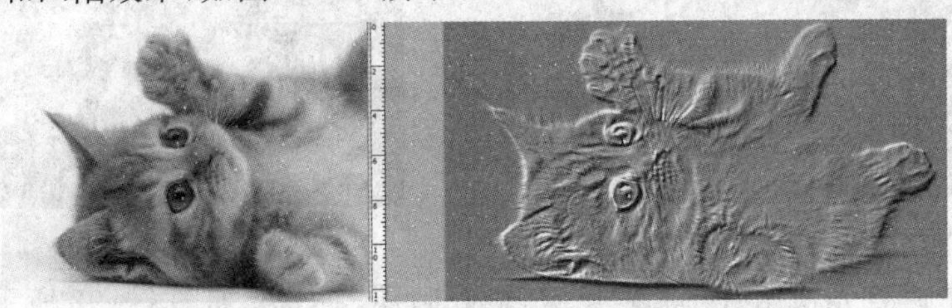

图 7－88 “浮雕效果”

◆"角度":用于控制调整图像的受光方向。

◆"高度":用于调整浮雕效果的厚度。

◆"数量":用于控制浮雕效果中浮出部分的颜色值,数值越大,用于轮廓的颜色越多。

(2)"查找边缘"。"查找边缘"滤镜主要是通过画面主要色块的变化,来突出色块之间的边缘,如图 7-89 所示。

图 7-89 "查找边缘"滤镜效果

◆"方法":此参数有 3 种。选择"风"生成一般的风效果;"大风"产生强风效果;"飓风"产生长短线条交替效果。

◆"方向":此选项有两个选择方式,可以模拟从左到右的风和从右到左的风的效果。

7.4 综合实例讲解

7.4.1 实例 1——照片处理

本实例为照片转动漫效果,主要运用框选工具、钢笔工具、描边路径、画笔工具等。通过运用钢笔工具绘制路径,描边路径绘制效果。实例效果如图 7-90 所示。

1. 知识难点

(1)画笔的运用;

(2)路径的运用。

2. 操作步骤

(1)打开原图素材,用"套索工具"选取皮肤范围,一次框选区域不要太多,否则效果不好。框选后,点击鼠标右键弹出快捷菜单,选择羽化命令,羽化半径为 5 像素,然后再执行"滤镜"→模糊"→"高斯模糊"命令,将脸部变得柔和,如图 7-91 所示。注意:不要框选到五官和头发。

图 7-90 照片转动漫效果

图 7-91 选取皮肤并模糊

(2)绘制眼睛。首先使用"模糊工具":模糊眼睛周围皮肤,如图 7-92 所示。

(3)用"钢笔工具"勾画出双眼皮路径,如图 7-93 所示。

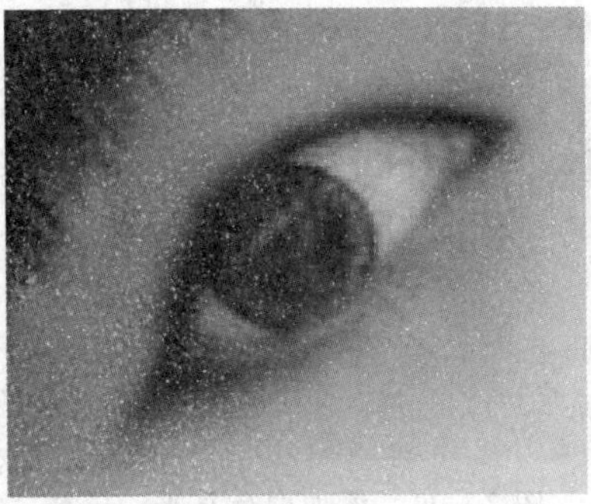

图 7－92 模糊眼睛周围皮肤

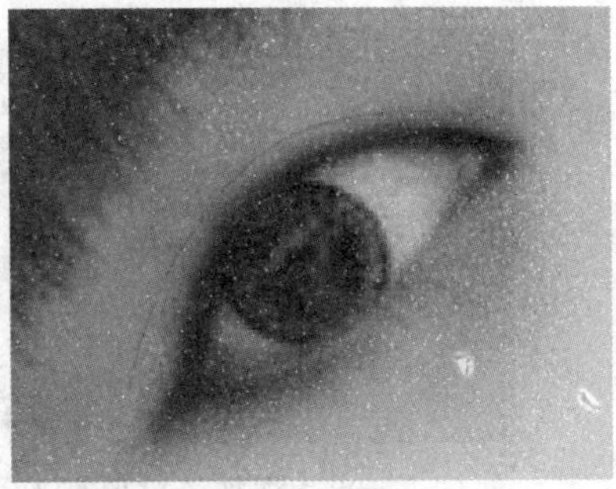

图 7－93 勾画双眼皮路径

(4)新建图层，设置画笔工具大小为 2 像素，硬度为 0，设置前景色为 R：35，G：21，B：14。保持选中新建图层不变，点击路径面板下的描边路径按钮 ，绘制出双眼皮，如图 7－94 所示。

(5)使用相同方法，勾画眼角。效果如图 7－95 所示。

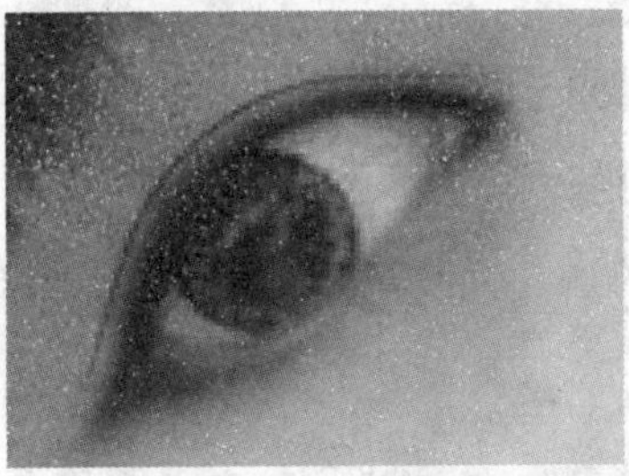

图 7－94 绘制双眼皮

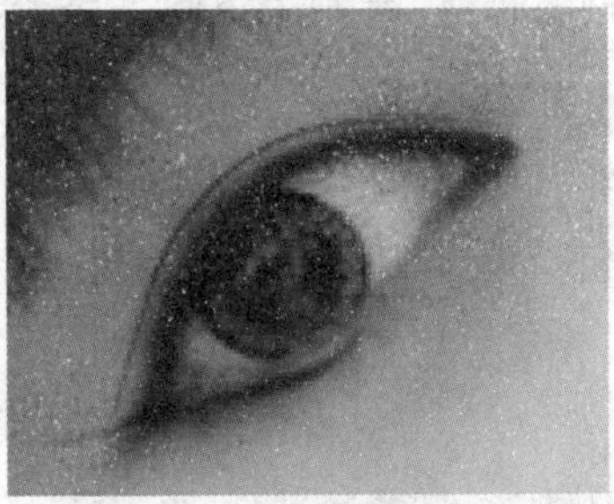

图 7－95 勾画眼角

(6)将前景色设置成眼白阴影部分颜色，新建图层，涂抹眼睛，绘制完成效果如图 7－96 所示。

(7)设置前景色为 R：35，G：21，B：14，新建图层，使用“画笔工具”，设置硬度为 0，绘制出眼珠。效果如图 7－97 所示。

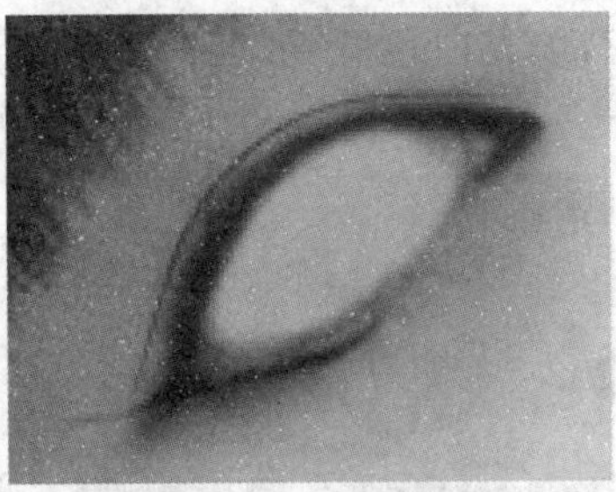

图 7－96 涂抹眼睛

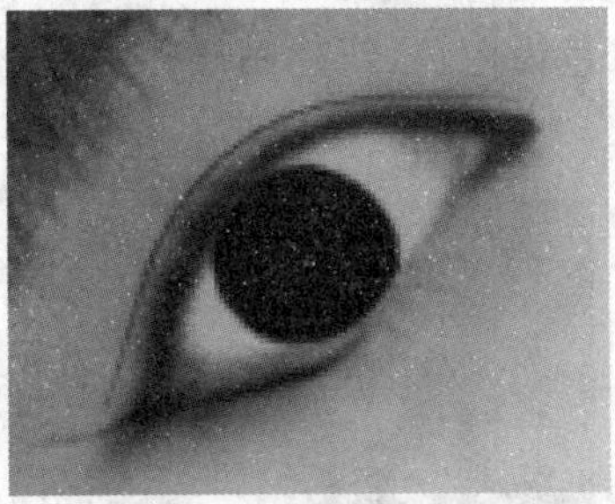

图 7－97 绘制眼珠

(8)设置前景色为 R：83，G：50，B：34，新建图层，使用“画笔工具”，设置硬度为 0，添加淡棕色高光效果。效果如图 7－98 所示。

(9)设置前景色为白色，新建图层，使用“画笔工具”，设置硬度为 0，继续添加高光效果，如图 7－99所示。

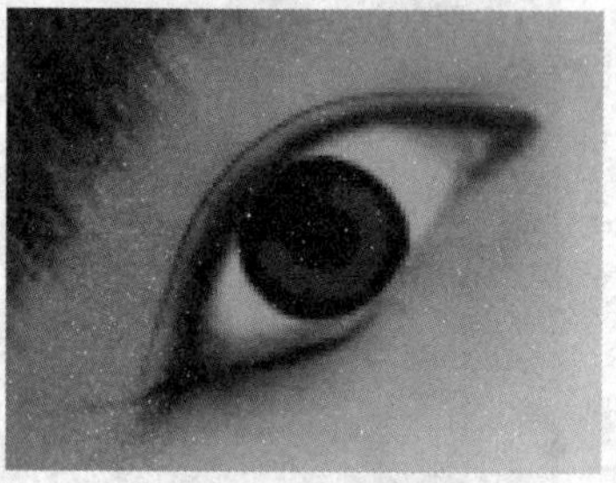
图 7-98 添加淡棕色高光

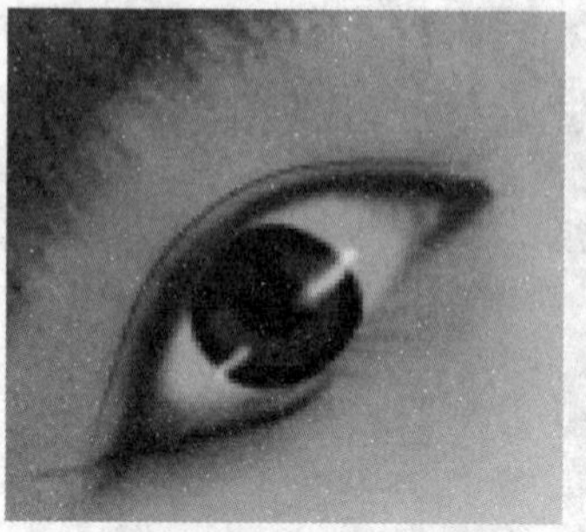
图 7-99 添加白色高光

(10)新建图层,设置前景色为 R:233,G:198,B:173,使用"画笔工具"绘制眼角和眼皮高光,配合使用"橡皮擦工具",擦除多余部分,最后改图层不透明度为 80%,效果如图 7-100 所示。

(11)使用"钢笔工具"绘制上下睫毛路径,如图 7-101 所示。

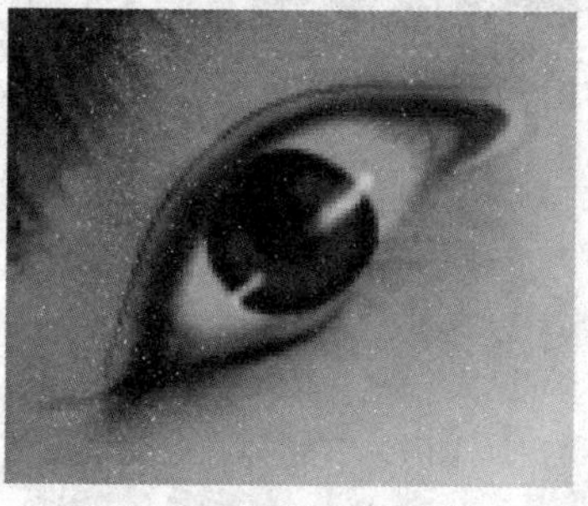
图 7-100 绘制眼皮和眼角高光

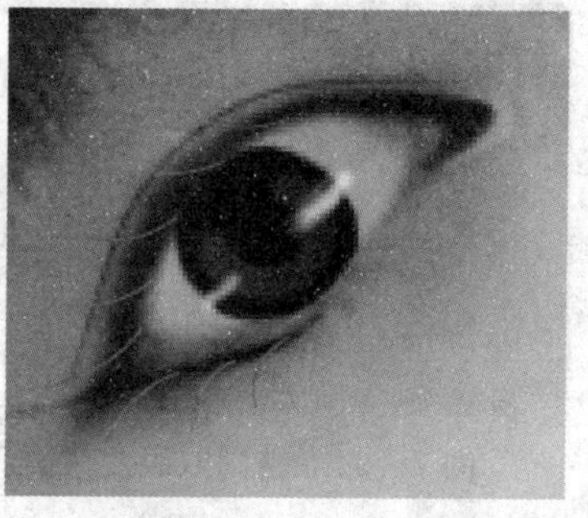
图 7-101 绘制睫毛路径

(12)新建图层,设置前景色为 R:35,G:21,B:14,使用步骤 4 相同方法对睫毛进行填充,如图 7-102 所示。

(13)改前景色为白色,新建图层,重复步骤 12,填充白色睫毛,轻移白色睫毛位置,效果如图 7-103 所示。

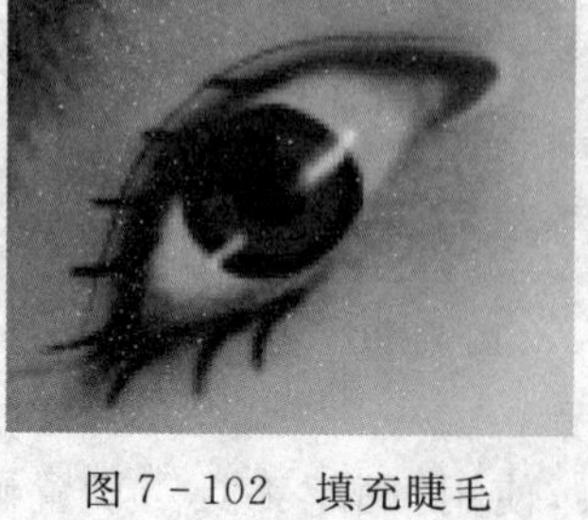
图 7-102 填充睫毛

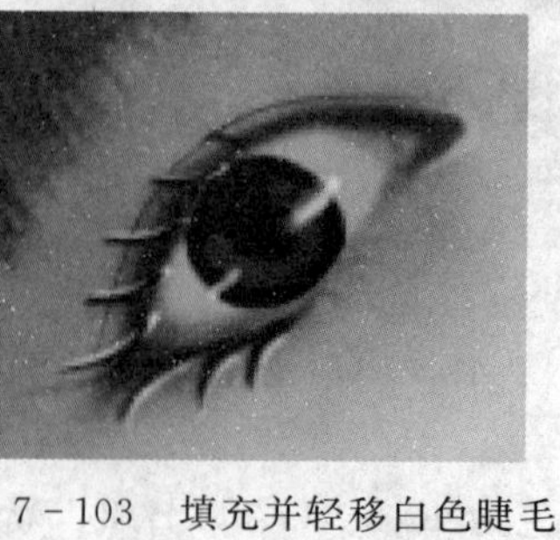
图 7-103 填充并轻移白色睫毛

(14)使用相同方法绘制另外一只眼睛,最终效果如图 7-104 所示。

(15)绘制嘴唇。使用"模糊工具",对嘴唇进行模糊,注意不要模糊到轮廓。效果如图 7-105所示。

图 7-104 完成后的眼睛的效果

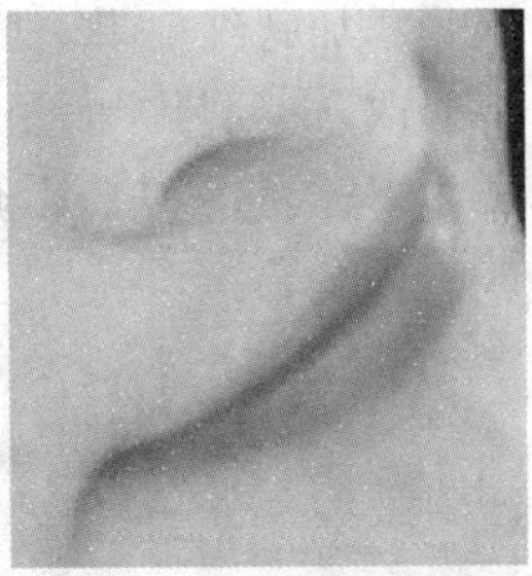

图 7-105 模糊嘴唇

(16)绘制嘴唇中线,使用“钢笔工具”勾画出路径,描边路径后,使用“橡皮擦工具”擦掉多余部分,最终效果如图 7-106 所示。

(17)设置前景色为白色,调整画笔大小,设置画笔硬度为 40%,描绘嘴唇高光,配合橡皮擦工具擦除多余像素,效果如图 7-107。

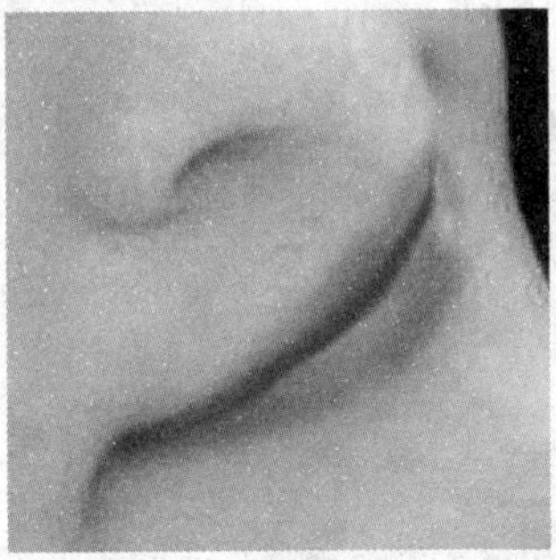

图 7-106 完成后的嘴唇效果

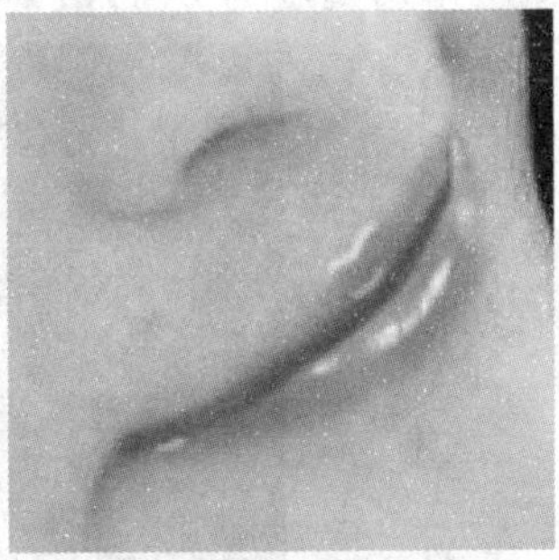

图 7-107 绘制嘴唇高光

(18)使用相同方法,绘制鼻子高光。效果如图 7-108。

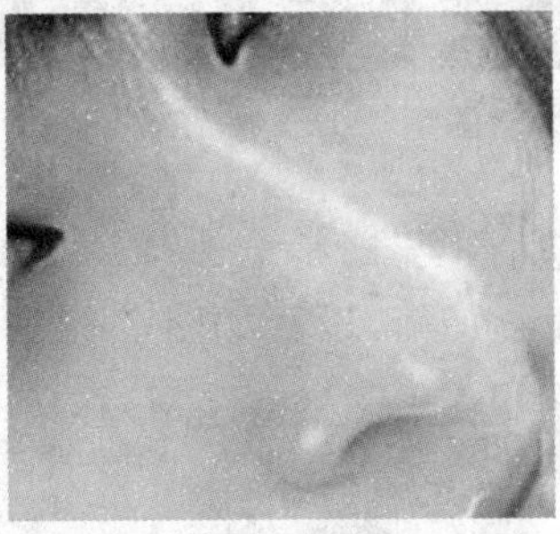

图 7-108 绘制鼻子高光

(19)新建透明图层,设置前景色为 R:135,G:75,B:33。使用“画笔工具”绘制鼻头阴影,改图层不透明度为 39%,填充为 54%,如图 7-109。

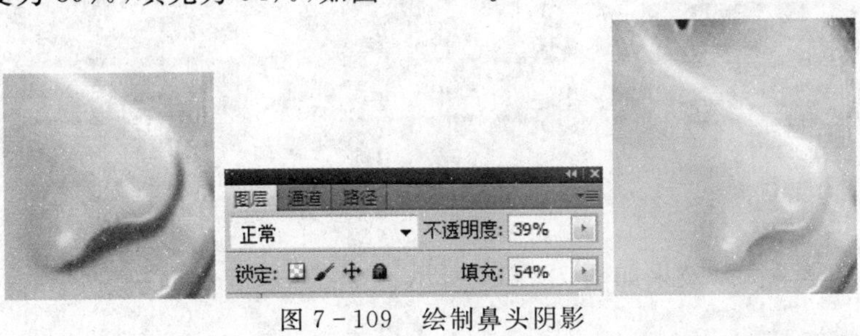

图 7-109 绘制鼻头阴影

(20)接下来为人物添加腮红效果。使用“套锁工具”在皮肤上框选出要将要绘制腮红的区域,并执行“选择”→“修改”→“羽化”命令,羽化值为10,如图7-110所示。

(21)设置前景色为R:234,G:14,B:13,新建图层,填充框选区域,效果如图7-111所示。

图7-110 确定腮红选区

图7-111 绘制腮红

(22)改腮红图层不透明度为8%,最终效果如图7-112所示。

图7-112 腮红效果

(23)最后,在所有图层之上添加一个“色彩平衡”效果,在图层面板下方找到创建新的填充或调整图层按钮,点击并选择色彩平衡,设置如图7-113所示。

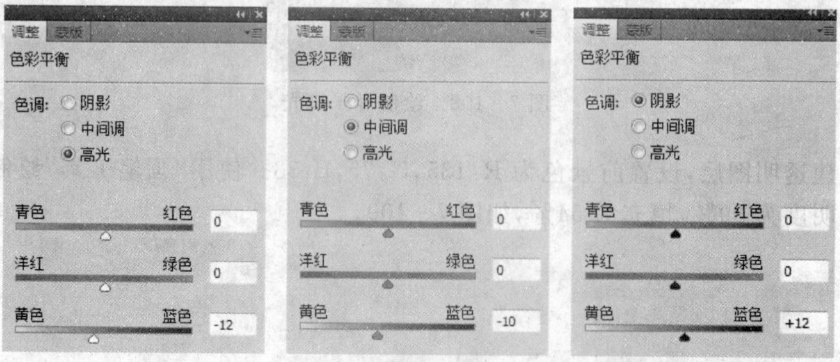

图7-113 设置色彩平衡

(24)执行“色彩平衡”,效果如图7-114所示。

图 7－114 “色彩平衡”效果

(25)选择“钢笔工具”，打开路径调板，在路径 1 上绘制线条。注意每绘制一条线条后按“Esc”键退出，完成该路径绘制(线条顺着人物头发运动的趋势绘制)，如图 7－115 所示。

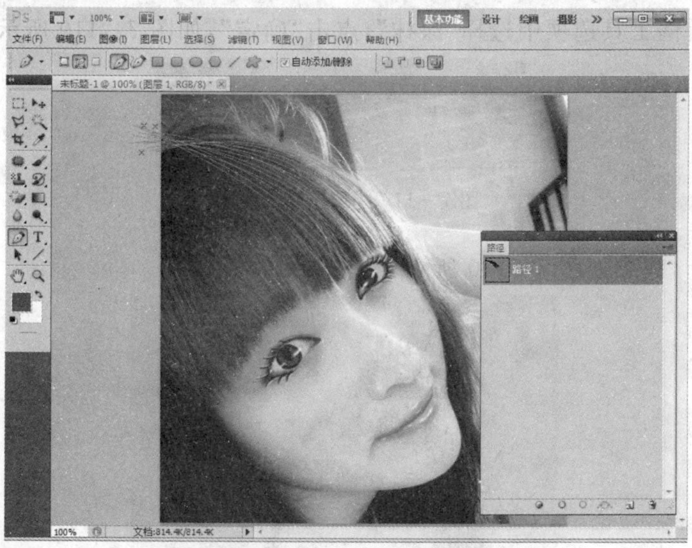

图 7－115 绘制路径线

(26)完成路径绘制，效果如图 7－116 所示。

图 7－116 路径绘制效果

(27)完成路径线条绘制后，需要为路径填充一个合适的样本，选择“涂抹工具”，设定属性栏如图 7－117 所示(注意画笔主直径合适,以两路径之间的间距为合适,可以通过键盘上“[”与“]”键来调整笔触的大小)。

(28)回到路径调板,按住键盘“Alt”键选择路径 1。注意每条路径都要被选取,在路径 1 上点击鼠标右键,在弹出的快捷菜单中选择“描边路径”,如图 7－118 所示。

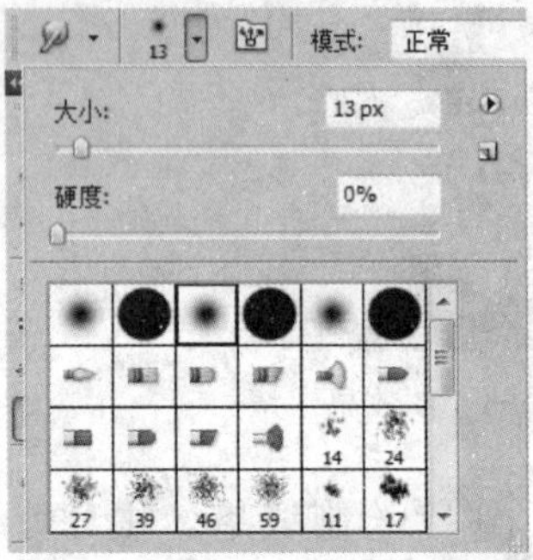

图 7－117　设定涂抹工具属性栏

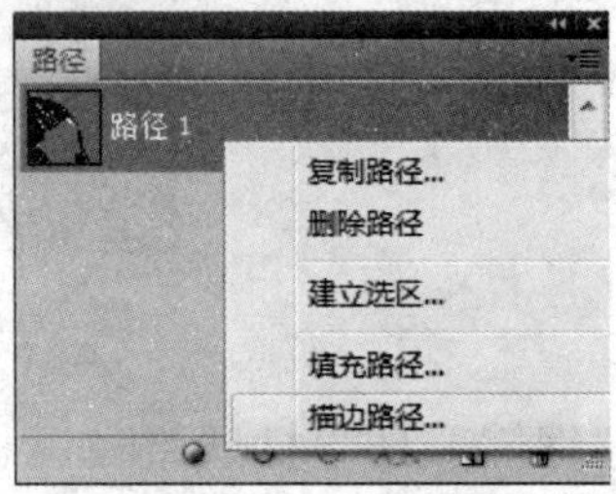

图 7－118　选择描边路径

(29)弹出对话框工具选项中选择“涂抹”,点击“确定”,如图 7－119 所示。

图 7－119　选择涂抹工具

(30)执行命令,效果如图 7－120 所示。

图 7－120　路径涂抹效果

(31)调整路径位置重复描边命令几次,最终完成效果如图 7－121 所示。

图 7－121　最终完成的效果

7.4.2 实例 2——绘制海报设计

本实例为绘制海报，主要运用滤镜、选框工具、渐变工具、钢笔工具制作。通过选框工具及钢笔工具造型，然后综合滤镜工具及渐变工具，最终达到我们需要设计的效果。实例效果如图 7－122 所示。

图 7－122 海报设计

1. 知识难点

(1)滤镜；

(2)渐变工具；

(3)钢笔工具。

2. 操作步骤

(1)选择“文件”→“新建”命令，新建一背景页面，点击“创建新图层”按钮，建立一个透明图层 1，如图 7－123 所示。

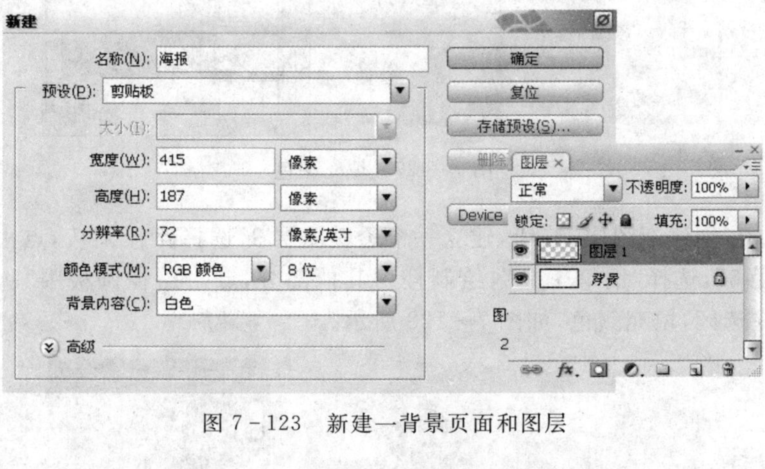

图 7－123 新建一背景页面和图层

(2)选择路径调板，点击“创建新路径”按钮，建立路径 1，选择“钢笔工具”，设置属性栏，如图 7－124 所示。

图 7－124 设置钢笔工具属性栏

开始绘制楼房，点击路径调板中“将路径作为选区载入”按钮，建立选区，选择“渐变工具”

填充渐变颜色，如图 7 - 125 所示。

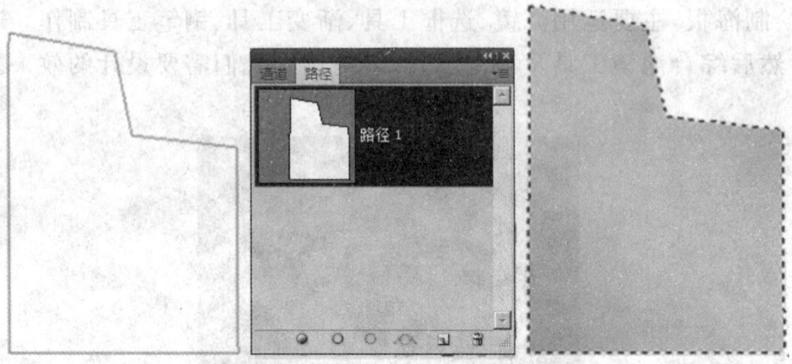

图 7 - 125　建立选区并填充渐变颜色

(3)点击“创建新图层”按钮，建立一个透明图层 2，选择路径调板，点击“创建新路径”按钮，建立路径 2，选择“钢笔工具”，设置属性栏，如图 7 - 126 所示。

图 7 - 126　钢笔工具属性栏

绘制楼房其他部分，点击路径调板中“将路径作为选区载入”按钮，建立选区，使用“吸管工具”选择前一个图像中合适的颜色，使用“Alt＋Delete”键填充前景色“Ctrl＋Delete”填充背景色颜色，调整图层顺序，将图层 2 拖拽至图层 1 后，如图 7 - 127 所示。

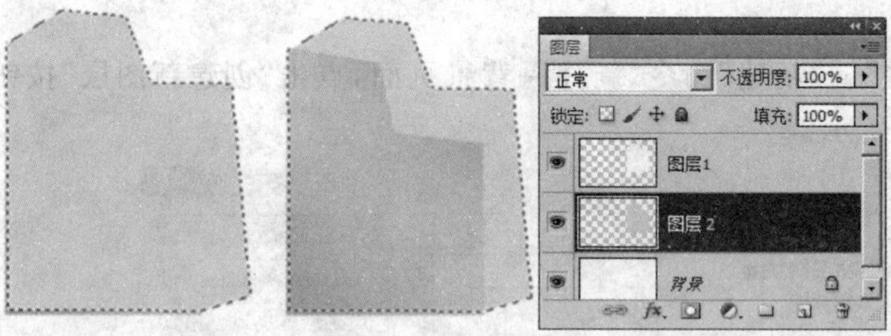

图 7 - 127　填充颜色

(4)继续点击“创建新图层”按钮，建立一个透明图层 3，选择路径调板，点击“创建新路径”按钮，建立“路径 3”，选择“钢笔工具”，绘制楼房其他部分，点击路径调板中“将路径作为选区载入”按钮，建立选区，填充颜色，如图 7 - 128 所示。

图 7 - 128　用钢笔工具绘制细节

(5)点击“创建新图层”按钮，建立一个透明图层4，选择“渐变工具”填充渐变颜色，如图7－129所示。

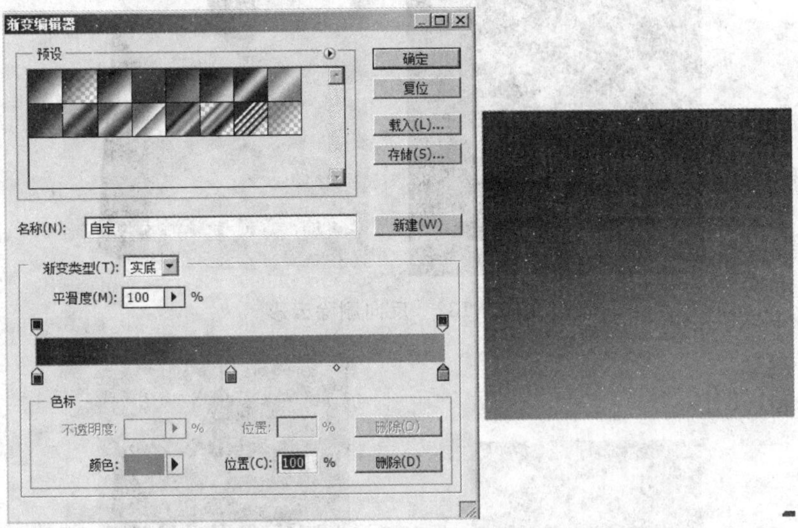

图7－129　填充渐变颜色

(6)执行“滤镜”→“渲染”→“云彩”命令，注意工具箱前景色与背景色的设定(天空以背景色为倾向，云朵以前景色为倾向)，按“Ctrl＋F”可以多次执行“滤镜”→“渲染”→“云彩”命令直到达到我们所需要的效果，点击“确定”，效果如图7－130所示。

(7)选择图层调板，将“正常模式”改为“正片叠底”，效果如图7－131所示。

图7－130　“云彩”滤镜效果

图7－131　将“正常模式”改为“正片叠底”效果

(8)选择图层4，从路径调板中调用路径3，点击“将路径作为选区载入”按钮，建立选区，点击鼠标右键选择“反向(选择矩形工具的情况下)”删除不需要的“云彩”，如图7－132所示。

(9)继续单击“创建新图层”按钮，建立一个透明图层5。执行“滤镜”→“渲染”→“云彩”命令，注意工具箱前景色与背景色的设定(天空以背景色为倾向，云朵以前景色为倾向)，按“Ctrl＋F”键可以多次执行“滤镜”→“渲染”→“云彩”命令，直到达到我们所需要的效果，点击“确定”，如图7－133左图所示。选择图层调板，将“正常模式”改为“正片叠底”，效果如图7－133右图所示。

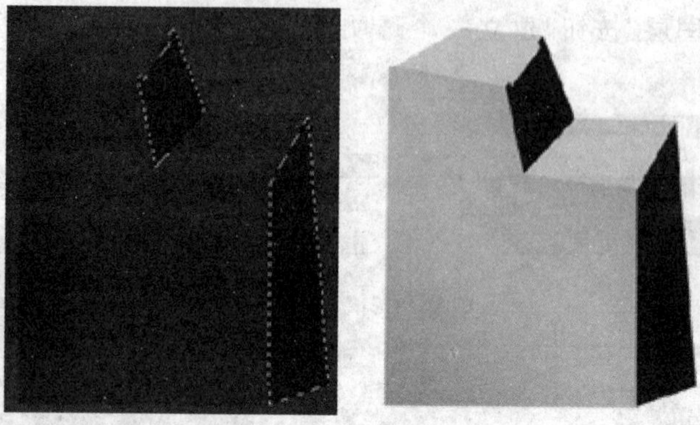

图 7 - 132 反向删除云彩

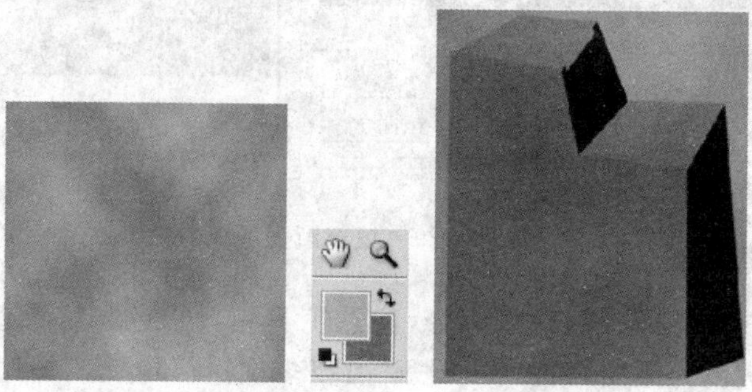

图 7 - 133 新“云彩”效果及“正片叠底”效果

(10)选择图层 5,从路径调板中调用路径 1,点击“将路径作为选区载入”按钮,建立选区,点击鼠标右键选择“反向”,删除不需要的“云彩”,如图 7 - 134 所示。

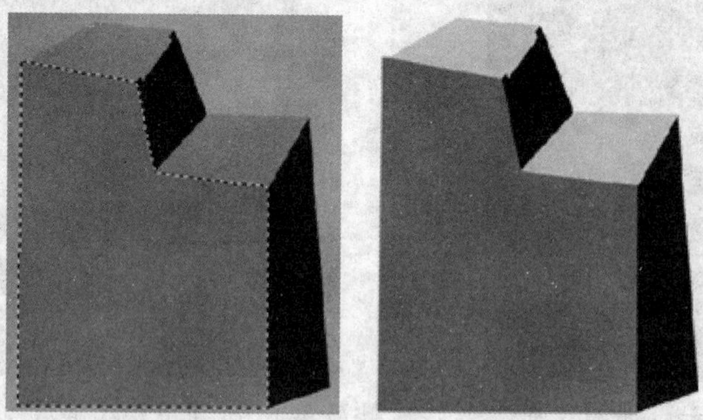

图 7 - 134 “反向”删除不需要的新云彩

(11)按照上面步骤制作细节,使用“图像”→“调整”→“色相/饱和度”命令对颜色进行微调,点击“创建新组”按钮为以上图层建立一个组群“组 1”,并将图层 1—5 拖拽至“组 1”,点击“组 1”左边的按钮即可展开▶,如图 7 - 135 所示。

(12)新建图层 6,选择“矩形选框工具”,建立一个选区,填充深灰色,使用与以上步骤相同的方法,制作出窗户的体积,选择“编辑”→“自由变换”命令调整大小,选择“编辑”→“变换”→“扭曲”命令调整倾斜度,并复制调放。效果如图 7 - 136 所示。

图 7－135　组的建立

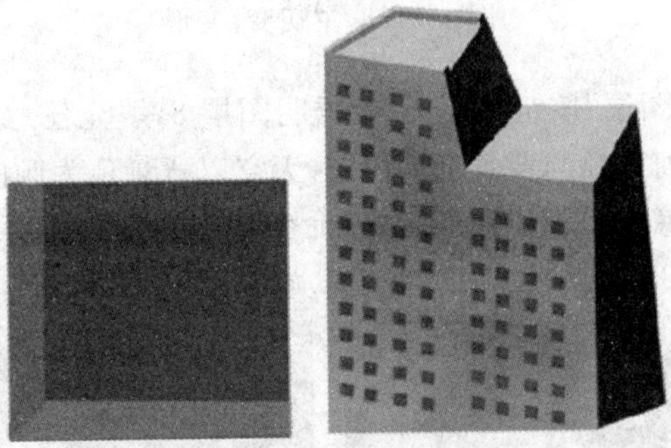

图 7－136　制作出的窗户效果

(13)新建图层 7,使用“滤镜”→“杂色”→“填加杂色”和“滤镜”→“模糊”→“径向模糊”命令制作眼睛。再制作“眼白”,选择“椭圆选框工具”绘制选区,使用“渐变工具”中的“径向渐变”进行填充,使用变形工具调整大小和角度。在新建图层 8 上制作眼珠,合并图层,将图层 6 和图层 7 放至“组 1”。效果如图 7－137 所示。

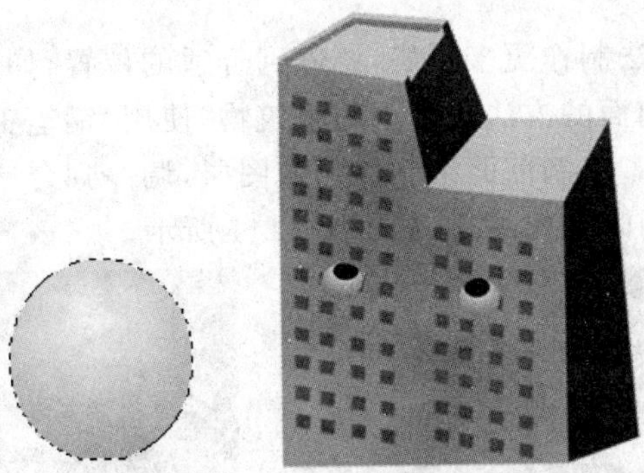

图 7－137　制作出的眼睛效果

(14)拖曳“组 1”至“创建新图层”按钮,建立“组 1 副本”,执行选择“组 1 副本”所有图层执行“图层”→“合并图层”命令。点击眼睛图标隐藏“组 1”(以便在需要时查看源文件)。选择“组 1 副本”,点击鼠标右键选择“取消图层编组”,选择图层 7 副本,执行“滤镜”→“扭曲”→“切变”命令,如图 7－138 所示。

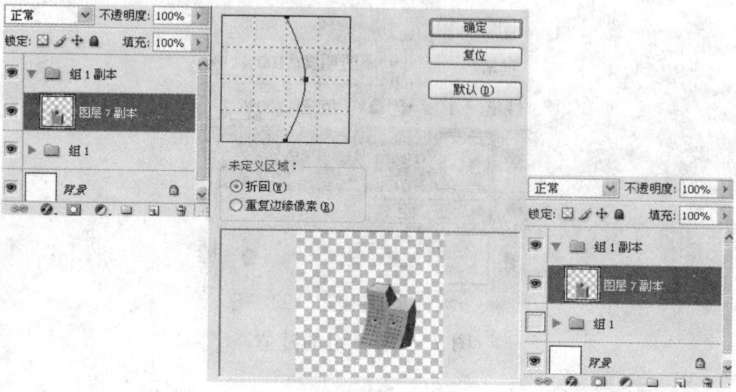

图 7-138 “切变”变形

(15)继续点击“创建新图层”按钮,建立一个透明图层 8,填充任意颜色。执行“滤镜”→“渲染”→“云彩”命令,注意工具箱前景色与背景色的设定(天空以背景色为倾向,云朵以前景色为倾向),按“Ctrl+F”可以多次执行“滤镜”→“渲染”→“云彩”命令直到达到我们所需要的效果,点击“确定”,绘制背景云彩效果,如图 7-139 左图所示。将图层 8 放至图层 7 副本后,如图 7-139 右图所示。

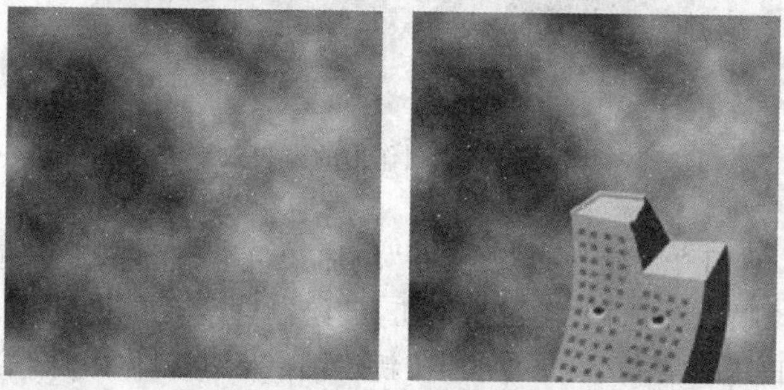

图 7-139 继续绘制出的“云彩”效果

(16)按照前面讲述方法制作更多楼房,调停到合适的位置,如图 7-140 所示。

(17)增加细节,按照前面的方法绘制小的建筑物,使用“钢笔工具”绘制出建筑物的整体形状后转换为选区填充颜色。复制前面绘制的窗户图层,调停到合适的位置,接着按照前面的方法绘制侧面和后面,添加明暗变化效果,如图 7-141 所示。

图 7-140 制作出的更多楼房效果

图 7-141 绘制出的小建筑物效果

(18)继续绘制眼睛,同样复制前面眼睛图层,接着绘制眼眉和嘴巴,效果如图 7-142 所示。

(19)使用"钢笔工具"造型,之后填充颜色,再使用"减淡/加深"工具绘制出明暗体积,制作出翅膀。继续点击"创建新图层"按钮,建立一个透明"图层 13"。选择路径调板,点击"创建新路径"按钮,建立"路径 12"。选择"钢笔工具",绘制翅膀。点击"路径调板"中"将路径作为选区载入"按钮,建立选区,填充颜色,之后使用"减淡/加深"工具绘制出翅膀明暗体积。最终制作出的效果如图 7-143 所示。

图 7-142 绘制完成后的眼睛效果

图 7-143 最终完成的效果

参考文献

[1]李金明,李金蓉.中文版 Photoshop CC 完全自学教程[M].北京:人民邮电出版社,2014.

[2](美)Adobe 公司.Adobe Photoshop CS5 中文版经典教程[M].北京:人民邮电出版社,2010.

[3]国家职业技能鉴定专家委员会计算机专业委员会.图形图像处理(Photoshop 平台)Photoshop CS5试题汇编[M].北京:北京希望电子出版社,2012.

[4]宿培成,佘战文,何元媛.中文版 Photoshop CS5 平面设计实用教程[M].北京:人民邮电出版社,2012.

[5]黄勇.中文版 Photoshop CS5 完全自学教程[M].北京:机械工业出版社,2011.

[6]姚鹏,张波.计算机基础与实训教材系列[M].北京:清华大学出版社,2011.

[7]刘斯.Photoshop CS5 经典案例与项目实训[M].北京:科学出版社,2014.

[8]钟星翔.从设计到印刷 Photoshop CS5 平面设计师必读[M].北京:印刷工业出版社,2011.

[9]新知互动.Photoshop CS5 平面广告设计与印前技术[M].北京:中国铁道出版社,2012.

艺术设计类专业“十三五”实践创新系列规划教材

> 基础类

(1) 设计概论
(2) 设计简史
(3) 设计素描
(4) 设计色彩
(5) 设计速写
(6) 设计构成
(7) 摄影(摄像)基础
(8) 创意思维训练
(9) 设计市场营销

> 设计类

(1) 展示设计
(2) 产品设计
(3) 家具设计
(4) 照明设计
(5) 陈设设计
(6) 室内设计
(7) 景观设计
(8) 动画设计
(9) 标志设计
(10) 图案设计
(11) 字体设计
(12) 包装设计
(13) 立体构成
(14) 广告设计
(15) 版式设计
(16) 招贴设计
(17) 书籍设计
(18) CI 设计
(19) 数字印前设计

> 技法类

(1) 室内效果图手绘表现技法
(2) 设计制图
(3) 产品设计手绘表现技法
(4) 网页制作
(5) 多媒体技术与应用
(6) 广告设计创意表现
(7) 产品设计材料与工艺
(8) 服装设计材料与工艺
(9) POP 手绘表现技法
(10) 包装形态设计
(11) 商业插画表现技法

> 技能类

(1) 计算机辅助平面设计
(2) AutoCAD 2012 中文版室内设计
(3) Photoshop CS5 案例教程
(4) Illustrator CS5 案例教程
(5) 服装设计 CAD
(6) 3D 效果图绘制
(7) 计算机辅助设计(Coreldraw)
(8) 室内设计工程概预算
(9) 模型制作
(10) Flash 动画设计制作
(11) 动画剪辑原画设计与制作
(12) 动画制作场景设计与制作
(13) 计算机辅助设计 illustrator
(14) 计算机辅助设计 indesign
(15) 网页设计

欢迎各位老师联系投稿!

联系人:李逢国
手机:15029259886　办公电话:029－82664840
电子邮件:lifeng198066@126.com　1905020073@qq.com
QQ:1905020073 (加为好友时请注明“教材编写”等字样)

图书在版编目(CIP)数据

Photoshop CS5 案例教程/郭再政,谭明铭主编.
—西安:西安交通大学出版社,2015.9
艺术设计类专业“十三五”实践创新系列规划教材
ISBN 978-7-5605-7729-6

Ⅰ.①P… Ⅱ.①郭…②谭… Ⅲ.①图象处理软件-高等学校-教材 Ⅳ.①TP391.41

中国版本图书馆 CIP 数据核字(2015)第 181175 号

书　　名 Photoshop CS5 案例教程
主　　编 郭再政　谭明铭
责任编辑 李逢国

出版发行 西安交通大学出版社
(西安市兴庆南路 10 号　邮政编码 710049)
网　　址 http://www.xjtupress.com
电　　话 (029)82668357　82667874(发行中心)
(029)82668315　82669096(总编办)
传　　真 (029)82668280
印　　刷 陕西丰源印务有限公司

开　　本 787mm×1092mm　1/16　**印张** 20.125　**字数** 492 千字
版次印次 2016 年 1 月第 1 版　2016 年 1 月第 1 次印刷
书　　号 ISBN 978-7-5605-7729-6/TP·683
定　　价 39.80 元

读者购书、书店添货,如发现印装质量问题,请与本社发行中心联系、调换。
订购热线:(029)82665248　(029)82665249
投稿热线:(029)82668133
读者信箱:xj_rwjg@126.com